ZHONG WEN BAN AUTOCAD 2015 FU ZHU SHE JI

中文版 AutoCAD 2015 辅助设计

超值视频教学版

一线文化 编著

中国铁道出版社
CHINA RAILWAY PUBLISHING HOUSE

内 容 简 介

本书以初学 AutoCAD 2015 辅助设计的读者为出发点，选择“最全面、最实用”的知识，让您的学习少走弯路，不做无用功。在内容讲解上采用“图解操作 + 步骤引导”的全新写作方式，省去了复杂且不易理解的文字描述，真正做到了简单明了、一看即会。

全书共 12 章，内容分为两部分，第一部分为：AutoCAD 2015 辅助设计软件操作与技能讲解（内容包括：AutoCAD 2015 快速入门，二维图形的创建与编辑，图层、图块与设计中心的应用，图形尺寸标注与查询，文字标注与表格制作，三维图形的创建与编辑，CAD 动画、灯光、材质与渲染技能的应用）；第二部分为：AutoCAD 2015 辅助设计的相关案例讲解（内容包括：机械设计综合实例、建筑与景观设计综合实例、室内装饰设计综合实例）。

本书既适合 AutoCAD 2015 辅助设计的初学者自学使用，又可作为职业院校、电脑培训班的教材用书。

图书在版编目（CIP）数据

中文版 AutoCAD 2015 辅助设计：超值视频教学版 / 一线文化编著. — 北京：中国铁道出版社，2015.7
（一看即会）
ISBN 978-7-113-20330-6

Ⅰ. ①中… Ⅱ. ①一… Ⅲ. ① AutoCAD 软件 Ⅳ. ① TP391.72

中国版本图书馆 CIP 数据核字（2015）第 092387 号

书　　名： 一看即会——中文版 AutoCAD 2015 辅助设计（超值视频教学版）
作　　者： 一线文化 编著

策　　划： 苏 茜　　**读者热线电话：** 010-63560056
责任编辑： 吴媛媛　　**封面设计：** 多宝格
责任印制： 赵星辰

出版发行： 中国铁道出版社（北京市西城区右安门西街 8 号　邮政编码：100054）
印　　刷： 北京铭成印刷有限公司
版　　次： 2015 年 7 月第 1 版　2015 年 7 月第 1 次印刷
开　　本： 880mm×1 230mm　1/32　**印张：** 9.75　**字数：** 260 千
书　　号： ISBN 978-7-113-20330-6
定　　价： 36.00 元（附赠光盘）

AutoCAD 2015 是美国 Autodesk 公司生产的自动计算机辅助设计软件，广泛应用于室内设计、建筑设计、机械设计以及园林设计等相关辅助设计领域。

为了让初学者能在短时间内快速学会并掌握 AutoCAD 辅助设计的相关技能，我们精心策划并编写了这本《一看即会——中文版 AutoCAD 2015 辅助设计（超值视频教学版）》图书。

■ 内容介绍

全书共 12 章，内容分为两部分，第一部分为：AutoCAD 2015 辅助设计软件操作与技能讲解（内容包括：AutoCAD 2015 快速入门，二维图形的创建与编辑，图层、图块与设计中心的应用，图形尺寸标与查询，文字标与表格制作，三维图形的创建与编辑，CAD 动画、灯光、材质与渲染技能的应用）；第二部分为：AutoCAD 2015 辅助设计的相关案例讲解（内容包括：机械设计综合实例、建筑与景观设计综合实例、室内装饰设计综合实例）。具体安排如下：

第 1 章 AutoCAD 2015 快速入门
第 2 章 创建常用二维图形
第 3 章 编辑二维图形
第 4 章 图层、填充、图块和设计中心
第 5 章 尺寸标注与查询
第 6 章 文字标注与表格
第 7 章 创建常用三维图形
第 8 章 编辑常用三维图形
第 9 章 动画、灯光、材质与渲染
第 10 章 机械设计实例
第 11 章 建筑与景观设计综合实例
第 12 章 室内装饰设计综合实例

■ 本书特色

- 内容最全面、最实用：以新手学中文版 AutoCAD 2015 辅助设计的读者为出发点，结合生活与工作的实际应用，在内容上选择“最全面、最实用”的知识，让您的学习少走弯路，不做无用功，力求广大读者真正达到“学得会与用得上”。
- 真正图解，一看即会：全书在内容讲解上采用“图解操作+步骤引导”的全新写作方式，省去了复杂且不易理解的文字描述，真正做到简单明了、一看即会。

- 全新体例，科学设计：本书在内容写作上精心策划并科学设计了全新的体例，在基础技巧讲解部分按“新手入门——必学基础、新手提高——实用技巧、新手实训——技能训练”三个环节来安排。
  - 新手入门——必学基础：安排本章内容中“最全面、最实用”的知识，通过本节学习，读者可以掌握本章必学基础并快速入门。
  - 新手提高——实用技巧：结合本章内容的讲解，安排一些经典的、实用的操作技巧，通过学习本节的内容，让读者快速掌握相关技能使用中的诀窍，并提高应用经验。
  - 新手实训——技能训练：结合本章内容的讲解，安排一个综合训练案例，通过对本节内容的学习，提高读者的动手能力和上机实战能力。
- 赠送光盘，视频教学更轻松：本书还超值赠送了一张多媒体语音教学光盘，提供与本书相关技能操作同步的多媒体语音教学视频。通过教学光盘的动画演示和同步语音讲解的完美结合，为读者直观形象地展示操作中的每一步，有助于提高初学者的学习效果和效率。

■ 致谢

本书由一线文化工作室策划并组织编写。参与本书编写的老师都具有丰富的教学经验和 AutoCAD 辅助设计经验，在此向他们表示衷心的感谢！

凡购买本书的读者，即可申请加入读者学习交流与服务 QQ 群（群号：363300209），可在线为读者答疑解惑，而且还为读者不定期举办免费的计算机技能网络公开课，欢迎读者加群了解详情。

最后感谢您购买本书，您的支持是我们最大的动力。由于计算机技术发展迅速，加之编者水平有限，书中疏漏和不足之处在所难免，敬请广大读者及专家批评指正。

编　者

2015 年 4 月

第1章 AutoCAD 2015 快速入门

第 2 章 创建常用二维图形

第 3 章 编辑二维图形

第 4 章 图层、填充、图块和设计中心

第 5 章 尺寸标注与查询

第6章 文字标注与表格

第7章 创建常用三维图形

第 8 章 编辑常用三维图形

第 9 章 动画、灯光、材质与渲染

第 10 章 机械设计实例

第 11 章　建筑与景观设计综合

第 12 章　室内装饰设计综合实例

Chapter

AutoCAD 2015 快速入门

关于本章：

AutoCAD（Auto Computer Aided Design）是美国 Autodesk 公司生产的自动计算机辅助设计软件，用于二维绘图、详细绘制和基本三维设计。现已经成为国际上广为流行的绘图工具。本章将主要介绍 AutoCAD 2015 工作界面、绘图设置、视图控制、执行命令的方式以及文件的基本管理。

知识要点

掌握 AutoCAD 2015 打开与关闭的方法

掌握 AutoCAD 2015 工作界面的操作

掌握文件管理的方法

掌握绘图前辅助功能的设置内容

掌握视图控制的方法

掌握 AutoCAD 2015 多种执行命令的方式

效果展示

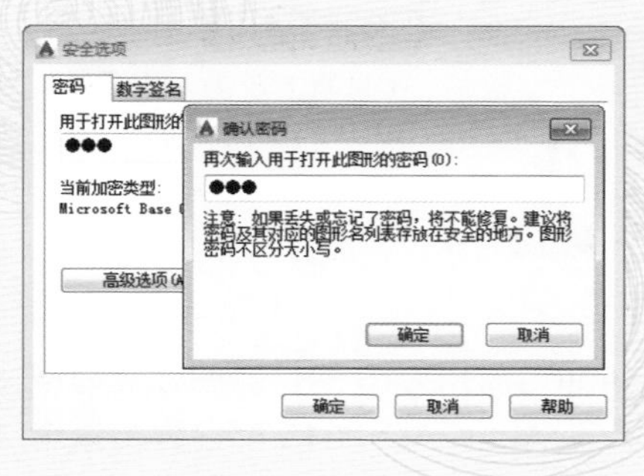

Lesson 01 新手入门——必学基础

对于初学 AutoCAD 的读者，首先需要学习 AutoCAD 软件的相关基础知识，其中包括启动与退出、工作界面的认识、文件管理、绘图前的设置、辅助功能的设置、视图控制、执行命令的方式等内容。

1.1 打开与关闭程序

在使用 AutoCAD 2015 绘图之前，首先介绍该软件的启动与退出的方法，以及新增功能的使用。

光盘同步文件

教学文件：光盘 \ 视频教学 \ 第 1 章 \ 新手入门 \1-1.mp4

1.1.1 启动 AutoCAD 2015

安装 AutoCAD 2015 程序后，桌面自动创建 AutoCAD 2015 快捷图标，双击 AutoCAD 2015 的快捷图标，即可启动该程序。具体操作方法如下。

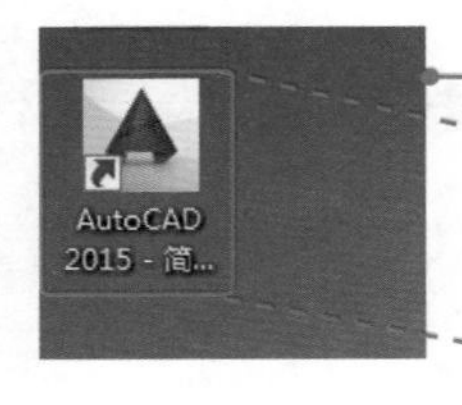

STEP 01

在桌面上双击 AutoCAD 2015 的快捷图标。

温馨提示：

在 AutoCAD 2015 中，双击 AutoCAD 2015 的快捷图标启动程序，会弹出一个选项卡（每一次启动 AutoCAD 2015 都会弹出这个选项卡），在选项卡中设置相应的内容后，程序才会完成启动过程。

STEP 02

❶ 单击“样板”下拉按钮；❷ 在下拉列表中选择样板，如“acadiso.dwt”；❸ 在“开始绘制”区域单击。

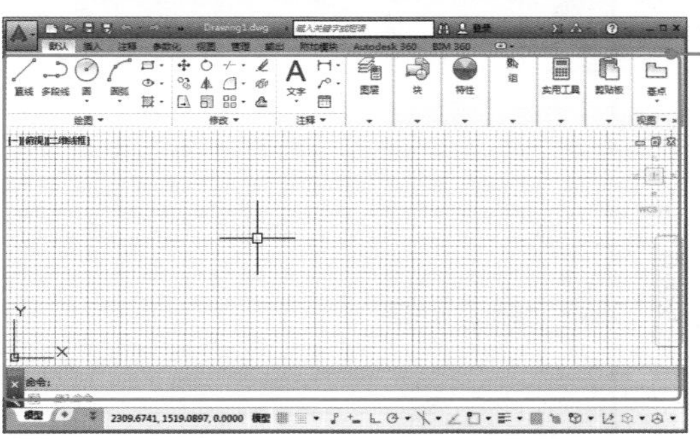

STEP 03

成功打开 AutoCAD 2015 的工作界面。

1.1.2 退出 AutoCAD 2015

绘图完成后，即可退出 AutoCAD 2015。具体操作方法如下。

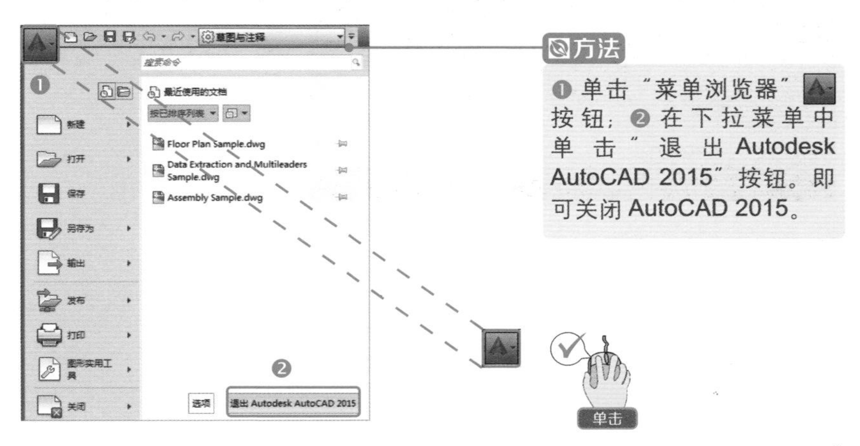

方法

❶ 单击“菜单浏览器”按钮；❷ 在下拉菜单中单击“退出 Autodesk AutoCAD 2015”按钮。即可关闭 AutoCAD 2015。

1.1.3 AutoCAD 2015 新增功能

AutoCAD 2015 新增了许多特性，比如文件选项卡、操作空间的调整、工作界面的调整等。

1. 文件选项卡

启动 AutoCAD 2015 程序后，首先弹出一个文件选项卡，包括“创建”面板和“了解”面板。具体内容及操作方法如下。

STEP 01

启动 AutoCAD 2015 后，弹出文件选项卡，默认显示“创建”面板。❶ 包括“快速入门”中创建新文件的相关操作；❷“最近使用的文档”中显示已存在的文件；❸“通知”等内容。

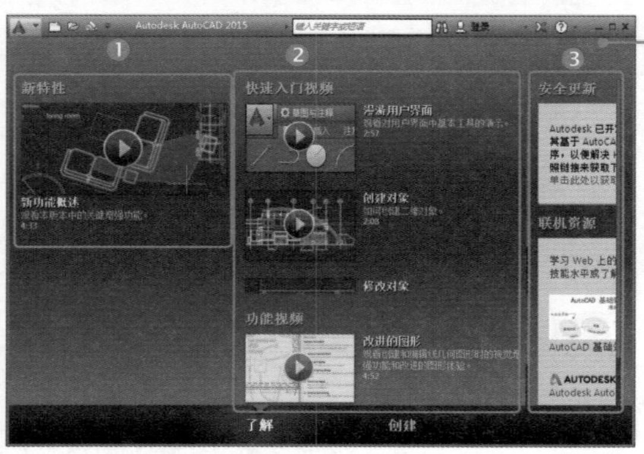

STEP 02

单击“了解”按钮打开面板。面板中包括：❶“新特性”中的新功能概述；❷“快速入门视频”中创建编辑图形的视频；❸“安全更新”的相关内容。

2. 操作空间的调整

AutoCAD 2015 将以前版本的模型布局切换区域合并到状态栏中，最大限度地扩展了操作空间。

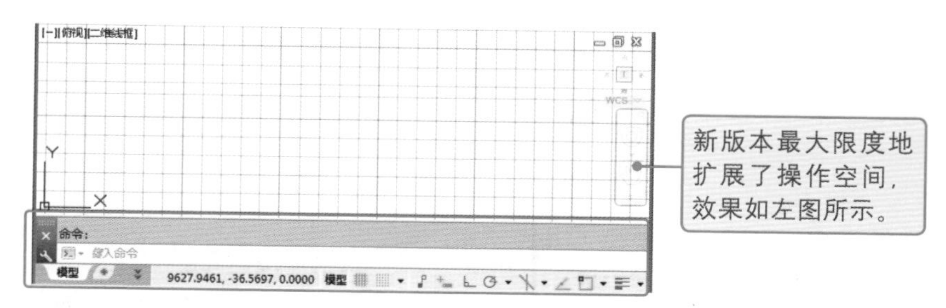

3. 工作界面的调整

AutoCAD 2015 程序取消了“AutoCAD 经典”工作空间，只保留了“草图与注释”、“三维基础”、“三维建模”三种工作空间。

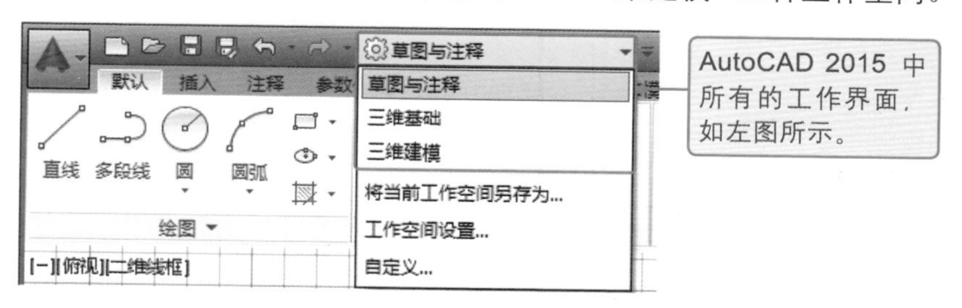

专家点拨 补充新功能介绍

在 AutoCAD 2015 中，除了上述的新功能外，还包括支持 Windows 8 的触屏操作、地理定位等……更详细的新功能介绍可以观看新选项卡中的视频进行具体了解。

1.2 工作界面的认识

AutoCAD 2015 的工作界面，主要由“菜单浏览器”按钮、标题栏、功能区、绘图区、命令窗口、状态栏等部分组成。

光盘同步文件

教学文件：光盘 \ 视频教学 \ 第 1 章 \ 新手入门 \1-2.mp4

1.2.1　“菜单浏览器”按钮

“菜单浏览器”按钮位于AutoCAD 2015工作界面的左上角，单击该按钮打开下拉菜单，菜单中包含了“新建”、“保存”、“打开”、“打印”等一些常用的命令，还包括搜索命令的搜索栏和文档列表等内容。

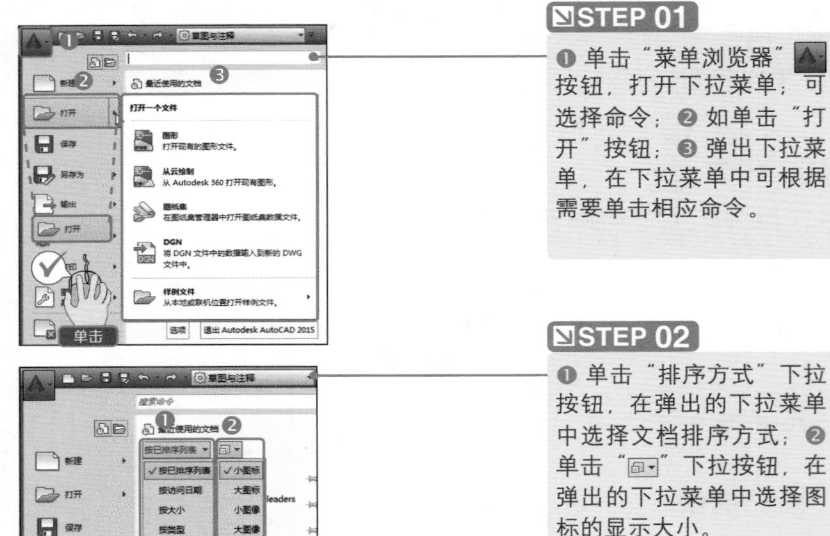

1.2.2　标题栏

标题栏位于AutoCAD 2015程序窗口的顶端，包含“自定义快速访问”工具栏、程序名称和文件名、搜索与联网登录、Autodesk 360、“窗口控制”按钮等内容。

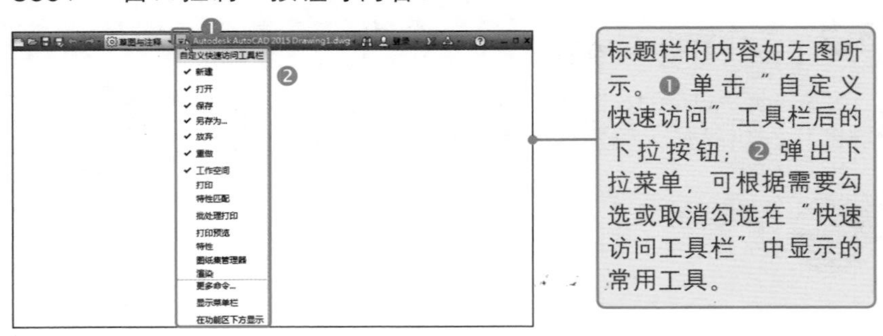

专家点拨 标题栏简介

在 AutoCAD 2015 中，“自定义快速访问”工具栏包括常用工具图标和工作空间显示栏；程序默认的图形文件名是 Autodesk AutoCAD 2015 Drawing1.dwg，若打开的是已保存的图形文件，则显示具体文件名。

1.2.3 功能区

AutoCAD 2015 的功能区位于标题栏的下方，由多个选项卡组成，每个选项卡中都由相应命令组成了功能面板；功能面板上的每个图标都形象地代表一个命令，用户只需单击图标按钮，即可执行该命令。

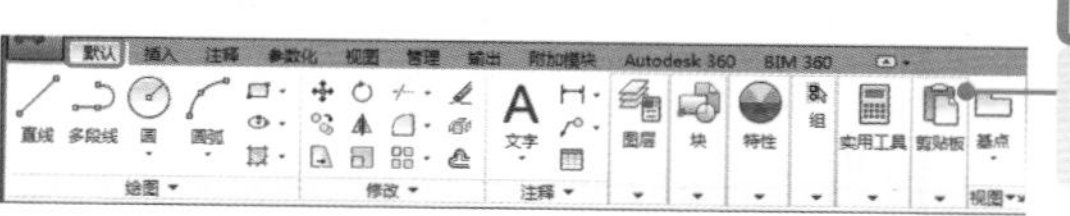

STEP 01 程序默认显示“默认”选项卡下的功能面板。

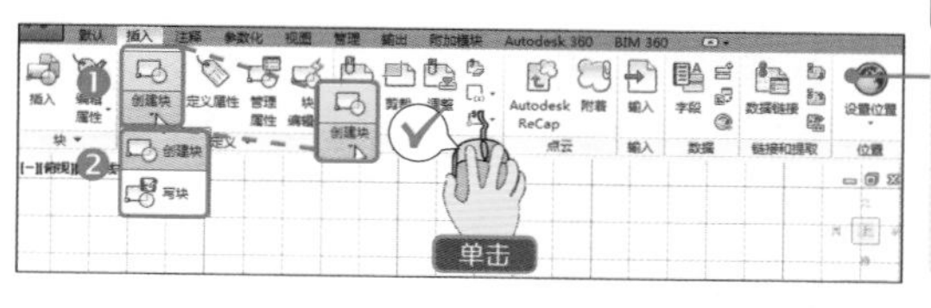

STEP 02 ❶ 单击“插入”选项卡；❷ 在功能面板中单击“创建块”下拉按钮，在菜单中单击激活命令。

1.2.4 绘图区

绘图区是绘制和编辑图形以及创建文字和表格的区域。绘图区包括控件按钮、坐标系图标、十字光标、导航面板等元素。

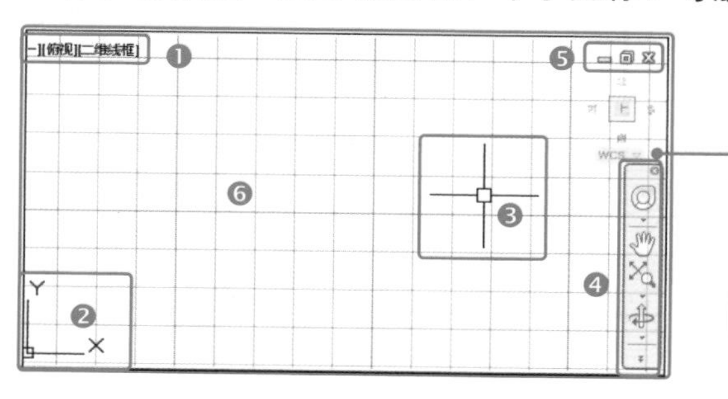

绘图区如左图所示。❶ 单击该区域按钮调整绘图区视口、视图及视图样式；❷ 坐标系图标；❸ 十字光标；❹ 导航面板；❺ 文件控制按钮；❻ 绘图区。

专家点拨 导航面板简介

用户可以从导航面板中访问通用的导航工具和特定产品的导航工具。文件控制按钮主要是控制文件的缩小▭、还原▣及关闭☒等操作。

1.2.5 命令窗口

在绘图区下方是 AutoCAD 进行交流命令参数的窗口，也叫命令提示窗口，命令提示窗口分为命令历史区和命令输入行与提示区两部分。命令历史区显示已使用过的命令；命令提示区与输入行是用户对 AutoCAD 发出命令与参数要求的地方。具体操作方法如下。

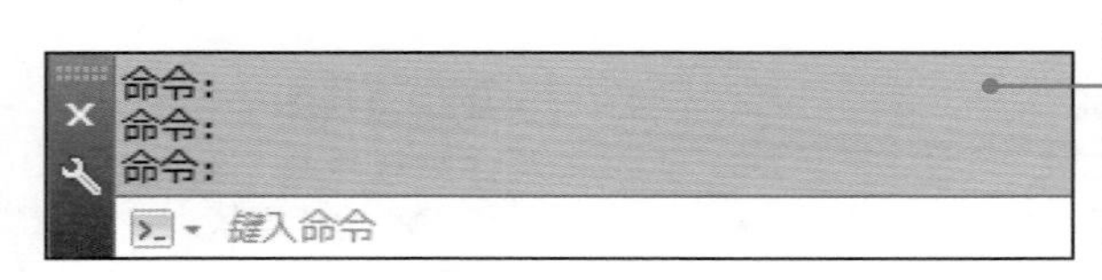

STEP 01

程序启动后，命令窗口默认状态如左图所示。

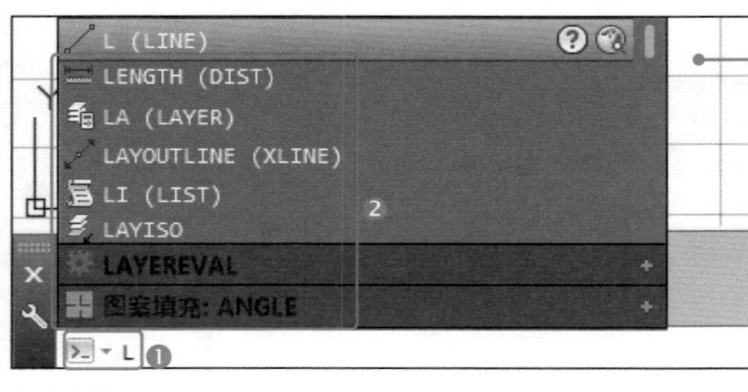

STEP 02

❶ 在命令提示窗口输入命令，如直线（L）；❷ 弹出 AutoCAD 中第一个字母为 L 的所有命令的提示框。

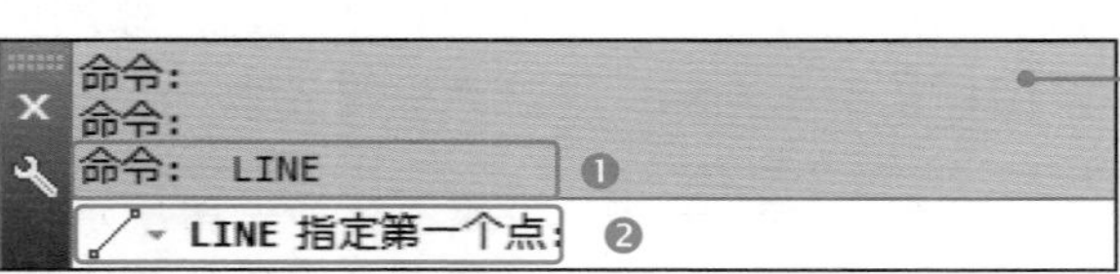

STEP 03

❶ 按空格键确认；❷ 命令输入行显示操作提示。

STEP 04

❶ 根据提示操作，命令历史区显示历史命令；❷ 命令输入行显示新的提示。

专家点拨 命令窗口中的内容详解

在 AutoCAD 中，【Enter】键、空格键、鼠标左键都可确认执行命令。除文字输入等特殊情况外，通常使用空格键代替【Enter】键确认命令。

命令行中“[ ]”的内容表示各种可选项，各选项之间用“/”隔开；< > 号中的值为程序默认数值或是此命令上一次执行的数值。

1.2.6 状态栏

工作界面最下方是状态栏，显示 AutoCAD 绘图状态属性。在状态栏的左侧显示了模型布局选项卡和绘图区中十字光标中心点目前的坐标位置；中间显示绘图时辅助绘图工具的快捷按钮；右侧显示为综合工具区域。

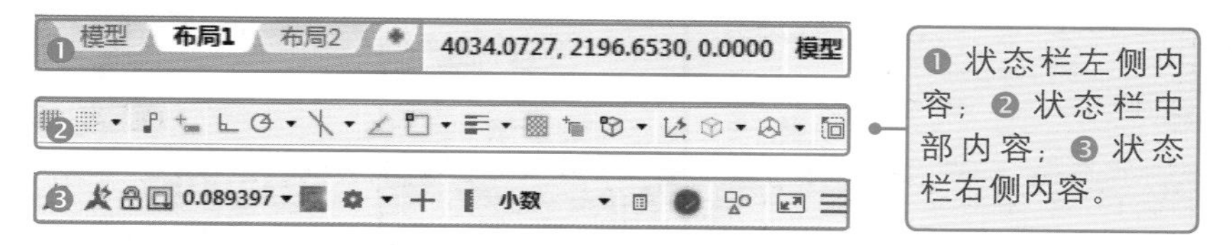

专家点拨 状态栏辅助按钮的控制

在窗口底部的状态栏中，辅助绘图工具位于状态栏中部，绘图模式状态由相应的按钮来切换。如单击第一次打开，那么单击第二次关闭；反之，如单击第一次关闭，那么单击第二次则打开。

1.3 文件管理

AutoCAD 图形文件管理主要包括：新建文件、打开文件、保存文件、另存为文件等操作。下面具体介绍文件管理的方法。

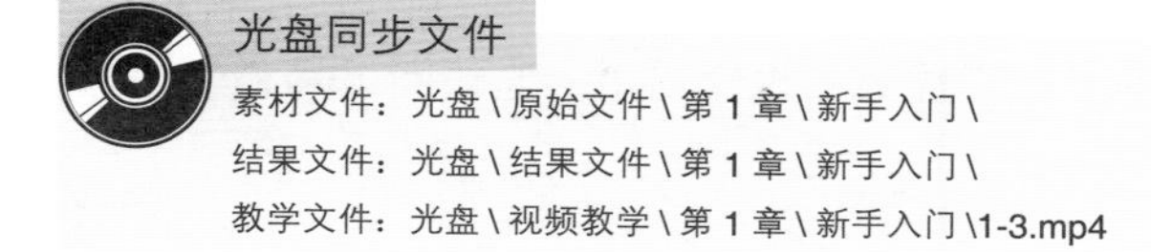

1.3.1 新建图形文件

打开 AutoCAD 2015 后，如果要新建图形文件，必须在“选择样板”对话框中选择一个样板文件作为新图形文件的基础。在新建图形文件的过程中，默认文件名会随打开新图形的数目而变化。具体操作方法如下。

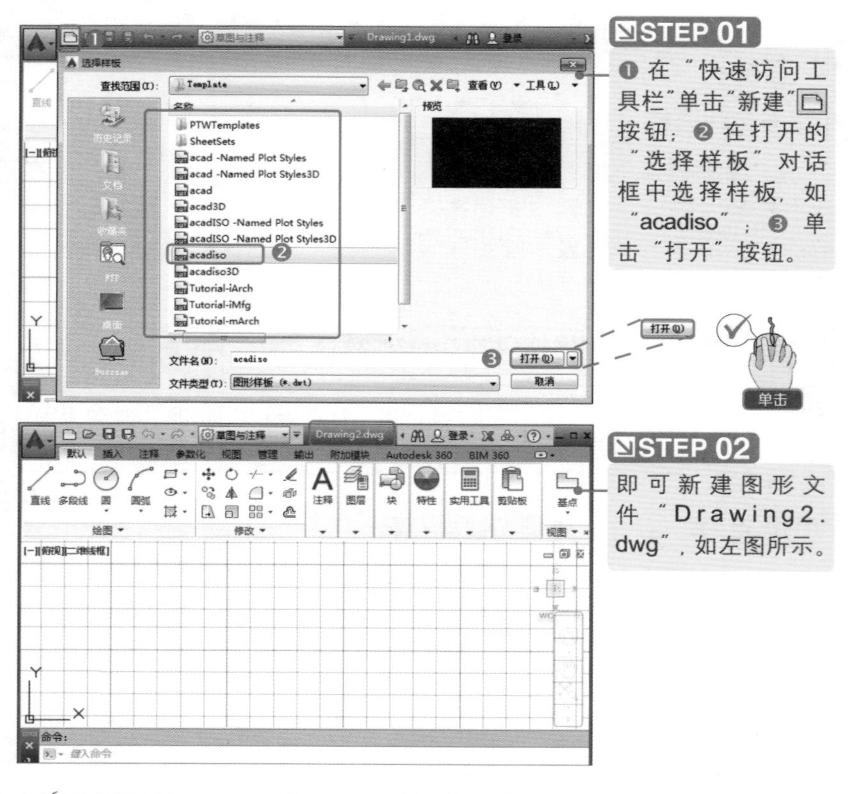

温馨提示：

新建图形文件的其他方法有单击“菜单浏览器”按钮，单击“新建→图形”命令，执行新建命令（NEW），按快捷键【Ctrl+N】等。后面的打开、保存等文件管理命令也使用“快速访问工具栏”中的工具按钮来讲解。

1.3.2 打开图形文件

如果电脑中已经存在创建好的 AutoCAD 图形文件，可以通过打开命令打开这些图形文件。具体操作方法如下。

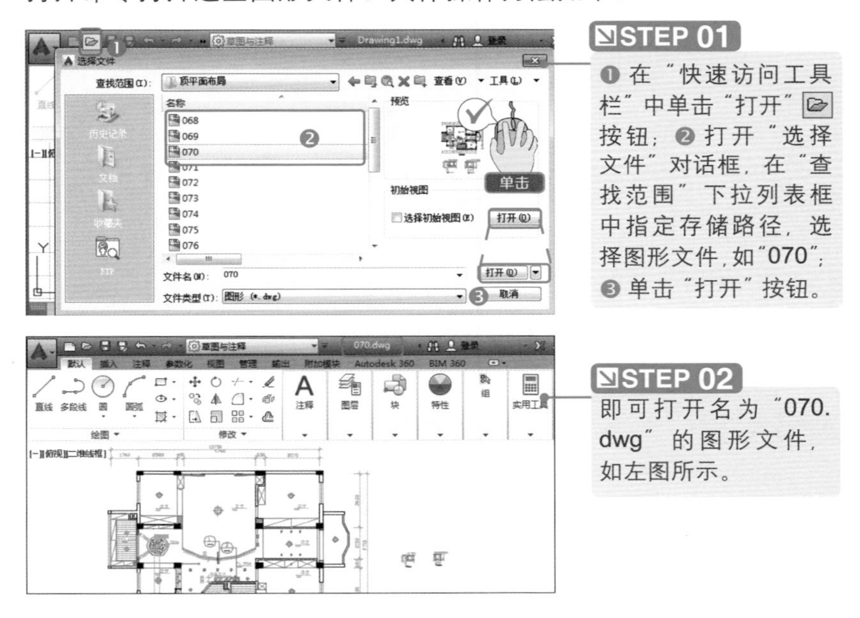

STEP 01

❶ 在“快速访问工具栏”中单击“打开”按钮；❷ 打开“选择文件”对话框，在“查找范围”下拉列表框中指定存储路径，选择图形文件，如“070”；❸ 单击“打开”按钮。

STEP 02

即可打开名为“070.dwg”的图形文件，如左图所示。

1.3.3 保存图形文件

绘图过程中要即时对当前图形文件进行保存，如此可以避免因死机或停电等意外状况而造成数据丢失。具体操作方法如下。

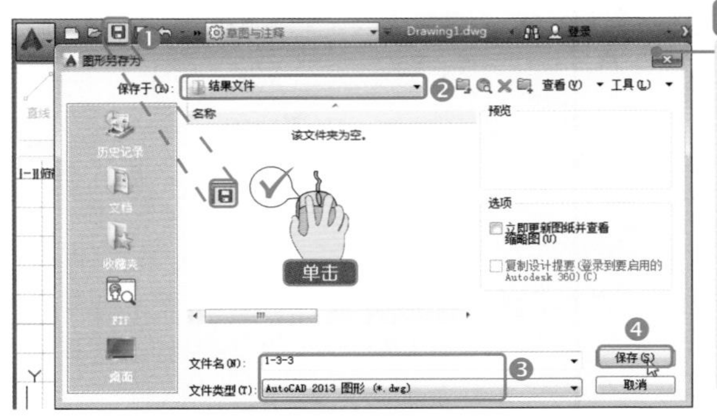

STEP 01

❶ 在“快速访问”工具栏”中单击“保存”按钮；❷ 打开“图形另存为”对话框，在“保存于”下拉列表框中指定存储路径；❸ 输入文件名，如“1-3-3”，再指定文件类型；❹ 单击“保存”按钮。

STEP 02
文件“1-3-3.dwg”即保存成功，如左图所示。

专家点拨 如何设置文件类型

在 AutoCAD 2015 中默认的文件类型是 AutoCAD 2013；保存文件时可设置为较低的版本，如 AutoCAD 2007，方便文件在低版本中打开。

1.3.4 另存为图形文件

图形文件保存后又重新打开做了改动，而修改前和修改后的文件都需要，就用“另存为”命令重新存储修改后的文件。具体操作方法如下。

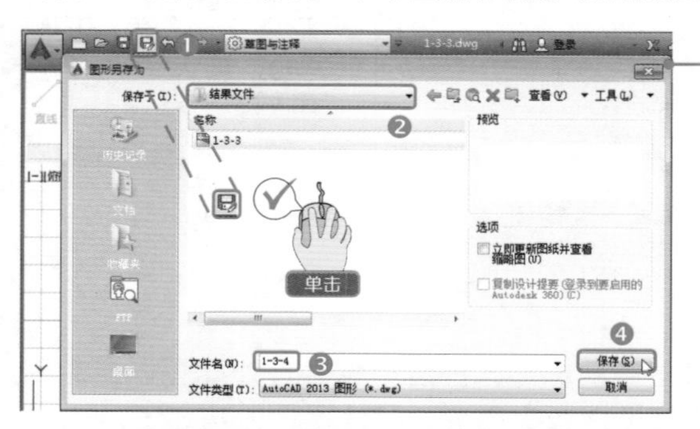

STEP 01
❶ 在“快速访问工具栏”单击“另存为”按钮；❷ 打开“图形另存为”对话框，在“保存于”下拉列表框中指定存储路径；❸ 输入新的文件名，如“1-3-4”；❹ 单击“保存”按钮。

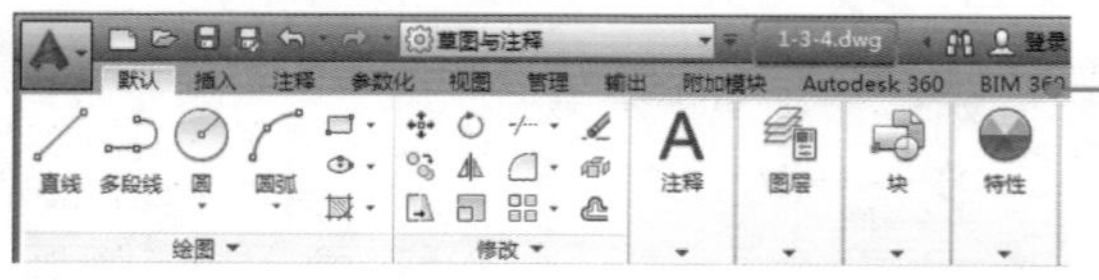

STEP 02
程序文件名即显示为“1-3-4.dwg”，如左图所示。

温馨提示：
“图形另存为”对话框只在第一次保存文件时出现，后续保存只需单击“保存”按钮，不再出现“图形另存为”对话框；另存文件是指修改了已存在的文件后，修改前和修改后的文件都要保存，保存时要创建新文件名，“另存为”文件每次都出现对话框，方便更改文件名和存储图形文件。

1.4 绘图前的设置

一般情况下，用户是在默认的系统环境下工作，有时为了提高绘图效率，可以在绘图前进行环境设置，包括绘图单位、绘图界限、十字光标的设置等。

光盘同步文件

教学文件：光盘 \ 视频教学 \ 第 1 章 \ 新手入门 \1-4.mp4

1.4.1 设置绘图单位

根据不同行业的绘图要求，使用 AutoCAD 绘制图形的单位标准也不一样。AutoCAD 使用的图形单位包括毫米、厘米、英尺、英寸等十几种单位，用户可以根据具体工作需要设置单位类型和数据精度。具体操作方法如下。

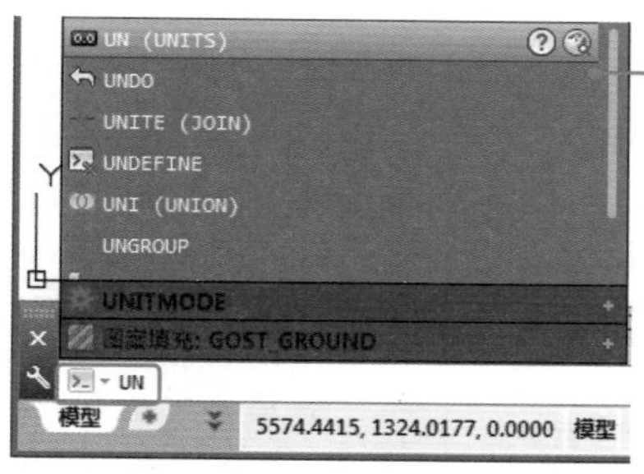

STEP 01 在命令输入行输入“图形单位”的简化命令 UN，按空格键确定，即执行该命令，如左图所示。

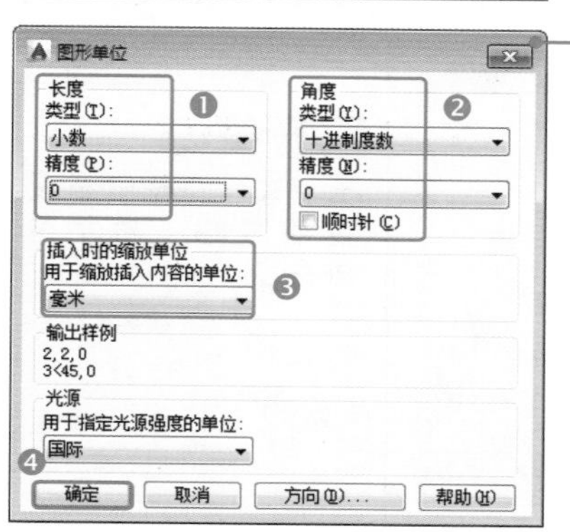

STEP 02 打开“图形单位”对话框，❶ 在“长度”设置区域设置类型为“小数”，精度为“0”；❷ 在“角度”设置区设置相应内容；❸ 设置“插入时的缩放单位”为毫米；❹ 单击“确定”按钮，完成“图形单位”的设置。

1.4.2 设置绘图界限

绘图界限是指图幅大小及控制图幅内栅格的显示或隐藏。具体操作方法如下。

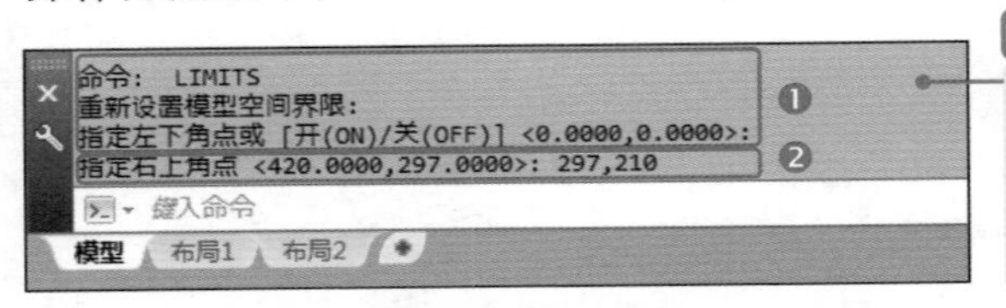

STEP 01

❶ 输入LIMITS(图形界限)命令，按空格键两次；❷ 输入新界限297,210，按空格键。

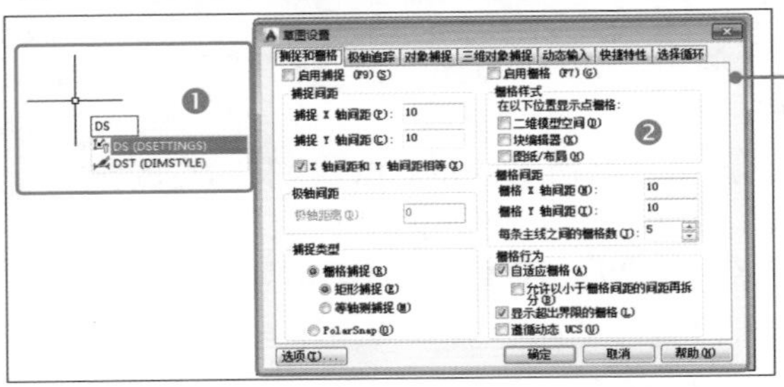

STEP 02

❶ 执行DS(草图设置)命令；❷ 打开“草图设置”对话框。

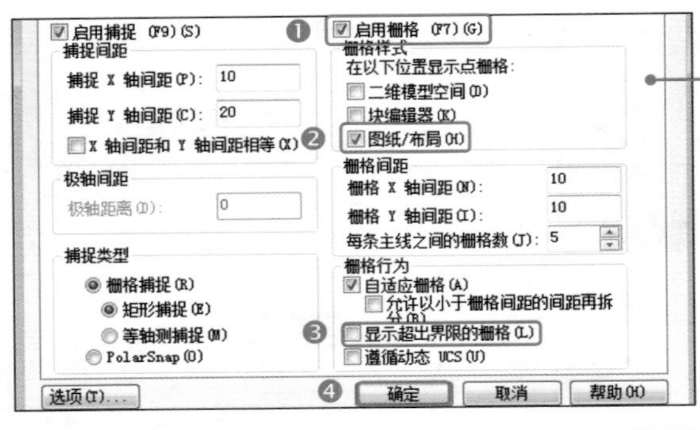

STEP 03

❶ 勾选“启用栅格”复选框；❷ 勾选“图纸/布局”复选框；❸ 取消勾选“显示超出界限的栅格”复选框；❹ 单击“确定”按钮，完成设置。

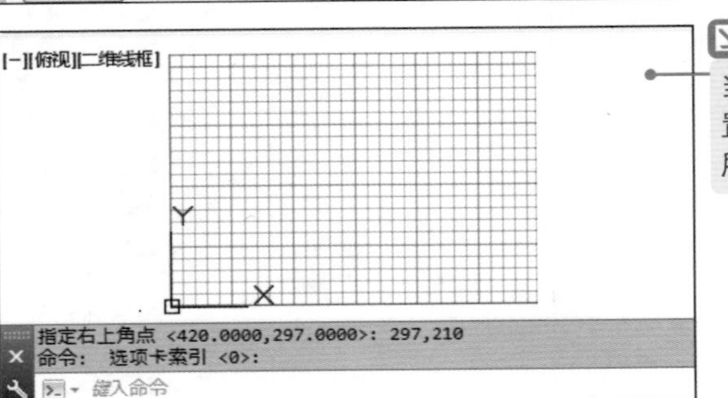

STEP 04

当前文件即显示新设置的图幅，如左图所示。

1.4.3 设置十字光标

在 AutoCAD 中，十字光标的大小是按屏幕大小的百分比确定的。用户可以根据自己的操作习惯，调整十字光标的大小。具体操作方法如下。

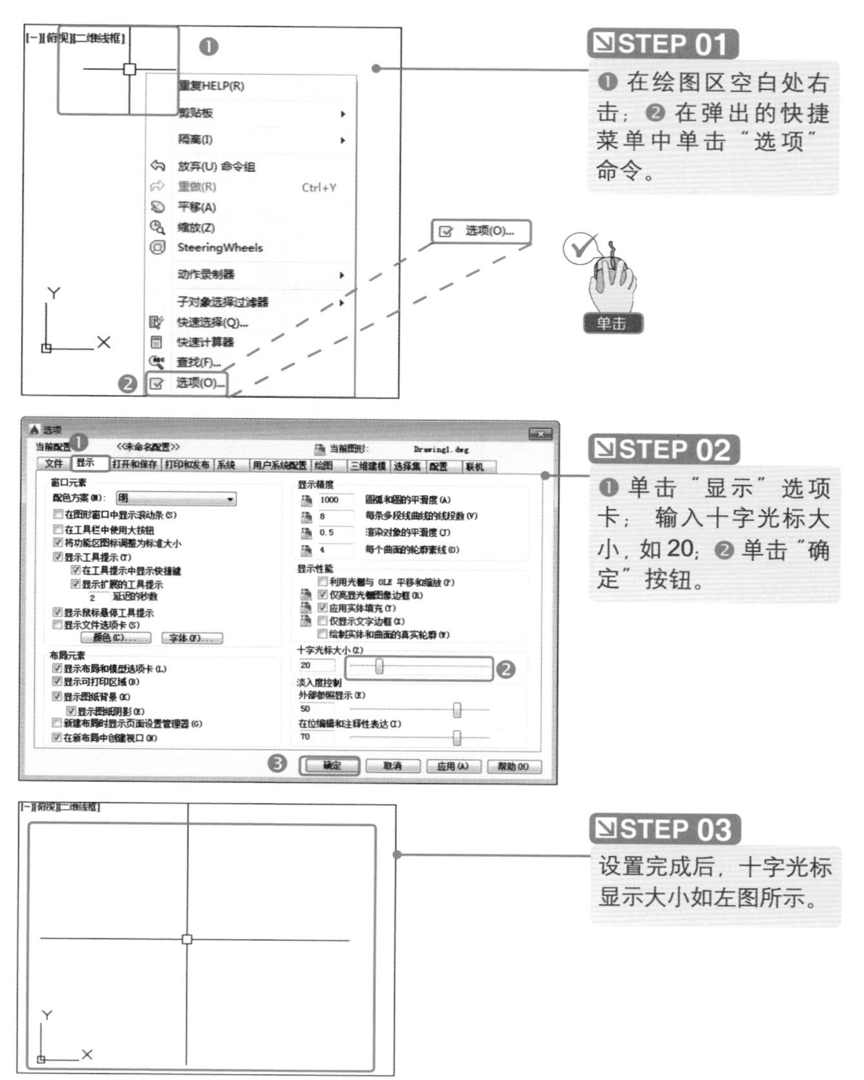

1.5 辅助功能的设置

AutoCAD 辅助绘图工具可以帮助用户在绘图过程中提高工作效率和绘图的准确性。辅助功能包括正交、捕捉和栅格、对象捕捉、动态输入等。

光盘同步文件

教学文件：光盘 \ 视频教学 \ 第 1 章 \ 新手入门 \1-5.mp4

1.5.1 捕捉模式

“捕捉模式”▦▾是设定捕捉的类型，主要指“栅格捕捉”和“矩形捕捉”，是对设置的图纸上的网点进行捕捉。“捕捉模式”主要是设置“捕捉打开”和“捕捉关闭”。具体操作方法如下。

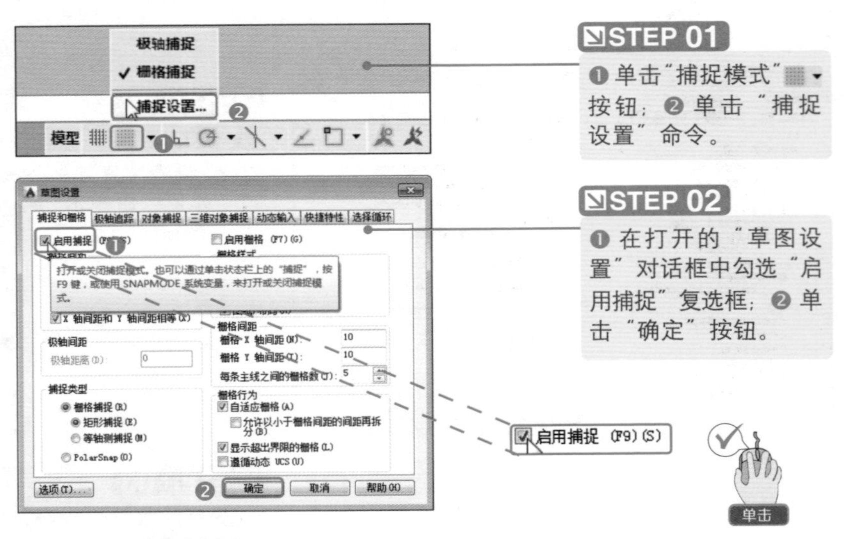

1.5.2 对象捕捉

“对象捕捉”主要起着精确定位的作用，绘制图形时根据设置的物体特征点进行捕捉，比如端点、圆心、中点、垂足等。具体操作方法如下。

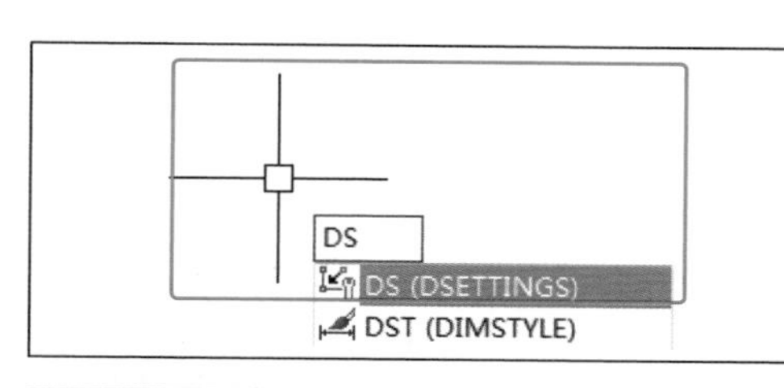

STEP 01

输入 DS（草图设置）命令，按空格键确定执行命令。

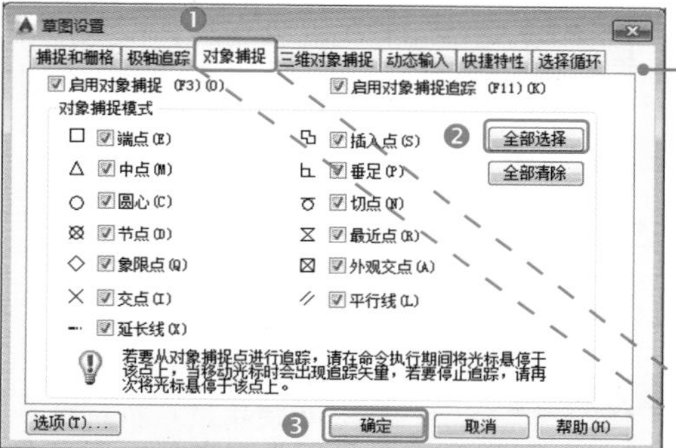

STEP 02

❶ 在打开的“草图设置”对话框中勾选“启用对象捕捉”复选框；❷ 单击“全部选择”按钮，勾选所有捕捉点复选框；❸ 单击“确定”按钮。

1.5.3 正交模式

打开“正交模式”后，绘制的所有对象都是直线。使用“正交”可以将光标限制在水平或者垂直方向上移动，也就是绘制的都是水平或垂直的对象，便于精确地创建和修改对象。具体操作方法如下。

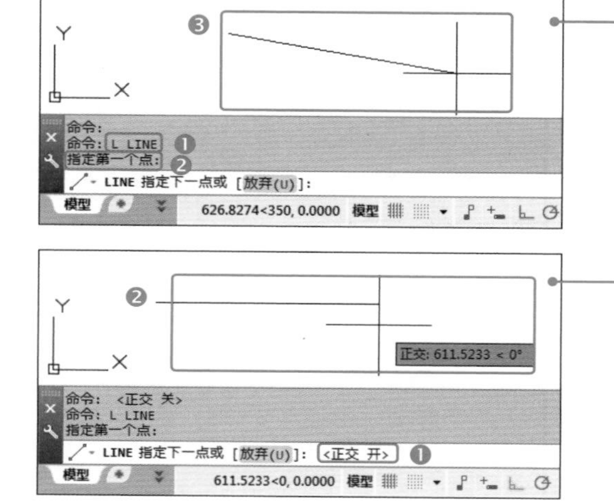

STEP 01

❶ 输入并执行 L（直线）命令；❷ 在绘图区单击指定直线的第一个点；❸ 移动鼠标显示绘制的为斜线。

STEP 02

❶ 按【F8】键打开正交模式；❷ 再移动鼠标时显示绘制的为直线。

1.5.4 动态输入

“动态输入”激活时，在鼠标指针右下角提供了一个命令提示，会随鼠标指针的移动动态显示信息。具体操作方法如下。

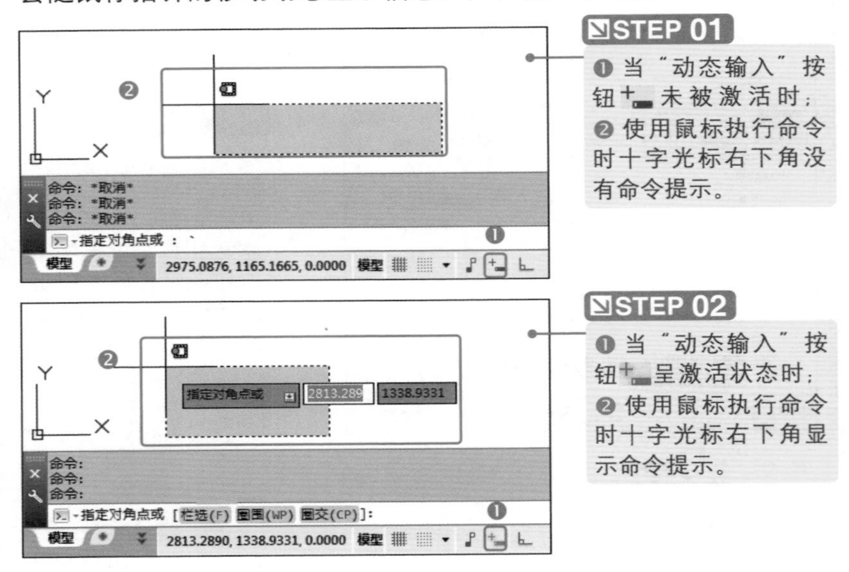

温馨提示：

“动态输入”可以隐藏命令行增加绘图屏幕区域，但是在很多操作中还是需要显示命令行，两者是可以互补的。

1.6 视图控制

在绘图的过程中，图形的真实尺寸要保持不变，才能更准确地绘制和查看图形，这就需要对视图进行控制。

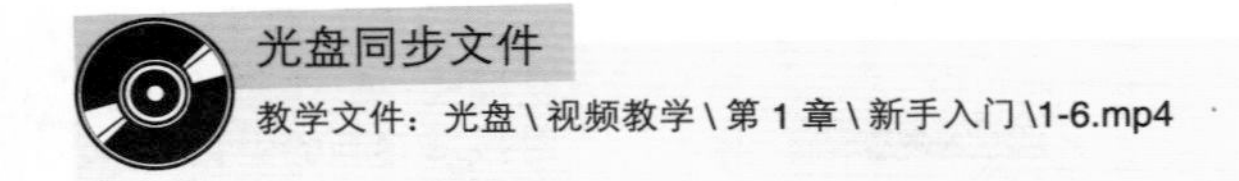

1.6.1 实时平移视图

平移视图是指在视图的显示比例不变的情况下，查看图形中任意部分的细节情况，而不会更改图形中的对象位置或比例。

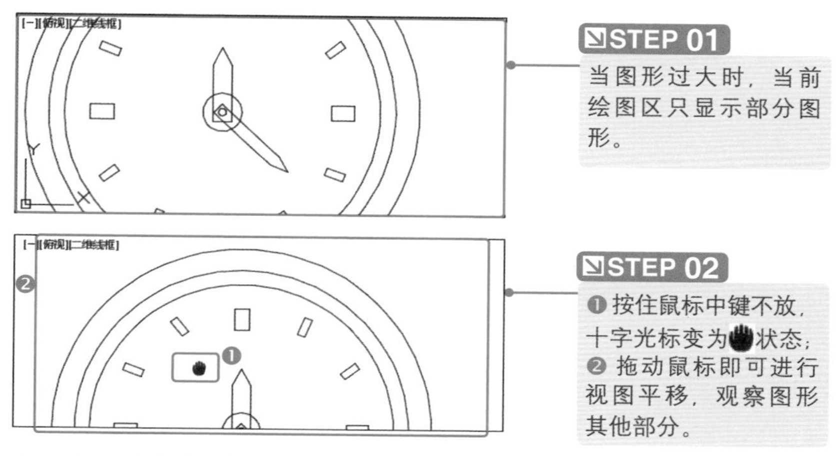

1.6.2 缩放视图

在 AutoCAD 中进行放大和缩小操作，便于对图形进行查看和修改，类似相机缩放；缩放图形时，图形的实际尺寸没有改变，只是在屏幕上的显示发生了变化。具体操作方法如下。

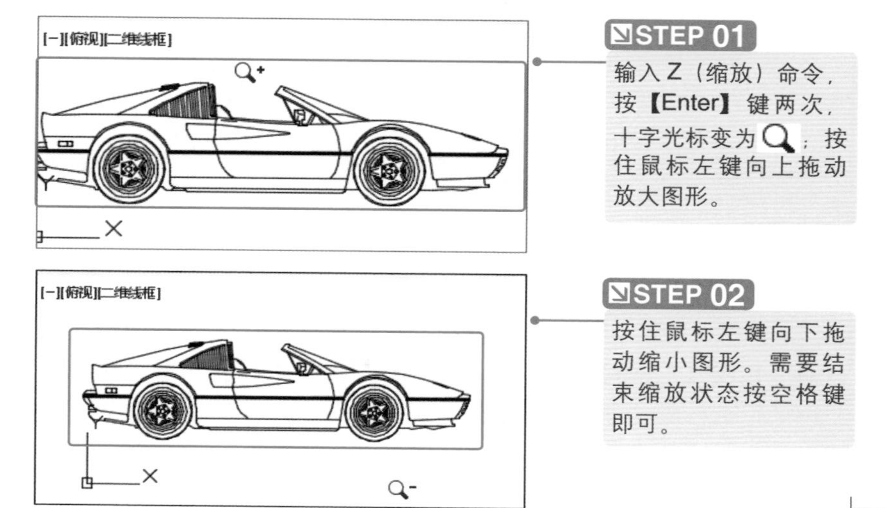

专家点拨 视图缩放的其他方法

在命令行中输入 Z（缩放）命令，按空格键确定；输入 A（全部）子命令，按空格键确定，可以将当前图形文件中的所有对象全部显示在当前屏幕上；绘图时滚动鼠标中键可快速缩放视图，双击滚轮可使全图显示。执行缩放命令的过程中，随时可按空格键或【Esc】键退出平移或缩放命令。

1.6.3 视口及三维视图

在使用 AutoCAD 绘图，尤其是绘制三维图形时，为了方便观看和编辑，既需要放大局部显示细节，又要看整体效果时，就需要对视口进行设置。具体操作方法如下。

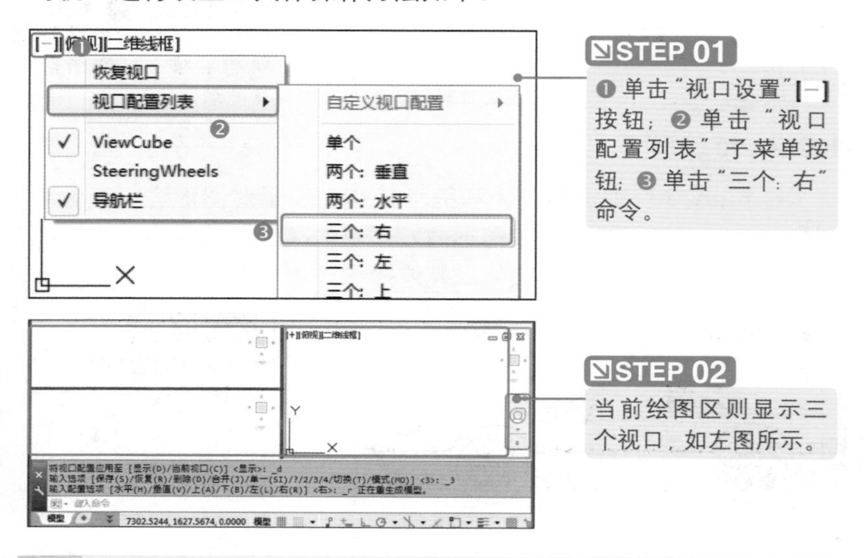

1.7 执行命令的方式

在 AutoCAD 中，命令的执行方式很灵活：在命令行中输入快捷命令后按【Enter】键执行命令、单击功能面板上的命令按钮、使用鼠标执行命令等，都可以执行相应命令。

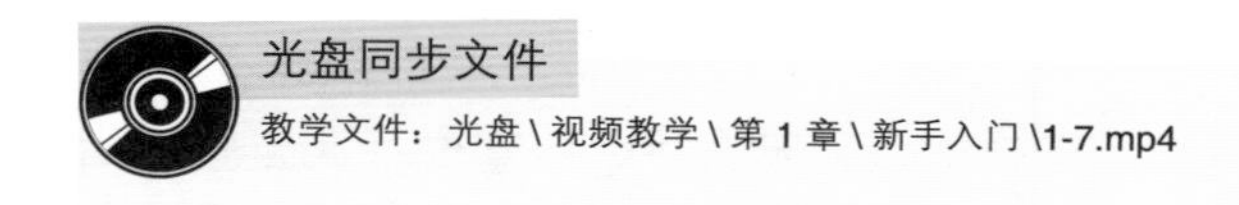

光盘同步文件

教学文件：光盘 \ 视频教学 \ 第 1 章 \ 新手入门 \1-7.mp4

1.7.1 输入命令

在 AutoCAD 中，要实现绘图的基本要求，可直接在键盘上输入相应命令或参数，按空格键即可执行。具体操作方法如下。

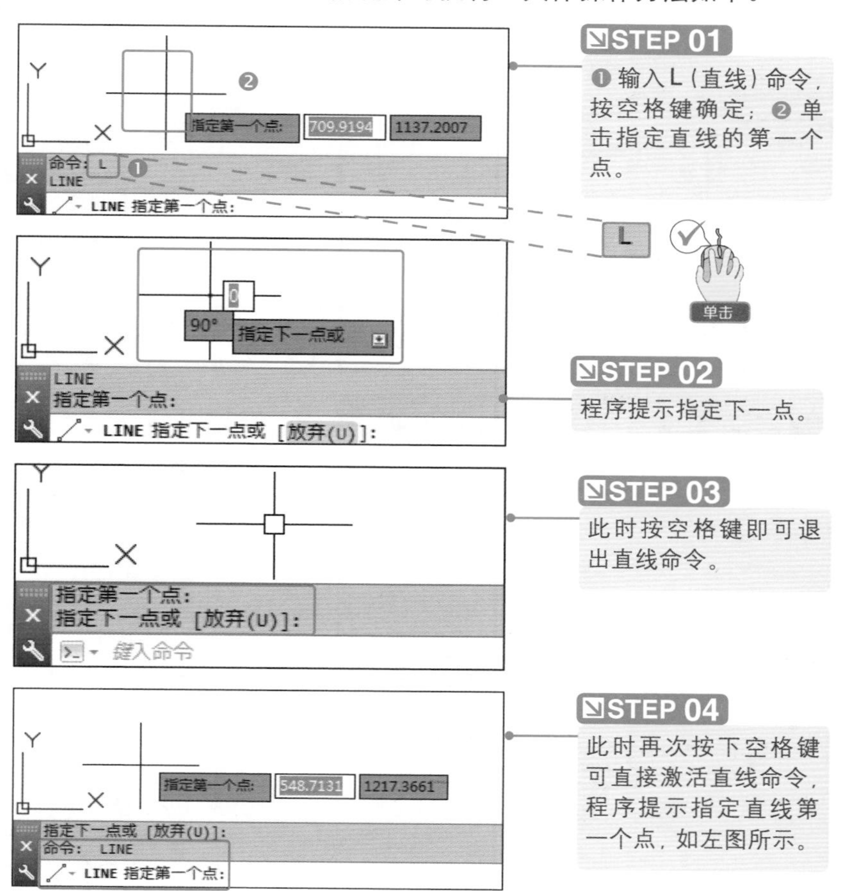

1.7.2 使用鼠标执行命令

在绘图区中，鼠标的指针通常显示为“十”字光标，当鼠标指针移至功能区、菜单栏时，会自动变为箭头形状，单击功能区或菜单栏中的按钮命令，即可执行相应的命令和动作。具体操作方法如下。

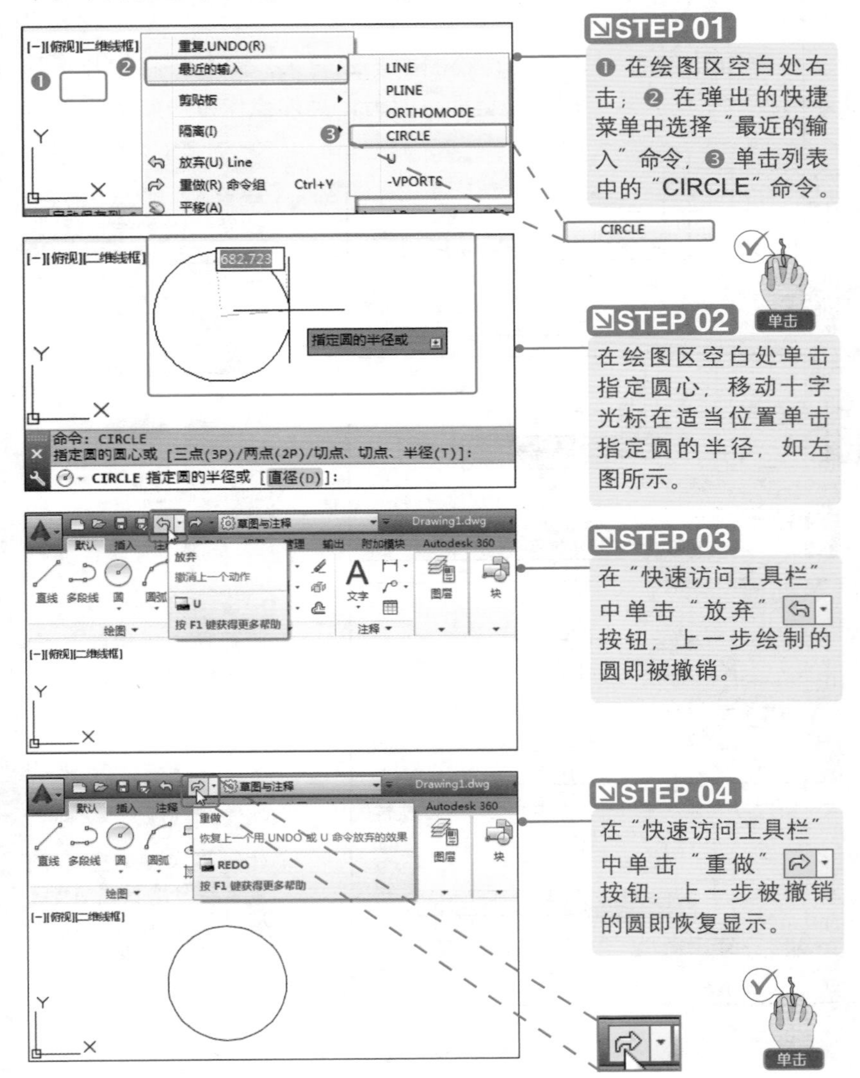

新手提高——实用技巧

通过前面入门部分知识的学习，相信初学者已经学会并掌握了相关基础知识。下面，介绍一些新手提高的技能知识。

光盘同步文件

教学文件：光盘 \ 视频教学 \ 第 1 章 \ 新手提高 \ 实用技巧 .mp4

NO.1 文件选项卡的使用

文件选项卡是 AutoCAD 2015 的新功能，在“最近使用的文档”区域的文档显示方式可以更换，具体操作方法如下。

STEP 01

在文件选项卡中，“最近使用的文档”区域默认显示文档缩略图及文件的基本信息。

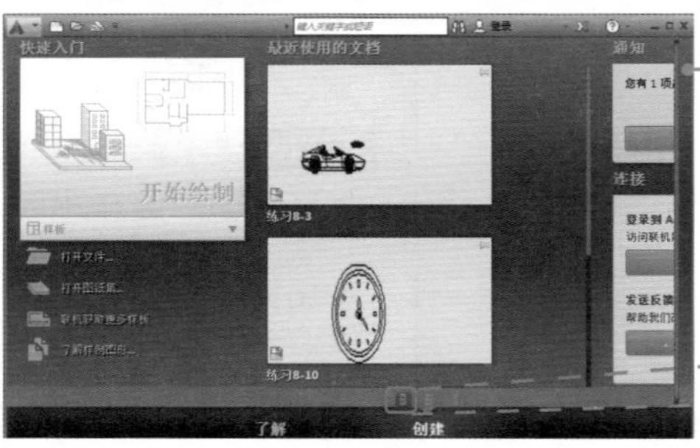

STEP 02

单击“ ”按钮可显示文档的大缩略图及文件名称。

STEP 03

单击“■”按钮显示文档的基本信息，但不显示缩略图。

NO.2 透明命令的运用

在绘图过程中会经常使用一种透明命令，它是在执行某一个命令的过程中，插入并执行的第二个命令；完成该命令后继续原命令的相关操作，整个过程原命令都是执行状态；插入透明命令一般是为了修改图形设置或打开辅助绘图工具命令，具体操作方法如下。

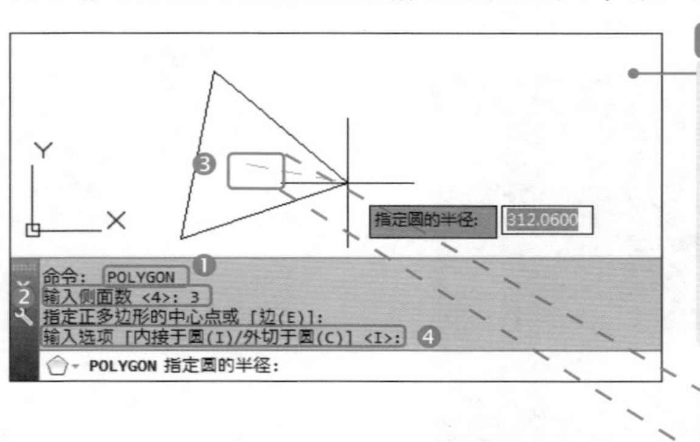

STEP 01

❶输入并执行POL（多边形）命令；❷输入侧面数3，按空格键确定；❸单击指定中心点；❹按空格键执行默认子命令（内接于圆）。

STEP 02

❶按【F8】键打开正交模式（透明命令）；❷图形显示处于正交模式状态。

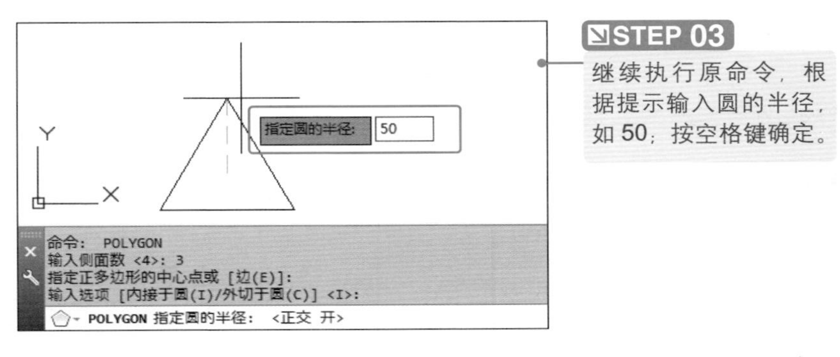

NO.3 调用菜单栏

AutoCAD 2015 取消了“AutoCAD 经典”工作空间，所以需要使用菜单命令时就要手动调用菜单栏。具体操作方法如下。

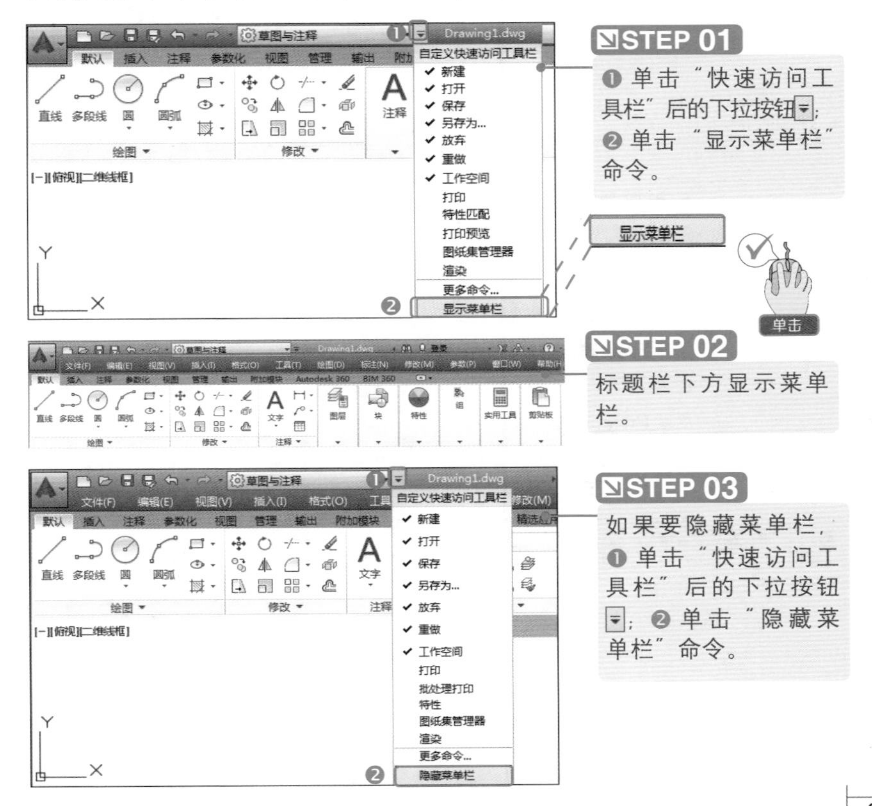

NO.4 切换工作空间

在 AutoCAD 2015 中，可以根据绘图的需要切换工作空间。具体操作方法如下。

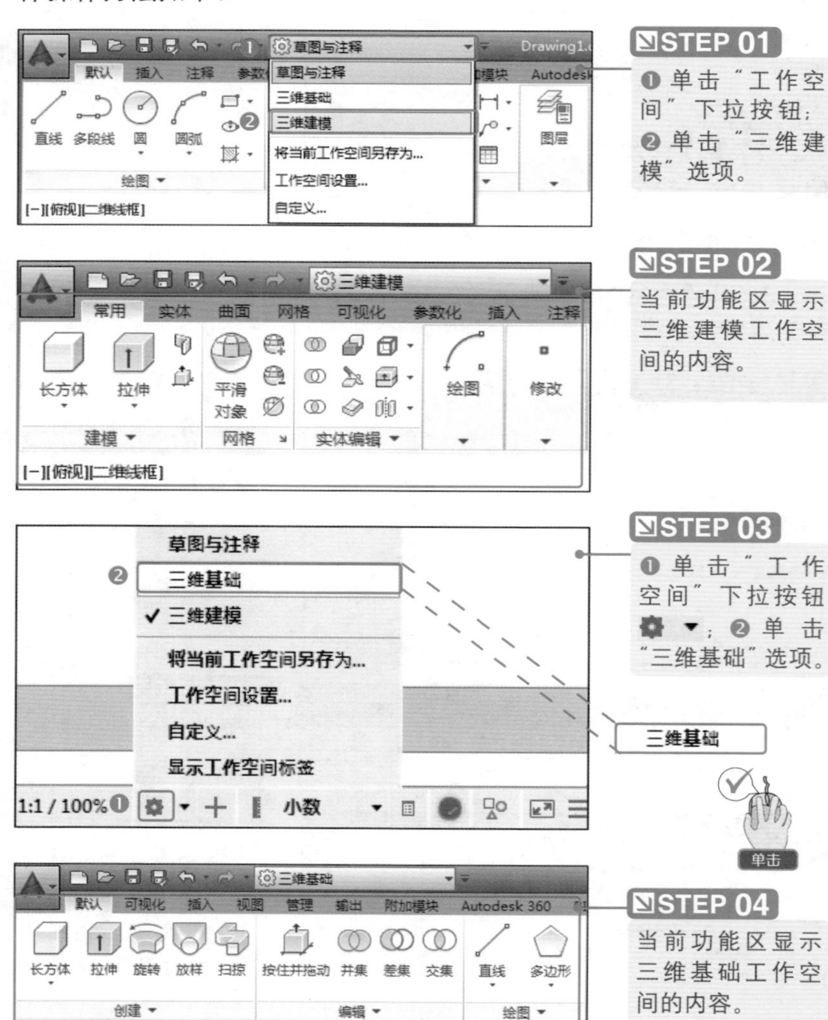

新手实训——为文件进行加密保存

通过前面 AutoCAD 界面的组成和文件管理的学习，为了巩固相关知识和强化综合动手能力，下面讲解为文件添加密码的方法。

实例效果

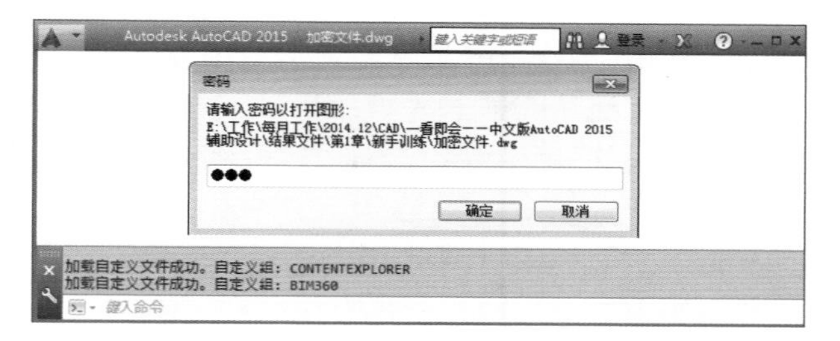

光盘同步文件

素材文件：光盘 \ 原始文件 \ 第 1 章 \ 新手实训 \ 无

结果文件：光盘 \ 结果文件 \ 第 1 章 \ 新手实训 \ 加密文件 .dwg

教学文件：光盘 \ 视频教学 \ 第 1 章 \ 新手实训 \ 加密文件 .mp4

制作步骤

首先新建文件并执行保存命令，在“图形另存为”对话框中设置保存选项，接着创建密码并保存文件。具体操作方法如下。

STEP 01

打开需要加密的文件，❶ 单击“菜单浏览器” 按钮；❷ 单击“另存为”下拉按钮；❸ 单击“图形”命令。

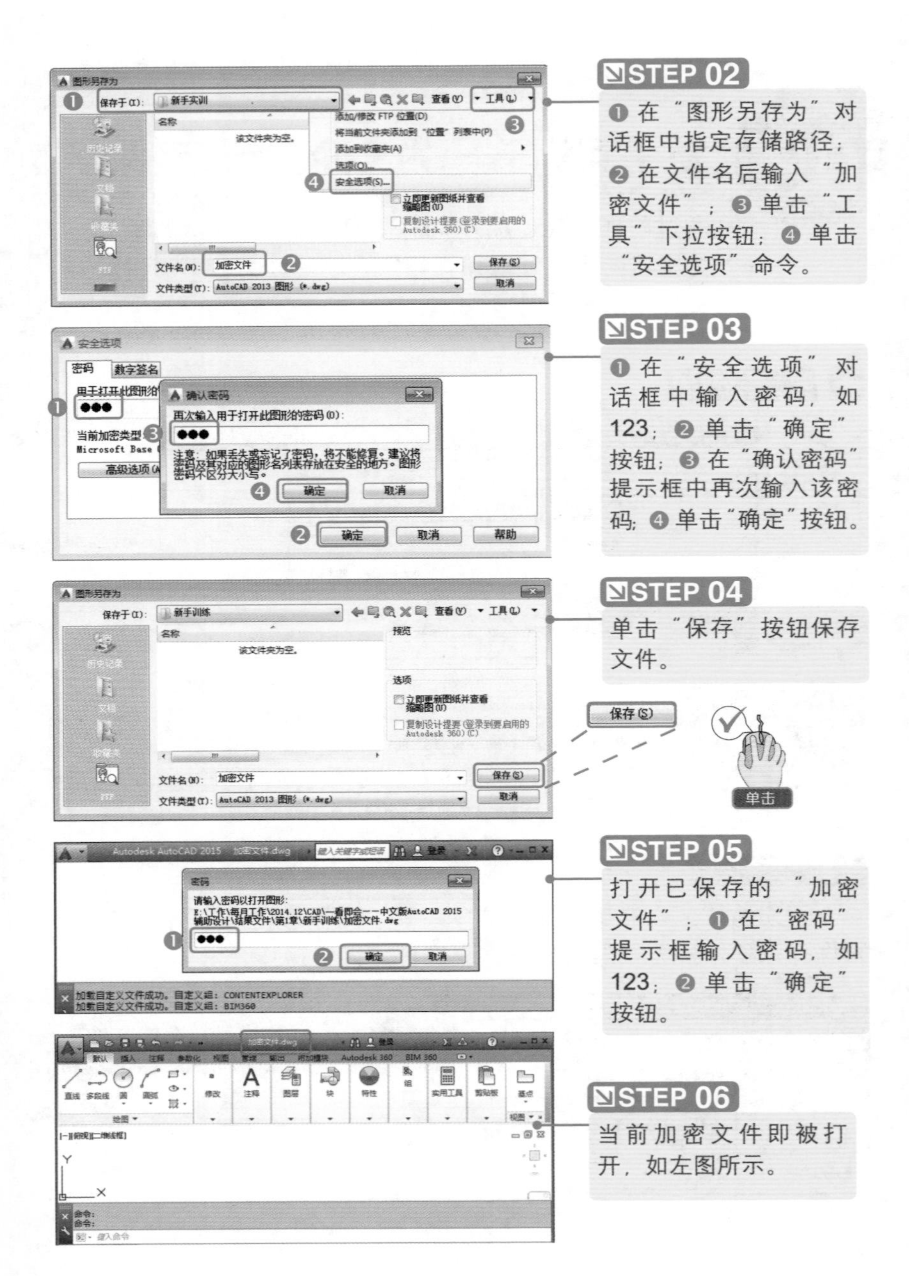

STEP 02

❶ 在“图形另存为”对话框中指定存储路径；❷ 在文件名后输入“加密文件”；❸ 单击“工具”下拉按钮；❹ 单击“安全选项”命令。

STEP 03

❶ 在“安全选项”对话框中输入密码，如123；❷ 单击“确定”按钮；❸ 在“确认密码”提示框中再次输入该密码；❹ 单击“确定”按钮。

STEP 04

单击“保存”按钮保存文件。

STEP 05

打开已保存的“加密文件”；❶ 在“密码”提示框输入密码，如123；❷ 单击“确定”按钮。

STEP 06

当前加密文件即被打开，如左图所示。

Chapter

创建常用二维图形

关于本章：

绘制二维图形是 AutoCAD 2015 最基本的功能，创建起来比较简单，也比较容易；只有熟练掌握了二维图形的绘制方法，才能绘制出更复杂的图形。

知识要点

掌握在 AutoCAD 2015 中绘制点的方法

掌握在 AutoCAD 2015 中绘制线的方法

掌握在 AutoCAD 2015 中绘制封闭图形的方法

掌握在 AutoCAD 2015 中绘制圆弧和圆环的方法

效果展示

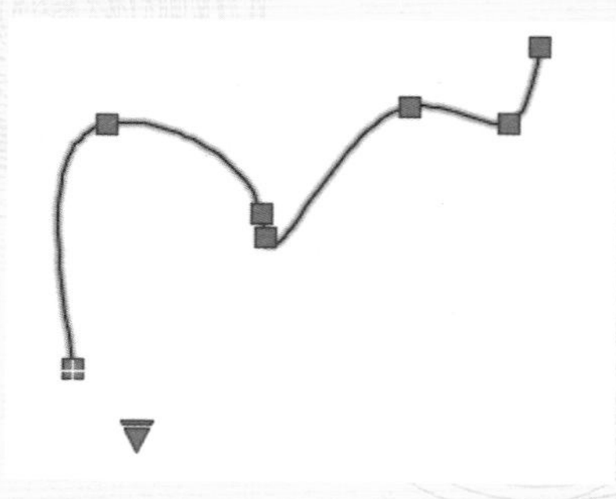

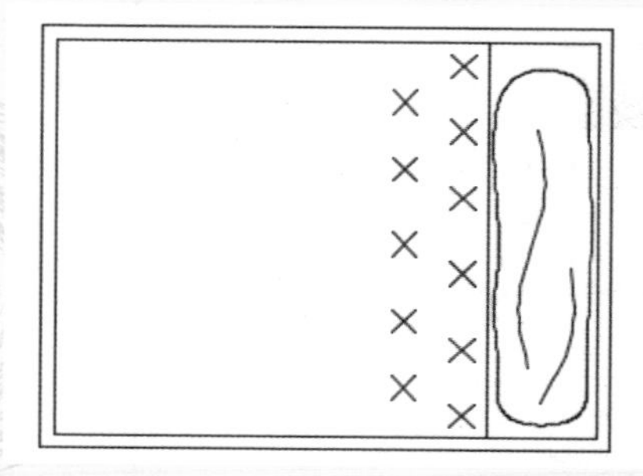

Lesson 01

新手入门——必学基础

对于初学 AutoCAD 2015 的读者，首先需要学习 AutoCAD 图形创建的相关基础知识，包括线型对象、多边形对象、创建圆形对象等。

2.1 绘制点

“点”是组成图形最基本的元素，除了可以作为图形的一部分，还可以作为绘制其他图形时的控制点和参考点。

光盘同步文件

素材文件：光盘 \ 原始文件 \ 无

结果文件：光盘 \ 结果文件 \ 第 2 章 \ 新手入门 \

教学文件：光盘 \ 视频教学 \ 第 2 章 \ 新手入门 \2-1.mp4

2.1.1 设置点样式

在 AutoCAD 2015 中，程序默认的点是没有长度和大小的，绘制时仅在绘图区显示为一个小圆点，很难看见；为了确定其位置，可以根据需要设置多种不同形状的点样式。具体操作方法如下。

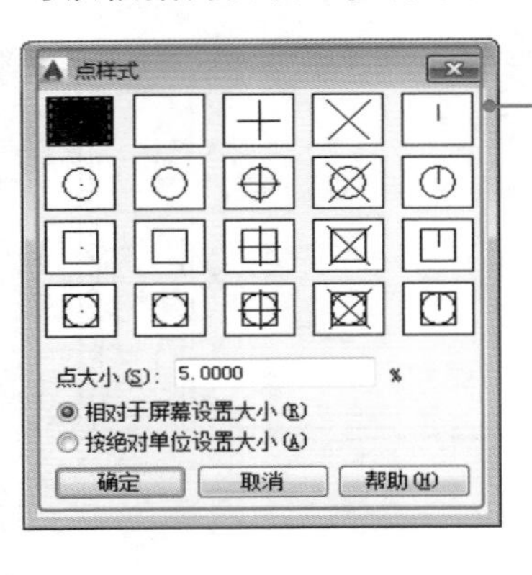

STEP 01

输入并执行 PTY（点样式）命令，打开“点样式”对话框，第一个点样式为程序默认的点样式。

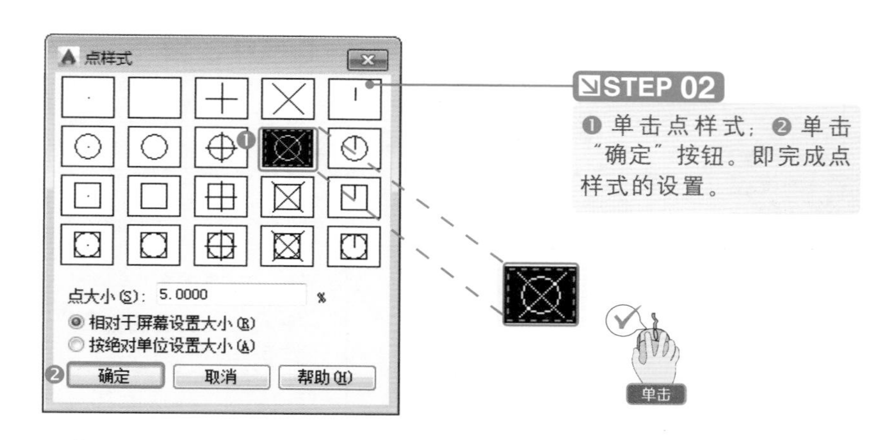

温馨提示：

“绘制点”分为绘制单点和多点；在 AutoCAD 2015 的“草图与注释”工作空间中，绘制单点是输入点命令的快捷命令“PO”，按空格键确定执行即可完成绘制；绘制多点的方法是在“绘图”按钮中单击“多点”命令。

2.1.2 绘制点

在 AutoCAD 中，绘制的点对象除了可以作为图形的一部分外，也可以作为绘制其他图形时的控制点和参考点。具体操作方法如下。

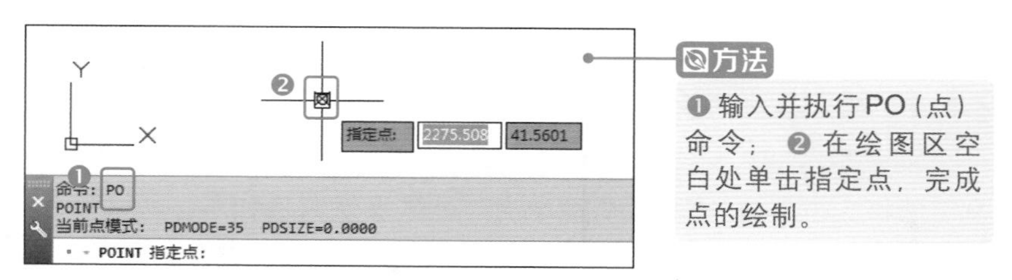

2.1.3 绘制定数等分点

“定数等分”就是在对象上按指定数目等间距创建点或插入块，这个操作并不将对象实际等分为单独的对象；它仅仅是标明定数等分的位置，以便将它们作为几何参考点。具体操作方法如下。

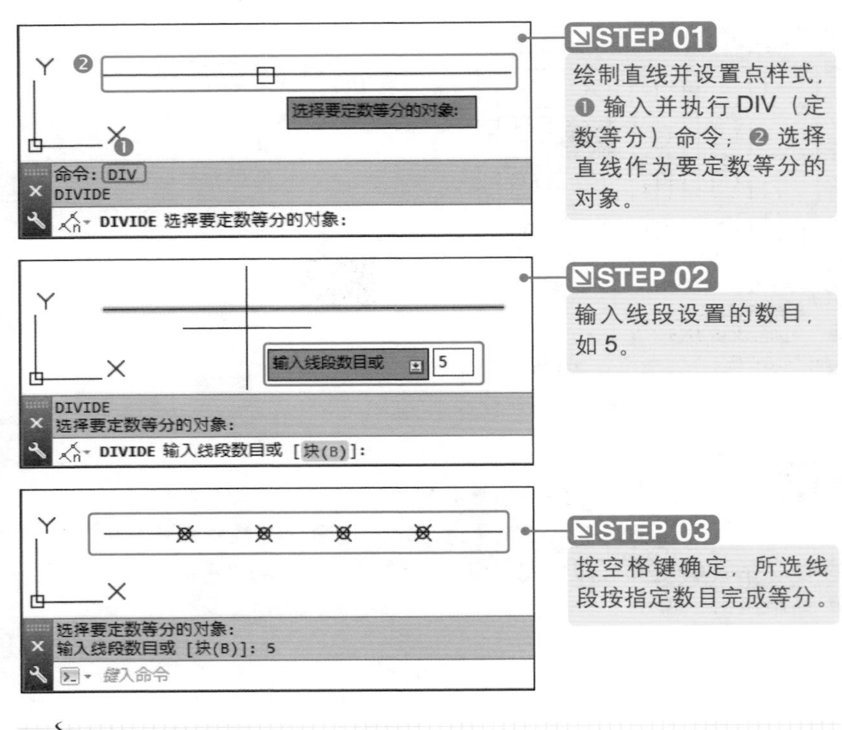

STEP 01

绘制直线并设置点样式，❶ 输入并执行 DIV（定数等分）命令；❷ 选择直线作为要定数等分的对象。

STEP 02

输入线段设置的数目，如 5。

STEP 03

按空格键确定，所选线段按指定数目完成等分。

温馨提示：

DIV 命令创建的点对象，可以作为其他图形的捕捉点。生成的点标记并没有将图形断开，而只是起到等分测量的作用。

2.1.4 绘制定距等分点

“定距等分”就是将对象按照指定的长度进行等分，或在对象上按照指定的距离创建点或插入块。具体操作方法如下。

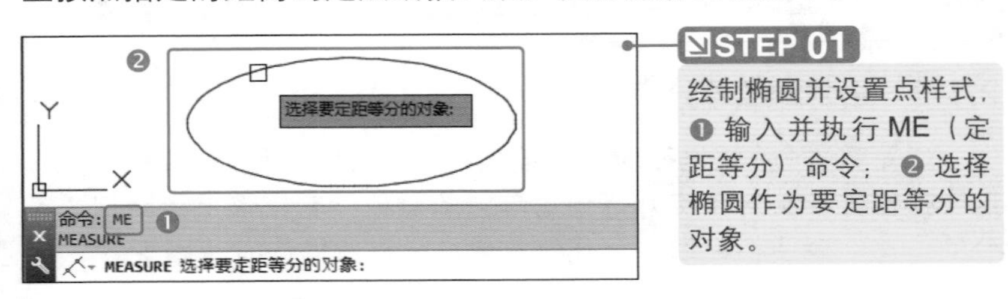

STEP 01

绘制椭圆并设置点样式，❶ 输入并执行 ME（定距等分）命令；❷ 选择椭圆作为要定距等分的对象。

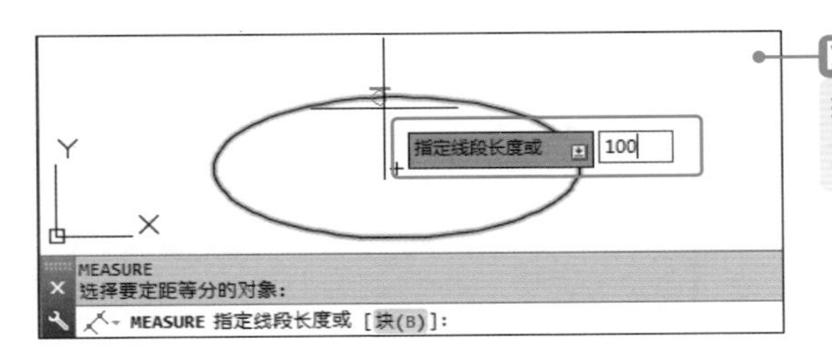

STEP 02

输入椭圆指定的长度，如100。

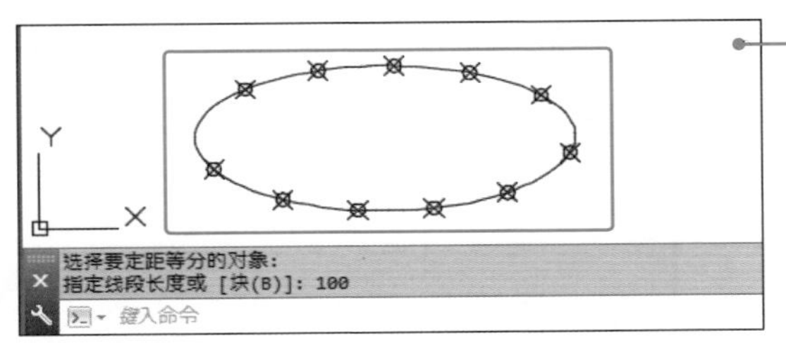

STEP 03

按空格键确定，所选椭圆按指定长度完成等分。

专家点拨 使用“定数等分”命令

使用“定数等分”命令是将目标对象按指定的数目平均分段；使用“定距等分”命令是将目标对象按指定的距离分段，是先指定所要创建的点与点之间的距离，再根据该间距值分割所选对象。等分后子线段的数量等于原线段长度除以等分距离，如果等分后有多余的线段则为剩余线段。

2.2 绘制线

在 AutoCAD 2015 中，线型对象主要包括直线、多段线、样条曲线等，利用这些命令可以绘制常见的图形。下面具体介绍各类线型绘图命令的运用。

光盘同步文件

素材文件：光盘 \ 原始文件 \ 无

结果文件：光盘 \ 结果文件 \ 第 2 章 \ 新手入门 \

教学文件：光盘 \ 视频教学 \ 第 2 章 \ 新手入门 \2-2.mp4

2.2.1 绘制直线

“直线”是指有起点有终点，呈水平或垂直方向绘制的线条。一条直线绘制完成后，可以继续以该线段的终点作为起点，然后指定下一个终点，依此类推，即可绘制首尾相连的图形。具体操作方法如下。

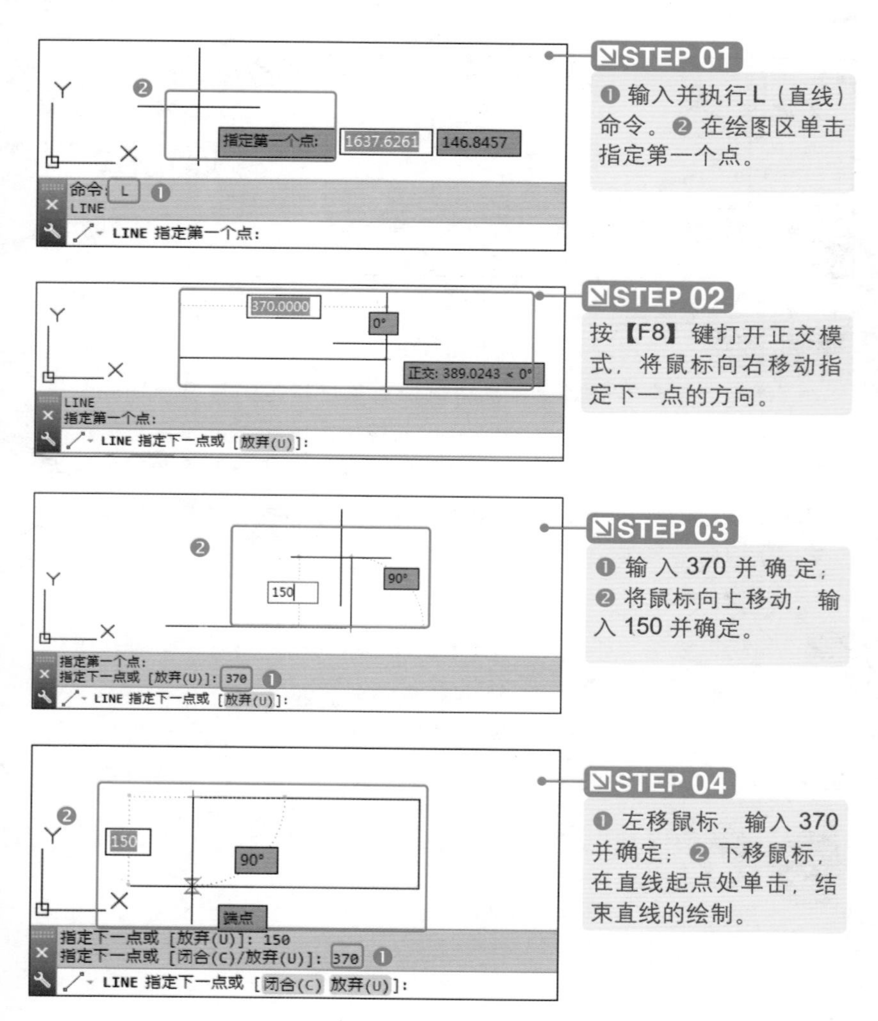

温馨提示：

在绘制直线时，如果因为画面上的线条太多不好区分，可以指定直线的特性，包括颜色、线型和线宽等内容。

2.2.2 绘制多段线

“多段线”是 AutoCAD 中绘制的类型最多，可以相互连接的序列线段。创建的对象可以是直线段、弧线段或两者的组合线段。具体操作方法如下。

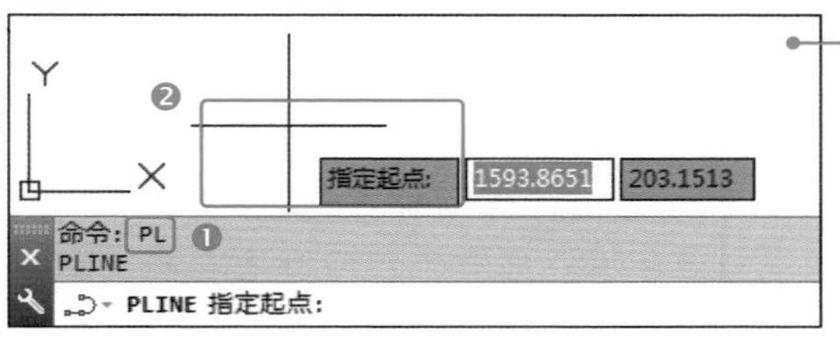

STEP 01

❶ 输入并执行 PL（多段线）命令；❷ 在绘图区单击指定第一个点。

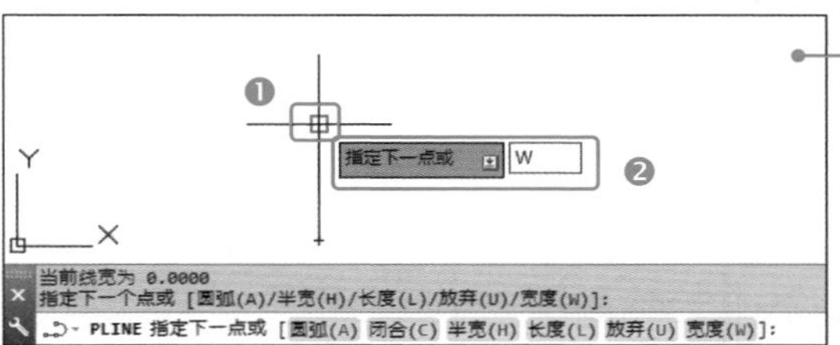

STEP 02

❶ 向上移动鼠标单击指定下一个点；❷ 指定输入子命令宽度 W 并按空格键确定。

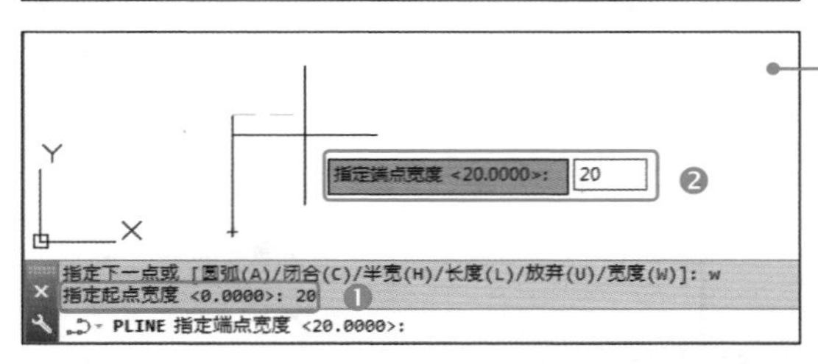

STEP 03

右移鼠标，❶ 输入起点宽度 20 并按空格键确定；❷ 输入端点宽度 20 并按空格键确定。

STEP 04

❶ 单击指定下一点，下移鼠标；❷ 输入子命令宽度 W 并确定；❸ 输入起点宽度 0 并确定；❹ 输入端点宽度 0 并确定标。

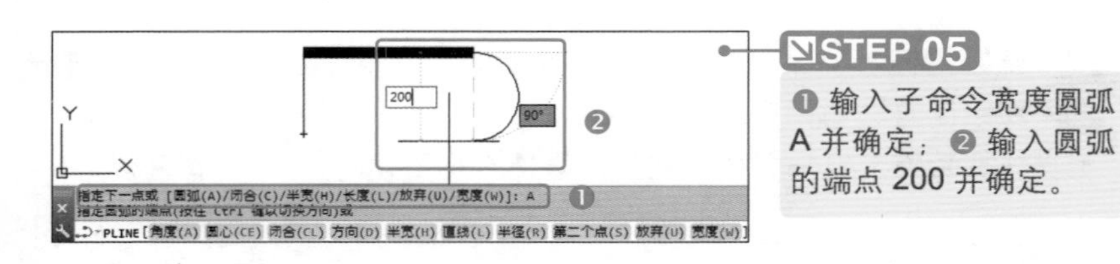

专家点拨 绘制多段线的技巧

使用直线绘制的线段每指定一个端点即一个线段，连续指定点则为断开的多条直线；而使用多段线绘制线条时无论指定几个点或无论使用多少线宽，使用什么类型，多段线都是一条连接在一起的线段。

2.2.3 绘制多线

“多线”由 1~16 条平行线组成，这些平行线称为元素。绘制多线时，可以使用程序默认包含两个元素的“STANDARD”样式，可以加载已有的样式，也可以新建多线样式，以控制元素的数量和特性。具体操作方法如下。

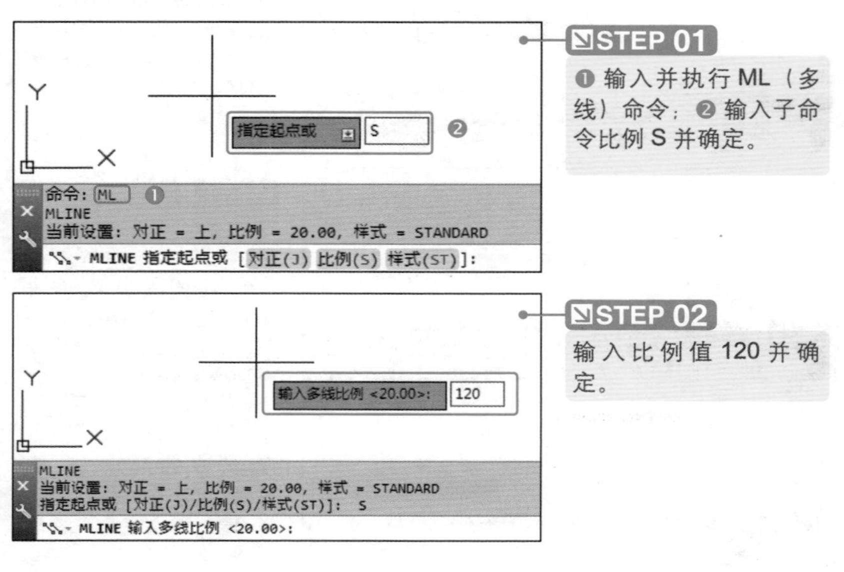

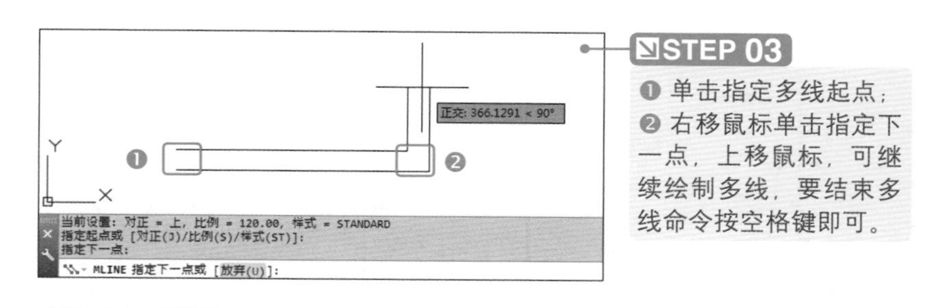

专家点拨 多线的使用技巧

多线与直线的绘制方法相似，不同的是多线是由两条线型相同的平行线组成。绘制的第一条多线是一个整体，不能对其进行偏移、倒角、延伸和修剪等编辑，只能使用“分解”命令将其分解成多条直线后才可以编辑。

2.2.4 绘制样条曲线

“样条曲线”是由一系列点构成的平滑曲线，选择样条曲线后，曲线周围会显示控制点，可以根据自己的实际需要，通过调整曲线上的起点、控制点来控制曲线的形状。具体操作方法如下。

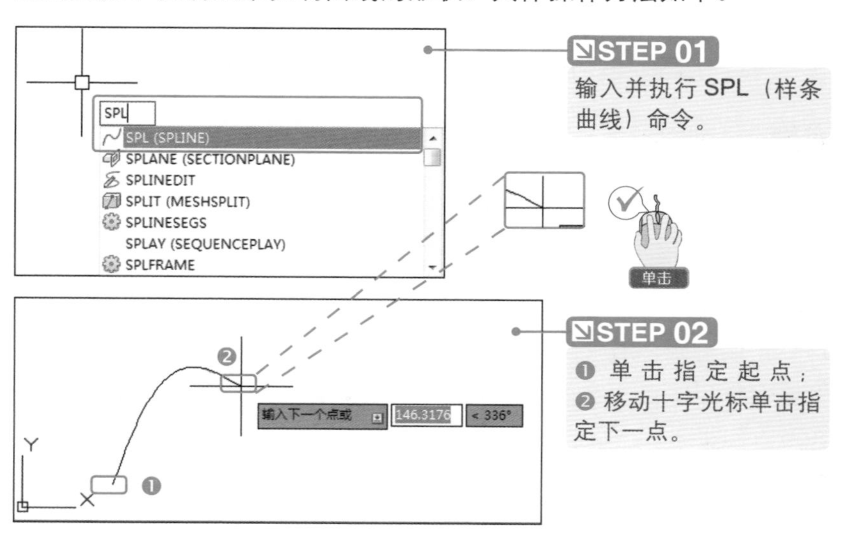

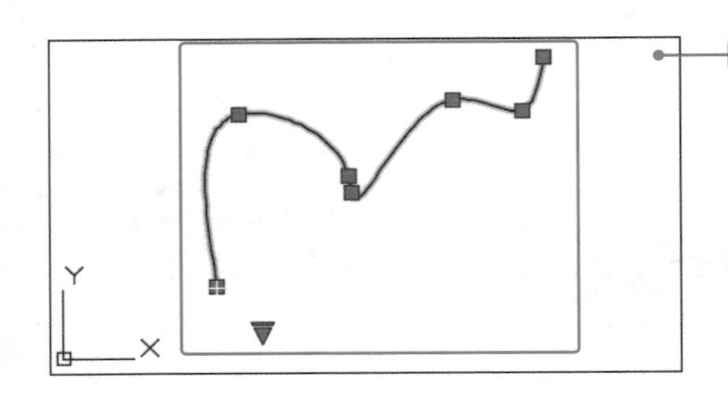

STEP 03

依次单击指定下一点，按空格键结束样条曲线命令，选择该样条曲线，如左图所示。

专家点拨 样条曲线的使用技巧

样条曲线的快捷命令是“SPL”，分为“拟合”和“控制点”两个命令：“控制点”是在绘制样条曲线的过程中，曲线周围会显示由控制点构成的虚框；“拟合”不会出现虚框，控制点就在绘制样条曲线时所指定的点上，用户可以根据自己的实际需要，通过调整曲线上的起点、控制点来控制曲线的形状。样条曲线最少应该有3个顶点。

2.3 绘制封闭的图形

封闭的图形是指起点和终点闭合的图形，包括矩形、多边形、圆等对象。下面具体介绍一下这些图形的绘制方法。

光盘同步文件

素材文件：光盘\原始文件\无

结果文件：光盘\结果文件\第 2 章\新手入门\

教学文件：光盘\视频教学\第 2 章\新手入门\2-3.mp4

2.3.1 绘制矩形

矩形包括正方形、长方形，它能组成各种不同的图形，还可以设置倒角、圆角、宽度、厚度值等参数，改变矩形的形状。具体操作方法如下。

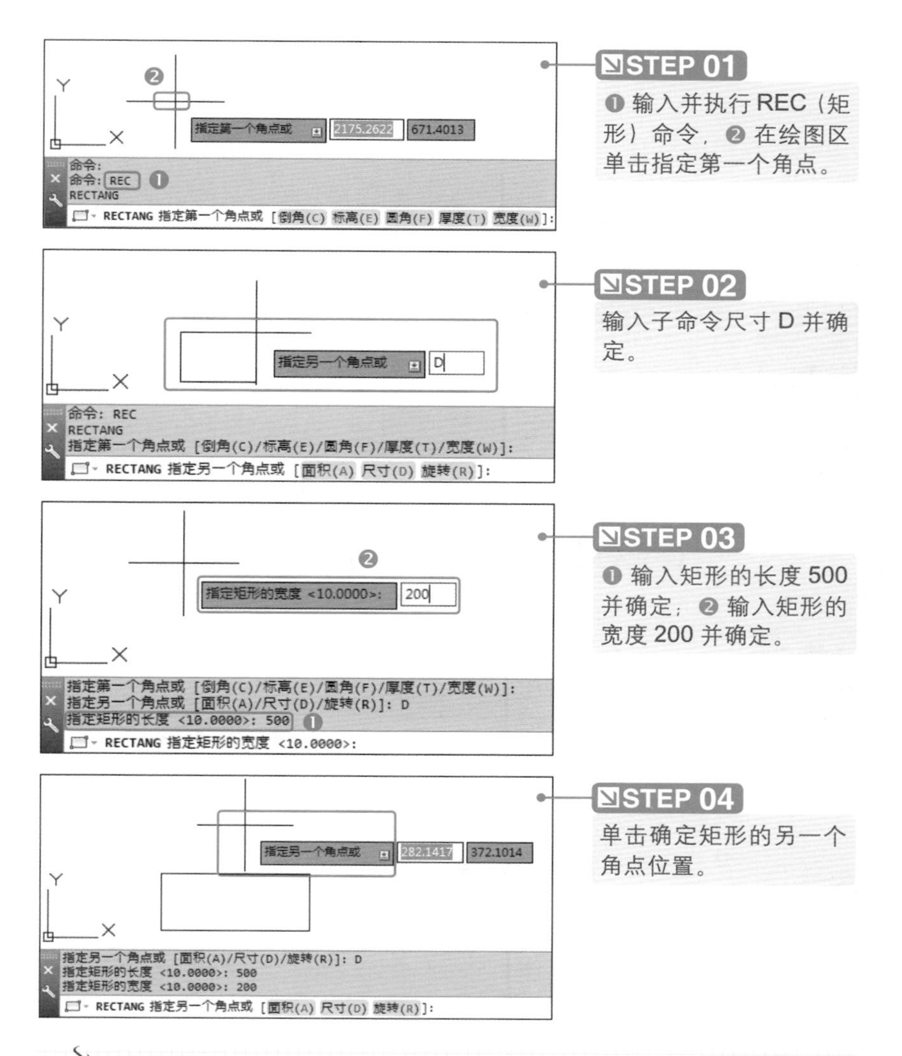

STEP 01

❶ 输入并执行 REC（矩形）命令，❷ 在绘图区单击指定第一个角点。

STEP 02

输入子命令尺寸 D 并确定。

STEP 03

❶ 输入矩形的长度 500 并确定；❷ 输入矩形的宽度 200 并确定。

STEP 04

单击确定矩形的另一个角点位置。

温馨提示：

在使用子命令尺寸“D”绘制矩形时，一定要注意输入完所有尺寸并按空格键后，矩形的位置并没有固定，必须再次单击才能确定其位置。在输入数字来确定矩形长和宽的时候，输入矩形尺寸，如“@500,500”，中间的“逗号”必须是英文小写状态。矩形也可以是长和宽相等的正方形。

2.3.2 绘制多边形

“多边形”是指含有 3 条至 3 条以上线条组成的封闭形状。在 AutoCAD 中，多边形可以创建具有 3~1 024 条等长边的闭合多段线。具体操作方法如下。

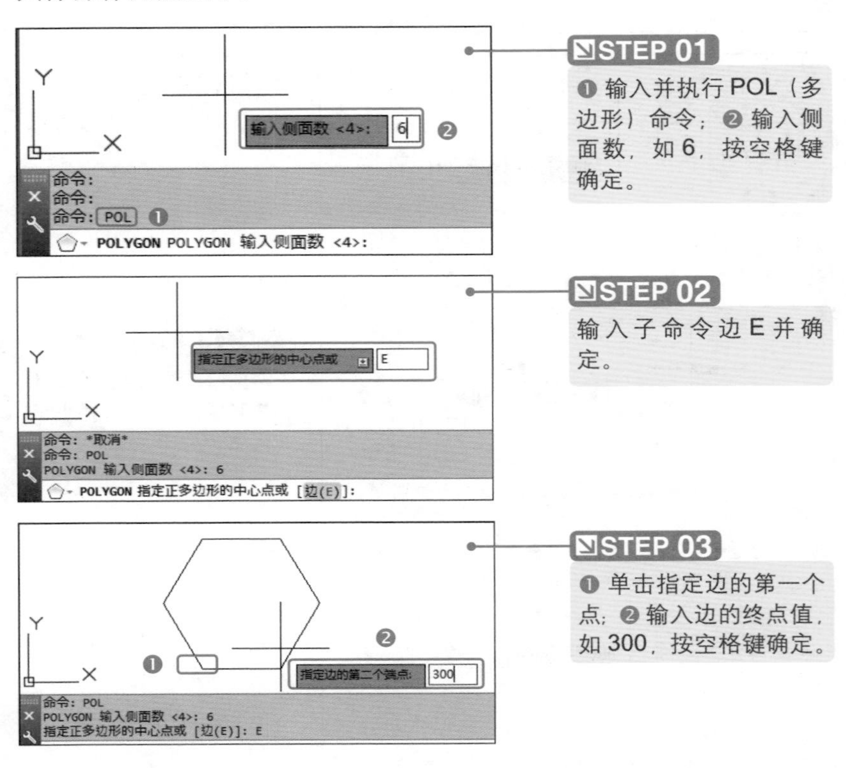

专家点拨　多边形的绘制特点

多边形最少由 3 条等长边组成，边数越多形状越接近于圆。“中心点”选项分为“内接于圆”和“外切于圆”：内接于圆表示以指定正多边形内接圆半径的方式来绘制多边形；外切于圆表示以指定正多边形外切圆半径的方式来绘制多边形。“边”是以指定多边形边的方式来绘制，通过边的数量和长度确定正多边形。正多边形也被看作一条闭合多段线，可用“编辑多段线”命令对其编辑，也可以用“分解”命令将其分解。

2.3.3 绘制圆

在绘制圆的众多方法中，使用指定中心点、半径的方式绘制圆是最常用的方式。具体操作方法如下。

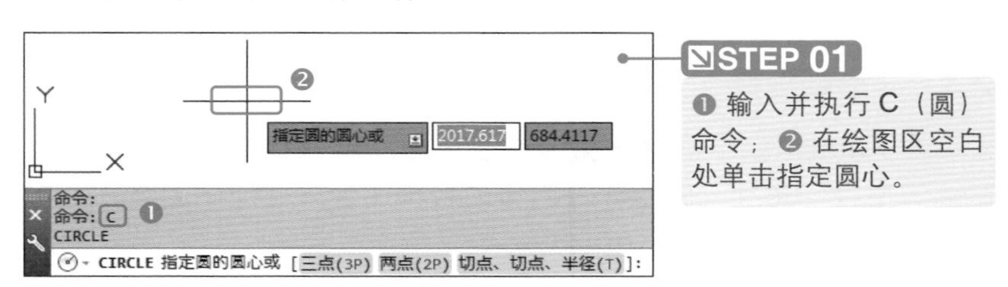

STEP 01

❶ 输入并执行 C（圆）命令；❷ 在绘图区空白处单击指定圆心。

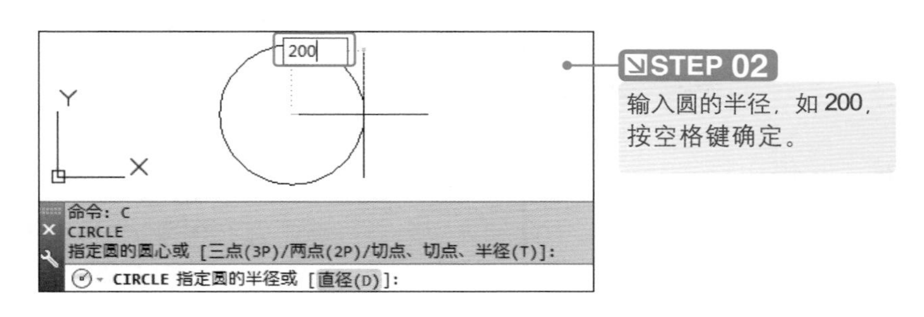

STEP 02

输入圆的半径，如200，按空格键确定。

专家点拨　创建圆的方法技巧

在 AutoCAD 中，要创建圆，可以指定圆心、半径、直径、圆周上的点和其他对象上的点的不同组合。除了用圆和半径或直径画圆外，也可以用两点方式画圆，即指定两个端点来确定圆的大小。还可以用三点方式画圆，在用三点方式画圆的命令中，执行以三个点来确定圆的大小时，系统会指定第一点、第二点和第三点；根据提示完成圆的绘制即可。

2.4 绘制圆弧和圆环

在 AutoCAD 中，不仅可以用多种方式绘制圆弧，还可以绘制圆环。下面进行具体讲解。

光盘同步文件

素材文件：光盘\原始文件\无

结果文件：光盘\结果文件\第 2 章\新手入门\

教学文件：光盘\视频教学\第 2 章\新手入门\2-4.mp4

2.4.1　绘制圆弧

在 AutoCAD 中创建圆弧的方法很多，可以指定圆心、端点、起点、半径、角度、弦长和方向值的各种组合方式绘制圆弧。具体操作方法如下。

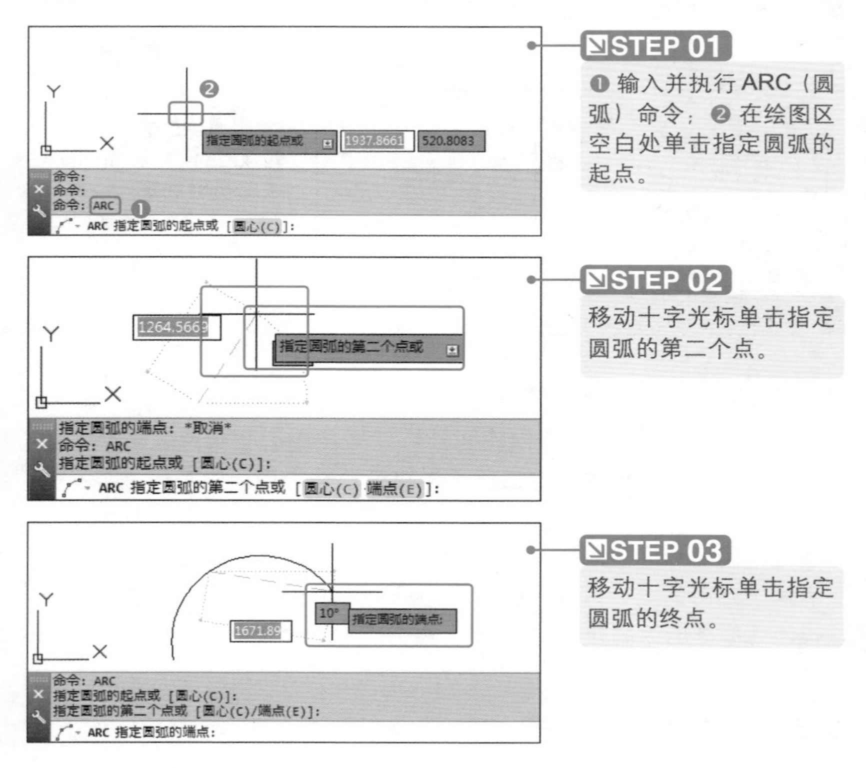

2.4.2　绘制圆环

“圆环”是填充环或实体填充圆，即带有宽度的闭合多段线。要创建圆环，必须指定它的内外直径和圆心；通过指定不同的中心点，可以创建具有相同直径的多个圆环。具体操作方法如下。

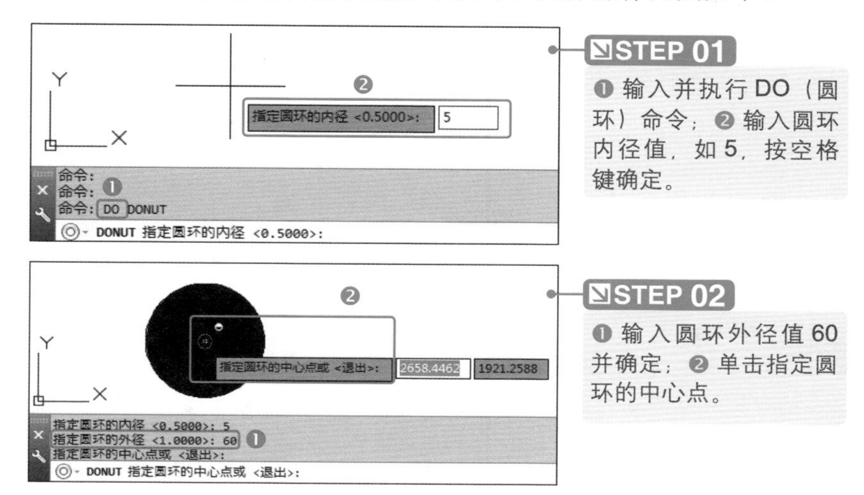

STEP 01

❶ 输入并执行 DO（圆环）命令；❷ 输入圆环内径值，如 5，按空格键确定。

STEP 02

❶ 输入圆环外径值 60 并确定；❷ 单击指定圆环的中心点。

温馨提示：

“圆环”实质上是一种特殊的多段线，可以有任意的内径和外径；如果内径和外径的值相等，则圆环看上去就是一个普通的没有厚度的圆；如果内径值为“0”，则圆环是一个实心圆。

Lesson 02 新手提高——实用技巧

通过前面常用二维绘图命令的学习，相信初学者已经学会并掌握了相关二维图形的绘制知识。下面，介绍一些新手提高的技能知识。

光盘同步文件

素材文件：光盘 \ 原始文件 \ 无

结果文件：光盘 \ 结果文件 \ 第 2 章 \ 新手提高 \

教学文件：光盘 \ 视频教学 \ 第 2 章 \ 新手提高 \ 实用技巧 .mp4

NO.1 构造线的使用

“构造线”是两端都可以无限延伸的直线。在实际绘图时，构造线常用来做其他对象的参照，其操作方法如下。

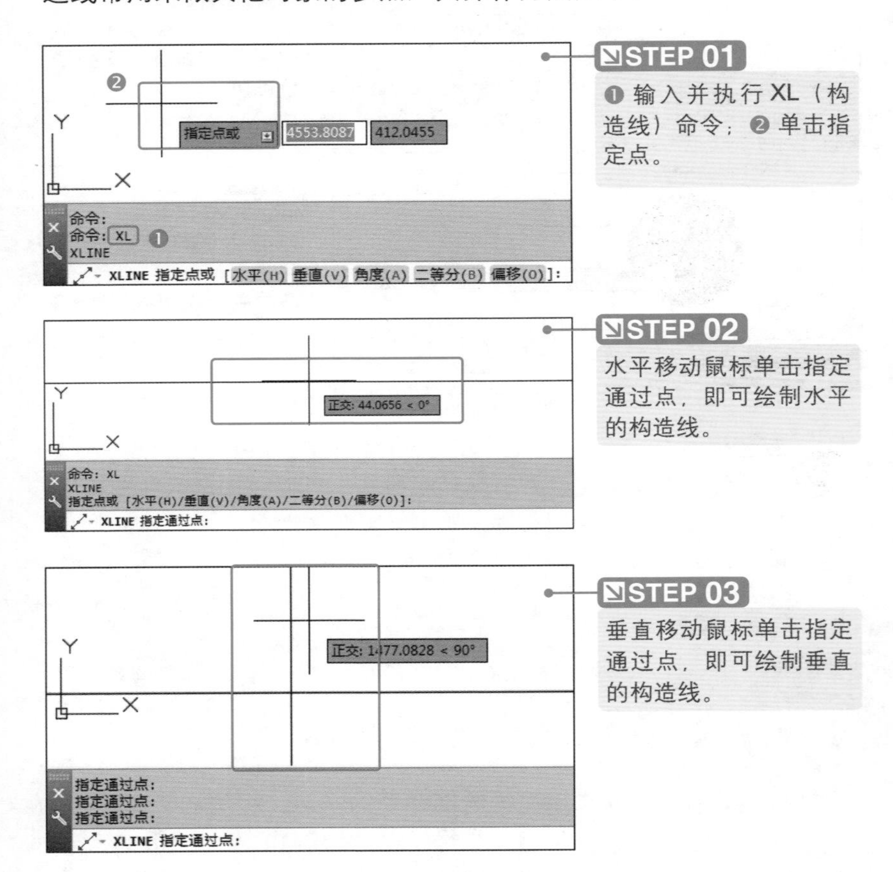

温馨提示：

“构造线”其无限延长的特性不会改变图形的总面积，对缩放或视点也没有影响，并被显示图形范围的命令所忽略。和其他对象一样，构造线也可以移动、旋转和复制。

NO.2　绘制射线

射线是指一端固定而另一端无限延长的直线，绘图过程中一般将射线作为辅助线使用。具体操作方法如下。

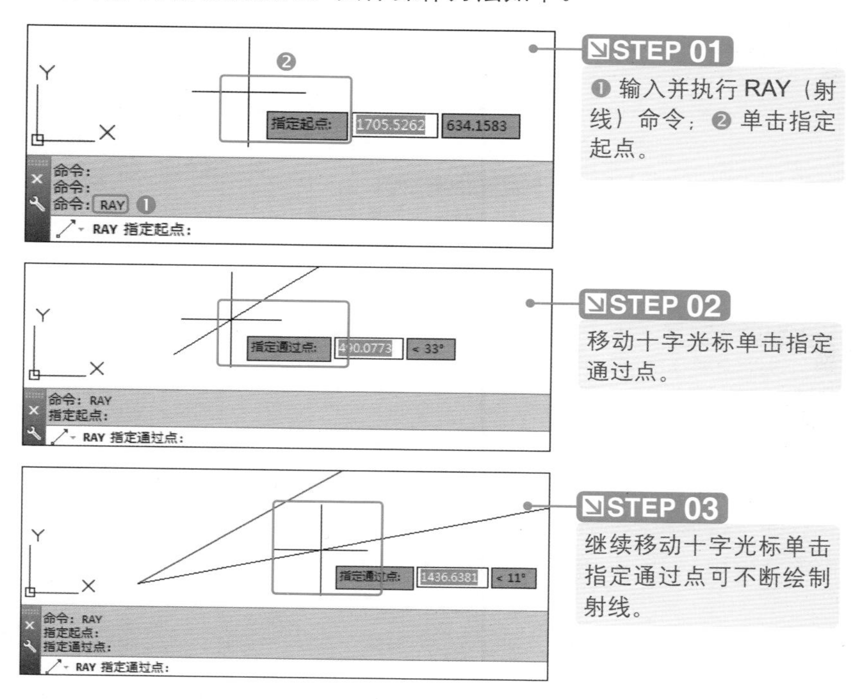

NO.3　椭圆的使用

椭圆的大小是由定义其长度和宽度的两条轴决定的，较长的轴称为长轴，较短的轴称为短轴，长轴和短轴相等时即为圆。具体操作方法如下。

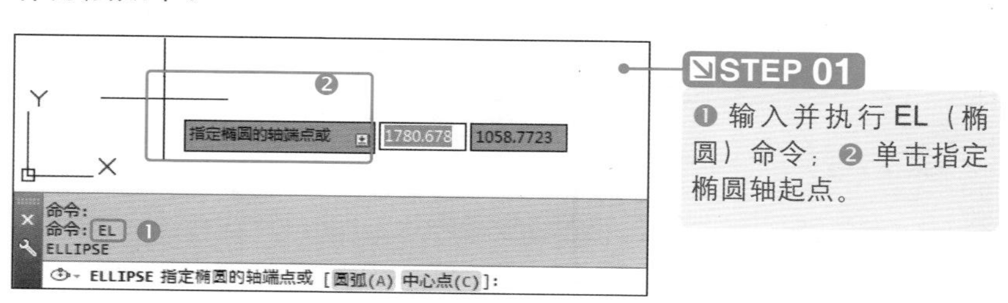

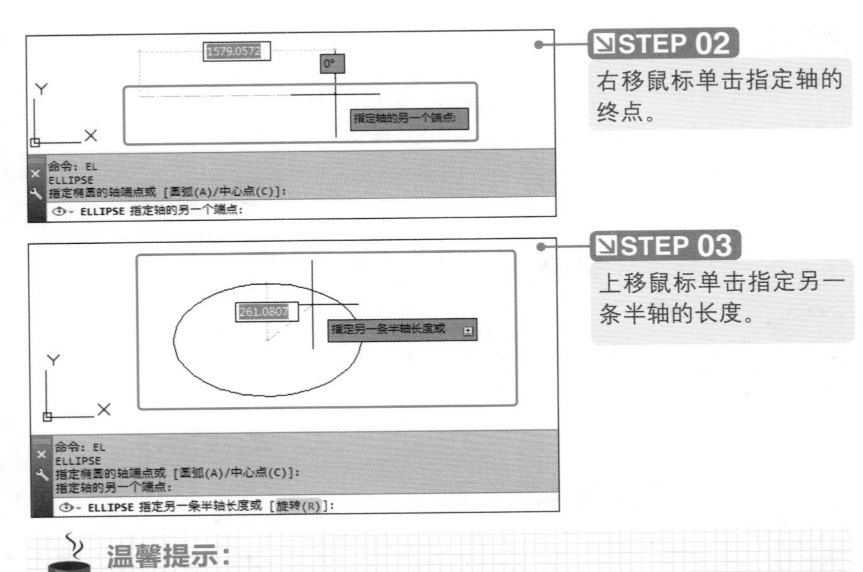

STEP 02

右移鼠标单击指定轴的终点。

STEP 03

上移鼠标单击指定另一条半轴的长度。

温馨提示：

椭圆的绘制方法主要有“圆心绘制”和“轴和端点绘制”两种；用圆心绘制椭圆必须先指定中心点以确定椭圆位置，再指定其两个轴的半径值绘制的椭圆。用轴和端点绘制椭圆是指定义其中一个轴的直径和另一个轴的半径以确定所绘制椭圆的大小。

NO.4 椭圆弧的使用

椭圆弧是椭圆的一部分，和椭圆的区别是它的起点和终点没有闭合。在绘制椭圆弧的过程中，顺时针方向是图形要去除的部分，逆时针方向是图形要保留的部分。具体操作方法如下。

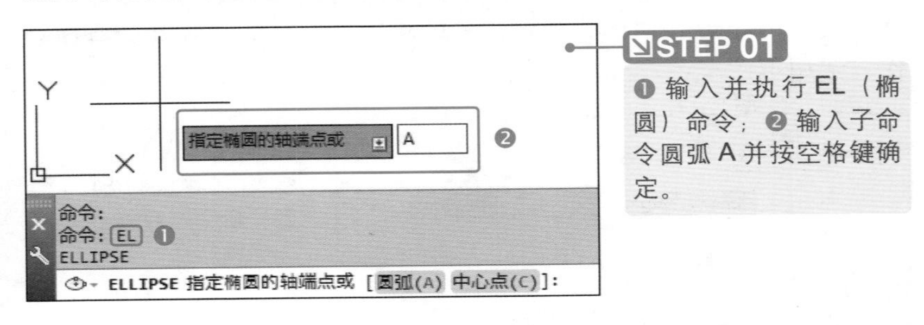

STEP 01

❶ 输入并执行 EL（椭圆）命令；❷ 输入子命令圆弧 A 并按空格键确定。

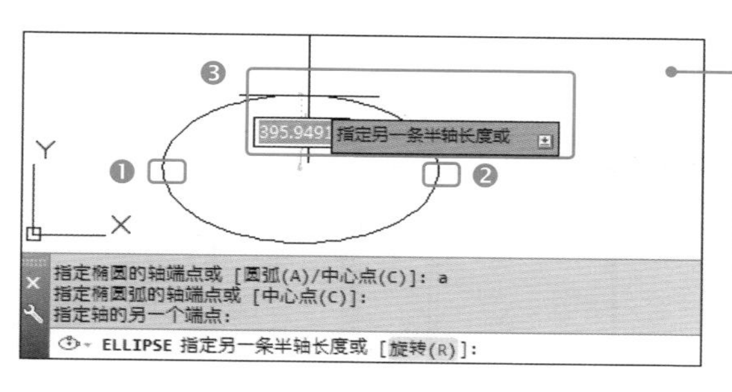

STEP 02

❶ 单击指定轴起点；
❷ 单击指定轴终点；
❸ 单击指定另一条半轴的长度。

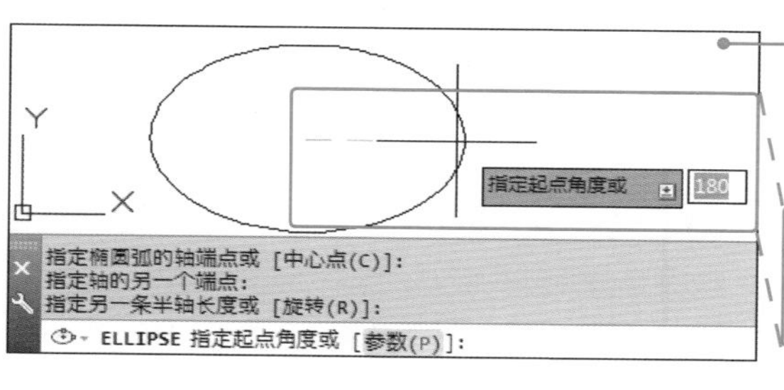

STEP 03

单击指定椭圆弧的起点角度。

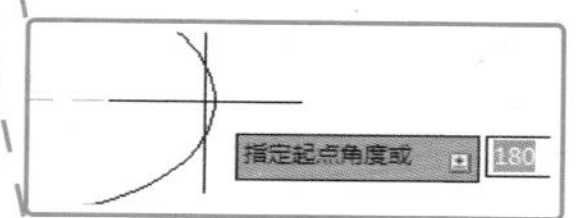

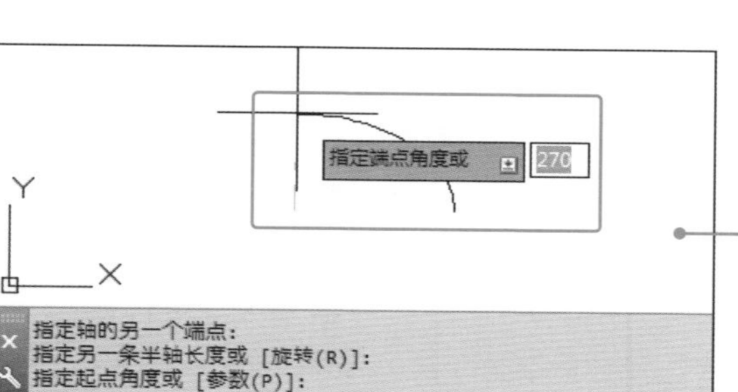

STEP 04

单击指定椭圆弧的终点角度。

新手实训——绘制双人床

本节讲解双人床的绘制过程，根据本章学习的各种绘图命令，将双人床及配套物品的平面图绘制完成。

实例效果

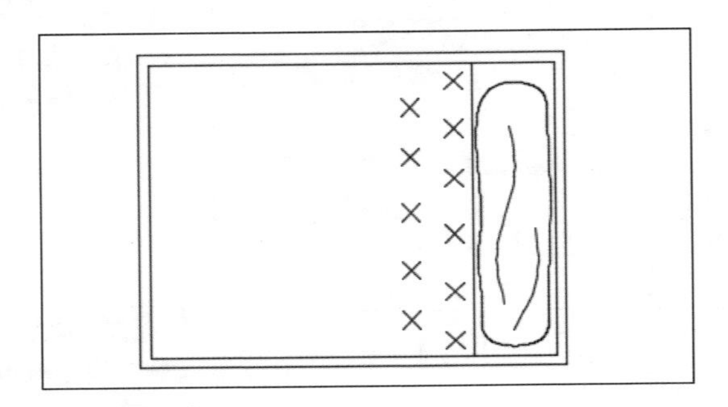

光盘同步文件

素材文件：光盘\原始文件\无

结果文件：光盘\结果文件\第 2 章\新手训练\双人床 .dwg

教学文件：光盘\视频教学\第 2 章\新手训练\双人床 .mp4

制作步骤

本实例首先绘制床的尺寸，接着绘制枕头，然后绘制床上用品，完成双人床平面图的绘制。具体操作方法如下。

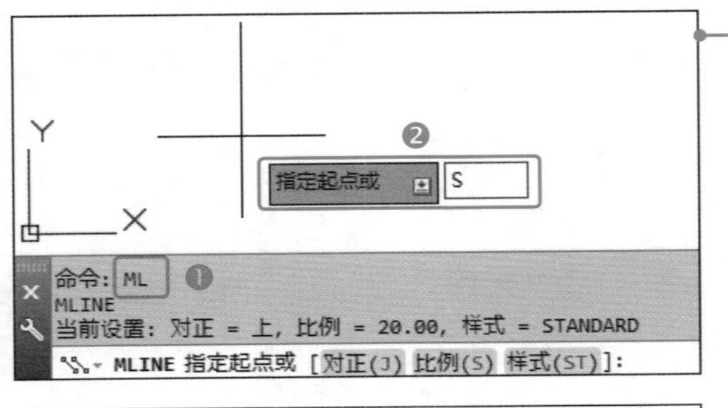

STEP 01

❶ 输入并执行 ML（多线）命令；❷ 输入子命令比例 S 并按空格键确定。

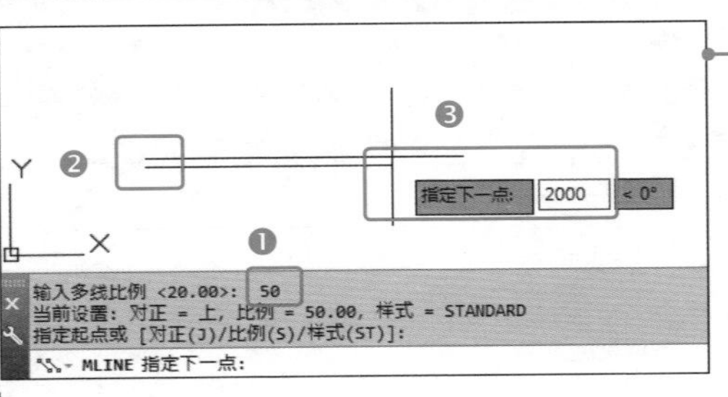

STEP 02

❶ 输入比例值 50 并确定；❷ 在绘图区空白处单击指定起点；❸ 右移鼠标，输入至下一点的值 2000 并确定。

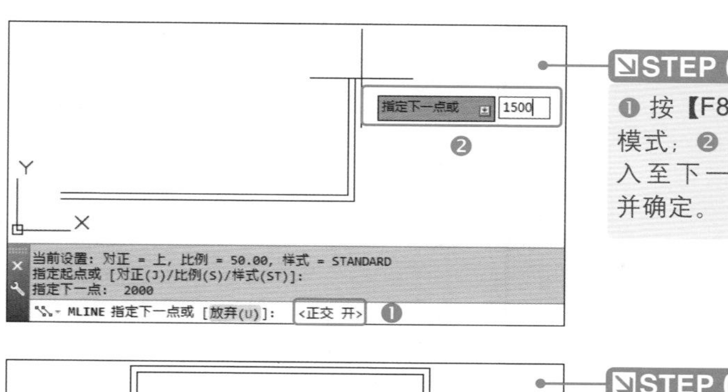

STEP 03

❶ 按【F8】键打开正交模式；❷ 上移鼠标，输入至下一点的值1500并确定。

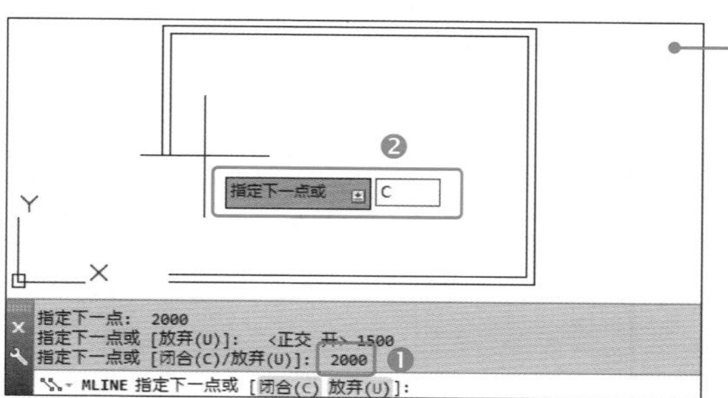

STEP 04

❶ 左移鼠标，输入至下一点的值2000并确定；❷ 输入子命令闭合C并确定。

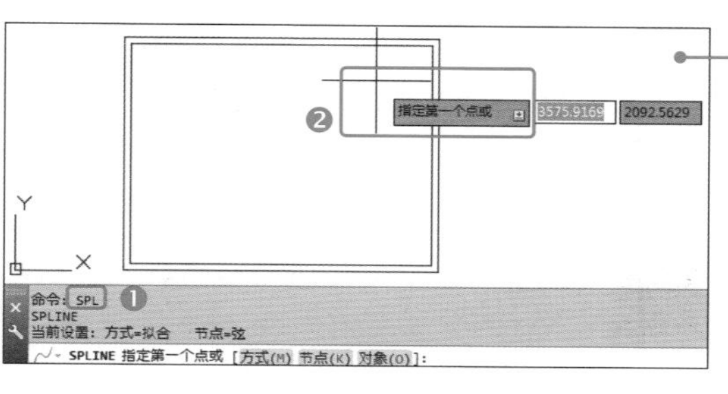

STEP 05

❶ 输入并执行SPL（样条曲线）命令；❷ 在矩形右侧的适当位置单击指定第一个点。

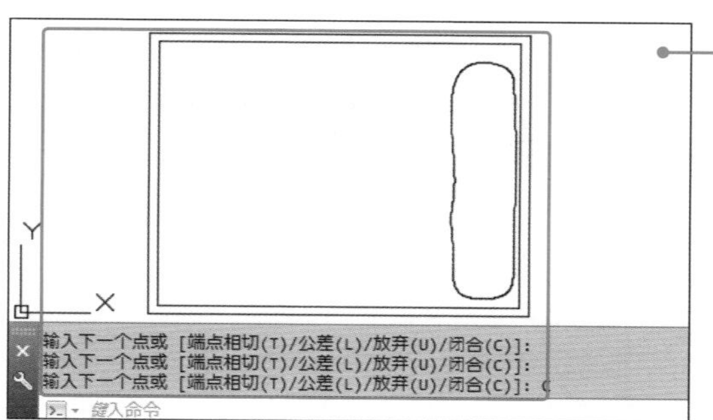

STEP 06

依次单击指定下一点，至起点位置时输入子命令闭合C并确定。

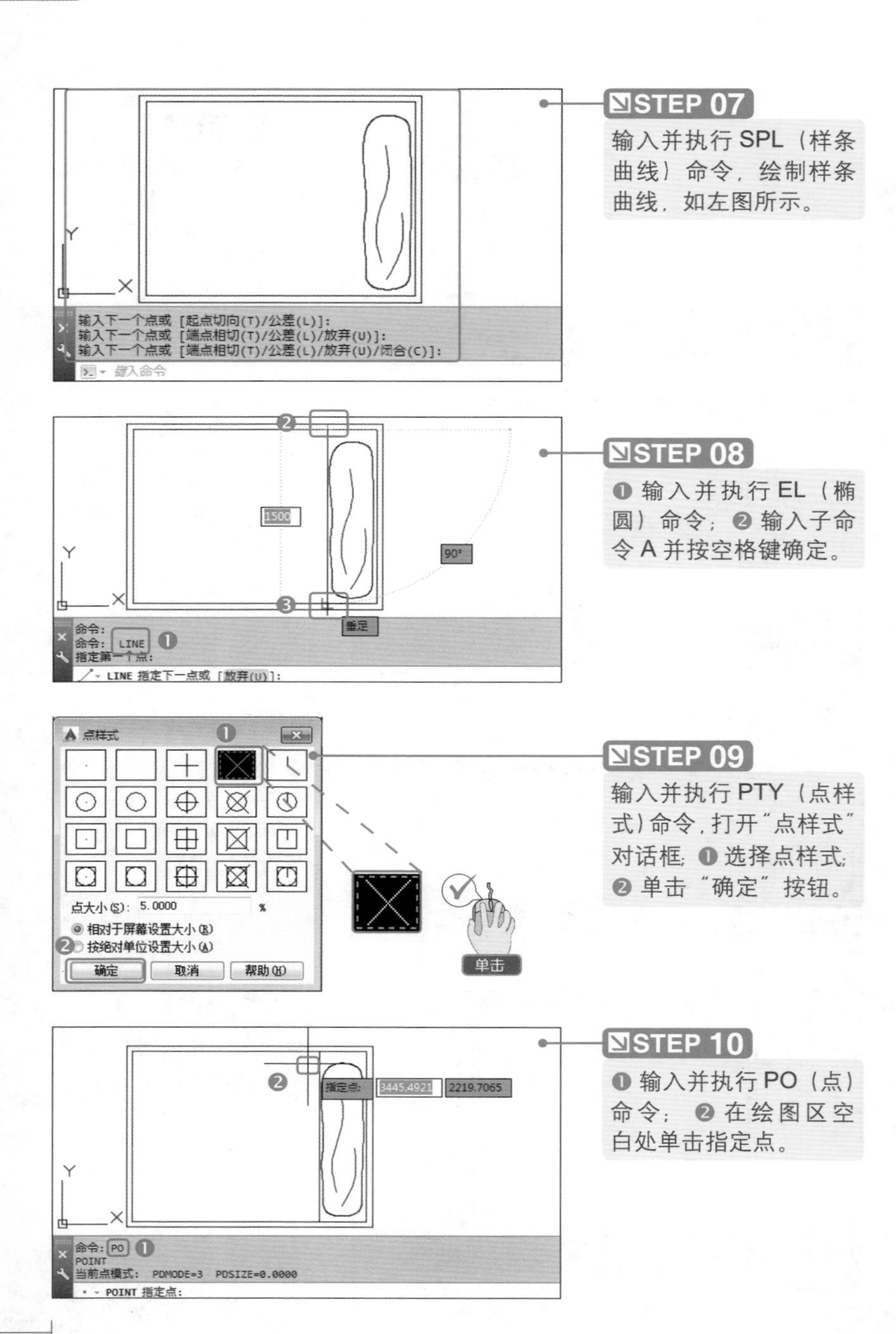

STEP 07

输入并执行 SPL（样条曲线）命令，绘制样条曲线，如左图所示。

STEP 08

❶ 输入并执行 EL（椭圆）命令；❷ 输入子命令 A 并按空格键确定。

STEP 09

输入并执行 PTY（点样式）命令，打开“点样式”对话框；❶ 选择点样式；❷ 单击“确定”按钮。

STEP 10

❶ 输入并执行 PO（点）命令；❷ 在绘图区空白处单击指定点。

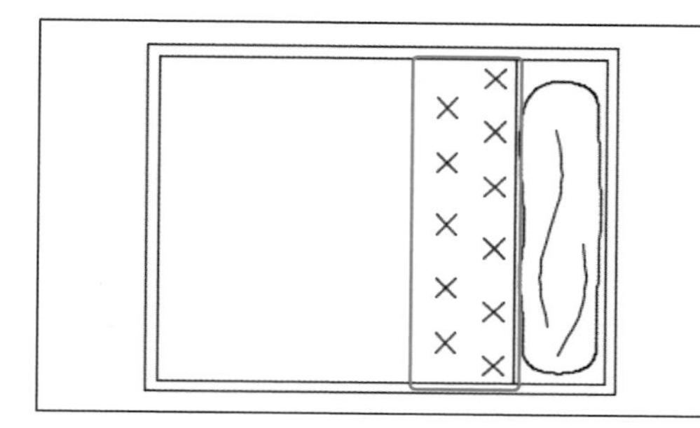

STEP 11

依次单击指定点，完成床单的绘制。最终绘制完成的双人床效果如左图所示。

笔记栏

编辑二维图形

关于本章：

在 AutoCAD 2015 中，通过编辑图形对象可绘制更精准、更复杂的图形。本章将介绍复制图形、改变图形的位置、改变图形的大小及形状，通过夹点对图形进行相应的修改等内容。

知识要点

掌握改变对象位置的方法

掌握创建对象副本的方法

掌握修剪对象的方法

掌握对象变形的方法

效果展示

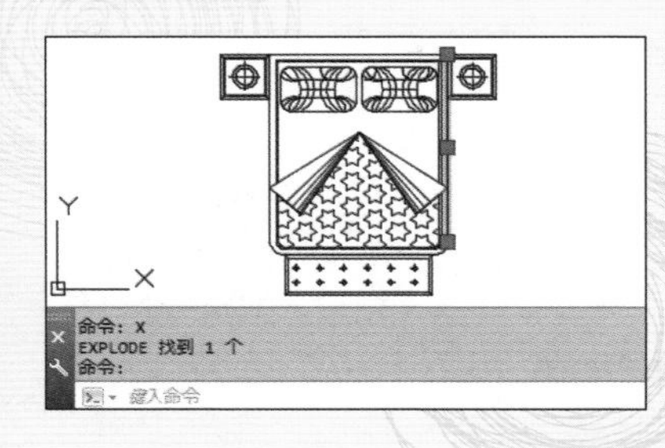

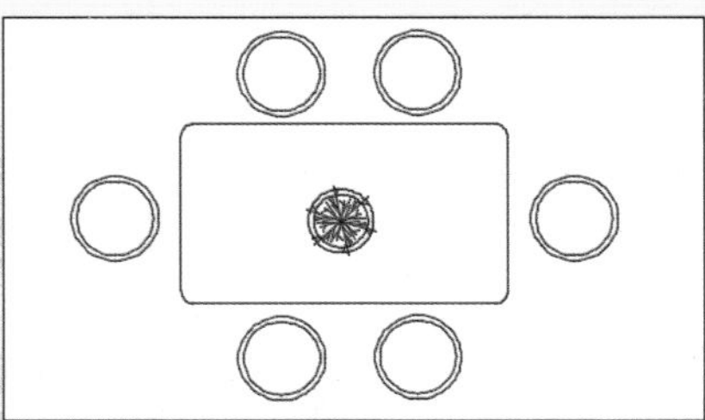

Lesson

01

新手入门——必学基础

通过 AutoCAD 2015 中功能强大的二维图形编辑命令，可以对图形进行修改，使图形更精确、更直观，以达到制图的最终目的。

3.1 改变对象位置

在使用 AutoCAD 2015 绘制图形的过程中，通常需要调整对象的位置和角度，以便将其放到正确的位置。如果所绘制的图形不在需要的位置，可以通过移动或旋转对象来调整对象的位置和方向。

光盘同步文件

素材文件：光盘 \ 原始文件 \ 第 3 章 \ 新手入门 \

结果文件：光盘 \ 结果文件 \ 第 3 章 \ 新手入门 \

教学文件：光盘 \ 视频教学 \ 第 3 章 \ 新手入门 \3-1.mp4

3.1.1 移动对象

“移动对象”是指将对象以指定的角度和方向重新定位，对象的位置发生了变化，但大小和方向不变；使用坐标、正交、对象捕捉等还可以精确地移动对象。具体操作方法如下。

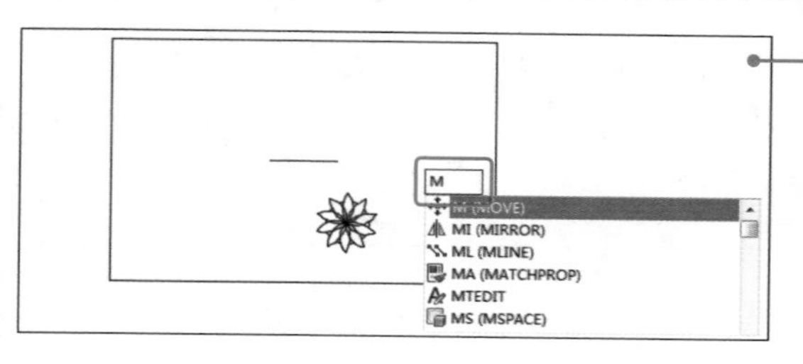

STEP 01

打开原始文件 3-1-1.dwg，输入并执行 M（移动）命令。

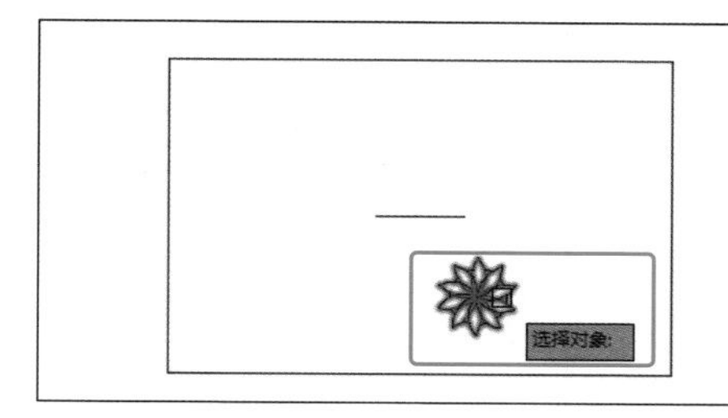

STEP 02

选择要移动的对象，按空格键确定。

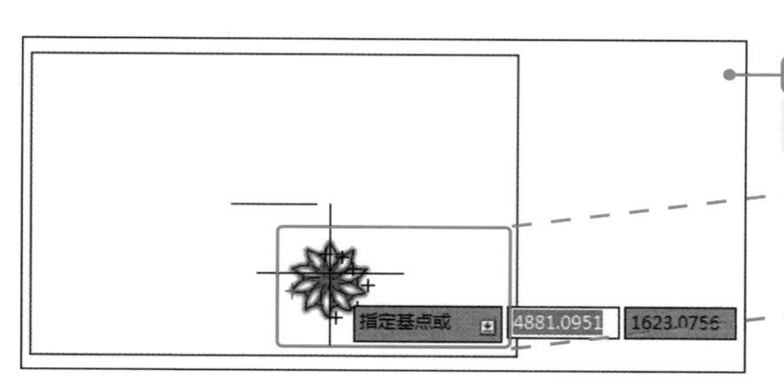

STEP 03

单击指定移动基点。

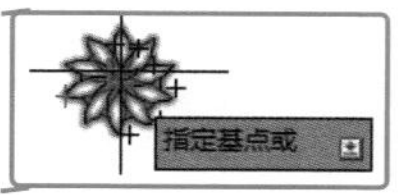

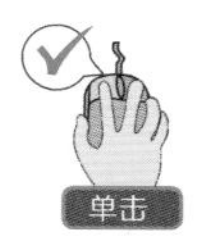

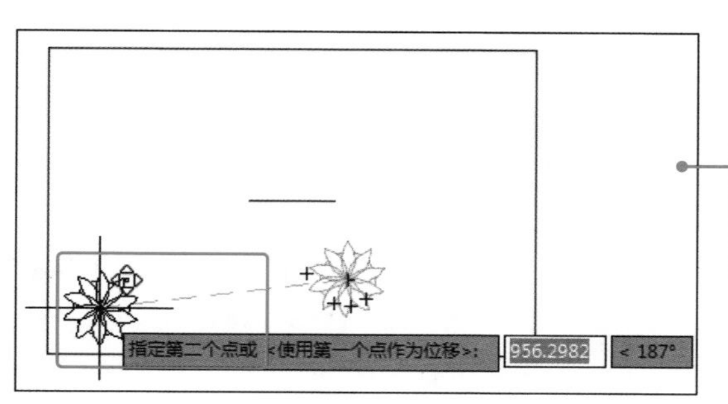

STEP 04

单击指定要移动到的位置。

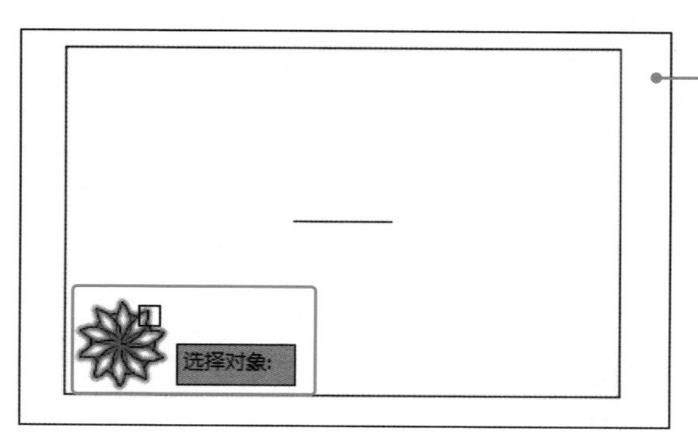

STEP 05

按空格键激活移动命令，选择需要移动的对象，按空格键确定。

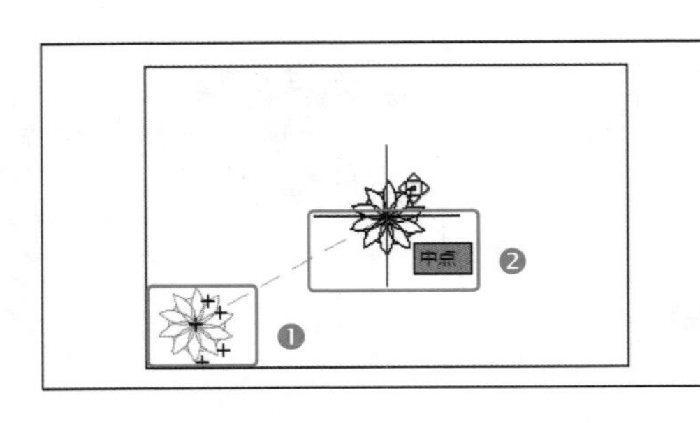

STEP 06

❶ 单击对象的中心点作为移动基点；❷ 单击直线的中点作为移动的第二点。

温馨提示：

移动对象必须先指定基点，基点是被移动对象的点；然后指定第二点，第二点是被移动对象即将到达的点；用指定距离移动对象时一般和正交模式一起使用；基点和第二点就是整个移动命令的重点，决定了移动后对象的位置。

3.1.2 旋转对象

“旋转对象”是指将对象绕指定的基点旋转一定的角度，旋转时可使用十字光标指定旋转角度，也可输入数值进行旋转。具体操作方法如下。

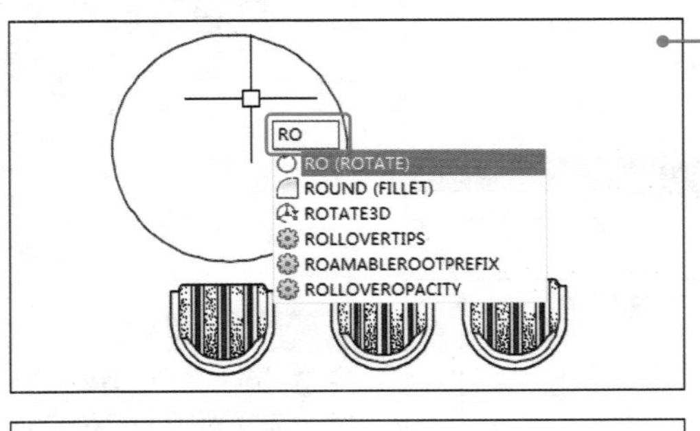

STEP 01

打开原始文件 3-1-2.dwg，输入并执行 RO（旋转）命令。

STEP 02

选择要旋转的对象，按空格键确定。

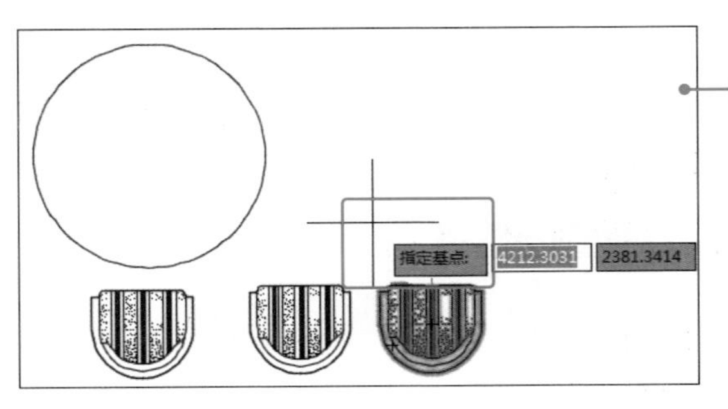

STEP 03

单击指定旋转的基点。

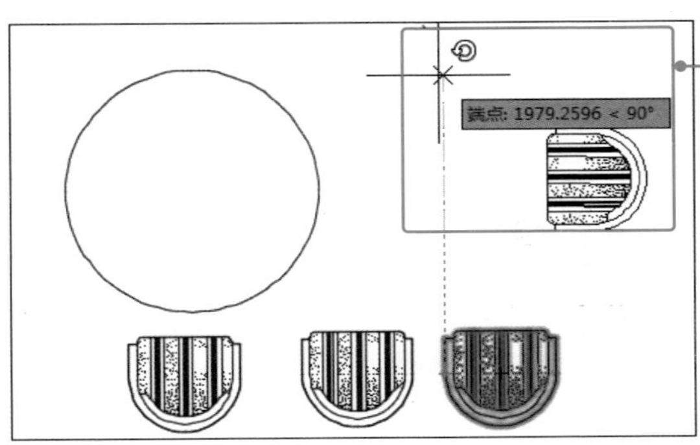

STEP 04

上移鼠标单击确定旋转90度。

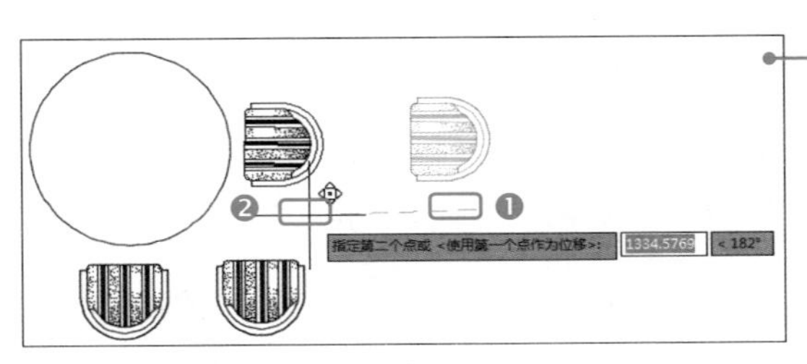

STEP 05

输入并执行M（移动）命令；❶ 选择旋转的椅子并确定，单击指定基点；❷ 左移鼠标将旋转后的椅子移动到桌子旁单击指定第二点。

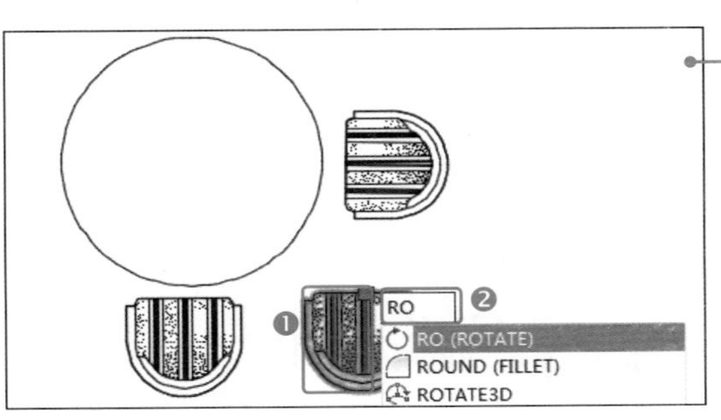

STEP 06

❶ 选择对象；❷ 输入并执行RO（旋转）命令。

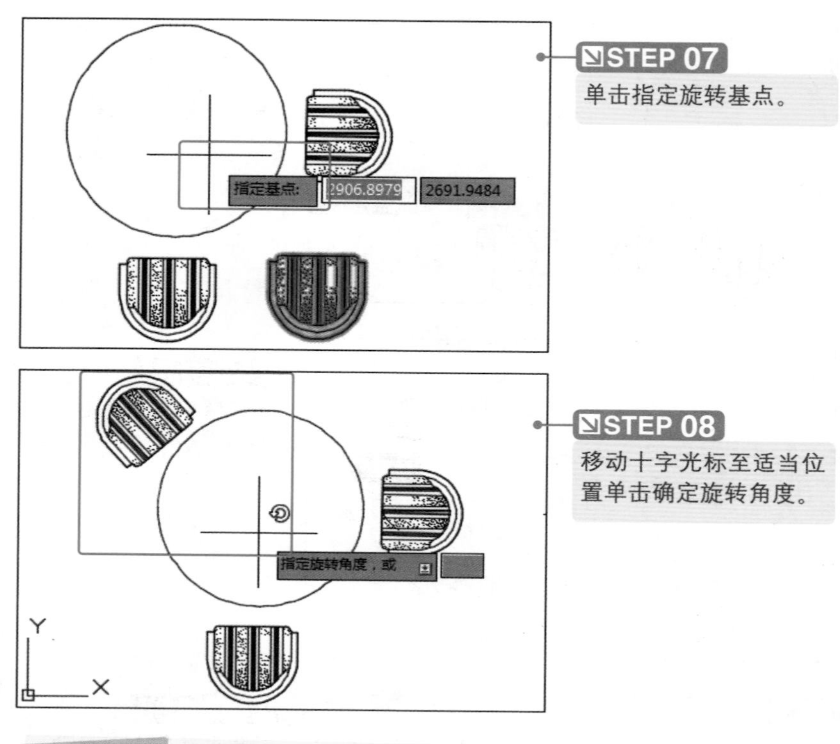

专家点拨 补充新功能介绍

旋转对象时，输入的角度为正值时对象按逆时针方向旋转；输入的角度为负值时按顺时针方向旋转。旋转对象必须先指定基点，从基点开始鼠标上下移动，被旋转对象以“90/270”度旋转；从基点开始鼠标左右移动，被旋转对象以“0/180”度旋转；旋转度数随基点在对象的方向不同而变化。

3.2 创建对象副本

在 AutoCAD 2015 中需要绘制两个或多个相同对象时，可以先绘制一个源对象，再根据源对象以指定的角度和方向创建此对象的副本，以达到提高绘图效率和绘图精度的作用。

光盘同步文件

素材文件：光盘\原始文件\无

结果文件：光盘\结果文件\第3章\新手入门\

教学文件：光盘\视频教学\第3章\新手入门\3-2.mp4

3.2.1 复制对象

复制是很常用的二维编辑命令，在实际应用中，使用复制命令可以将原对象以指定的角度和方向创建对象的副本。还可以使用坐标、栅格捕捉、对象捕捉和其他工具精确复制对象。具体操作方法如下。

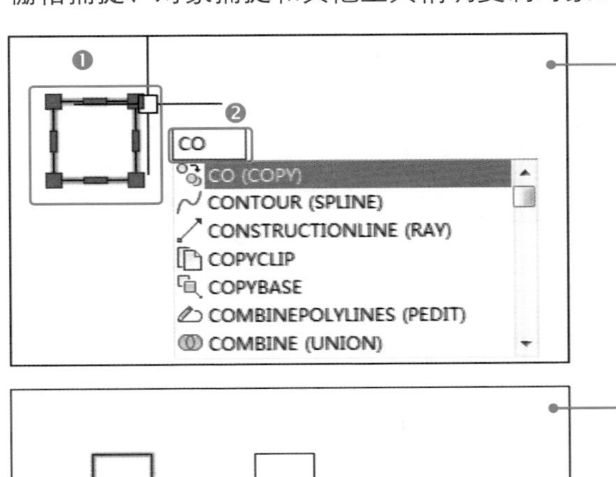

STEP 01

❶ 绘制一个矩形，选择对象；❷ 输入并执行CO（复制）命令。

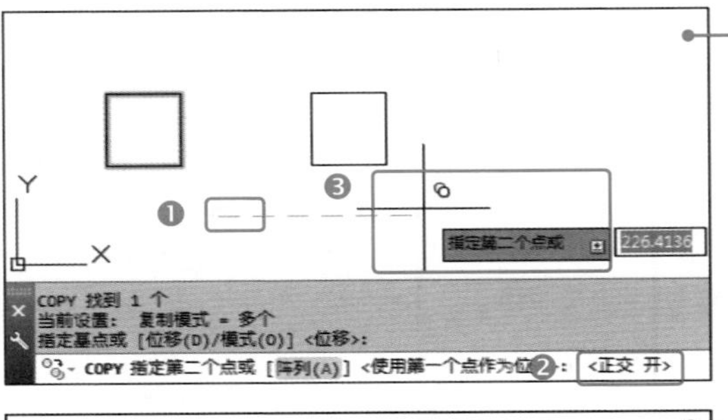

STEP 02

❶ 在绘图区空白处单击指定基点；❷ 按【F8】键打开正交模式；❸ 左移鼠标单击指定第二点，完成矩形的复制，按空格键结束复制命令。

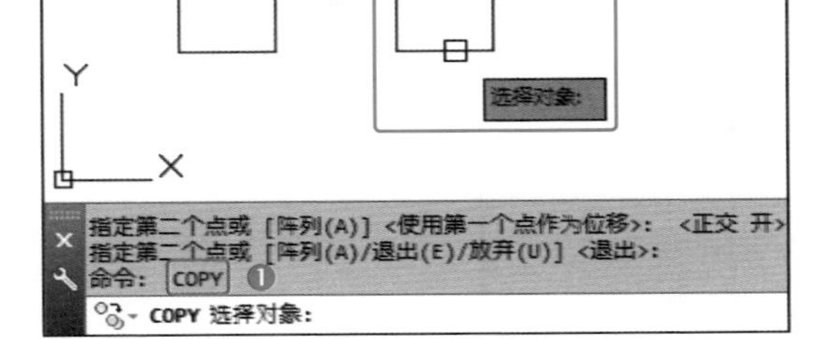

STEP 03

❶ 按空格键激活复制命令；❷ 选择右侧的矩形作为复制对象。

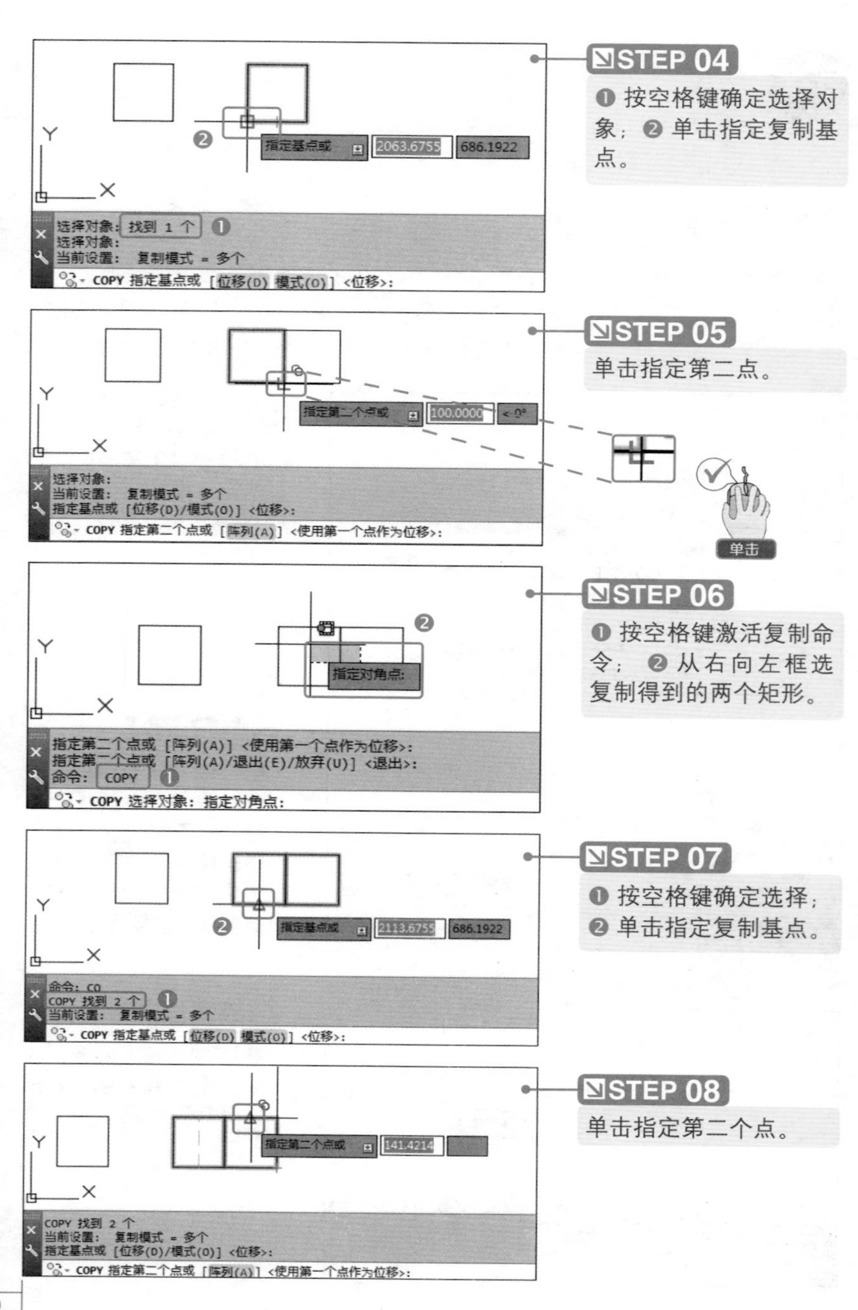

STEP 04
❶ 按空格键确定选择对象；❷ 单击指定复制基点。
指定基点或
2063.6755
686.1922
选择对象：找到 1 个
选择对象：
当前设置：复制模式 = 多个
COPY 指定基点或 [位移(D) 模式(O)] <位移>：
STEP 05
单击指定第二点。
指定第二个点或
100.0000
< 0°
选择对象：
当前设置：复制模式 = 多个
指定基点或 [位移(D)/模式(O)] <位移>：
COPY 指定第二个点或 [阵列(A)] <使用第一个点作为位移>：
单击
STEP 06
❶ 按空格键激活复制命令；❷ 从右向左框选复制得到的两个矩形。
指定对角点：
指定第二个点或 [阵列(A)] <使用第一个点作为位移>：
指定第二个点或 [阵列(A)/退出(E)/放弃(U)] <退出>：
命令：COPY
COPY 选择对象：指定对角点：
STEP 07
❶ 按空格键确定选择；❷ 单击指定复制基点。
指定基点或
2113.6755
686.1922
命令：CO
COPY 找到 2 个
当前设置：复制模式 = 多个
COPY 指定基点或 [位移(D) 模式(O)] <位移>：
STEP 08
单击指定第二个点。
指定第二个点或
141.4214
COPY 找到 2 个
当前设置：复制模式 = 多个
指定基点或 [位移(D)/模式(O)] <位移>：
COPY 指定第二个点或 [阵列(A)] <使用第一个点作为位移>：

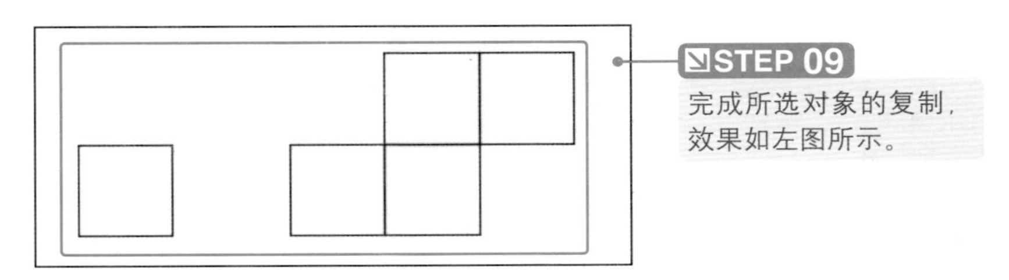

STEP 09

完成所选对象的复制，效果如左图所示。

3.2.2 阵列对象

阵列命令也是一种特殊的复制方法，此命令是在源对象的基础上，按照矩形、环形（极轴）、路径三种方式，以指定的距离、角度和路径复制出源对象多个副本。具体操作方法如下。

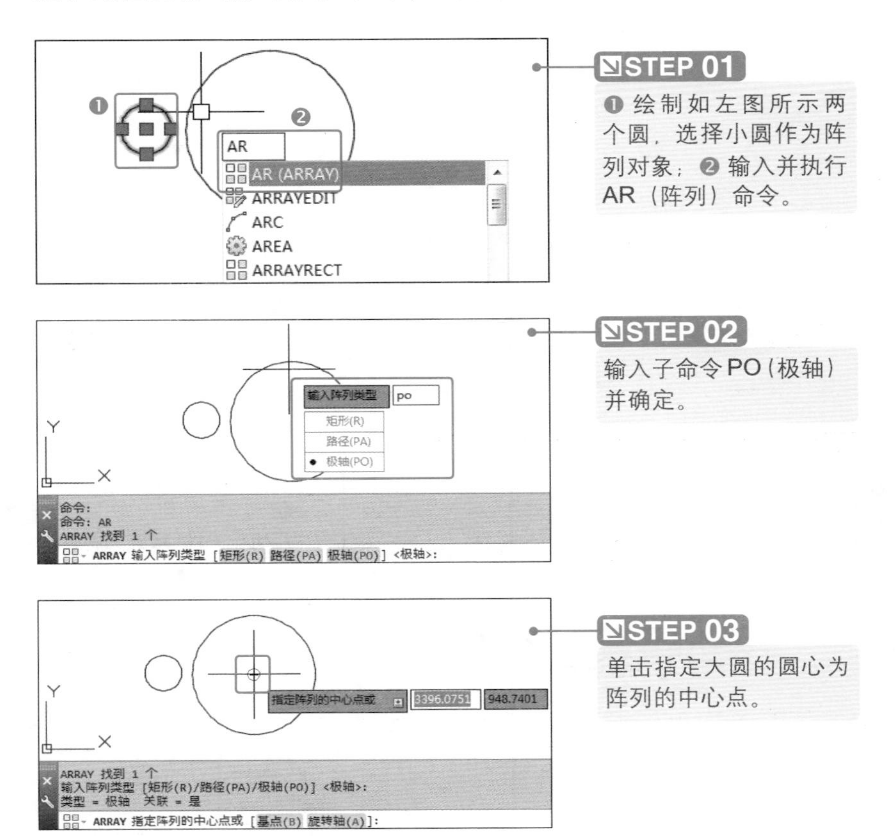

STEP 01

❶ 绘制如左图所示两个圆，选择小圆作为阵列对象；❷ 输入并执行AR（阵列）命令。

STEP 02

输入子命令PO（极轴）并确定。

STEP 03

单击指定大圆的圆心为阵列的中心点。

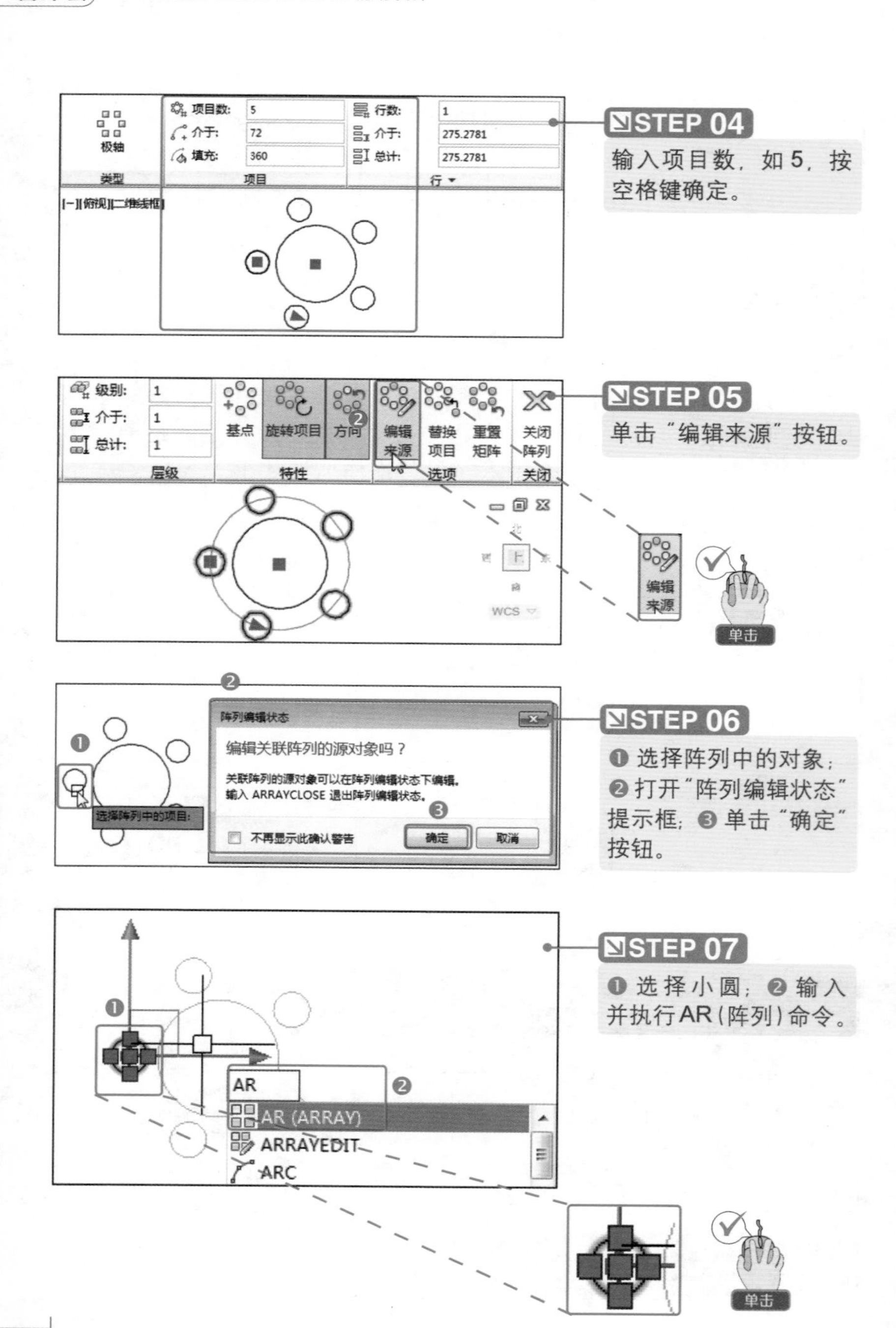

STEP 04
输入项目数，如5，按空格键确定。
项目数：5
介于：72
填充：360
行数：1
介于：275.2781
总计：275.2781
极轴
类型
项目
行
STEP 05
单击“编辑来源”按钮。
级别：1
介于：1
总计：1
基点
旋转项目
方向
编辑来源
替换项目
重置矩阵
关闭阵列
层级
特性
选项
关闭
单击
STEP 06
❶ 选择阵列中的对象；❷ 打开“阵列编辑状态”提示框；❸ 单击“确定”按钮。
阵列编辑状态
编辑关联阵列的源对象吗？
关联阵列的源对象可以在阵列编辑状态下编辑。
输入 ARRAYCLOSE 退出阵列编辑状态。
不再显示此确认警告
确定
取消
选择阵列中的项目：
STEP 07
❶ 选择小圆；❷ 输入并执行AR（阵列）命令。
AR
AR (ARRAY)
ARRAYEDIT
ARC
单击

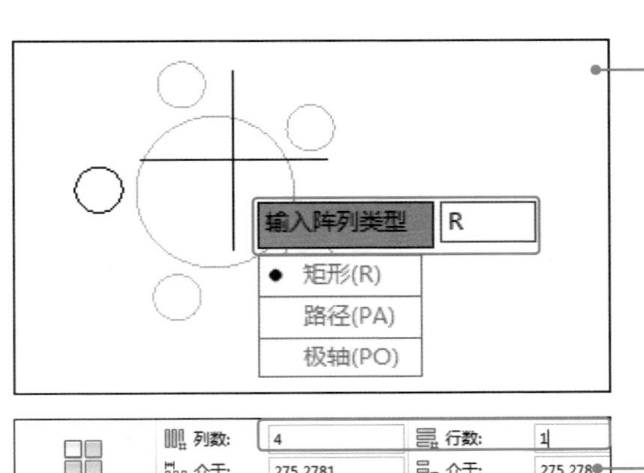

STEP 08

输入子命令 R（矩形）并确定。

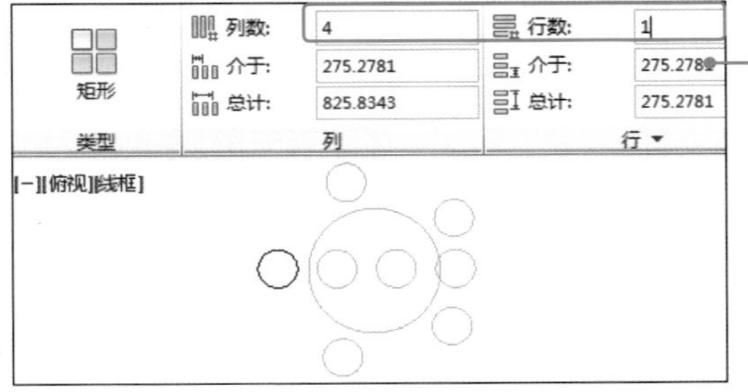

STEP 09

输入列数，如 4；输入行数，如 1，按空格键确定。

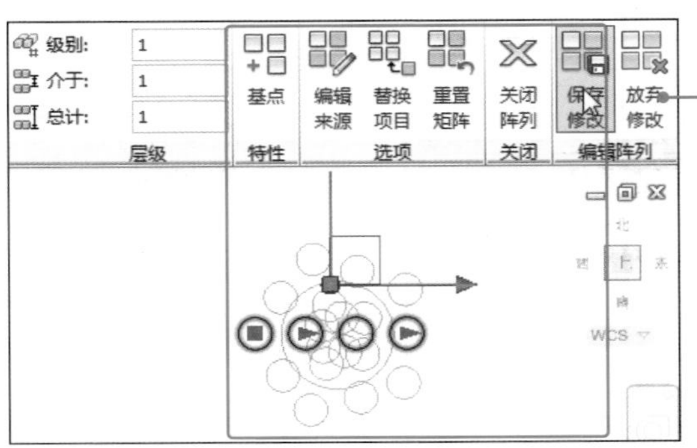

STEP 10

单击“保存修改”按钮，效果如左图所示。

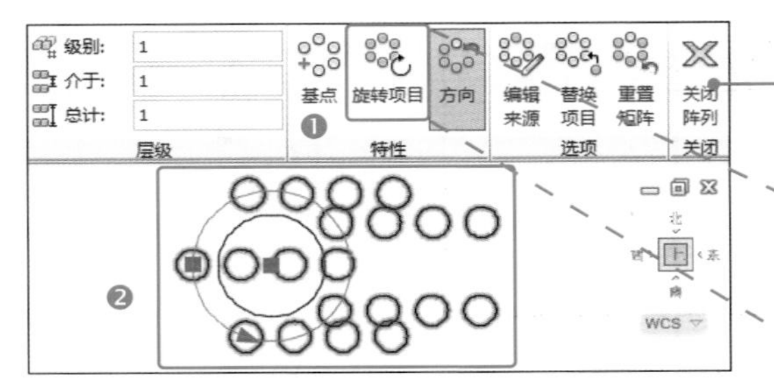

STEP 11

单击“旋转项目”按钮，效果如左图所示。

专家点拨　各阵列命令的特点

矩形阵列是以控制行数、列数以及行和列之间的距离，或添加倾斜角度的方式，使选取的阵列对象成矩形方式进行阵列复制，创建出源对象的副本对象。环形阵列命令是指以通过指定的角度，围绕指定的圆心复制所选定对象来创建阵列的方式。

3.2.3　偏移对象

“偏移”是指创建与原对象平行的新对象。其也是一种必须给定偏移距离的特殊复制命令。具体操作方法如下。

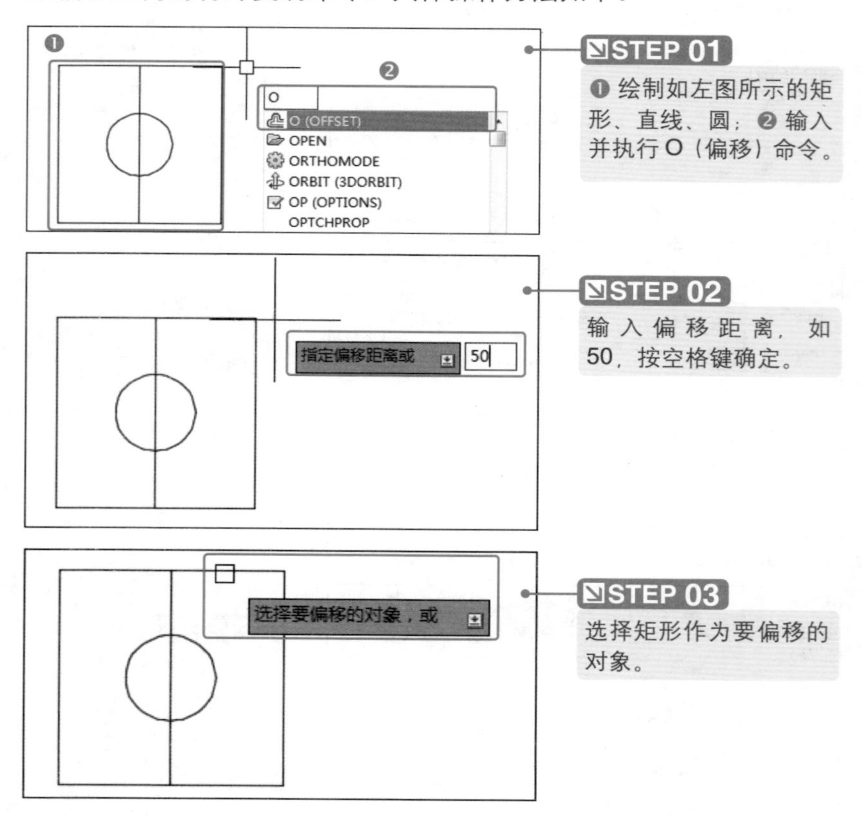

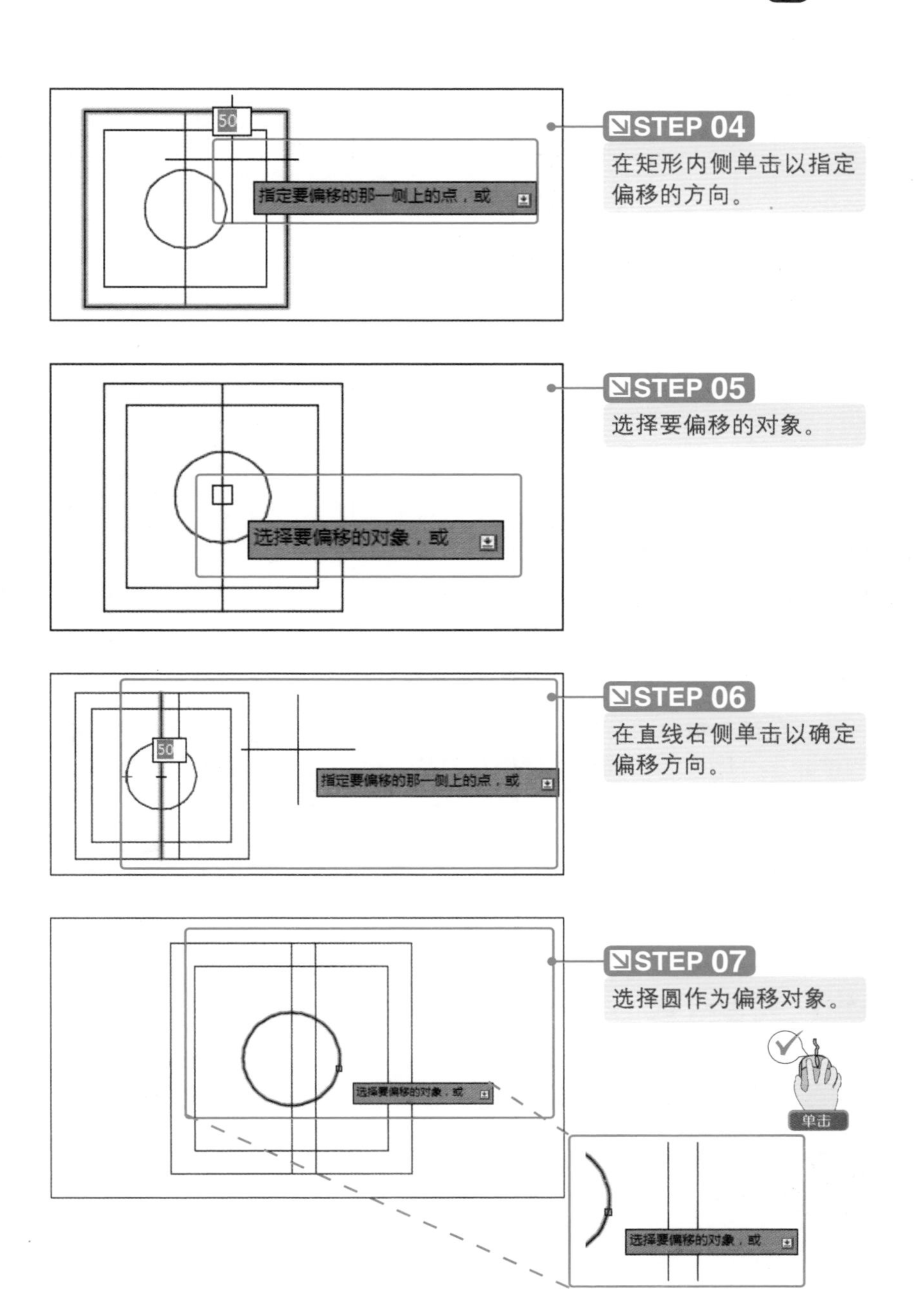
50
指定要偏移的那一侧上的点，或
STEP 04
在矩形内侧单击以指定偏移的方向。
选择要偏移的对象，或
STEP 05
选择要偏移的对象。
50
指定要偏移的那一侧上的点，或
STEP 06
在直线右侧单击以确定偏移方向。
选择要偏移的对象，或
STEP 07
选择圆作为偏移对象。
单击
选择要偏移的对象，或

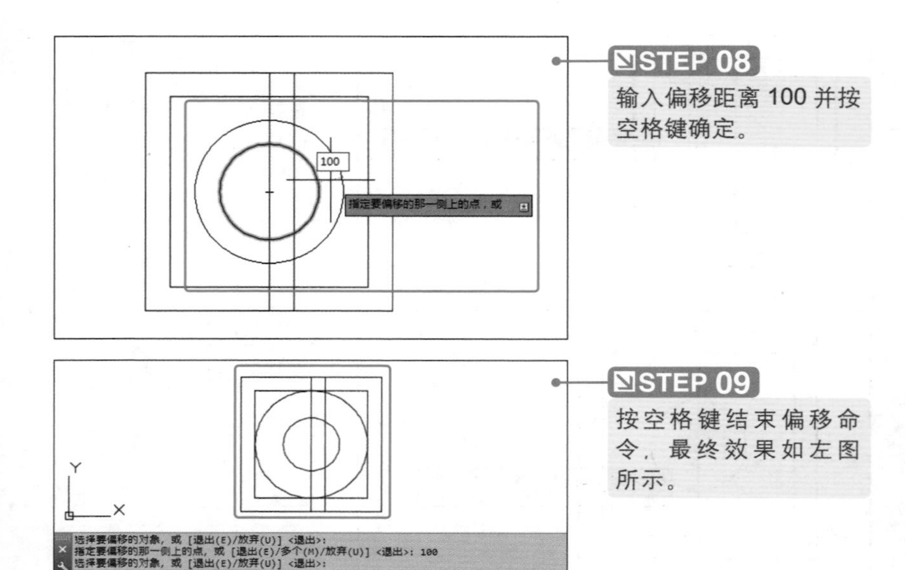

STEP 08

输入偏移距离 100 并按空格键确定。

STEP 09

按空格键结束偏移命令，最终效果如左图所示。

专家点拨 偏移命令的子命令详解

在执行偏移命令的过程中，“通过”选项是指定偏移对象的通过点；“删除”选项删除源偏移对象；“图层”选项用于设置偏移后的对象所在图层。

偏移命令只能将矩形和圆向内或外侧偏移；直线与原线段平行时上下左右都可偏移；偏移样条曲线时，距离大于线条曲率时将自动进行修剪。

3.3 修剪对象

修剪对象是指通过一系列的命令，对已有对象进行拉长或缩短或按比例放大、缩小等操作，以实现对象形状和大小的改变。

光盘同步文件

素材文件：光盘 \ 原始文件 \ 第 3 章 \ 新手入门 \

结果文件：光盘 \ 结果文件 \ 第 3 章 \ 新手入门 \

教学文件：光盘 \ 视频教学 \ 第 3 章 \ 新手入门 \3-3.mp4

3.3.1 延伸对象

“延伸”用于将指定的图形对象延伸到指定的边界，通常能延伸的对象有直线、圆弧、椭圆弧、非封闭的多段线等。具体操作方法如下。

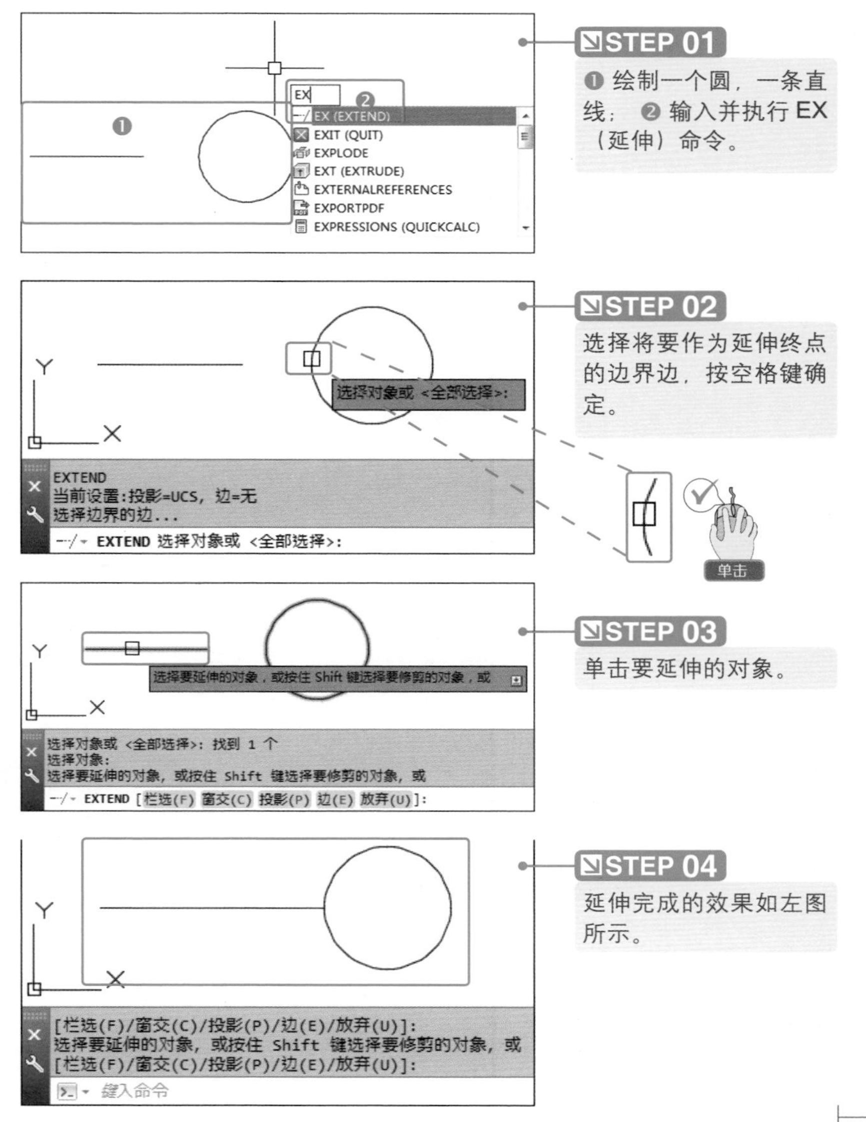

温馨提示：

使用延伸命令必须先选择一个边界或边以限定范围，然后才能单击需要延伸的线段或对象；在选择了限定范围的对象后，只要单击即可将与这个对象位置相交的线延伸，不用再输入命令和选择限定范围的对象。

3.3.2 修剪对象

使用修剪命令可以通过指定的边界对图形对象进行修剪。运用该命令可以修剪的对象包括直线、圆、圆弧、射线、样条曲线、面域、尺寸、文本以及非封闭的多段线等对象。具体操作方法如下。

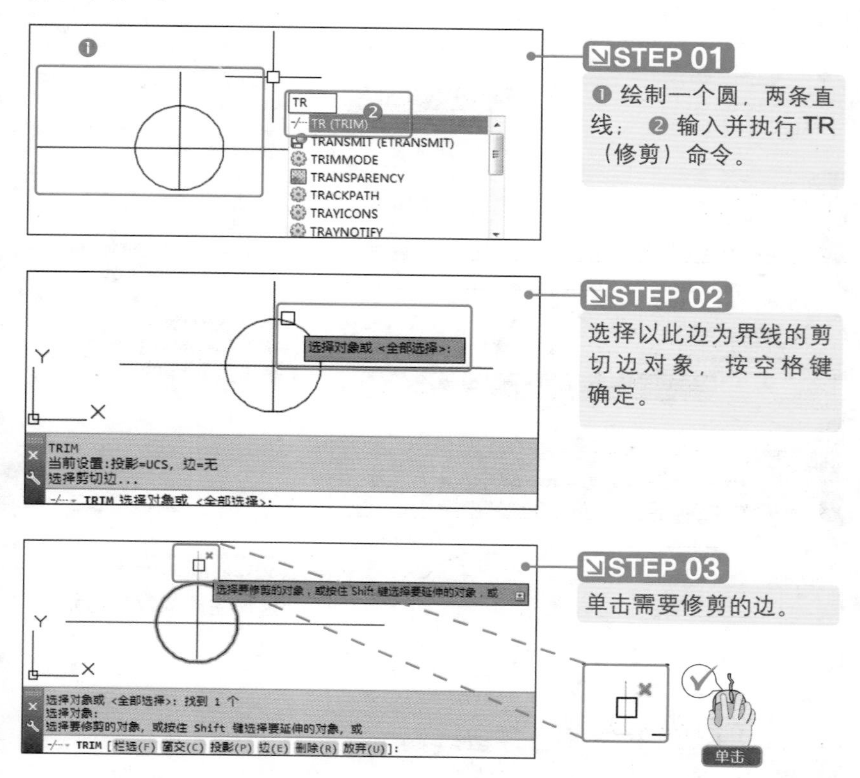

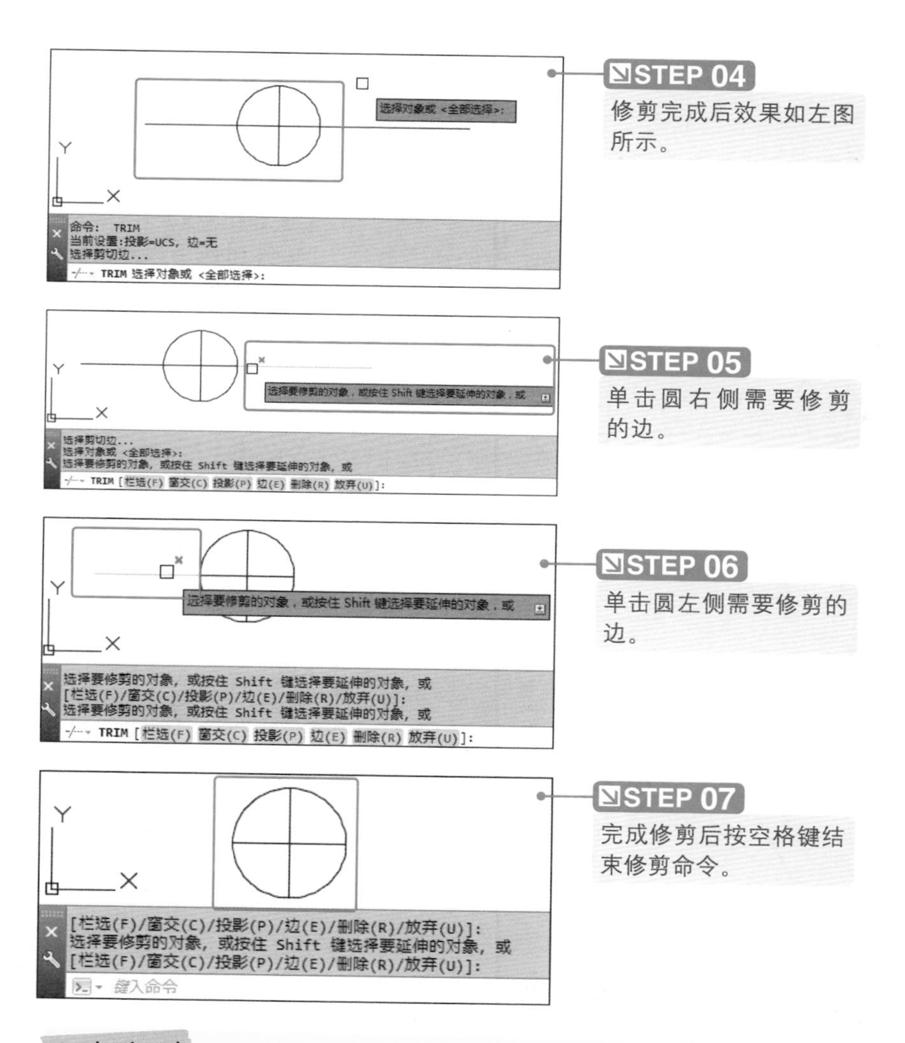

STEP 04
修剪完成后效果如左图所示。

STEP 05
单击圆右侧需要修剪的边。

STEP 06
单击圆左侧需要修剪的边。

STEP 07
完成修剪后按空格键结束修剪命令。

专家点拨 修剪和延伸的区别

修剪和延伸是一组相对的命令，延伸是指将有交点的线条延长到指定的对象上，只能通过端点延伸线；修剪是以指定的对象为界将多出的部分修剪掉，只要有交点的线段都能被修剪删除掉。

修剪对象时，修剪边也可同时作为被剪边，如果按住【Shift】键的同时，选择与修剪边不相交的对象，修剪边将变为延伸边界。

3.3.3 缩放对象

使用“缩放”命令可以将对象按指定的比例因子改变实体的尺寸大小，从而改变对象的尺寸，但不改变其状态。具体操作方法如下。

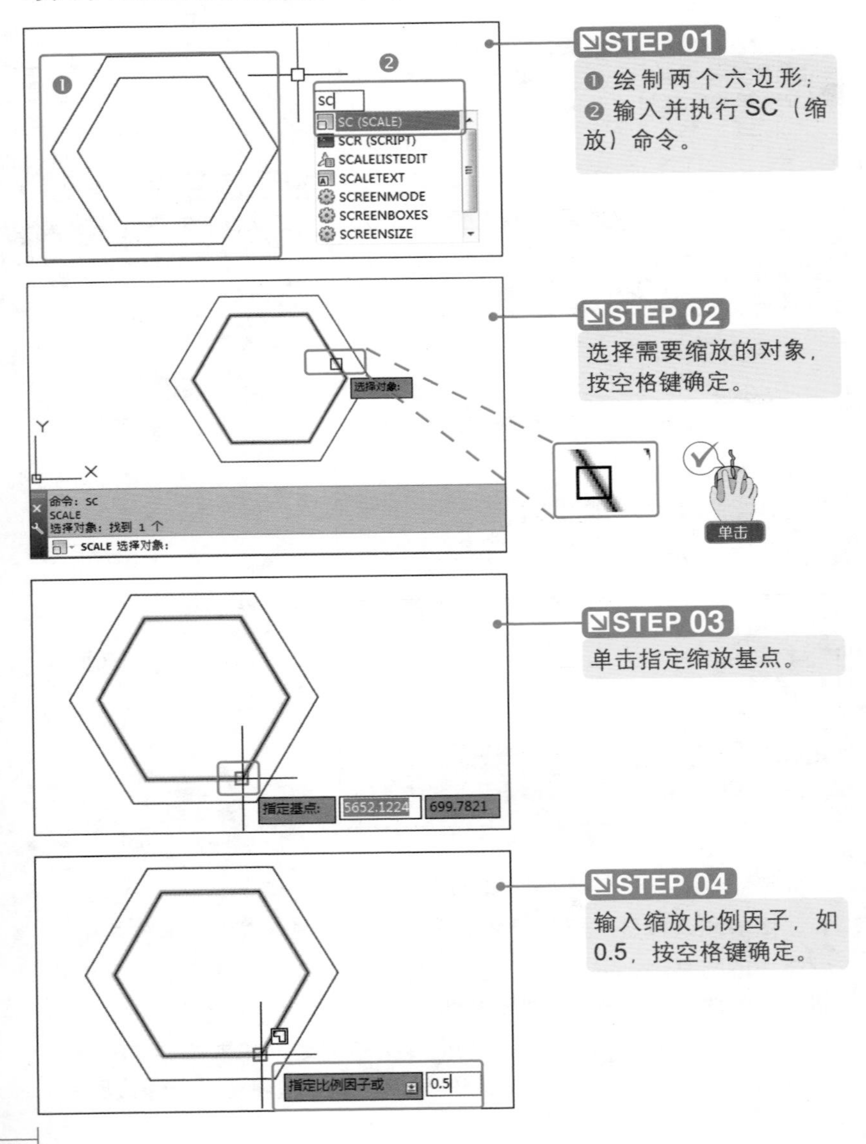

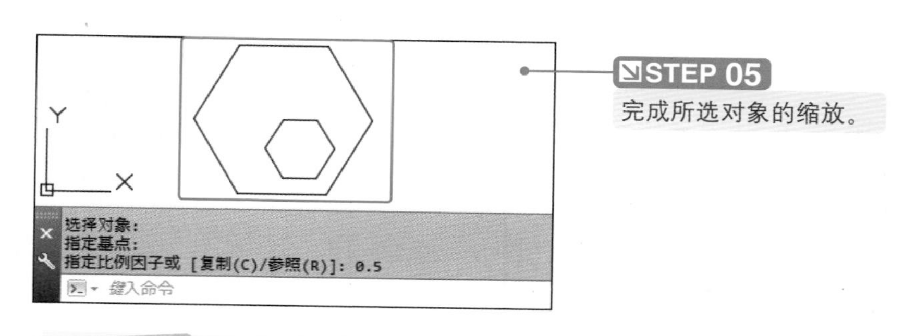

专家点拨　缩放对象的技巧

在缩放图形时，可以把整个对象或者对象的一部分沿 *X*、*Y*、*Z* 方向以相同的比例放大或缩小，由于三个方向上的缩放率相同，因此保证了对象的形状不会发生变化。在激活缩放命令、选择对象后必须先指定基点，然后再输入比例因子进行缩放，比例因子为“1”时，图形大小不变；比例因子小于“1”时，所选图形缩小；比例因子大于“1”时，所选图形放大。

3.3.4　拉伸对象

“拉伸”命令可以按指定的方向和角度拉长或缩短实体，或调整对象大小，使其在一个方向上按比例增大或缩小；还可以通过移动端点、顶点或控制点来拉伸某些对象。具体操作方法如下。

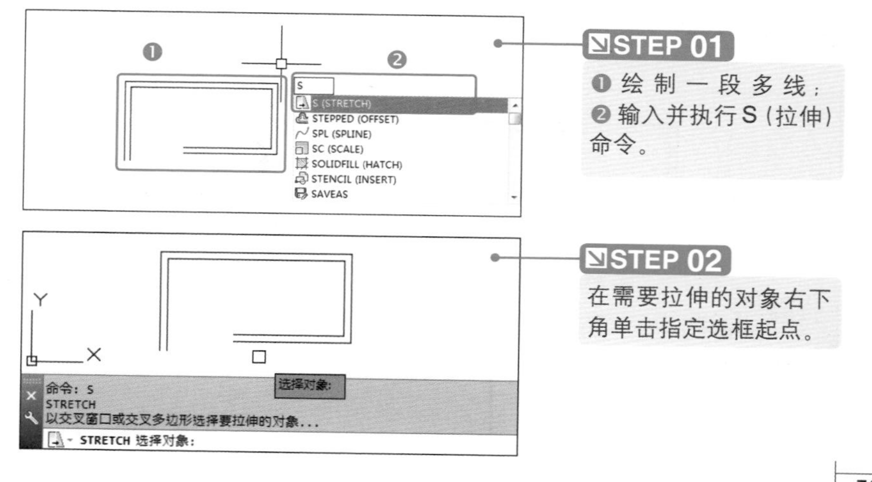

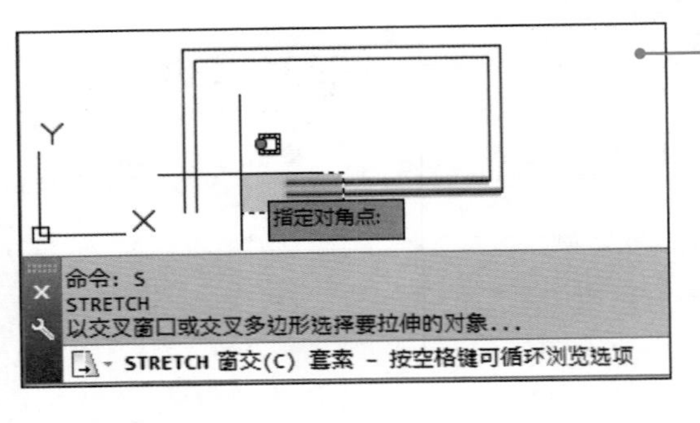

STEP 03

向左拖动十字光标至适当位置，单击指定选框对角点。

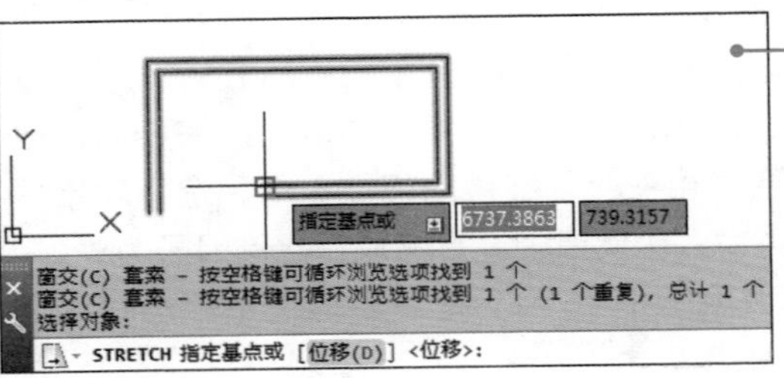

STEP 04

按空格键确定，单击指定拉伸的基点。

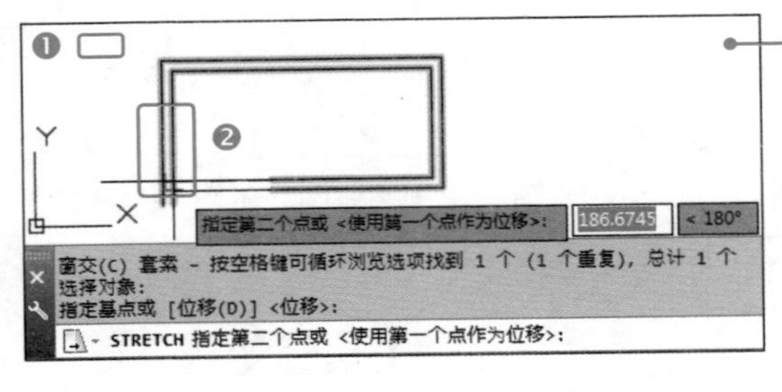

STEP 05

向左拖动十字光标至适当位置，单击指定拉伸的第二个点。

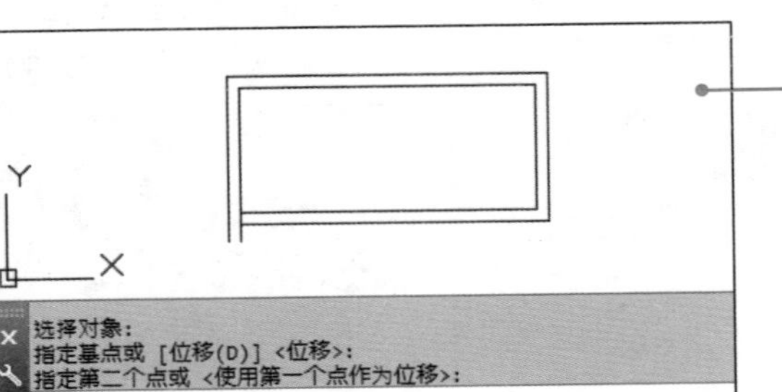

STEP 06

完成拉伸后的效果如左图所示。

专家点拨 拉伸对象的注意事项

拉伸命令经常用来对齐对象边界。如果要拉伸一条线，单击此线只能移动线段；要拉长或缩短此线，必须框选这条线要拉伸方向的端点及这个点延伸出去的部分线条，才能达到拉伸的效果；所谓框选，如果是拉伸一个对象的某部分，必须从右向左框选需要拉伸的部分及构成这个部分的端点才能选中。圆、文本、图块等对象不能使用拉伸命令进行拉伸。

3.4 对象变形

对绘制的对象进行编辑变形，可以创建用户需要的图形。本节主要讲解的内容包括圆角、倒角、光滑曲线命令等修改图形几何特性的命令，以达到使对象变形的目的。

光盘同步文件

素材文件：光盘\原始文件\第3章\新手入门\
结果文件：光盘\结果文件\第3章\新手入门\
教学文件：光盘\视频教学\第3章\新手入门\3-4.mp4

3.4.1 圆角对象

圆角命令可以在两个对象或多段线之间形成光滑的弧线，以消除尖锐的角，还能对多段线的多个端点进行圆角操作。圆角的大小是通过设置圆弧的半径来决定的。具体操作方法如下。

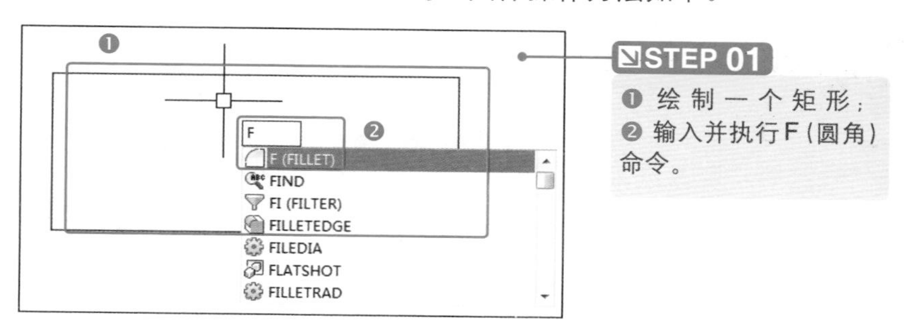

STEP 01

❶ 绘制一个矩形；❷ 输入并执行F（圆角）命令。

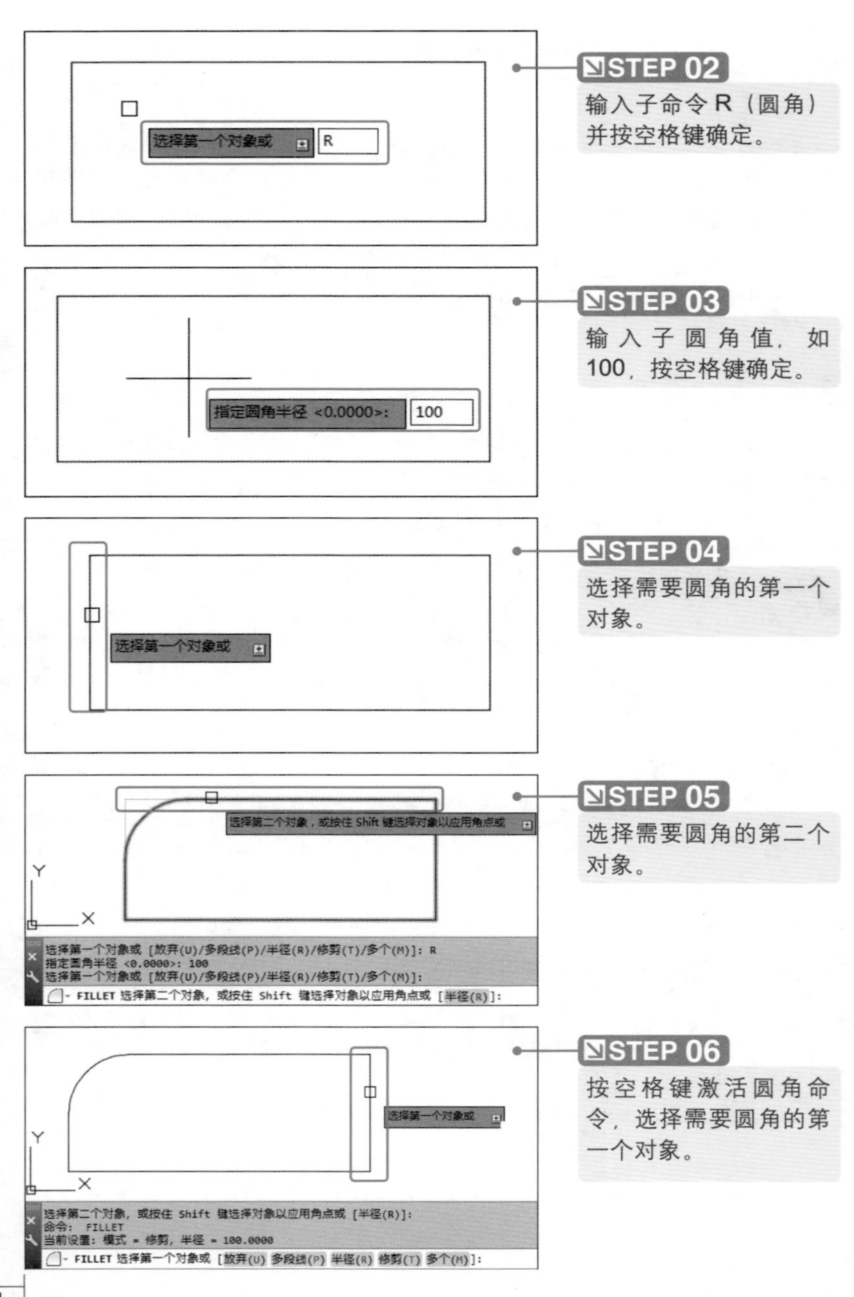
选择第一个对象或
R
STEP 02
输入子命令 R（圆角）并按空格键确定。
指定圆角半径 <0.0000>:
100
STEP 03
输入子圆角值，如100，按空格键确定。
选择第一个对象或
STEP 04
选择需要圆角的第一个对象。
选择第二个对象，或按住 Shift 键选择对象以应用角点或
Y
X
选择第一个对象或 [放弃(U)/多段线(P)/半径(R)/修剪(T)/多个(M)]: R
指定圆角半径 <0.0000>: 100
选择第一个对象或 [放弃(U)/多段线(P)/半径(R)/修剪(T)/多个(M)]:
FILLET 选择第二个对象，或按住 Shift 键选择对象以应用角点或 [半径(R)]:
STEP 05
选择需要圆角的第二个对象。
选择第一个对象或
Y
X
选择第二个对象，或按住 Shift 键选择对象以应用角点或 [半径(R)]:
命令： FILLET
当前设置：模式 = 修剪，半径 = 100.0000
FILLET 选择第一个对象或 [放弃(U) 多段线(P) 半径(R) 修剪(T) 多个(M)]:
STEP 06
按空格键激活圆角命令，选择需要圆角的第一个对象。

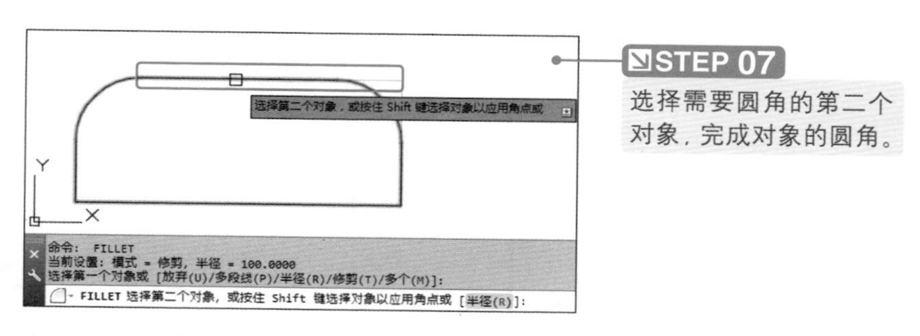

3.4.2 倒角对象

倒角命令用于将两个非平行的对象做出有斜度的倒角，需要进行倒角的两个图形对象可以相交，也可以不相交，但不能平行。具体操作方法如下。

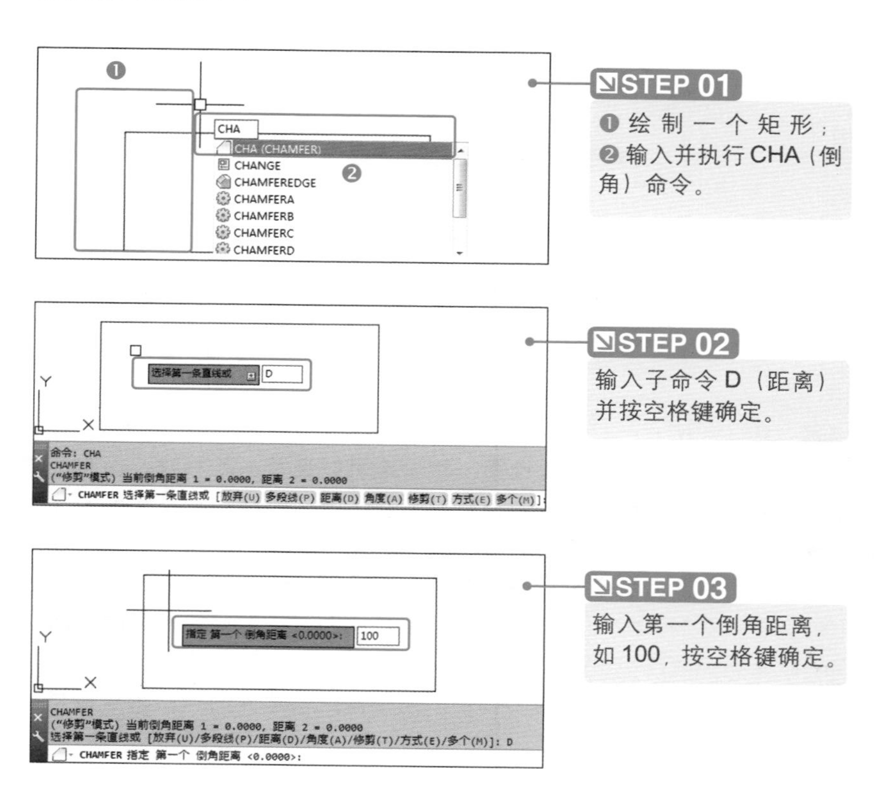

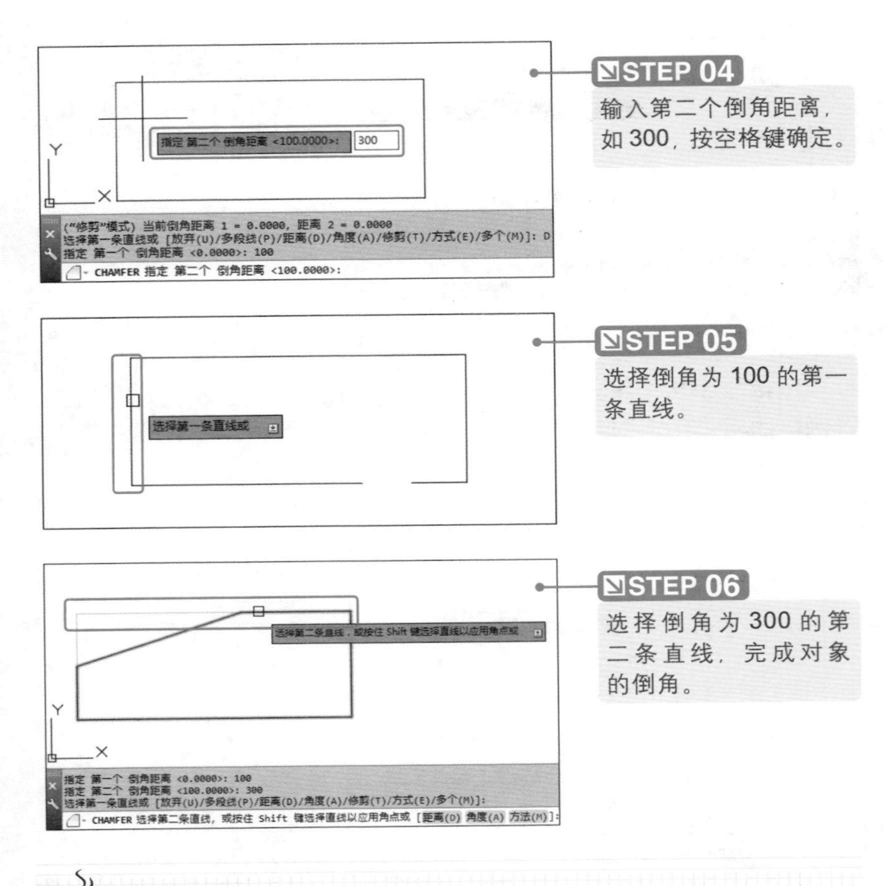

STEP 04

输入第二个倒角距离，如 300，按空格键确定。

STEP 05

选择倒角为 100 的第一条直线。

STEP 06

选择倒角为 300 的第二条直线，完成对象的倒角。

温馨提示：

倒角两边的距离可以设为一致，也可以设置为不一致。但两个倒角距离不能为负值，若将距离设为零，倒角的结果就是两条图线被修剪或延长，直至相交于一点。

在使用倒角命令时，必须有两个非平行的边，程序默认的倒角距离是“1”和“2”；若要对程序默认的距离进行修改，必须输入子命令距离“D”，输入的第一个倒角距离是所选择的第一条直线将要倒角的距离，输入的第二个倒角距离是所选择的第二条直线将要倒角的距离。

3.4.3 打断对象

打断命令通过指定两点，或选择物体后再指定两点的方式断开形体。常用于剪断图形，但不删除对象。执行该命令可将直线、圆、弧、多段线、样条线、射线等对象分成两个实体。具体操作方法如下。

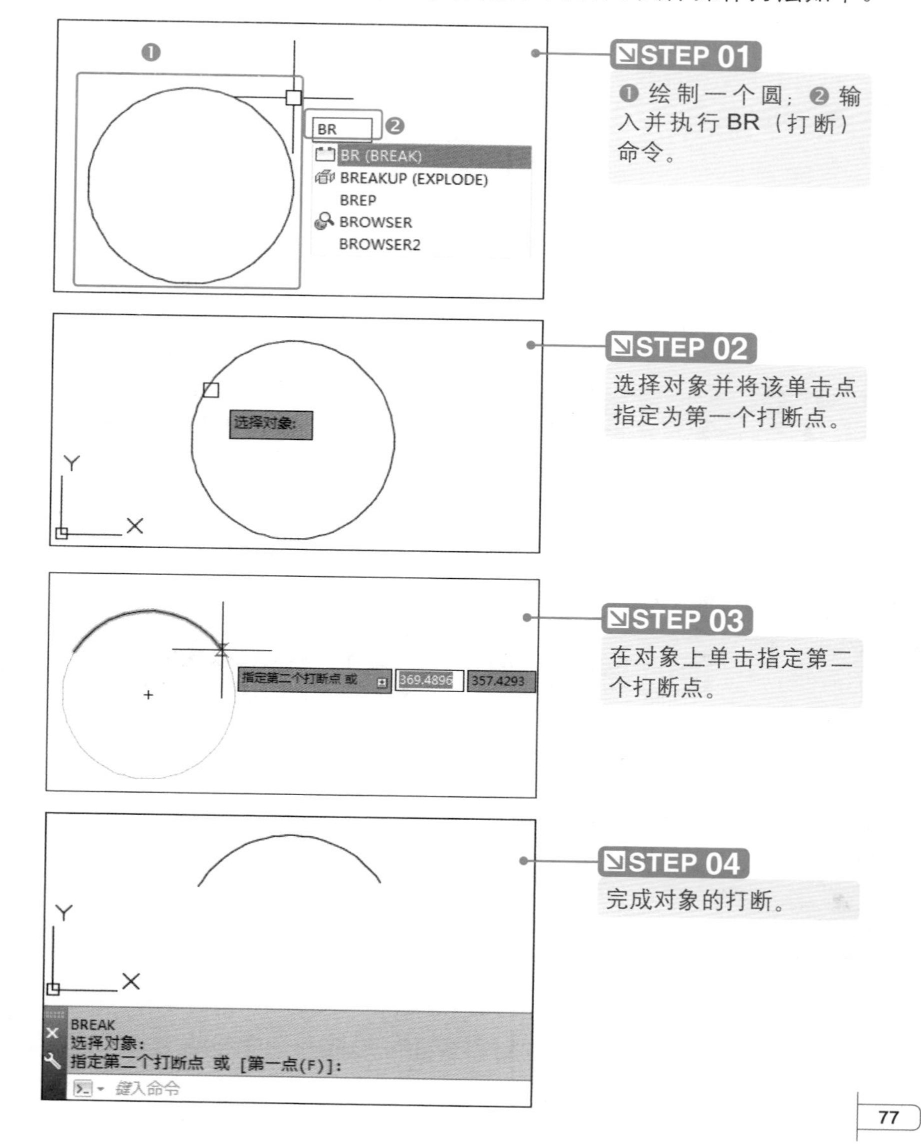

专家点拨 使用打断命令的技巧

在使用打断命令时，可以直接打断直线，也可以重新指定打断点；在使用时要注意区别，若不清楚在使用了“打断于点”命令后，所选对象是否被打断，可单击所选对象进行观察。

运用“打断”命令打洞，是绘图时常用的一种方法，特别是在绘制图形结构比较复杂的房屋构造图中，用此种打洞方式，简化了辅助线的使用。

3.4.4 分解对象

使用“分解”命令可以将多个组合实体分解为单独的图元对象。例如，使用“分解”命令可以将矩形、多边形等图形分解成单独的多条线段，将图块分解为单个独立的对象等。具体操作方法如下。

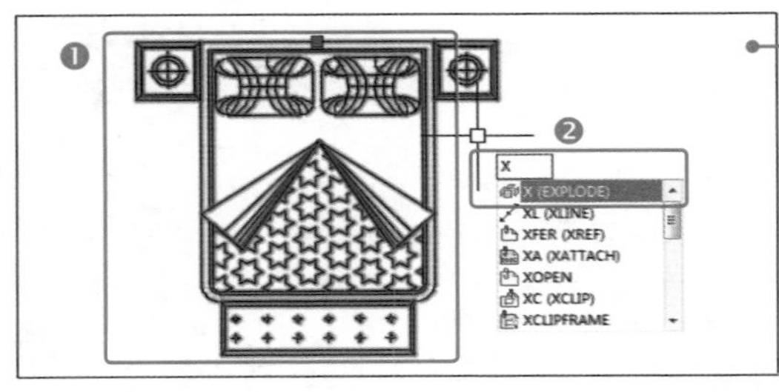

STEP 01

打开原始文件3-4-4.dwg，❶ 选择块；❷ 输入并执行X（分解）命令。

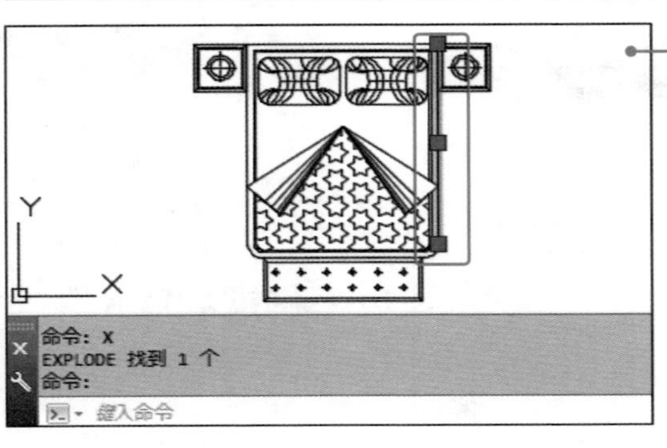

STEP 02

此时再单击对象只能选择单击点所在的对象。

3.4.5 合并对象

合并命令可以将相似的对象合并以形成一个完整的对象。可以合并的对象包括：直线、多段线、圆弧、椭圆弧、样条曲线，但是要合并的对象必须是相似的对象，且位于相同的平面上。具体操作方法如下。

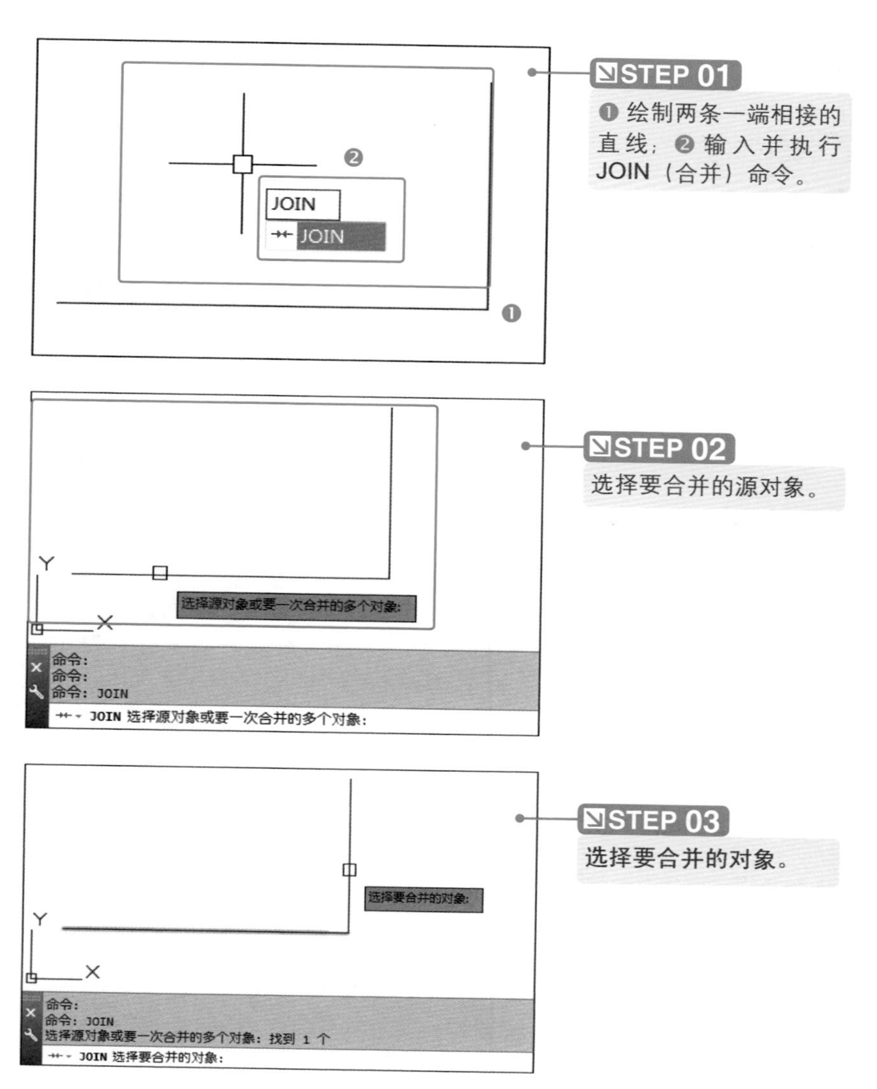

STEP 01

❶ 绘制两条一端相接的直线；❷ 输入并执行JOIN（合并）命令。

STEP 02

选择要合并的源对象。

STEP 03

选择要合并的对象。

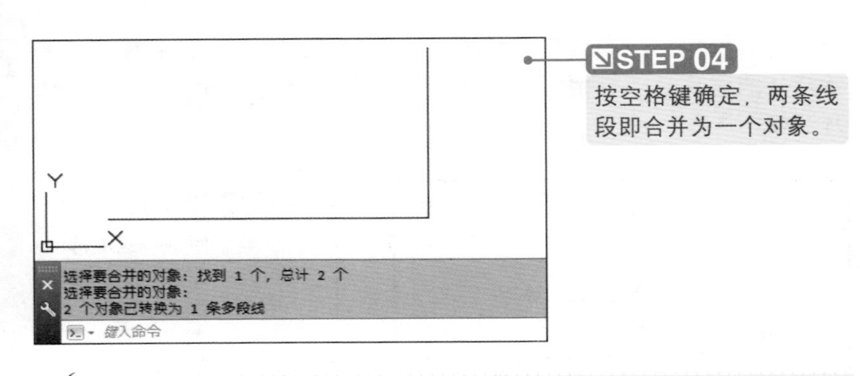

STEP 04

按空格键确定，两条线段即合并为一个对象。

温馨提示：

使用“合并”命令合并的对象如果是两条线段，那么这两条线段必须是在同一条水平线或同一条垂直线上，合并的对象如果是两条弧线，那么这两条弧线必须是在同一条延伸线上。

Lesson 02

新手提高——实用技巧

通过前面二维编辑命令的学习，相信初学者已经学会并掌握了相关基础知识。下面，介绍一些新手提高的技能知识。

光盘同步文件

素材文件：光盘 \ 原始文件 \ 第 3 章 \ 新手提高 \

结果文件：光盘 \ 结果文件 \ 第 3 章 \ 新手提高 \

教学文件：光盘 \ 视频教学 \ 第 3 章 \ 新手提高 \ 实用技巧 .mp4

NO.1　使用夹点编辑图形

在 AutoCAD 2015 中，图形的位置和形状通常是由夹点的位置决定的；利用夹点可以编辑图形的大小、方向、位置以及对图形进行镜像复制等操作。具体操作方法如下。

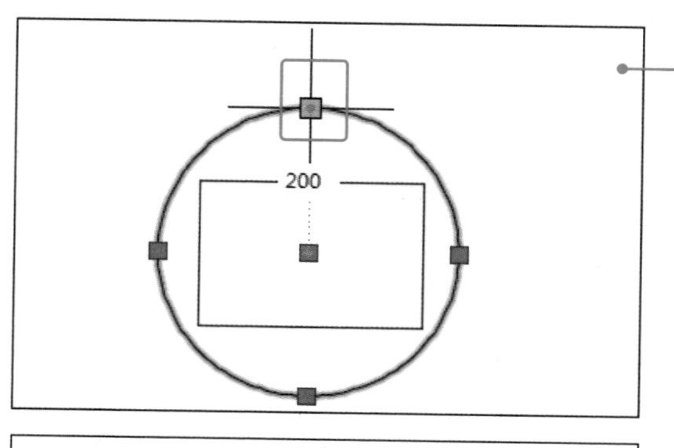

STEP 01

打开原始文件NO.1.dwg;指向圆的象限点，即可显示该对象的基本信息，如半径200。

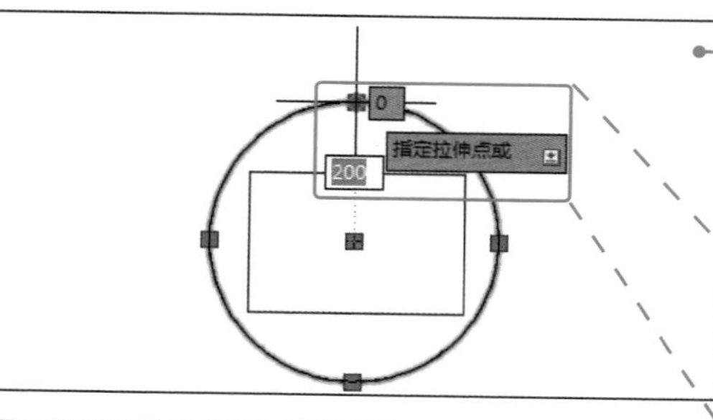

STEP 02

单击圆的象限点，即可选中该夹点，程序提示此时可拉伸该夹点。

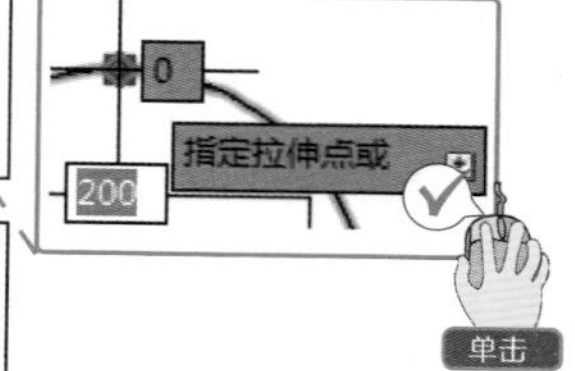

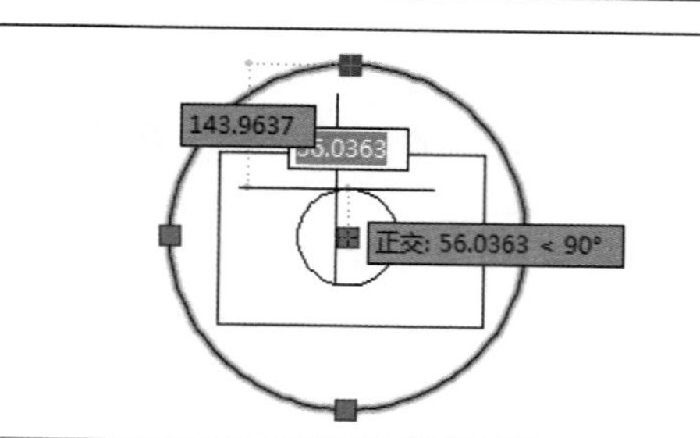

STEP 03

移动鼠标显示可修改圆的半径。

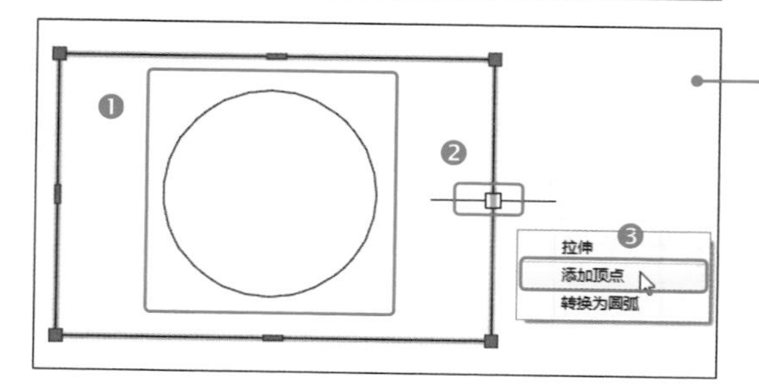

STEP 04

❶ 单击指定夹点新位置即确定圆的大小；❷ 指向矩形右侧的夹点；❸ 在下拉菜单中选择“添加顶点”命令。

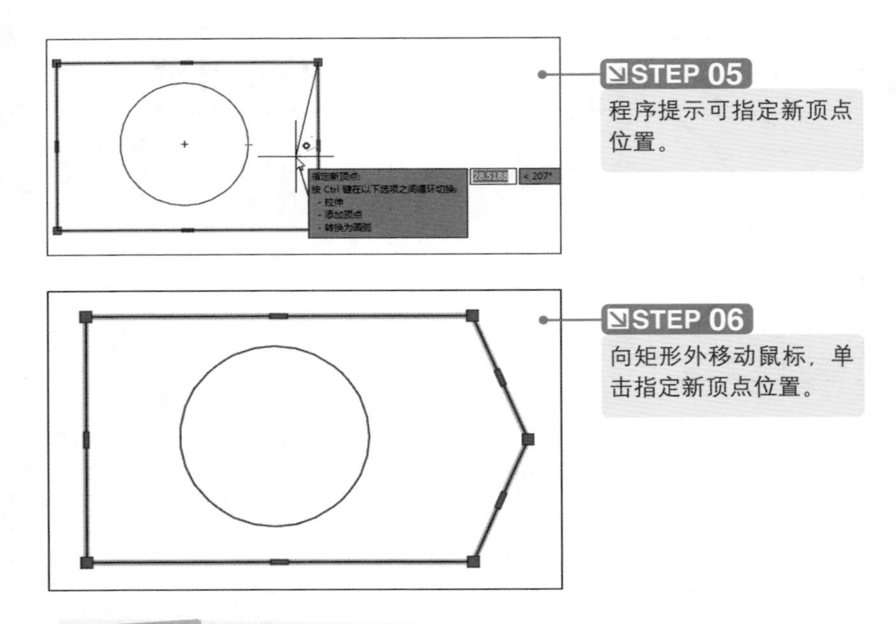

专家点拨　夹点的使用技巧

夹点就是指图形对象上的一些特征点，比如端点、中点、中心点、垂点，顶点、拟合点等，用户可以通过拖动夹点的方式，来改变图形的形状和大小。夹点编辑是在实际绘图中提高绘制速度的重要手段，而 AutoCAD 2015 中的图形种类不一样，当一些对象夹点重合时，有些特定于对象或夹点的选项是不能使用的；还需要注意的是，被锁定图层上的对象不显示夹点。

NO.2　镜像复制对象

镜像就是可以绕指定轴翻转对象创建对称的镜像图像。也是特殊复制方法的一种；镜像对创建对称的对象和图形非常有用，使用时要注意镜像线的利用。具体操作方法如下。

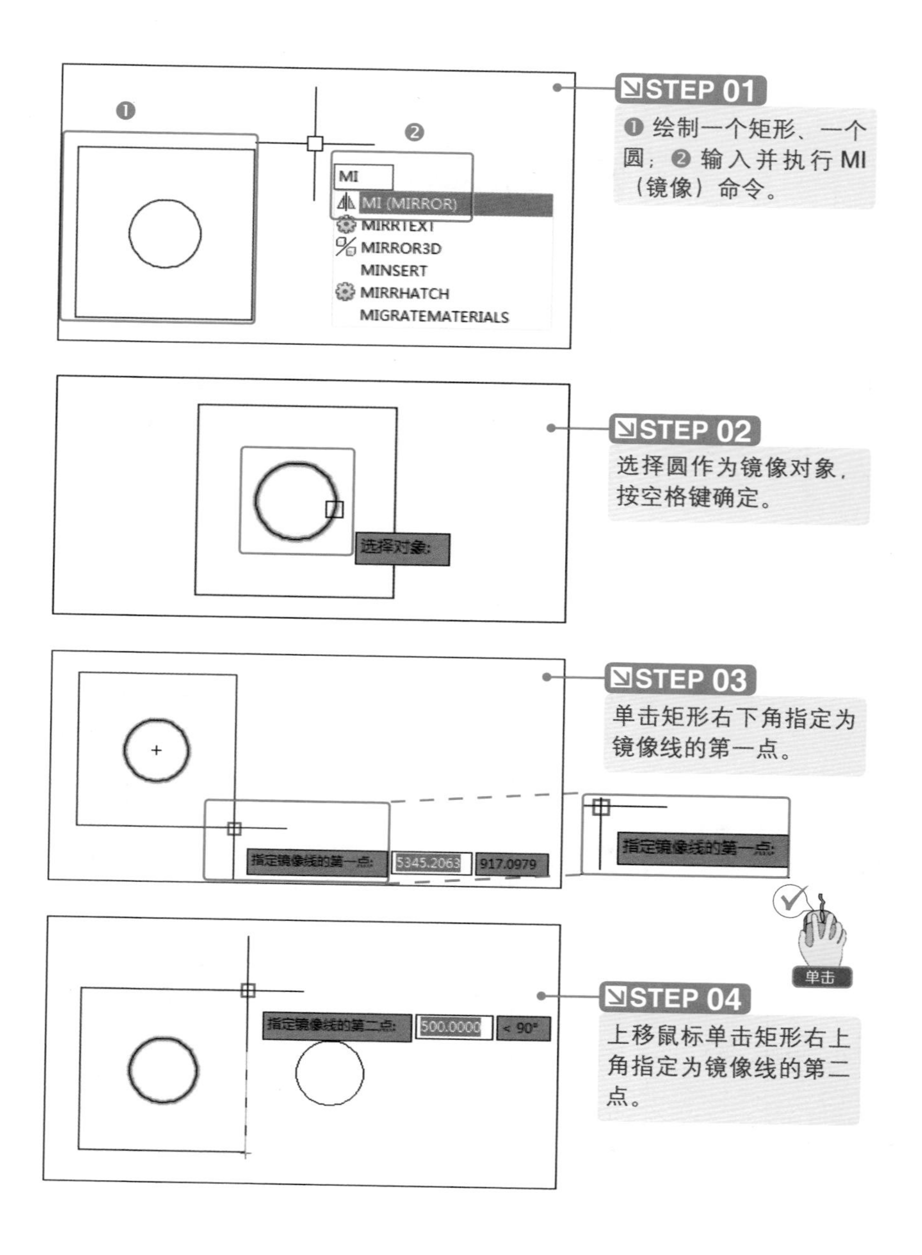

STEP 01

❶ 绘制一个矩形、一个圆；❷ 输入并执行 MI（镜像）命令。

STEP 02

选择圆作为镜像对象，按空格键确定。

STEP 03

单击矩形右下角指定为镜像线的第一点。

STEP 04

上移鼠标单击矩形右上角指定为镜像线的第二点。

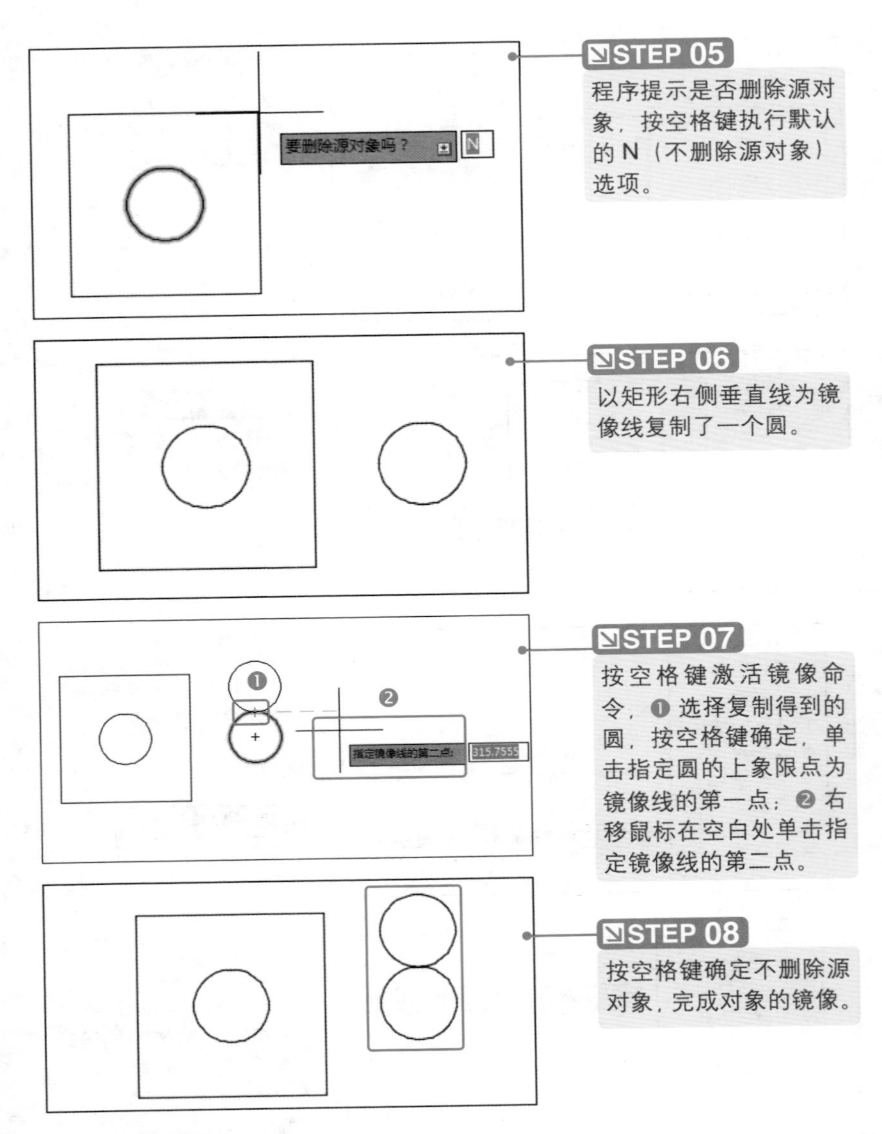

NO.3 将对象打断于点

打断命令也可以用于将对象从某一点处断开，从而将其分成两个独立的对象。具体操作方法如下。

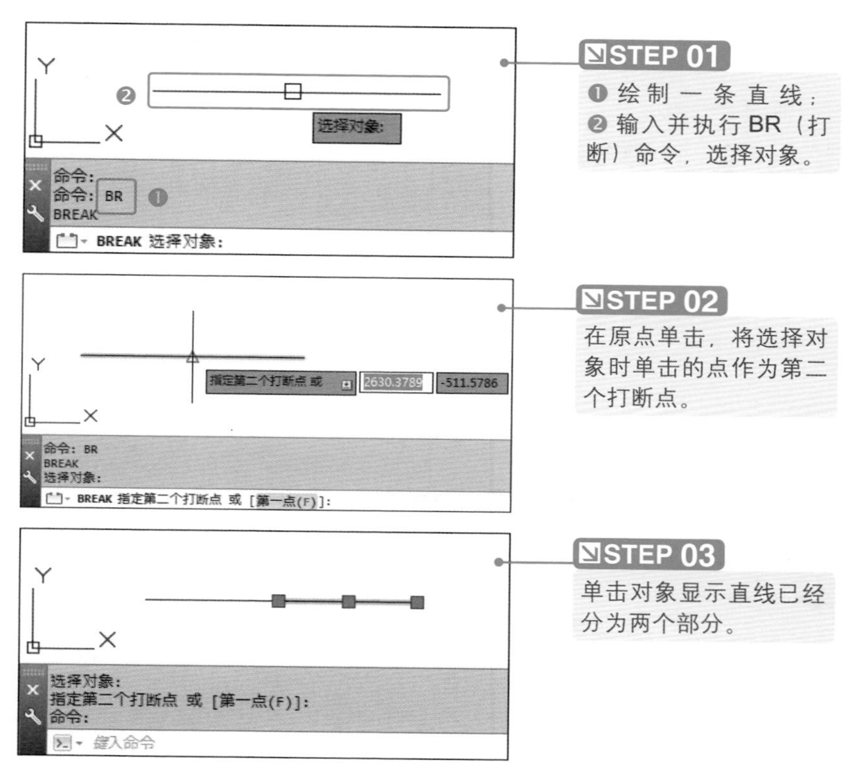

NO.4 对齐对象

使用“对齐”命令可在二维或三维图形中使对象与其他对象对齐。要对齐某个对象，最多可以给对象添加三对源点和目标点：源点位于将要被对齐的对象上；目标点是该源点在对齐对象上相应的点。具体操作方法如下。

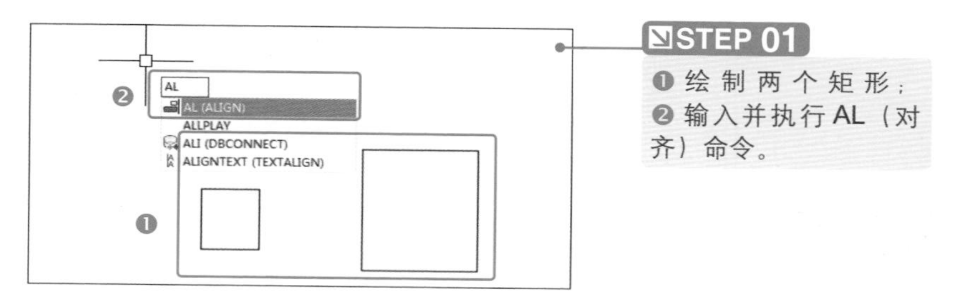

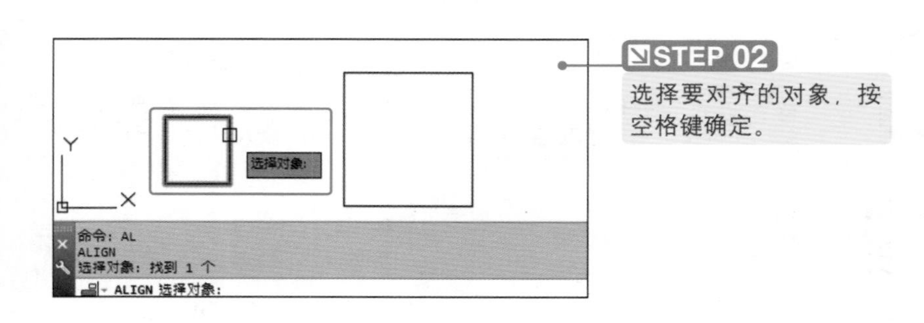

STEP 02

选择要对齐的对象，按空格键确定。

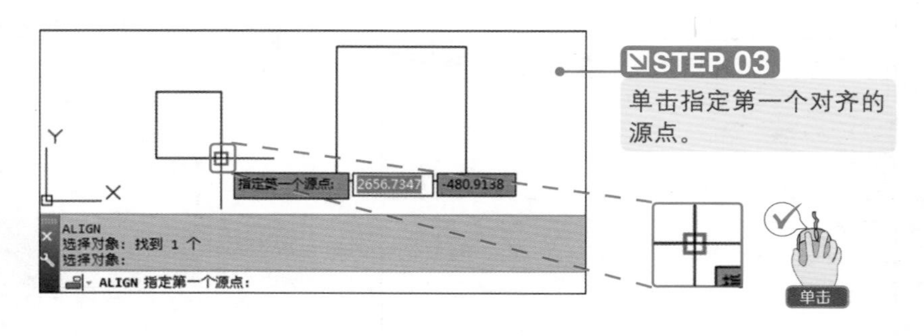

STEP 03

单击指定第一个对齐的源点。

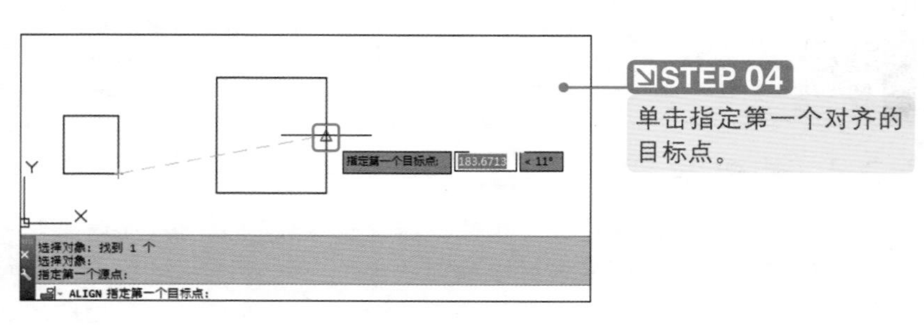

STEP 04

单击指定第一个对齐的目标点。

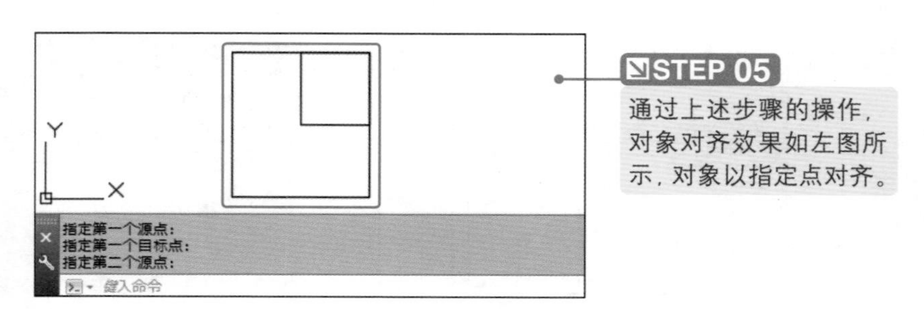

STEP 05

通过上述步骤的操作，对象对齐效果如左图所示，对象以指定点对齐。

温馨提示：

在对齐命令中，当指定了两对或者三对源点和目标点，在确认命令时，程序会弹出“是否基于对齐点缩放对象？ [是 (Y)/ 否 (N)] < 否 >:”的提示信息，程序默认为“否”。若需要缩放对象，输入“Y”按空格键，对象即可在指定源点和目标点对齐的同时根据这些指定点进行缩放。

指定两对源点和目标点一般用于二维图形，指定三对源点和目标点一般用于三维图形。

Lesson 03 新手实训——绘制餐桌

为了巩固本章的学习内容，现结合本章知识点，安排绘制餐桌的实例。本实例主要讲解餐桌平面图的绘制过程。

实例效果

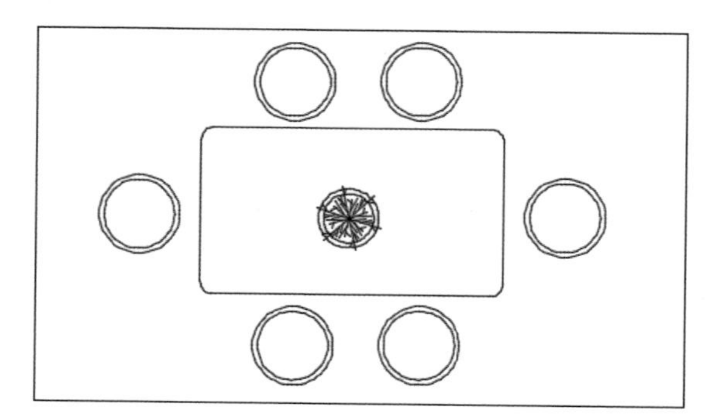

光盘同步文件

素材文件：光盘 \ 原始文件 \ 无

结果文件：光盘 \ 结果文件 \ 第 3 章 \ 新手实训 \ 餐桌 .dwg

教学文件：光盘 \ 视频教学 \ 第 3 章 \ 新手实训 \ 餐桌 .mp4

制作步骤

本实例首先绘制餐桌的桌面尺寸，接着绘制桌面的摆件，然后绘制圆凳，完成餐桌平面图的绘制。具体操作方法如下。

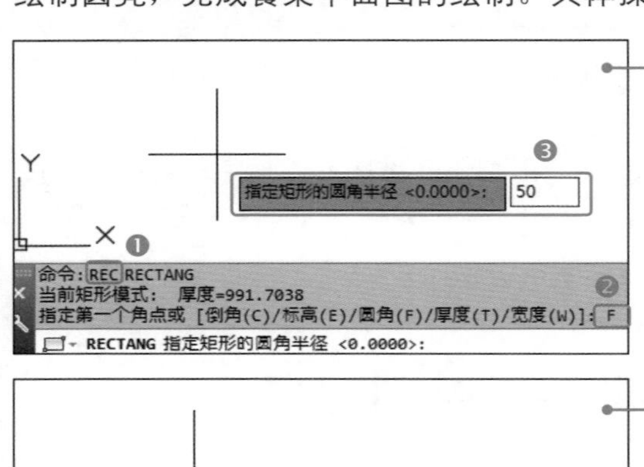

STEP 01

❶ 输入并执行 REC（矩形）命令；❷ 输入并执行子命令 F（圆角）；❸ 输入圆角值 50 并确定。

STEP 02

在绘图区空白处单击指定第一个角点；输入另一个角点尺寸“@1200,680”并确定。

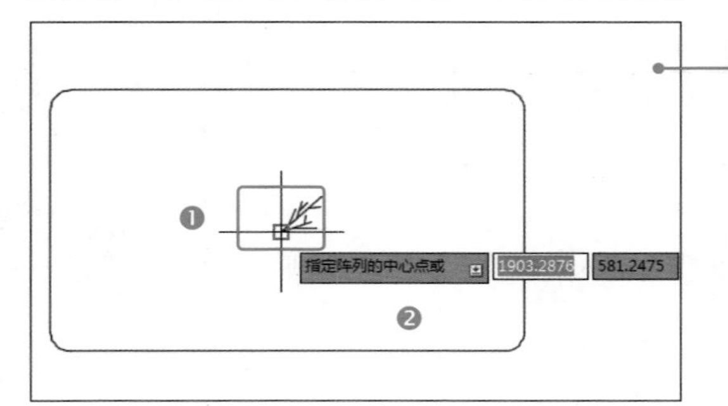

STEP 03

❶ 输入并执行 L（直线）命令，绘制植物的一部分；❷ 输入并执行 AR（阵列）命令，输入并执行子命令 PO（极轴），单击指定阵列的中心点。

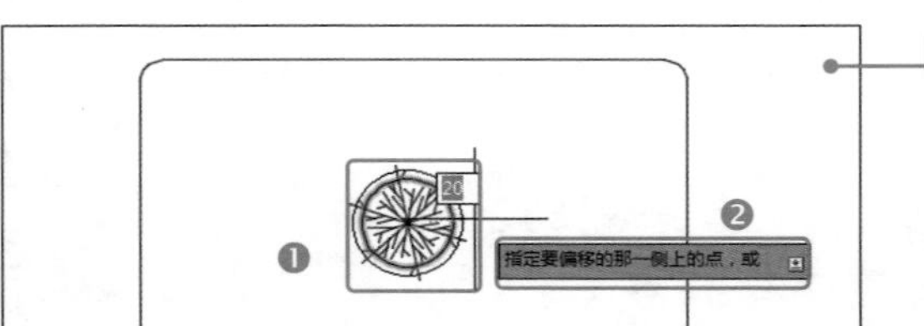

STEP 04

❶ 完成对象阵列后以阵列中心点为圆心绘制一个圆；❷ 输入并执行 O（偏移）命令；输入偏移值 20 并确定，选择圆并向外侧偏移。

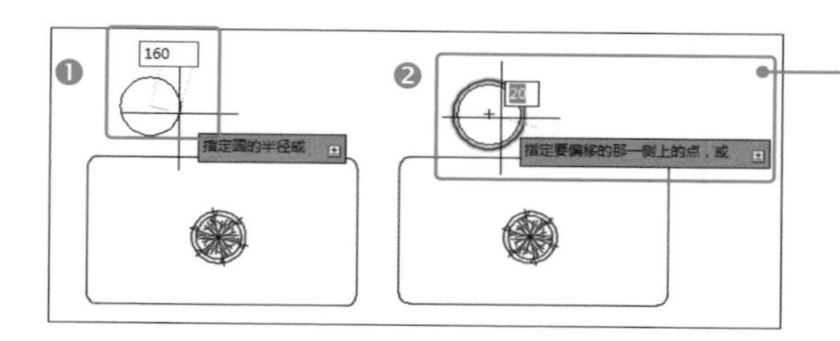

STEP 05

❶ 输入并执行 C（圆）命令，绘制半径为 160 的圆；❷ 输入并执行 O（偏移）命令，输入偏移值 20 并确定，选择圆并向外侧偏移。

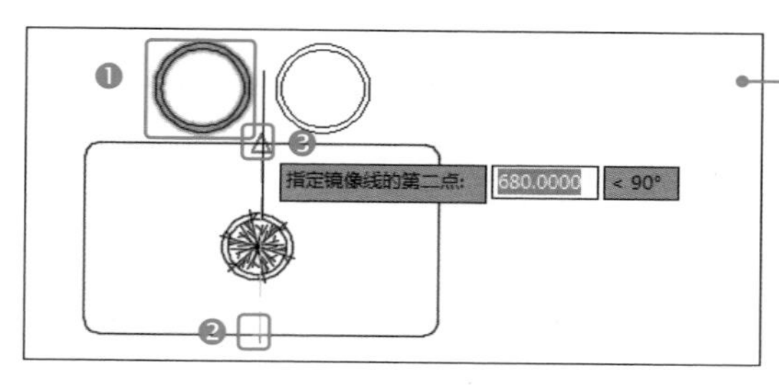

STEP 06

❶ 选择圆凳；❷ 执行 MI（镜像）命令，单击指定镜像线第一点；❸ 单击指定镜像线第二点。按空格键完成镜像。

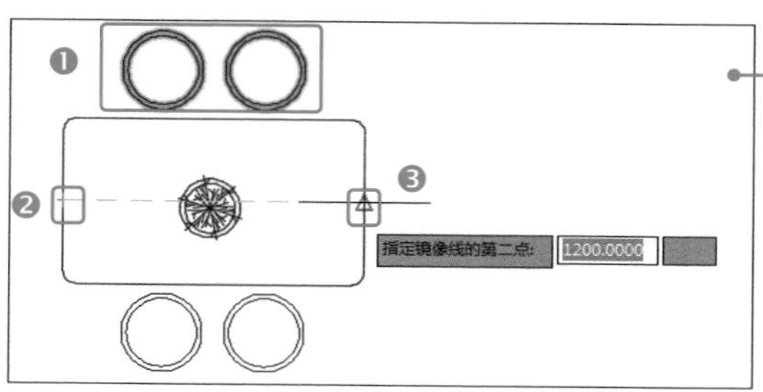

STEP 07

❶ 选择圆凳；❷ 执行 MI（镜像）命令，单击指定镜像线第一点；❸ 单击指定镜像线第二点。按空格键完成镜像。

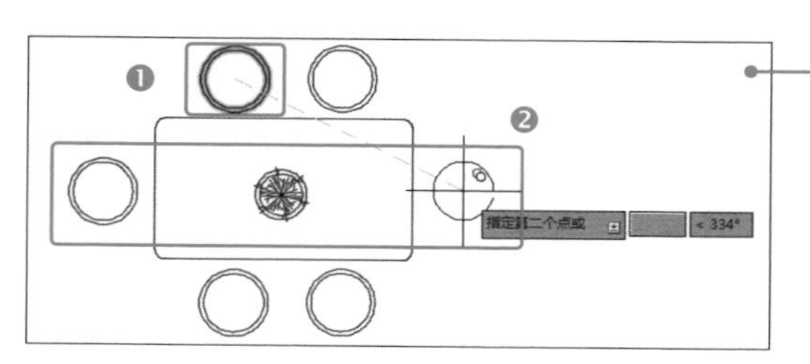

STEP 08

❶ 选择圆凳，执行 CO（复制）命令；❷ 单击指定所选圆凳的圆心为基点，在桌子左侧单击复制圆凳，在桌子右侧单击复制另一个圆凳，按空格键结束复制。

笔记栏

Chapter

图层、填充、图块和设计中心

关于本章：

在使用 AutoCAD 2015 绘图过程中，为了能够把图形准确、直观而且美观地表达出来，需要使用到包括图层、填充图案、块与设计中心等功能。

知识要点

掌握创建与编辑图层的方法

掌握图层的辅助设置方法

掌握图案填充的方法

掌握创建块的方法

掌握编辑块的方法

掌握 AutoCAD 2015 设计中心的操作

效果展示

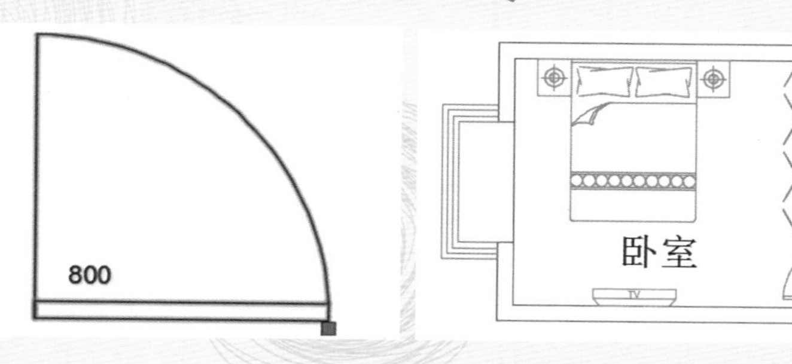

Lesson 01

新手入门——必学基础

在 AutoCAD 2015 中，图层、填充、图块都是绘图的基础，熟练掌握这些知识可以更好地组织、管理图形对象。

4.1 创建与编辑图层

在制图的过程中将不同属性的对象建立在不同的图层上，可以方便管理图形对象；通过修改所在图层的属性，可以快速、准确地修改对象属性。

光盘同步文件

教学文件：光盘 \ 视频教学 \ 第 4 章 \ 新手入门 \4-1.mp4

4.1.1 打开图层特性管理器

“图层特性管理器”是创建与编辑图层及图层特性的工具。在此对话框中，主要包括左侧图层树状区和右侧图层设置区。具体操作方法如下。

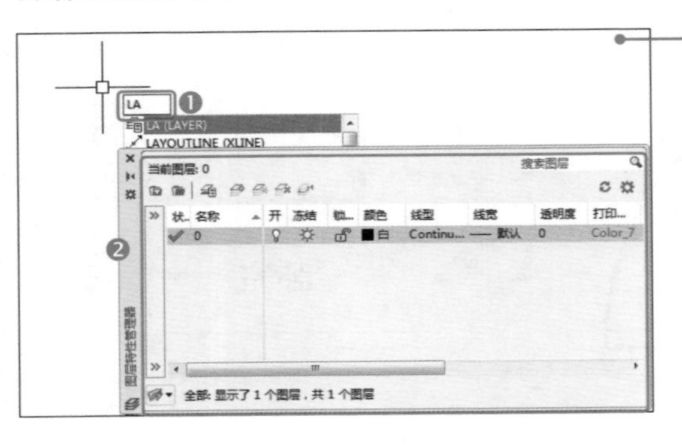

方法

❶ 输入并执行 LA（图层特性管理器）命令；

❷ 打开“图层特性管理器”对话框。

温馨提示：

图层就是将具有不同颜色、线型、线宽等属性的对象进行分类管理的工具，一般将具有同一种属性的对象放在同一个图层上。在绘制图形时可以自行设置图层的数量、名称、颜色、线型、线宽等。

4.1.2 创建新图层

实际操作中可以为具有同一种属性的多个对象创建和命名新图层，在一个文件中创建的图层数以及可以在每个图层中创建的对象数都没有限制。具体操作方法如下。

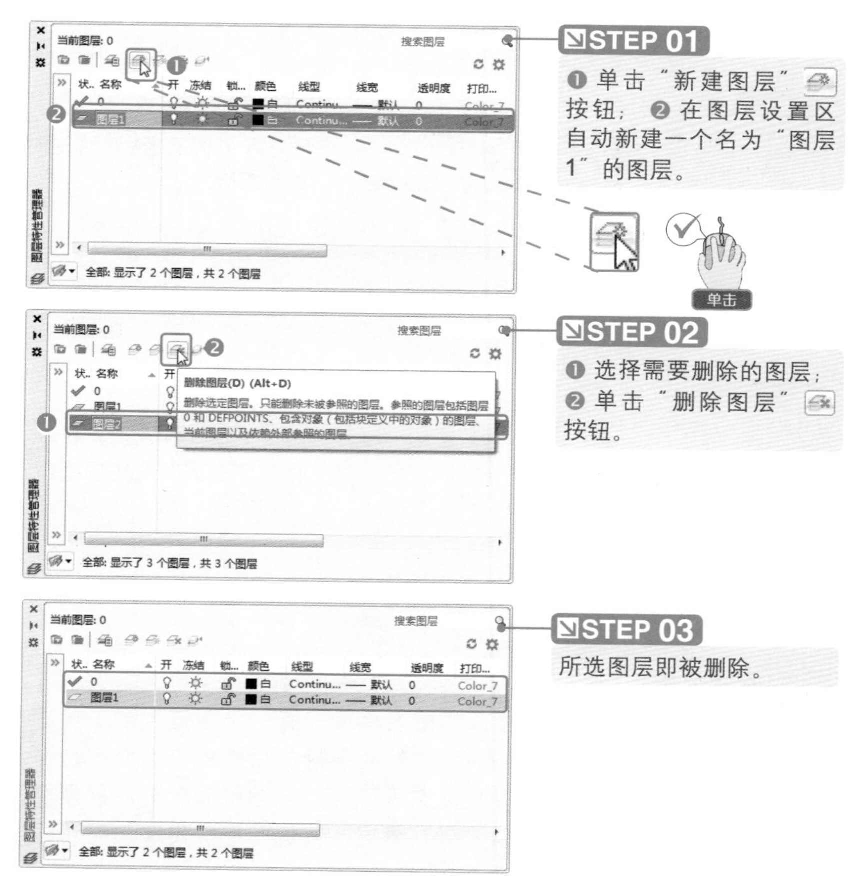

STEP 01

❶ 单击“新建图层”按钮；❷ 在图层设置区自动新建一个名为“图层1”的图层。

STEP 02

❶ 选择需要删除的图层；❷ 单击“删除图层”按钮。

STEP 03

所选图层即被删除。

4.1.3 设置图层名称

在一个图形文件中，一般包含多个图层，为了方便区分对象和图层管理，通常是新建一个图层，即给该图层设置名称。具体操作方法如下。

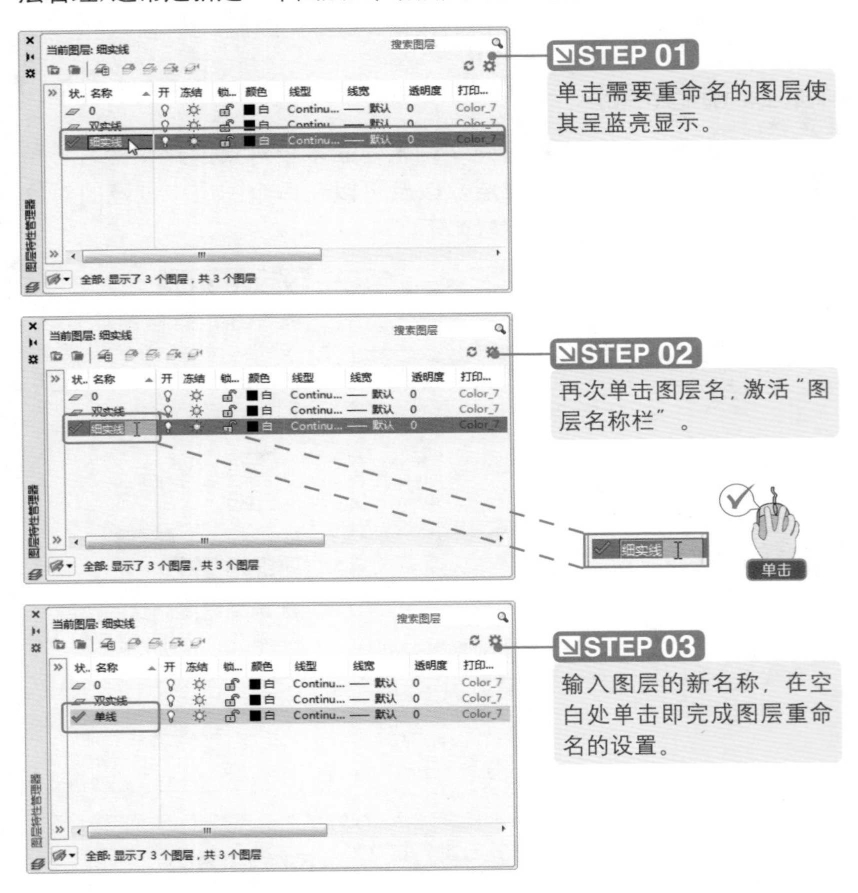

温馨提示：

在给图层命名的过程中，图层名称最少有一个字符，最多可达 255 个字符，可以是数字、字母或其他字符；图层名中不允许含有大于号、小于号、斜杠，以及标点等符号；为图层命令时，必须确保图层名的唯一性。默认的只有 0 图层，其他图层数量和名字可根据绘图需要进行设置。

4.1.4 设置图形线条颜色

当一个图形文件中有多个图层时，为了快速识别某图层和方便后期的打印操作，可以为图层设置颜色。具体操作方法如下。

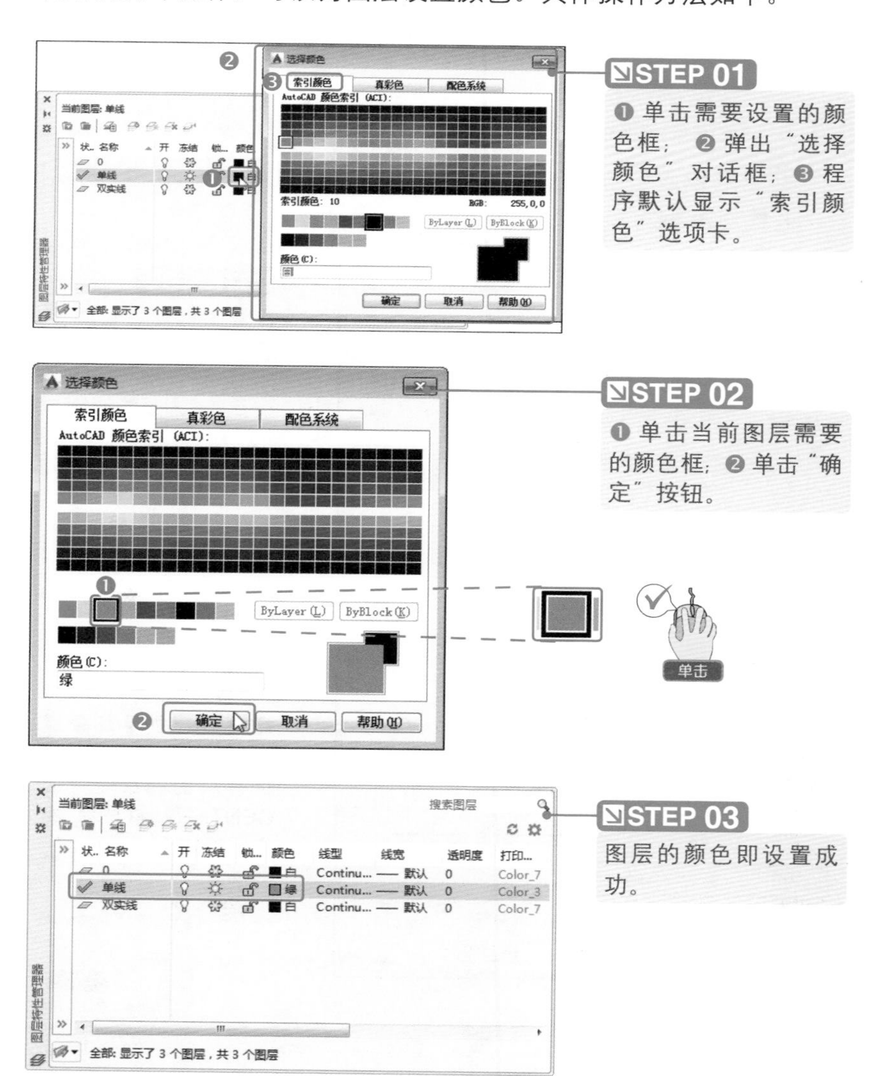

STEP 01

❶ 单击需要设置的颜色框；❷ 弹出“选择颜色”对话框；❸ 程序默认显示“索引颜色”选项卡。

STEP 02

❶ 单击当前图层需要的颜色框；❷ 单击“确定”按钮。

STEP 03

图层的颜色即设置成功。

专家点拨 选择颜色的技巧

虽然在“选择颜色”对话框的 3 个颜色选项卡中都可以对图层进行颜色设置，但是如果需要打印图纸，这里最好采用真彩色；在实际绘图中，最常采用的是“索引颜色”中的内容。

4.1.5 设置图层线型

给图层设置线型最主要的作用是可以更直观地识别和分辨对象，并给对象编组以方便前期绘图。具体操作方法如下。

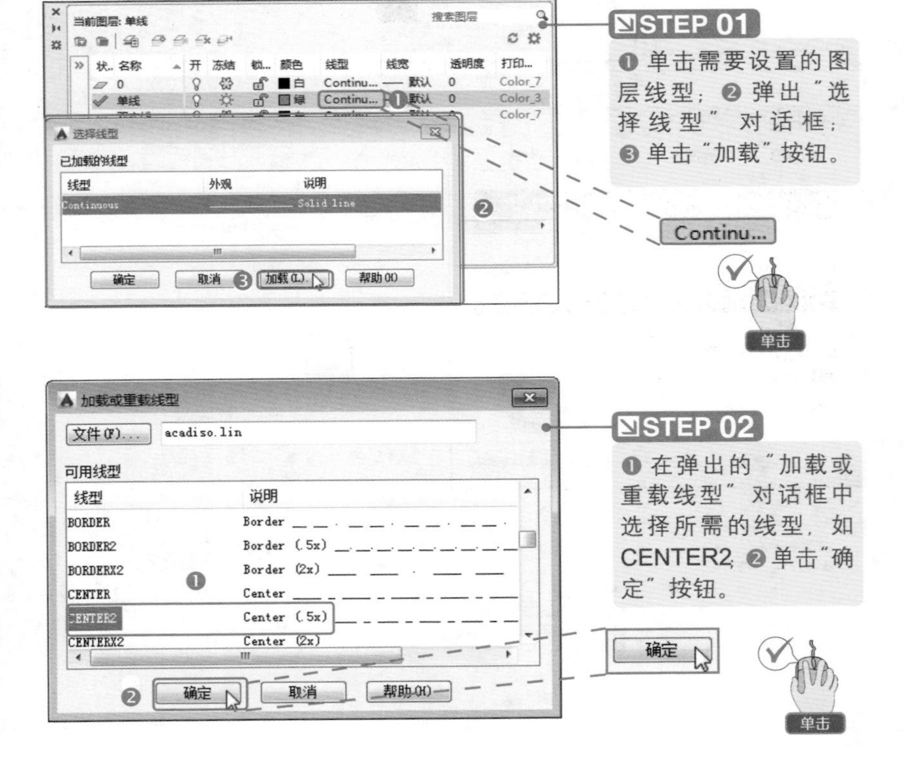

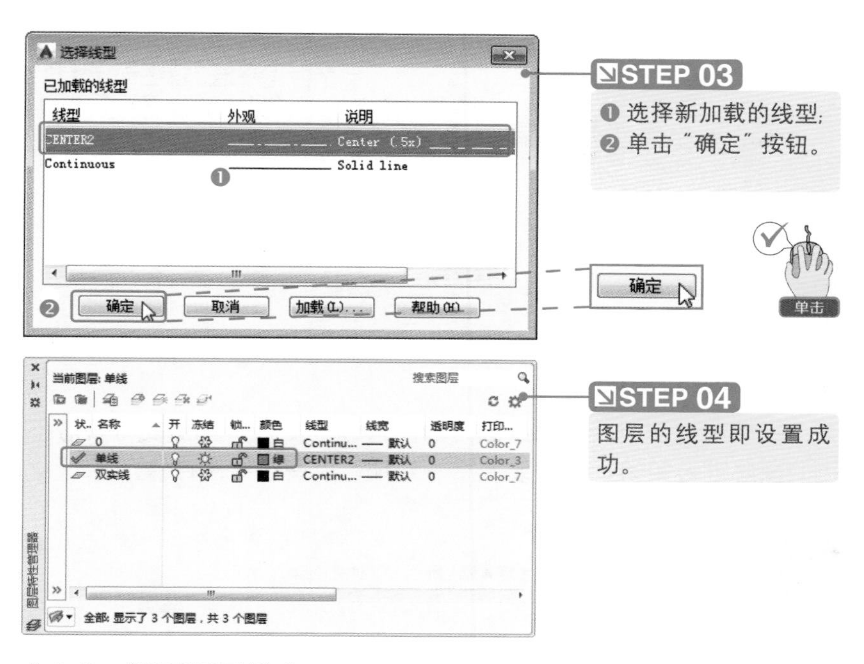

4.1.6 设置图层线宽

给图层设置线宽后绘制图形，并将所绘制的图形按黑白模式打印时，线宽就成为辨识图形对象最重要的属性。具体操作方法如下。

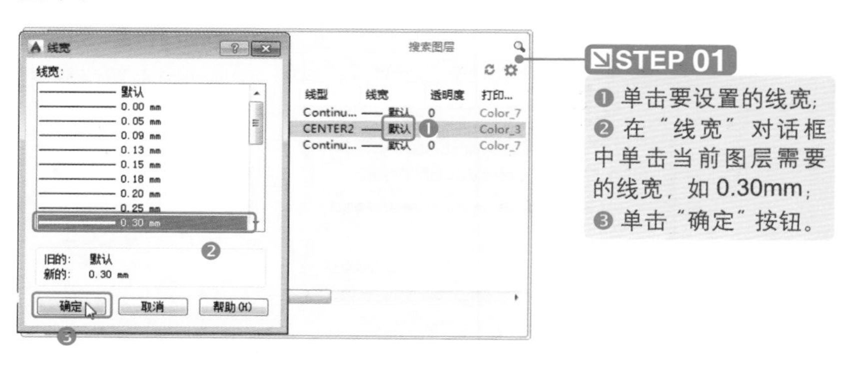

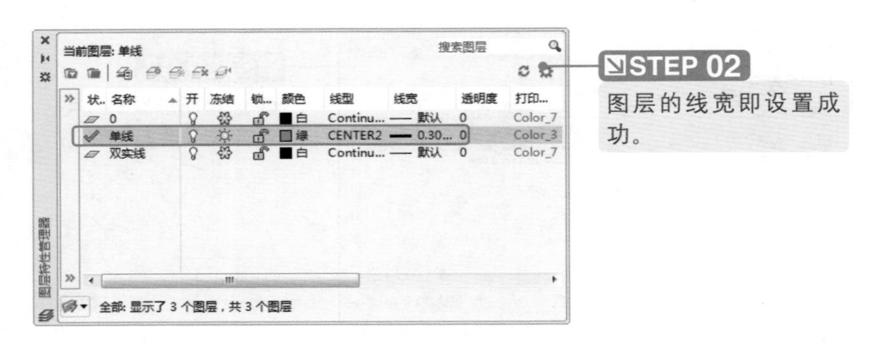

STEP 02

图层的线宽即设置成功。

4.2 图层的辅助设置

在绘图过程中，如果绘图区的图形过于复杂，就需要将暂时不用的图层进行关闭、锁定或冻结等处理，以便于绘图操作。

光盘同步文件

教学文件：光盘 \ 视频教学 \ 第 4 章 \ 新手入门 \4-2.mp4

4.2.1 冻结图层

默认情况下，所有的图层都处于解冻状态，按钮显示为☼，当图层被冻结时，按钮显示为❄。具体操作方法如下。

STEP 01

❶ 单击当前图层的解冻按钮☼；❷ 弹出“图层 - 无法冻结”提示框；❸ 单击“关闭”按钮。

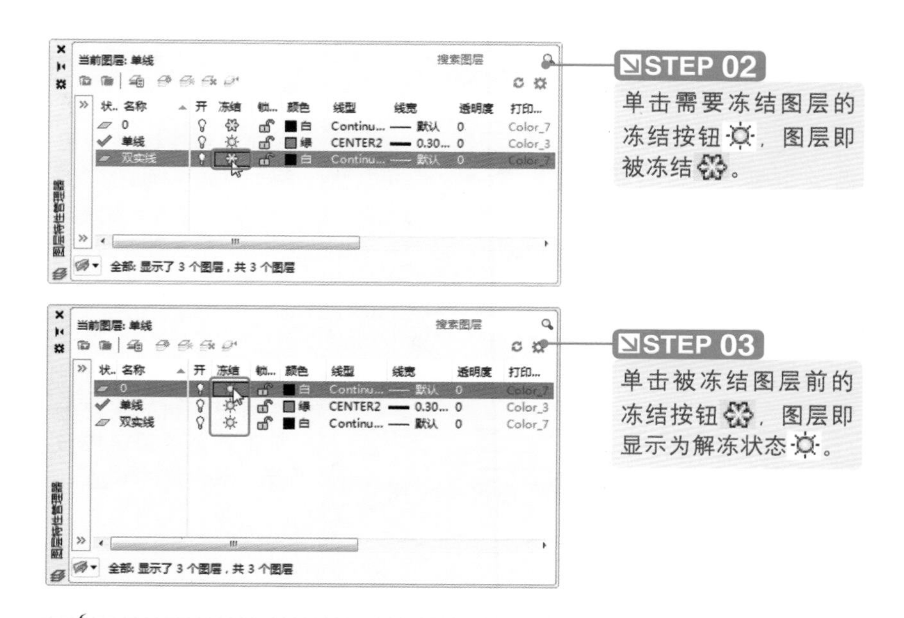

温馨提示：

暂时冻结图层中某些对象可减少屏幕上的显示内容；还可以减少系统生成图形的时间。被冻结后的图层对象不能显示，被选择、编辑、修改、打印。不能对当前的图层进行冻结。如果对当前图层进行冻结操作，系统将出现无法冻结的提示。

4.2.2 锁定和解锁图层

锁定图层即锁定该图层中的对象。锁定图层后，图层上的对象仍然处于可见状态，但是不能对其进行选择、编辑、修改等操作，但该图层上的图形仍可显示和输出。具体操作方法如下。

专家点拨 标题栏内容的补充

默认情况下，所有的图层都处于解锁状态，按钮显示为🔓，当图层被锁定时，按钮显示为🔒，表示要解锁被锁定的图层对象，可以在“图层特性管理器”对话框中选择要解锁的图层，然后单击该图层前面的🔒图标，或者在“图层”面板下拉列表框中，单击要解锁图层前面的🔒图标即可。

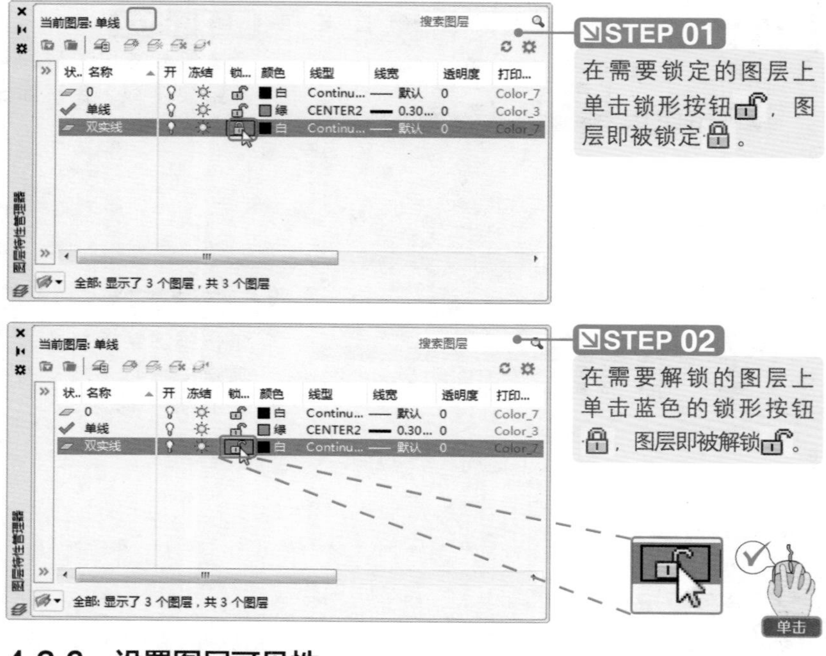

4.2.3 设置图层可见性

图层的可见性是指暂时隐藏图层中的对象，或显示被隐藏的对象。被隐藏图层中的图形不能被选择、编辑、修改、打印。具体操作方法如下。

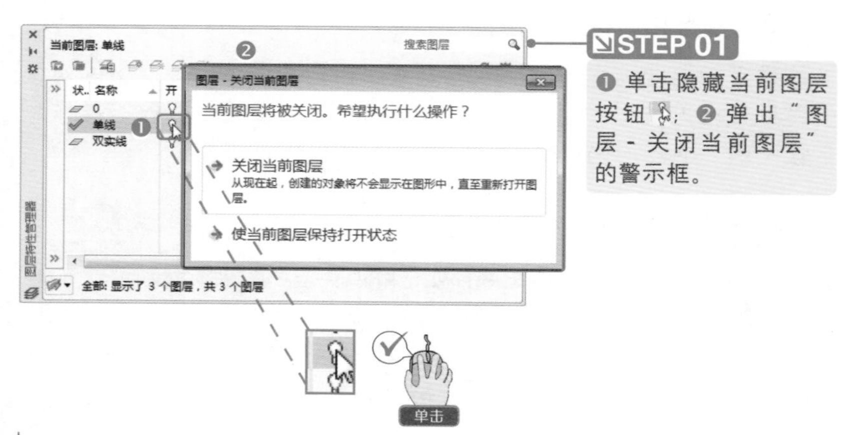

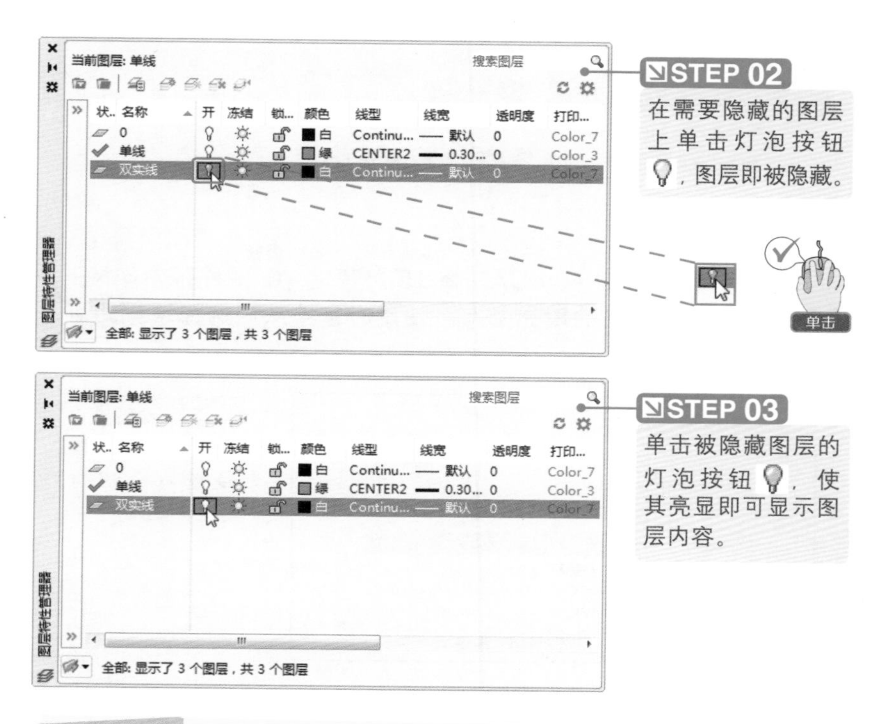

专家点拨 “图层 - 关闭当前图层”警示框

在“图层 - 关闭当前图层”的警示框中显示了两个选项：一个是“关闭当前图层”，因为此图层是当前图层，所以此后绘制的图形都将不可见；一个是“使当前图层保持打开状态”，根据情况进行选择。

4.3 图案填充

填充图案可以使图形看起来更加清晰，更加具有表现力。对图形进行图案填充，可以使用预定义的填充图案、使用当前的线型定义简单的直线图案或者创建更加复杂的填充图案。下面具体介绍一下填充的方法。

光盘同步文件

素材文件：光盘 \ 原始文件 \ 第 4 章 \ 新手入门 \
结果文件：光盘 \ 结果文件 \ 第 4 章 \ 新手入门 \
教学文件：光盘 \ 视频教学 \ 第 4 章 \ 新手入门 \4-3.mp4

4.3.1 预定义填充

预定义填充是指 AutoCAD 2015 自带的 70 多种符合 ANSI、ISO 及其他行业标准的填充图案。使用时直接从中选择填充即可。具体操作方法如下。

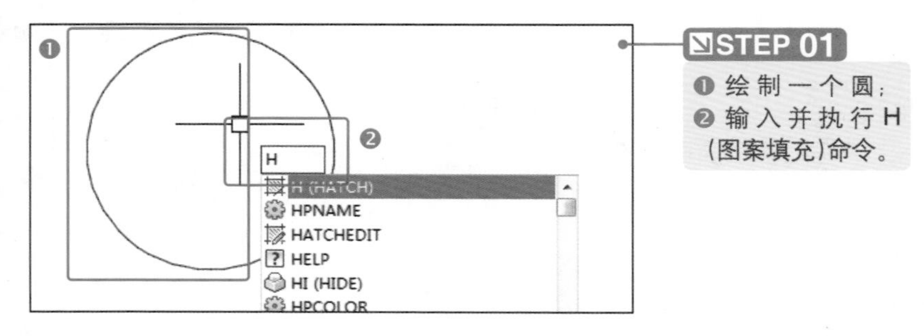

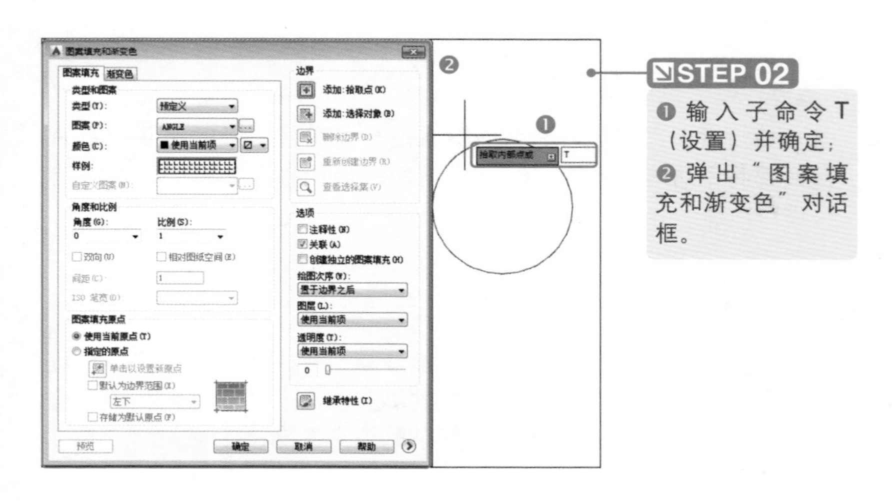

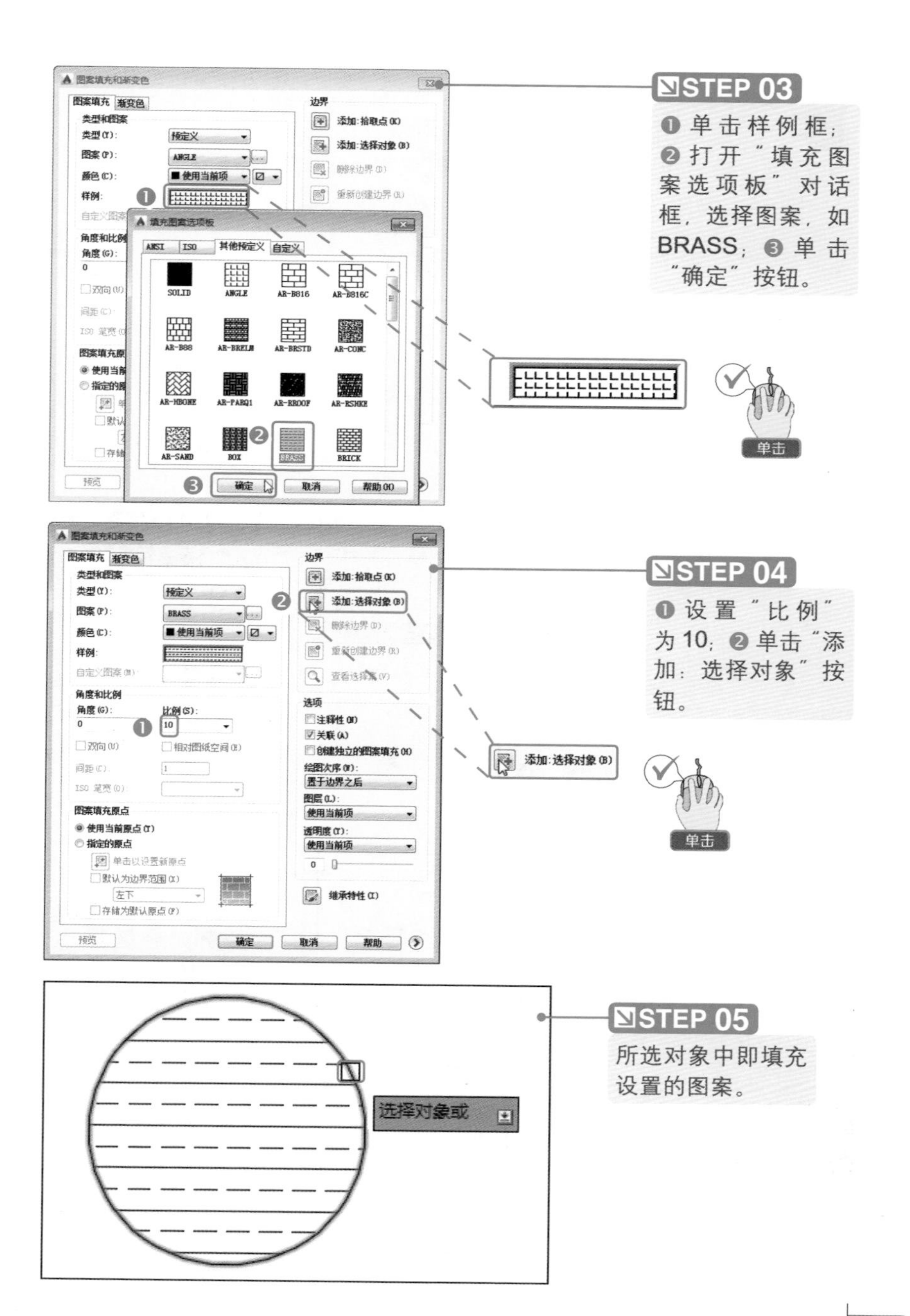
STEP 03
❶单击样例框；❷打开“填充图案选项板”对话框，选择图案，如BRASS；❸单击“确定”按钮。
图案填充和渐变色
填充图案选项板
ANSI
ISO
其他预定义
自定义
SOLID
ANGLE
AR-B816
AR-B816C
AR-B88
AR-BRELM
AR-BRSTD
AR-CONC
AR-HBONE
AR-PARQ1
AR-RROOF
AR-RSHKE
AR-SAND
BOX
BRASS
BRICK
确定
取消
单击
STEP 04
❶设置“比例”为10；❷单击“添加：选择对象”按钮。
图案填充
渐变色
类型和图案
类型(Y):
预定义
图案(P):
BRASS
颜色(C):
使用当前项
样例:
角度和比例
角度(G):
比例(S):
10
边界
添加:拾取点(K)
添加:选择对象(B)
选项
注释性(N)
关联(A)
创建独立的图案填充(H)
绘图次序(W):
置于边界之后
图层(L):
使用当前项
透明度(T):
使用当前项
图案填充原点
使用当前原点(T)
指定的原点
继承特性(I)
预览
确定
取消
帮助
单击
STEP 05
所选对象中即填充设置的图案。
选择对象或

温馨提示：

“类型和图案”选项区主要设置填充区域的类型、图案、颜色和样例，也可以“自定义图案”进行填充。比例默认情况下为“0”，小于“0”时所填充的图案更密集，数值越小图案越细密；大于“0”时，填充的图案更稀疏，数值越大，图案越稀疏。

4.3.2 无边界填充

设定各种填充内容的目的都是为了在一个或几个封闭区域内显示所设置的图案或颜色等，也即设定了填充内容，就必须指定填充区域，在“图案填充和渐变色”对话框中右上方的“边界”即是为了指定填充区域的。具体操作方法如下。

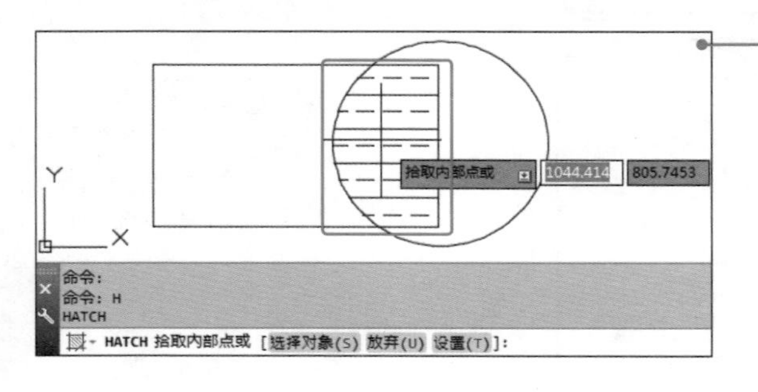

STEP 01

在“图案填充和渐变色”对话框中单击“添加：拾取点”按钮，在需要填充区域的内部位置单击，即可显示设置的填充图案。

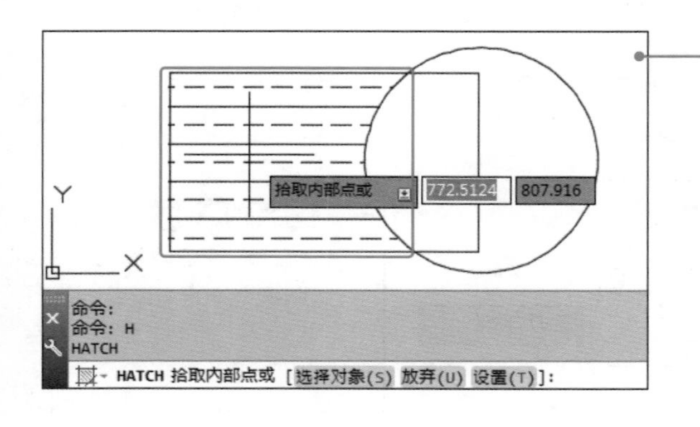

STEP 02

在需要填充区域的任意闭合区域单击，都可填充已设置的填充图案。

专家点拨 指定填充边界的技巧

在指定填充区域时，“指定点”和“选择对象”是最常用的指定填充边界的方法。指定点一般在交叉图形比较多，选择边框较难的情况下使用，因为“指定点”是软件自动计算边界，当图形文件较大时，会大量占用计算机资源；在可以快速找到填充对象边框的情况下一般选用“选择对象”。

4.3.3 修改图案填充

在使用图案填充命令的过程中，如果对当前所填充的图案不满意，可以对图案内容进行修改。具体操作方法如下。

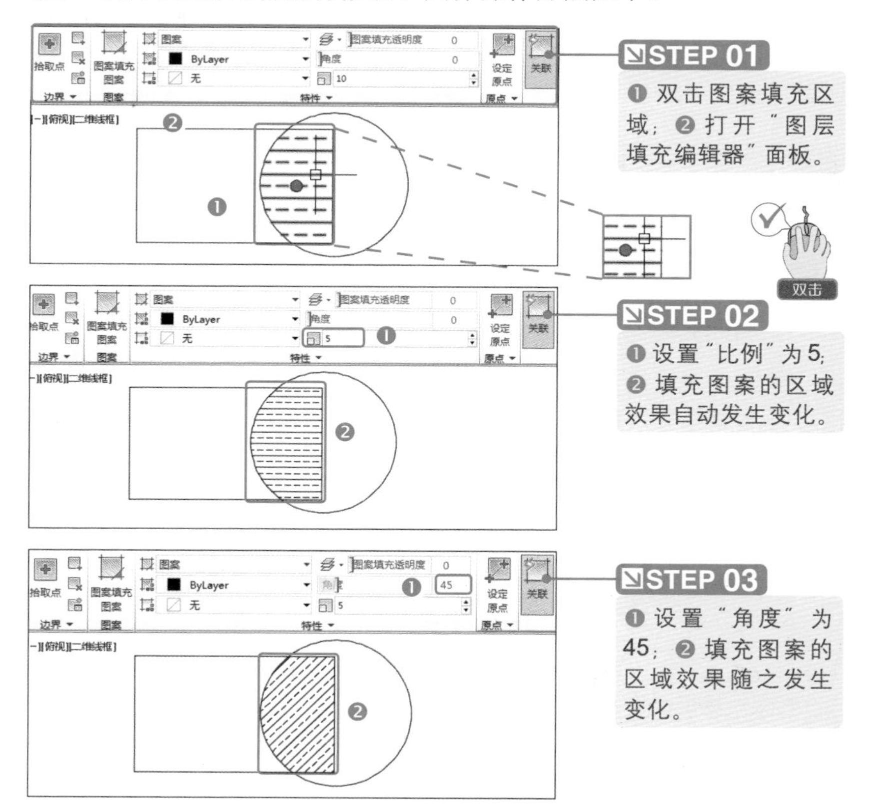

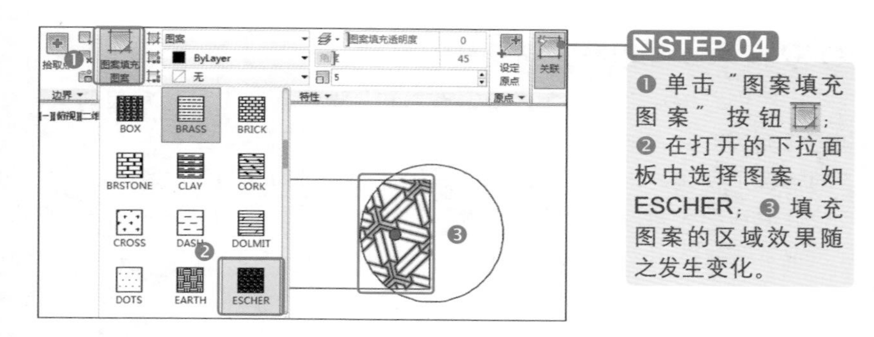

STEP 04

❶ 单击“图案填充图案”按钮；❷ 在打开的下拉面板中选择图案，如 ESCHER；❸ 填充图案的区域效果随之发生变化。

4.4 创建块

图块是多个不同颜色、线型和线宽特性的对象组合成的整体，简称为块。利用“创建块”命令将这些对象组合并储存在当前图形文件中，可在同一图形或其他图形中重复使用。任意对象和对象集合都可创建成块。

光盘同步文件

素材文件：光盘 \ 原始文件 \ 第 4 章 \ 新手入门 \

结果文件：光盘 \ 结果文件 \ 第 4 章 \ 新手入门 \

教学文件：光盘 \ 视频教学 \ 第 4 章 \ 新手入门 \4-4.mp4

4.4.1 创建块

“创建块”是将一个或多个对象组合而成的图形定义为块的过程。具体操作方法如下。

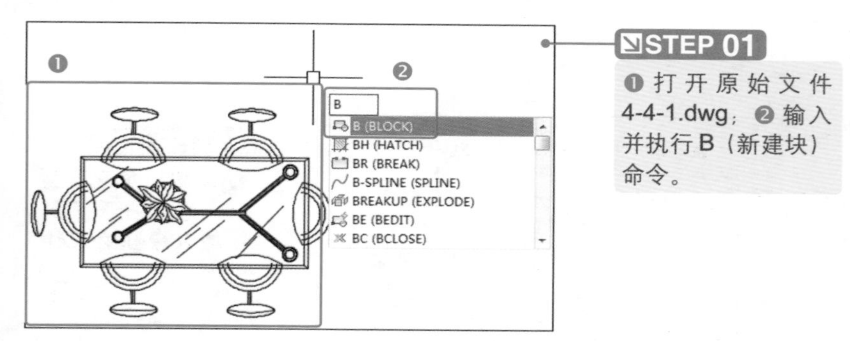

STEP 01

❶ 打开原始文件 4-4-1.dwg；❷ 输入并执行 B（新建块）命令。

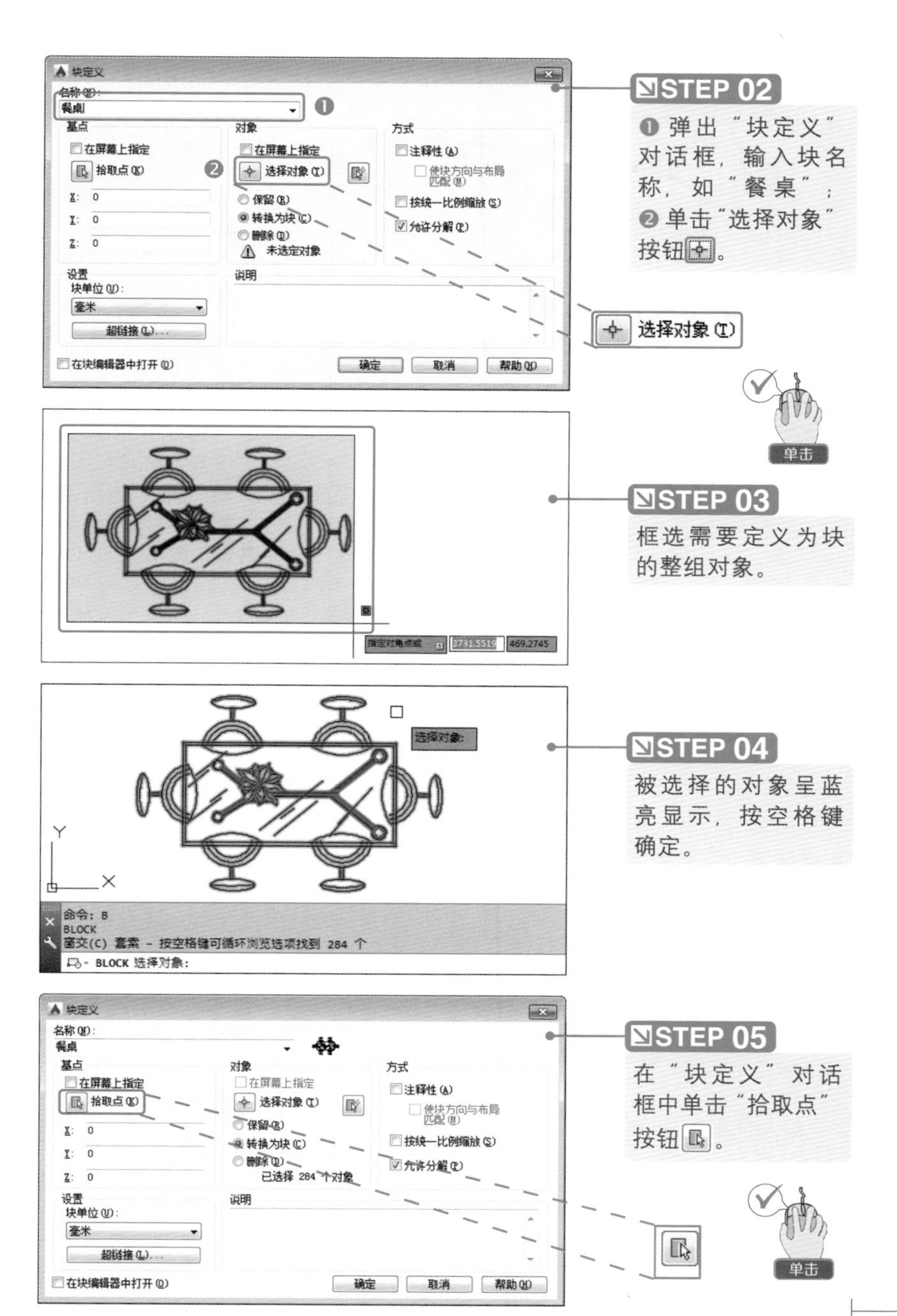
块定义
名称(N):
餐桌
基点
在屏幕上指定
拾取点(K)
对象
在屏幕上指定
选择对象(T)
保留(R)
转换为块(C)
删除(D)
未选定对象
方式
注释性(A)
使块方向与布局匹配(M)
按统一比例缩放(S)
允许分解(P)
设置
块单位(U):
毫米
超链接(L)...
说明
在块编辑器中打开(O)
确定
取消
帮助(H)
STEP 02
❶ 弹出“块定义”对话框，输入块名称，如“餐桌”；❷ 单击“选择对象”按钮。
选择对象(T)
单击
STEP 03
框选需要定义为块的整组对象。
指定对角点或
469.2745
STEP 04
被选择的对象呈蓝亮显示，按空格键确定。
选择对象:
命令：B
BLOCK
窗交(C) 套索 - 按空格键可循环浏览选项找到 284 个
BLOCK 选择对象:
STEP 05
在“块定义”对话框中单击“拾取点”按钮。
已选择 284 个对象
单击

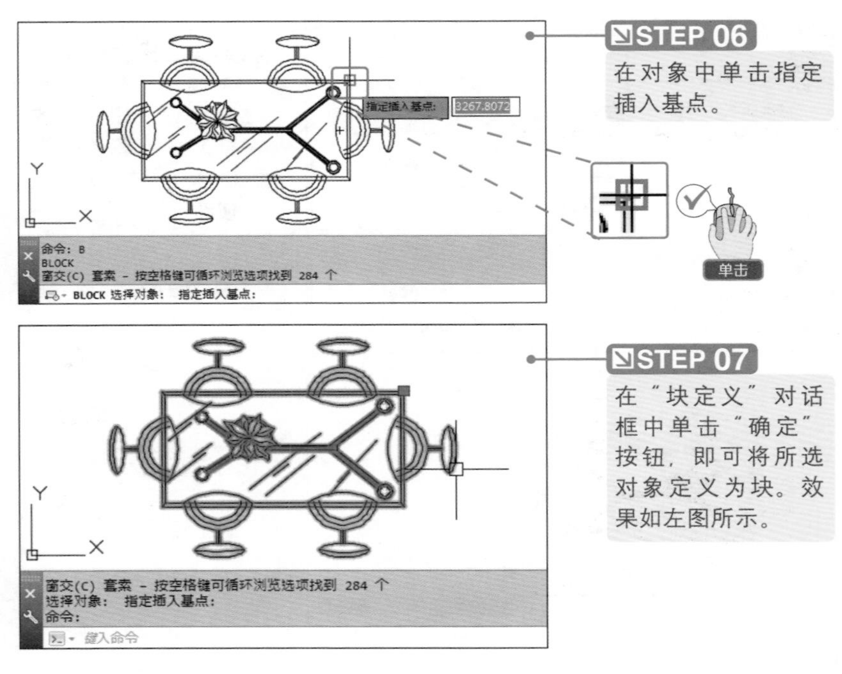

4.4.2 插入块

在绘图过程中可以根据需要把已定义好的图块或图形文件插入到当前图形的任意位置，在插入的同时还可以改变图块的大小、旋转角度等。使用“插入块”命令可一次插入一个块对象。具体操作方法如下。

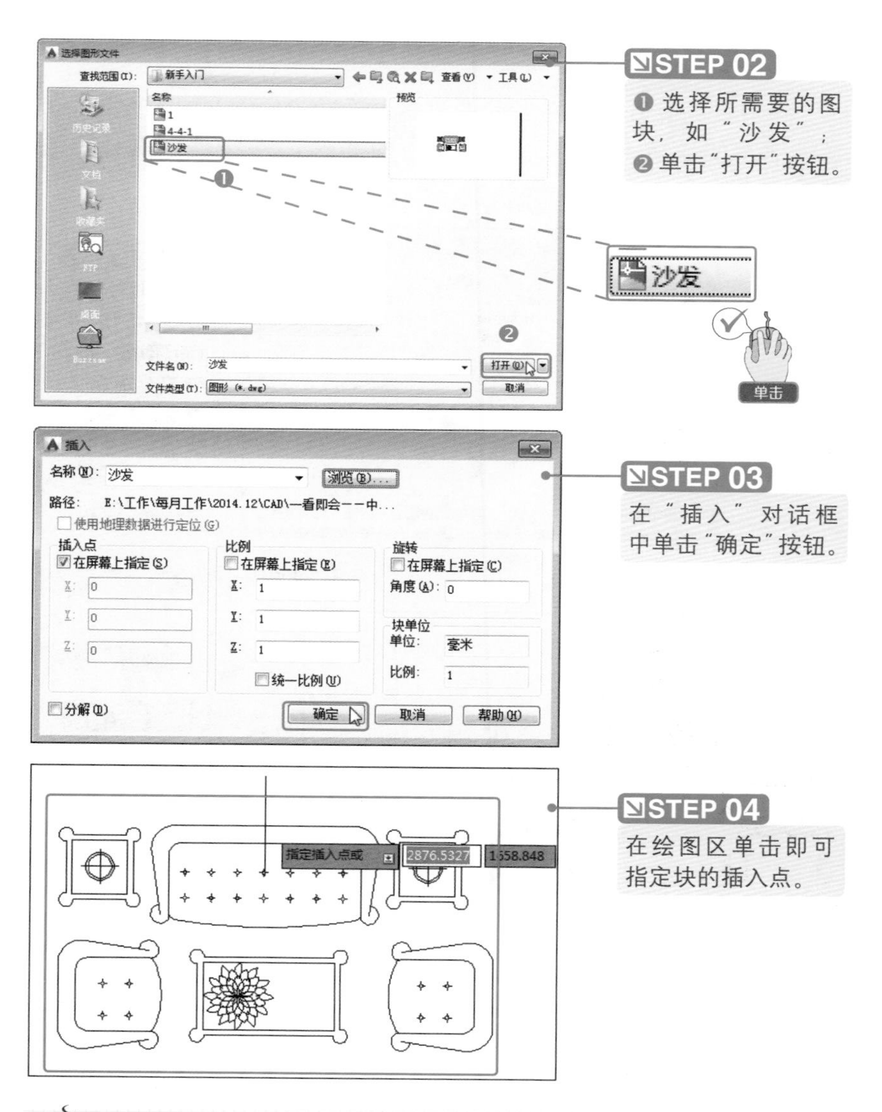

温馨提示：

除了使用当前图形文件中的图块，还可以使用“复制和粘贴”命令将其他图形文件中的图块应用到当前图形文件中。

4.4.3 写块

“写块”命令用于将当前图形的块保存到不同的图形文件，或将指定的块定义另存为一个单独的图形文件。具体操作方法如下。

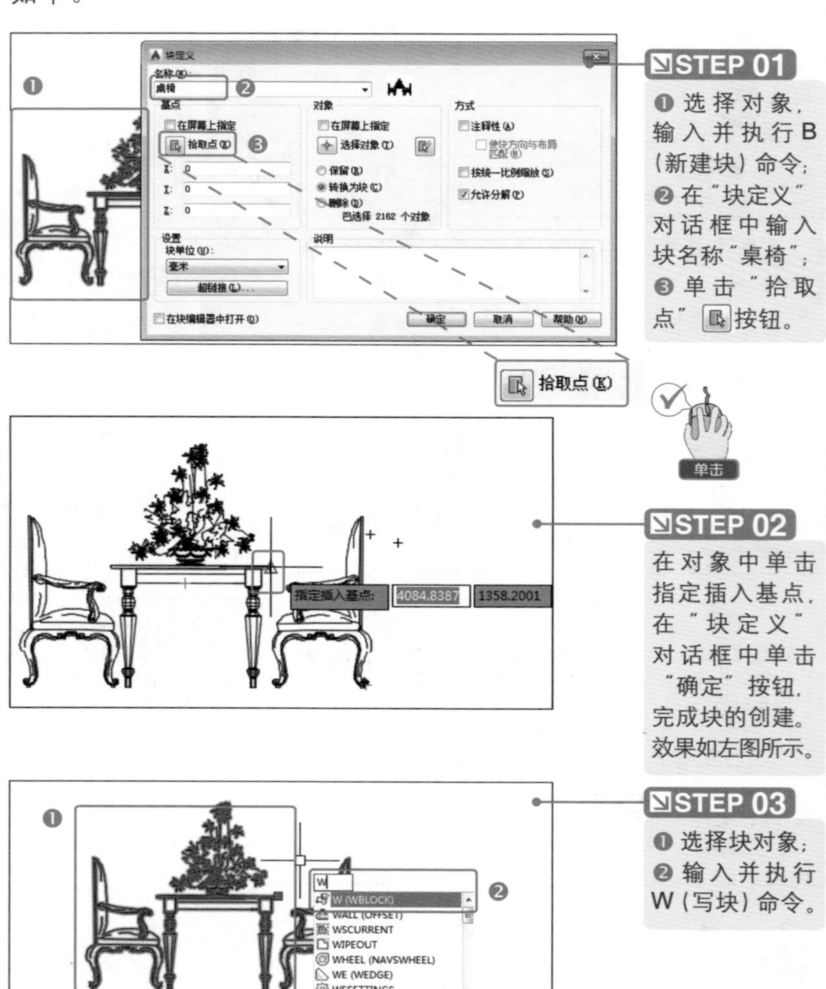

STEP 01

❶ 选择对象，输入并执行 B（新建块）命令；❷ 在“块定义”对话框中输入块名称“桌椅”；❸ 单击“拾取点”按钮。

STEP 02

在对象中单击指定插入基点，在“块定义”对话框中单击“确定”按钮，完成块的创建。效果如左图所示。

STEP 03

❶ 选择块对象；❷ 输入并执行 W（写块）命令。

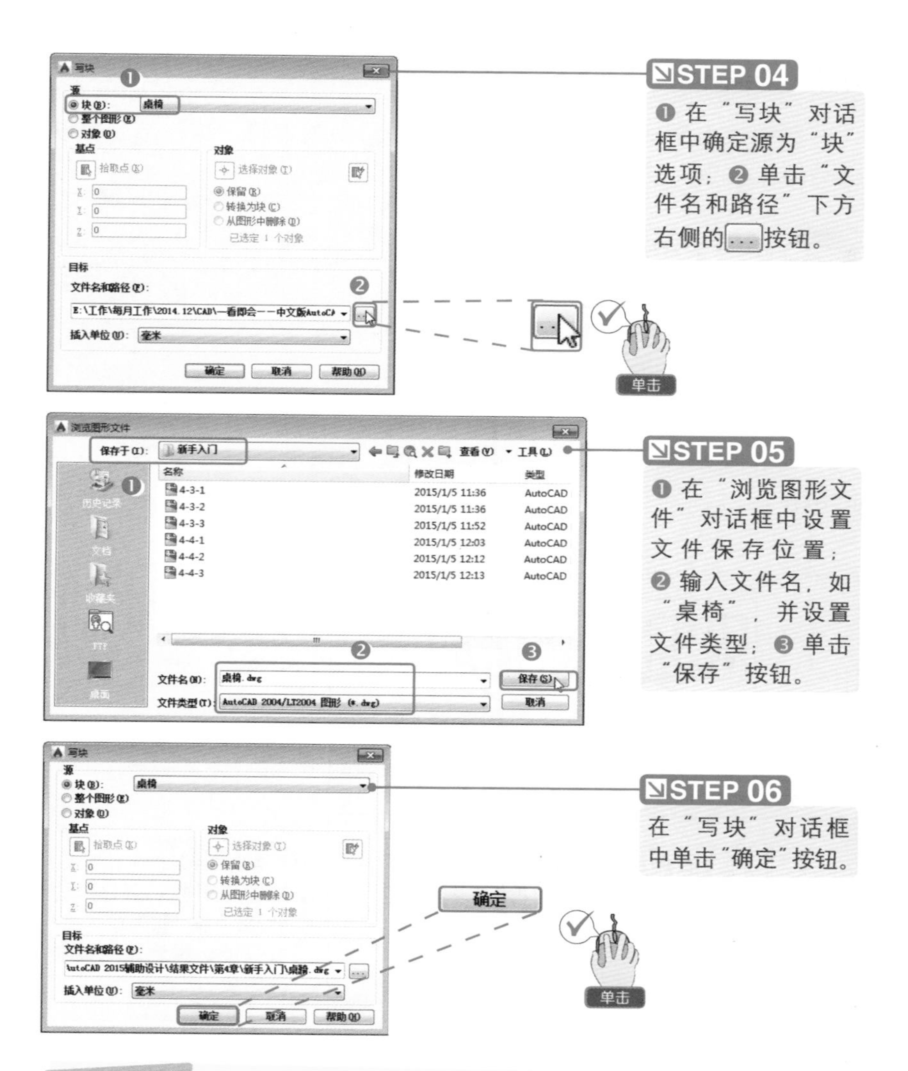

专家点拨 内部块与外部块的区别

在将多个对象定义为块的过程中，用新建块命令“B”创建的块，存在于写块的文件之中并对当前文件有效，其他文件不能直接调用，这类块用复制粘贴的方法使用；用写块命令“W”创建的块，保存为单独的DWG文件，是独立存在的，别的文件可以直接插入使用。

4.5 编辑块

编辑块主要是指对已经存在的块进行相关编辑，这一节包括块的分解、重定义块等内容。

光盘同步文件

素材文件：光盘\原始文件\第 4 章\新手入门\

结果文件：光盘\结果文件\第 4 章\新手入门\

教学文件：光盘\视频教学\第 4 章\新手入门\4-5.mp4

4.5.1 分解块

在实际绘图中，一个块要适用于当前图形，往往要对组成块的对象做一些调整，此时会将块分解并进行修改。具体操作方法如下。

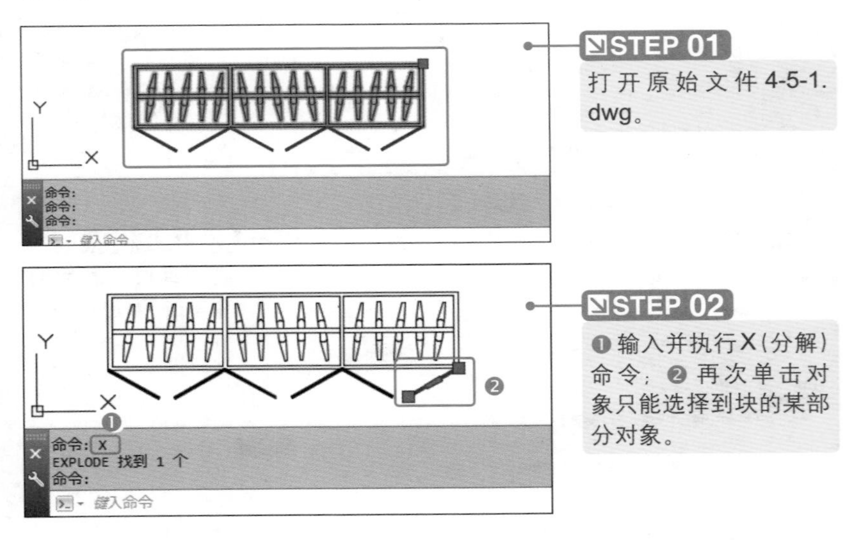

4.5.2 重定义块

通过对图块的重定义，可以更新所有与之相关的块实例，达到自动修改的效果，在绘制比较复杂，且大量重复的图形时，应用很频繁。具体操作方法如下。

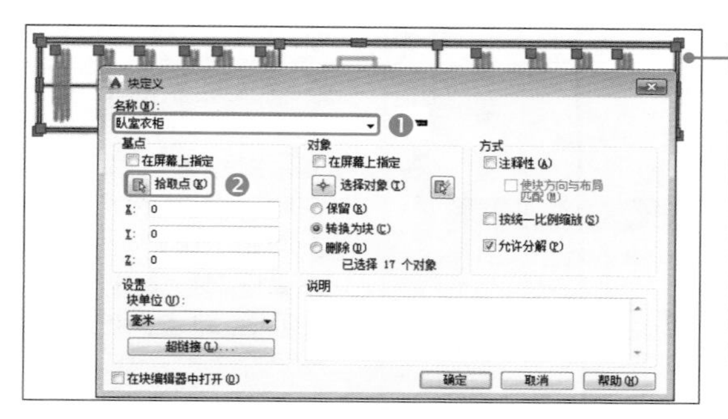

STEP 01

打开原始文件4-5-2.dwg。❶ 输入并执行B（新建块）命令打开“块定义”对话框，输入块名称“卧室衣柜”；❷ 单击“拾取点“按钮[icon]。

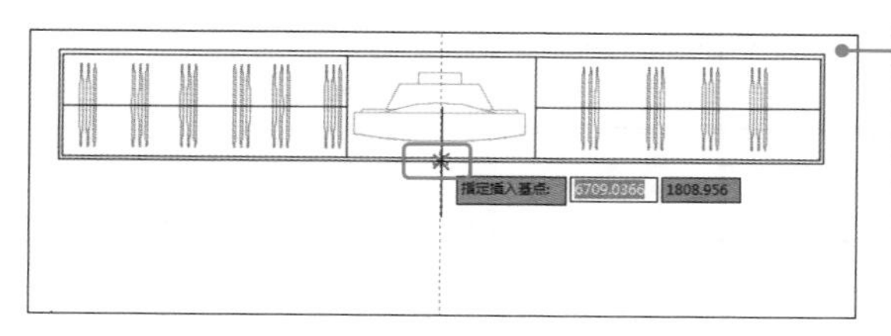

STEP 02

在对象中单击指定插入基点，在“定义块”对话框中单击“确定”按钮。

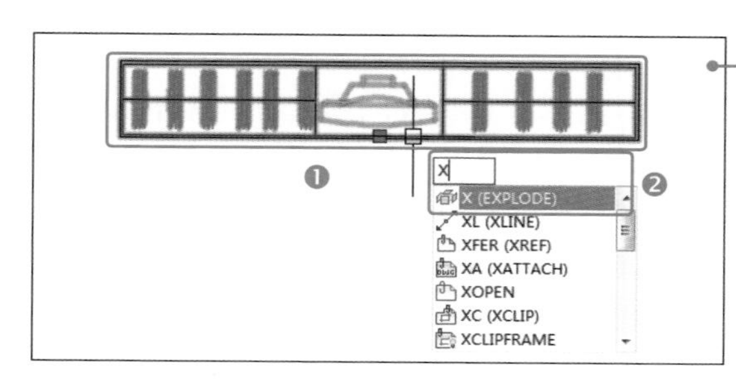

STEP 03

❶ 选择块；❷ 输入并执行X（分解）命令。

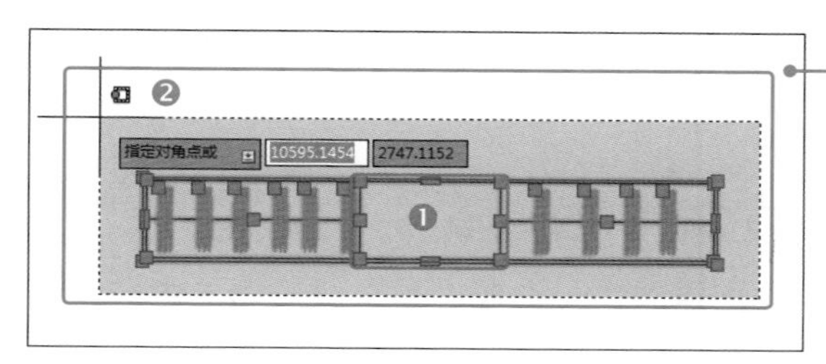

STEP 04

❶ 删除电视；❷ 框选所有对象。

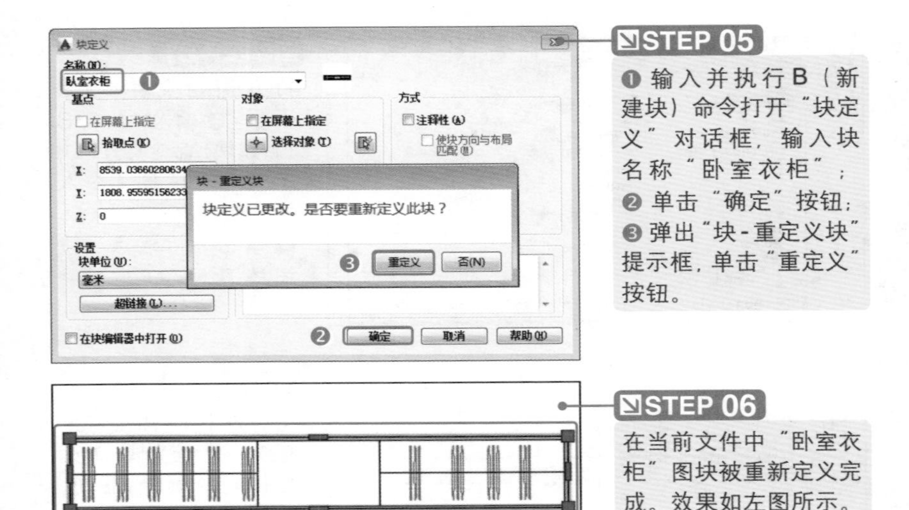

STEP 05

❶ 输入并执行 B（新建块）命令打开“块定义”对话框，输入块名称“卧室衣柜”；❷ 单击“确定”按钮；❸ 弹出“块-重定义块”提示框，单击“重定义”按钮。

STEP 06

在当前文件中“卧室衣柜”图块被重新定义完成。效果如左图所示。

4.6 设计中心

通过设计中心可以轻易地浏览计算机或网络上任何图形文件中的内容。其中包括图块、标注样式、图层、布局、线型、文字样式、外部参照。另外，可以使用设计中心从任意图形中选择图块，或从 AutoCAD 2015 图元文件中选择填充图案，然后将其置于工具选项板上以便以后使用。

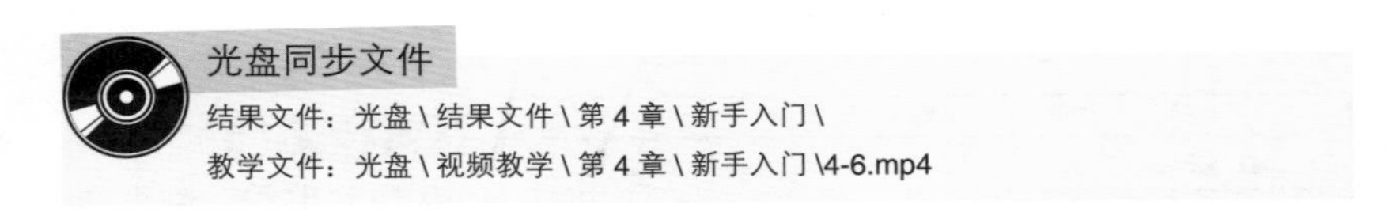

光盘同步文件

结果文件：光盘\结果文件\第 4 章\新手入门\

教学文件：光盘\视频教学\第 4 章\新手入门\4-6.mp4

4.6.1 初识 AutoCAD 2015 设计中心

在 AutoCAD 2015 中，要浏览、查找、预览以及插入内容，包括块、图案填充和外部参照，必须先进入“设计中心”选项板浏览查看。具体操作方法如下。

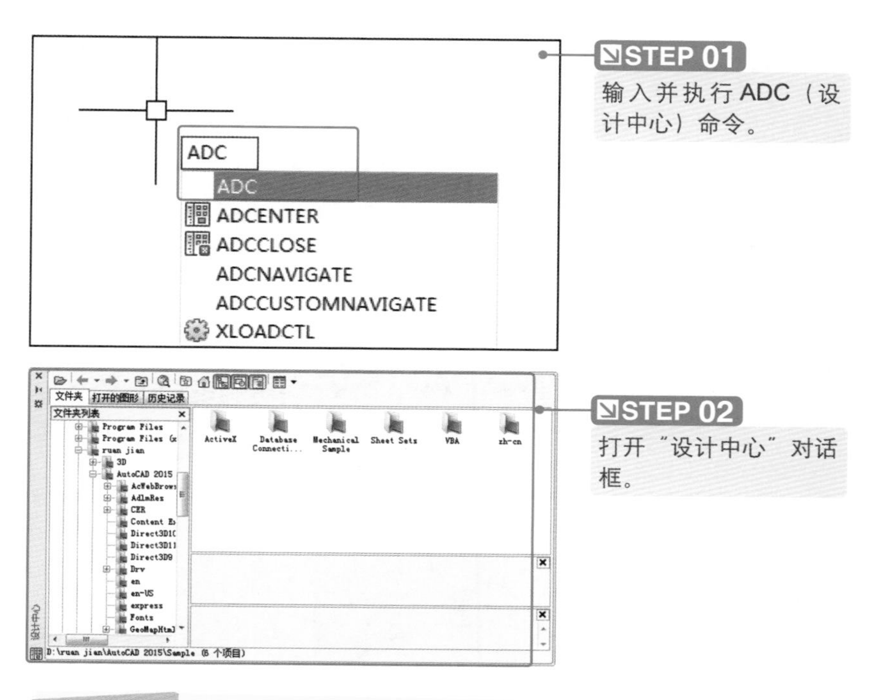

专家点拨 使用树状图的技巧

通过设计中心顶部的工具栏按钮可以访问树状图选项，如果绘图区域需要更多的可操作空间可隐藏“树状图”；树状图隐藏后，可以使用内容区域浏览内容并加载内容。在树状图中使用“历史记录”列表时，“树状图切换”按钮不可用。

4.6.2 插入图例库中的图块

在 AutoCAD 2015 中的文件中所创建的内部图块不能直接被其他文件使用，为了解决这个问题，可以将创建的图块加载到“设计中心”内，如此，在同一台计算机上的所有 AutoCAD 2015 文件都可以直接使用这些图块。具体操作方法如下。

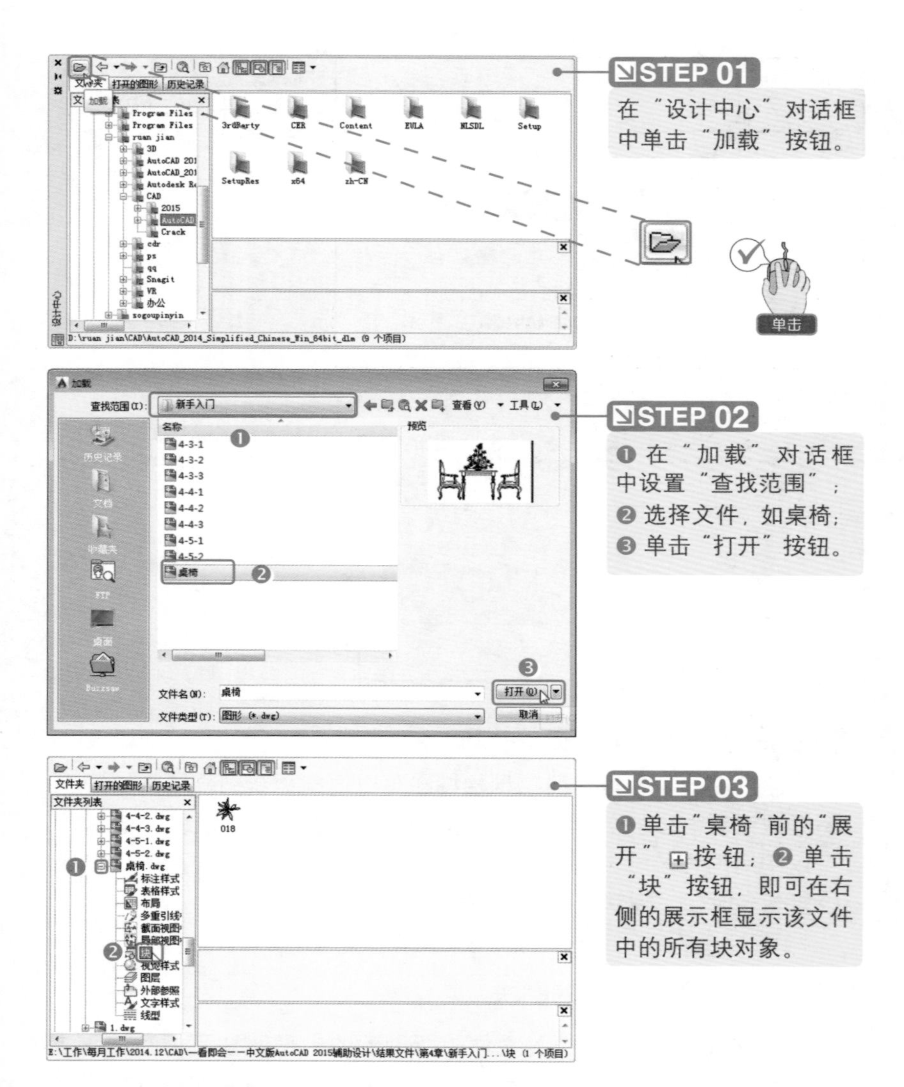

4.6.3 在图形中插入设计中心内容

在 AutoCAD 2015 设计中心里，将搜索对话框中搜索的对象拖放到打开的图形中，然后根据提示设置图形的插入点、图形的比例因子、旋转角度等，即可将选择的对象加载到图形中。通过双击设计中心的块对象，以插入对象的方法将其添加到当前的图形中。具体操作方法如下。

方法

❶ 双击设计中心的图块;
❷ 在打开的“插入”对话框中单击“确定”按钮,即可将该图块插入到文件中。

新手提高——实用技巧

通过前面基础知识部分的学习,相信初学者已经学会并掌握了图层、填充、图块的相关知识。下面,介绍一些新手提高的技能知识。

光盘同步文件

素材文件:光盘\原始文件\第 4 章\新手提高\
结果文件:光盘\结果文件\第 4 章\新手提高\
教学文件:光盘\视频教学\第 4 章\新手提高\实用技巧 .mp4

NO.1 转换图层

转换图层是指将一个图层中的图形对象转换到另一个图层中。例如,将墙线图层中的图形转换到门窗线图层中去,墙线图层中图形对象的颜色、线型、线宽将转换成门窗线图层的属性。其操作方法如下。

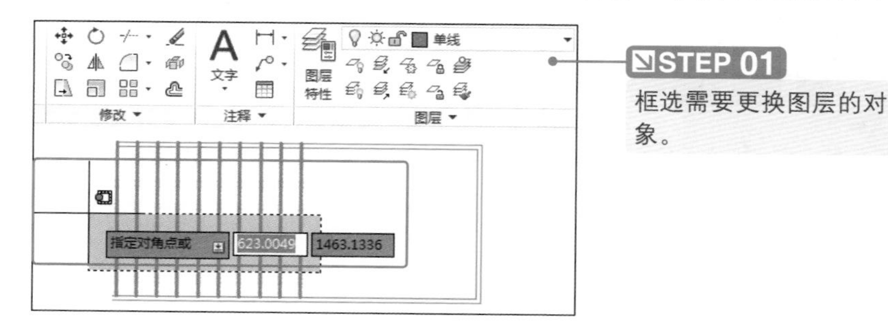

STEP 01

框选需要更换图层的对象。

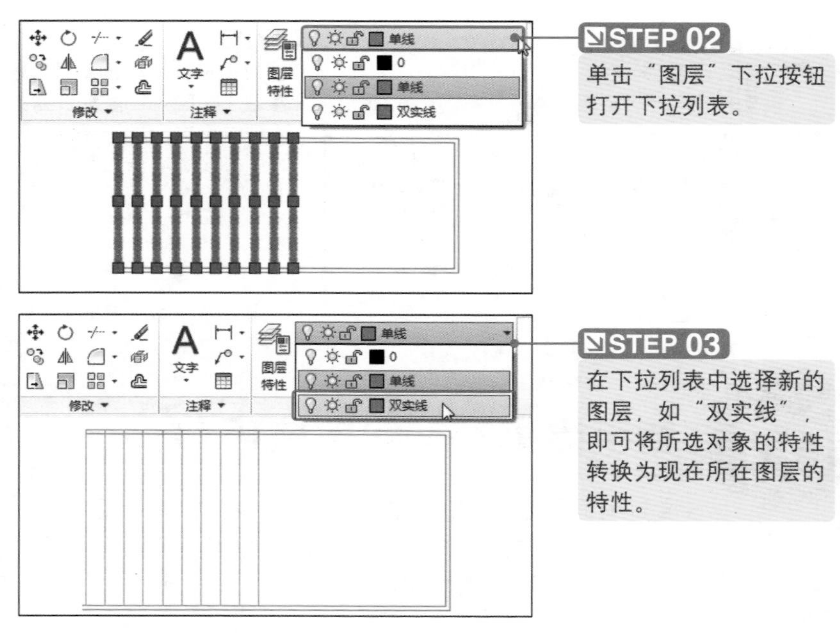

STEP 02

单击“图层”下拉按钮打开下拉列表。

STEP 03

在下拉列表中选择新的图层，如“双实线”，即可将所选对象的特性转换为现在所在图层的特性。

NO.2 渐变色填充

“渐变色”选项卡用于定义要应用渐变填充的图形。进入“图案填充和渐变色”对话框后，单击“渐变色”选项卡，选项卡分为颜色、渐变图案和方向三个部分。具体操作方法如下。

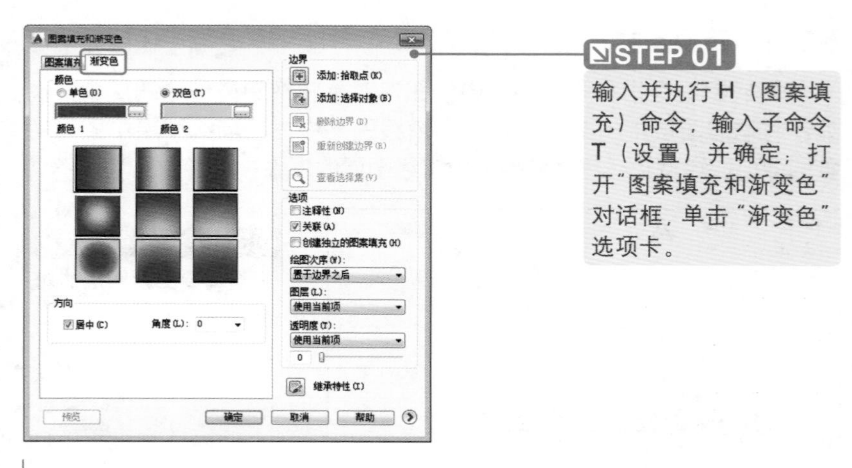

STEP 01

输入并执行 H（图案填充）命令，输入子命令 T（设置）并确定；打开“图案填充和渐变色”对话框，单击“渐变色”选项卡。

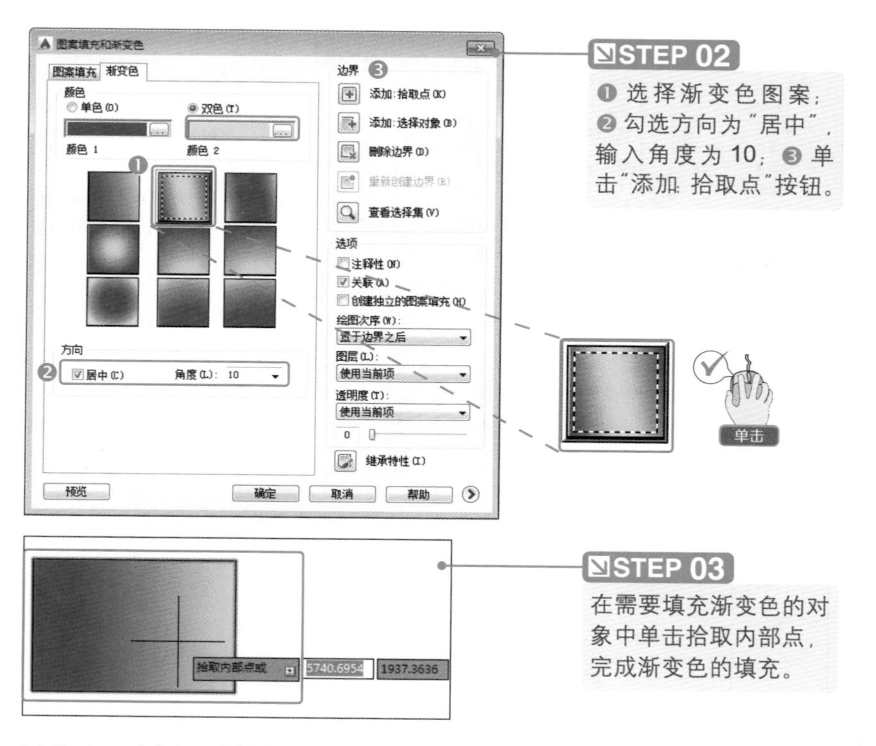

NO.3 创建属性块

块的属性是附属于块的非图形信息，是块的组成部分，是可以包含在块定义中特定的文字对象，属性由属性标记名和属性值两部分组成。具体操作方法如下。

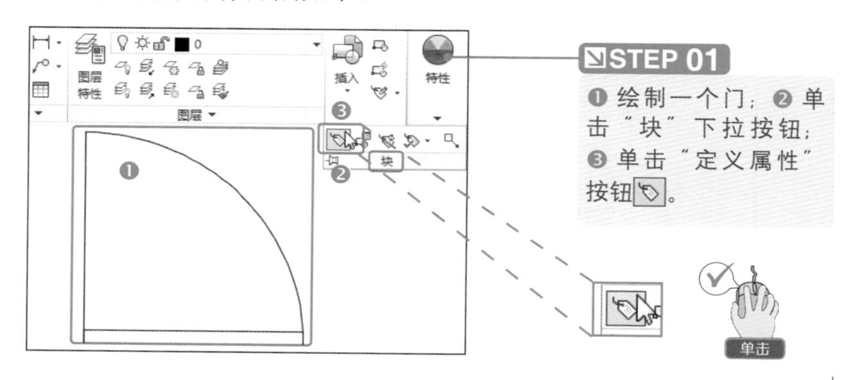

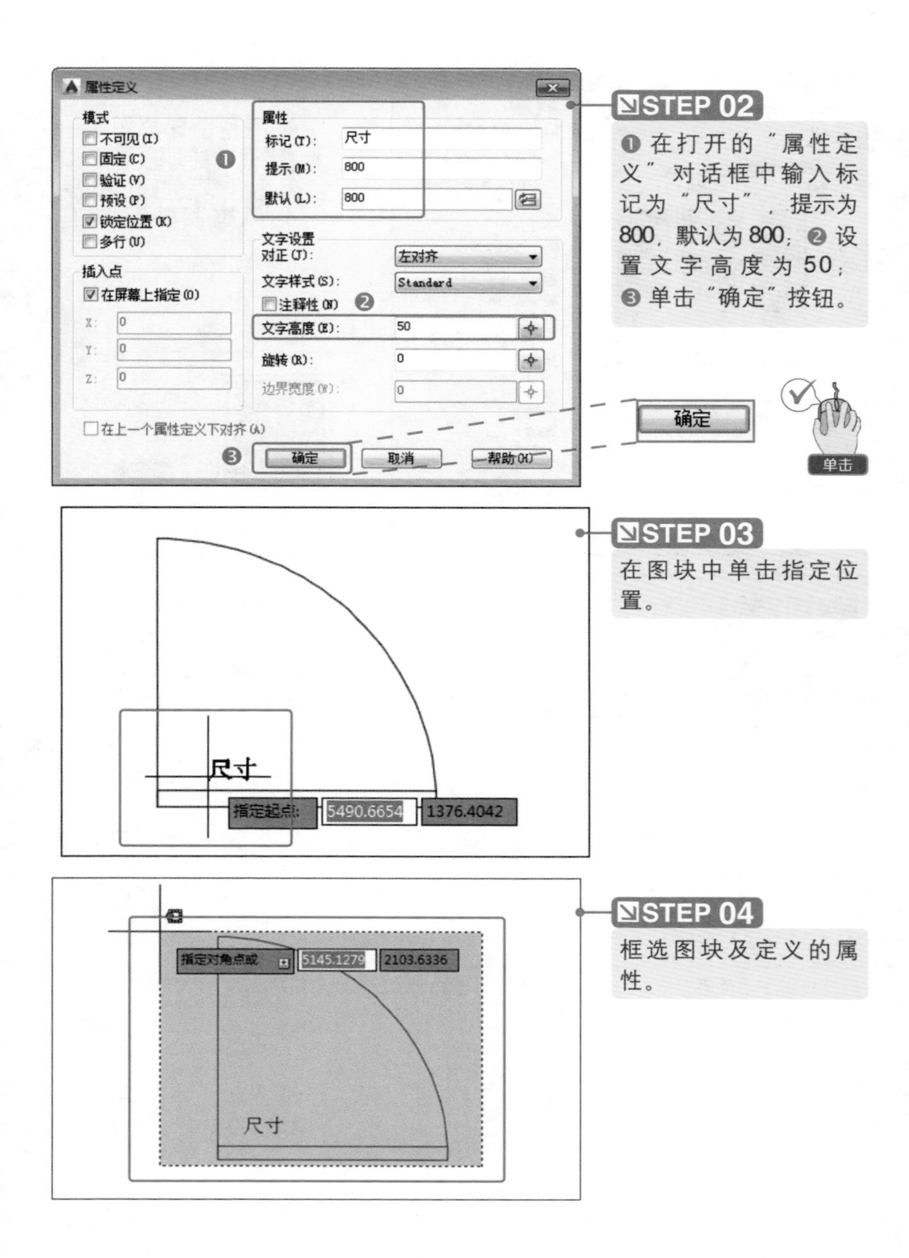

STEP 02

❶ 在打开的“属性定义”对话框中输入标记为“尺寸”，提示为800，默认为800；❷ 设置文字高度为50；❸ 单击“确定”按钮。

STEP 03

在图块中单击指定位置。

STEP 04

框选图块及定义的属性。

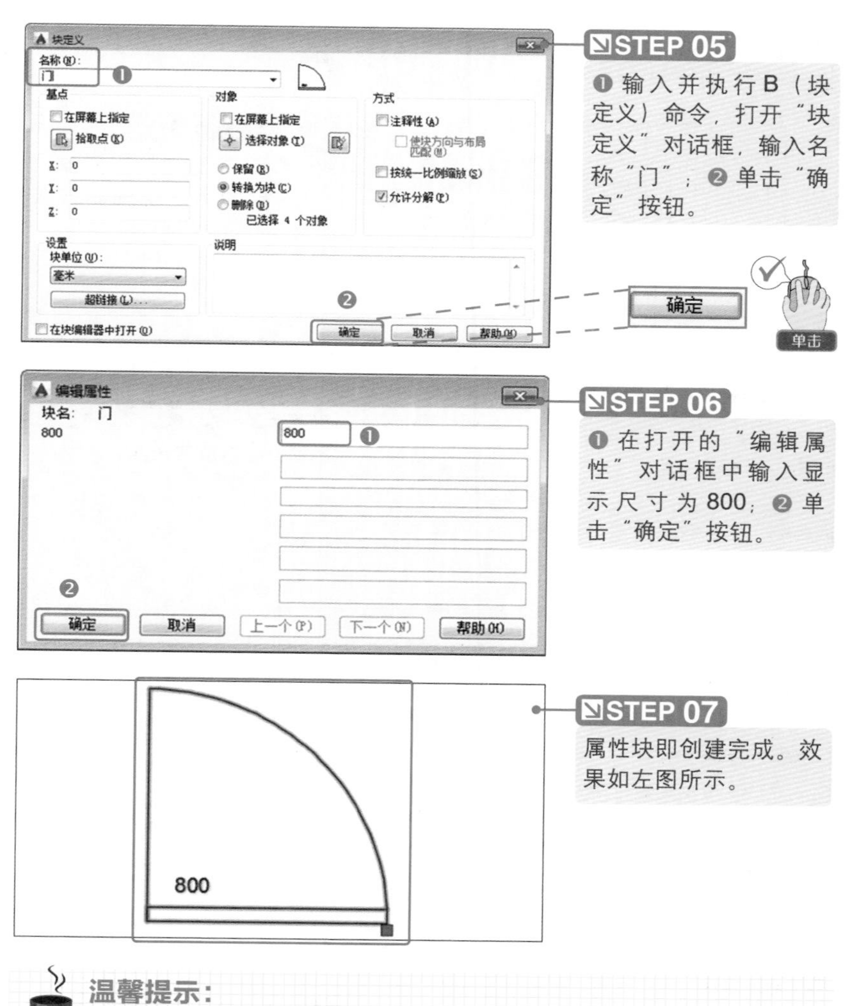

STEP 05

❶ 输入并执行B（块定义）命令，打开“块定义”对话框，输入名称“门”；❷ 单击“确定”按钮。

STEP 06

❶ 在打开的“编辑属性”对话框中输入显示尺寸为800；❷ 单击“确定”按钮。

STEP 07

属性块即创建完成。效果如左图所示。

温馨提示：

定义属性是在生成块之前进行的，其属性标记只是文本文字，可用编辑文本的所有命令对其进行修改、编辑。当一个图形符号具有多个属性时，可重复执行属性定义命令。

NO.4　编辑属性块

带属性的块编辑完成后，还可以在块中编辑属性定义、从块中删除属性以及更改插入块时软件提示用户输入属性值的顺序。具体操作方法如下。

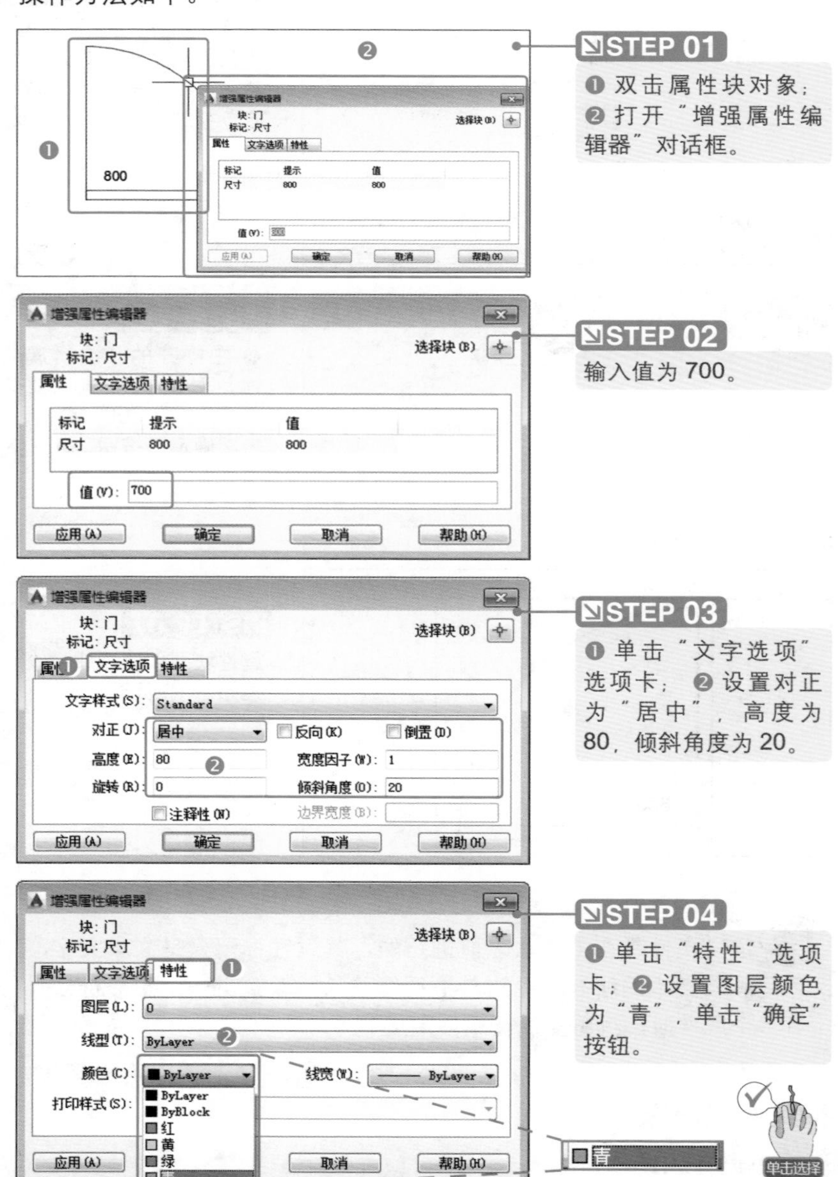

新手实训——绘制卧室设计图

通过前面图层、图案填充、块和设计中心技能的学习，为了巩固相关知识和强化综合动手能力，下面绘制卧室设计图作为实训案例。

实例效果

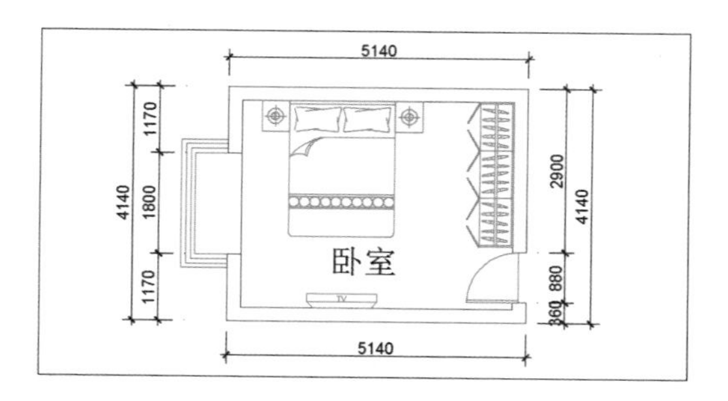

光盘同步文件

素材文件：光盘 \ 原始文件 \ 图库 .dwg

结果文件：光盘 \ 结果文件 \ 第 4 章 \ 新手实训 \ 卧室设计图 .dwg

教学文件：光盘 \ 视频教学 \ 第 4 章 \ 新手实训 \ 卧室设计图 .mp4

制作步骤

在绘制图形前，为了方便管理，必须设置图层，然后创建墙体，接着创建门和窗户，再创建家具电器，最后标注图形。具体操作方法如下。

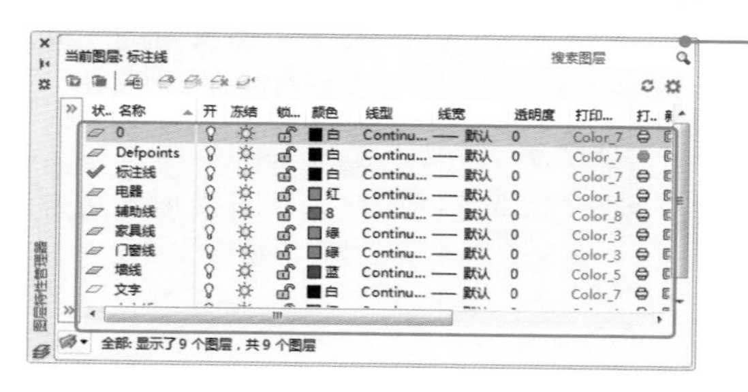

STEP 01

新建图形文件，输入并执行 LA（图层特性管理器）命令，打开“图层特性管理器”对话框。创建标注线、电器、辅助线、家具线、门窗线、墙线和文字图层。

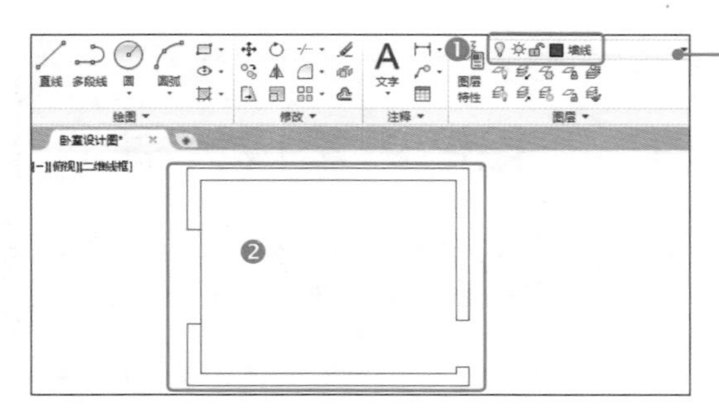

STEP 02

❶ 选择“墙线”图层；❷ 使用多段线 PL 命令在绘图区绘制宽度为 240 的墙线，使用修剪 TR 和直线 l 命令绘制门洞和窗洞。

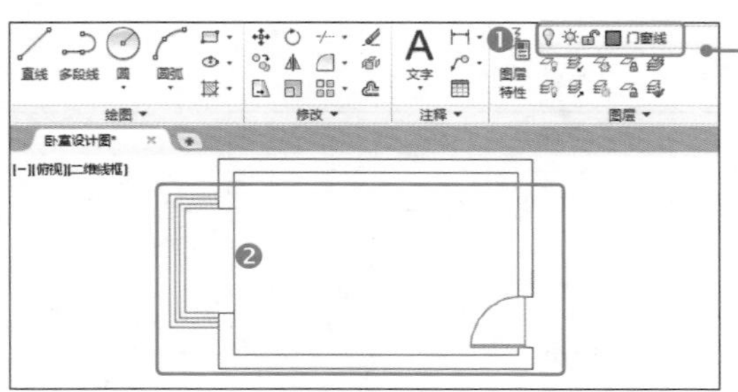

STEP 03

❶ 选择“门窗线”图层；❷ 使用多段线 PL 和偏移 O 命令在窗洞外绘制窗户，使用矩形 REC、圆弧 AR 和直线 l 命令绘制门。

STEP 04

在原始文件“图库.dwg”中将双人床复制到当前文件中。❶ 选择双人床；❷ 输入并执行 B（创建块）命令，输入名称“chuang”，通过拾取点指定基点；❸ 单击“确定”按钮。

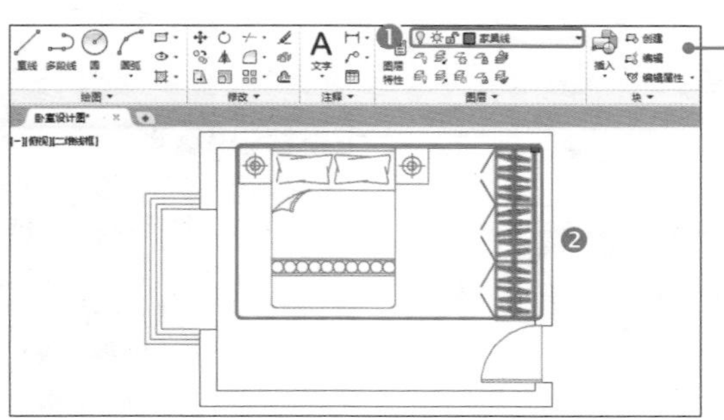

STEP 05

❶ 选择“家具线”图层；❷ 在“图库.dwg”中复制衣柜到当前文件，使用定义块 B 命令创建为图块，使用移动 M 命令将衣柜移动到卧室的适当位置。

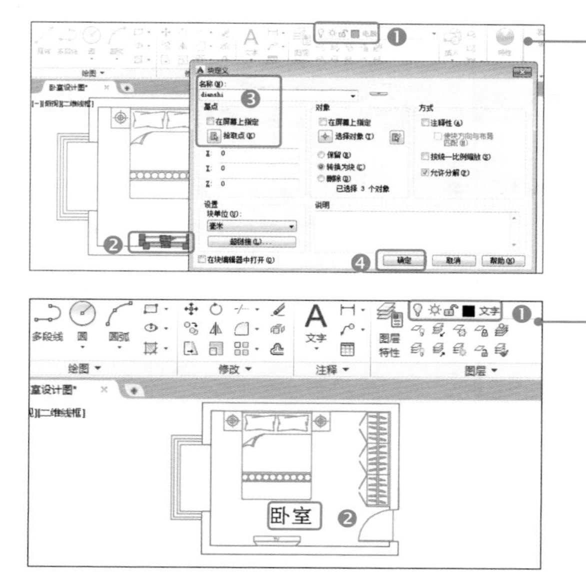

STEP 06

❶ 选择“电器”图层，使用矩形REC命令绘制电视；❷ 选择电视，输入并执行B（创建块）命令；❸ 输入名称“dianshi”，通过拾取点指定基点；❹ 单击“确定”按钮。

STEP 07

❶ 选择“文字”图层；❷ 使用文字T命令创建文字内容“卧室”。

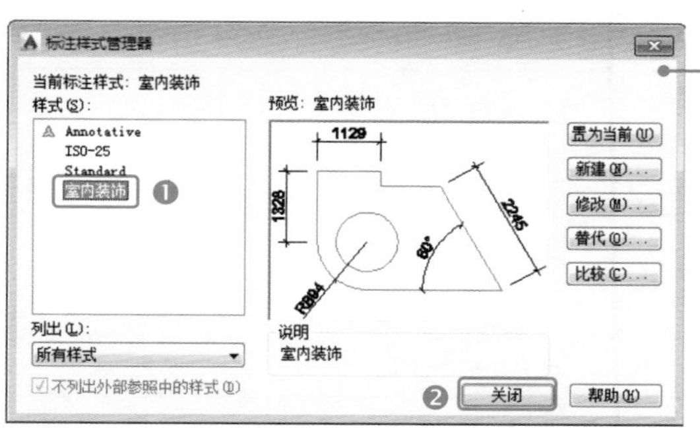

STEP 08

输入并执行D命令，打开“标注样式管理器”对话框。❶ 创建新的标注样式“室内装饰”；❷ 创建完成后单击“关闭”按钮。

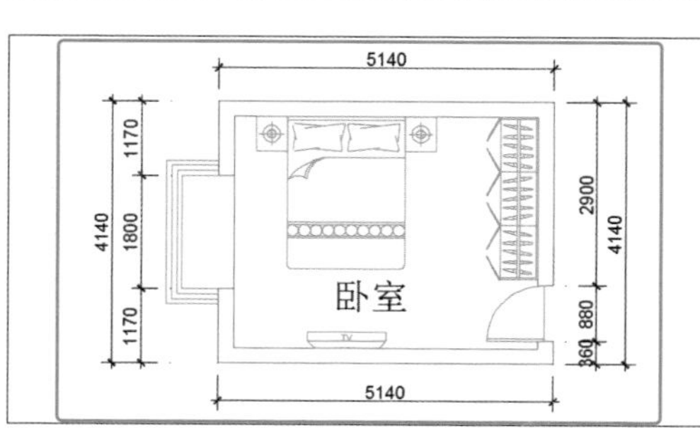

STEP 09

使用线性标注DLI、连续标注DCO命令，创建卧室的尺寸标注。完成的卧室设计图如左图所示。

笔记栏

Chapter 05 尺寸标注与查询

关于本章：

在 AutoCAD 2015 中，图形标注是绘图中非常重要的一个内容。图形的尺寸和角度能准确地反映物体的形状、大小和相互关系，是识别图形和现场施工的主要依据。本章将介绍标注的相关知识与应用。

知识要点

掌握标注样式的操作
掌握标记图形尺寸的方法
掌握快速连续标注的方法
掌握查询的方法

效果展示

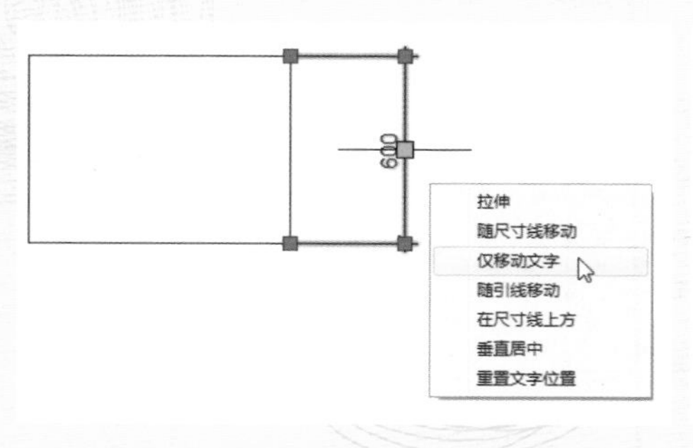

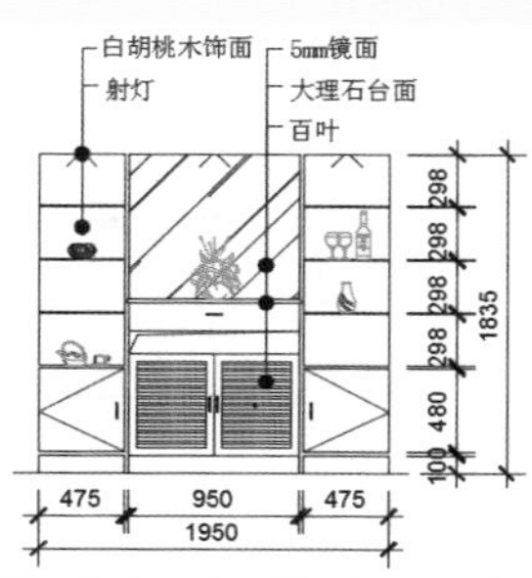

Lesson 01 新手入门——必学基础

尺寸标注是计算机辅助绘图中非常重要的组成部分，通过尺寸标注能够清晰、准确地反映设计元素的形状大小和相互关系。AutoCAD 2015 提供了齐全的尺寸标注格式，最大限度地满足了图形尺寸的必要标注要求。

5.1 标注样式操作

尺寸标注是一个复合对象，在类型和外观上多种多样。在进行尺寸标注之前，应该根据需要先创建标注样式。标注样式可以控制标注的格式和外观，使整体图形更容易识别和理解。用户可以在标注样式管理器中设置尺寸的标注样式。

光盘同步文件

教学文件：光盘 \ 视频教学 \ 第 5 章 \ 新手入门 \5-1.mp4

5.1.1 标注的基本元素

一个完整的尺寸标注由尺寸线、尺寸界线、尺寸文本、尺寸箭头和主单位等几个部分组成。 具体内容如下。

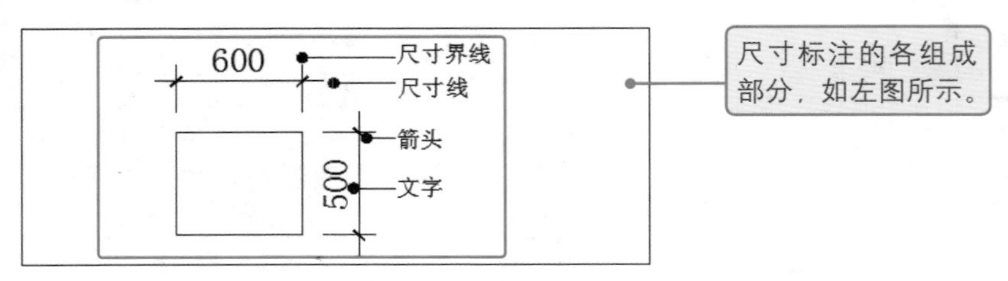

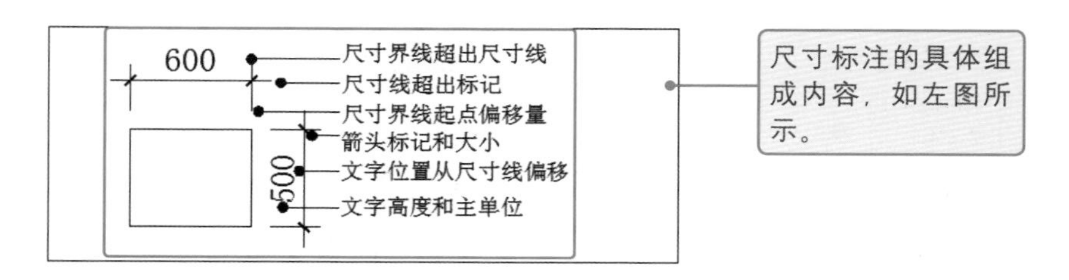

尺寸标注的具体组成内容，如左图所示。

温馨提示：

根据需要标注的对象不一样，标注类型也不同。常用的标注类型有长度型尺寸标注、径向型尺寸标注、角度标注、注释型标注。

5.1.2 创建标注样式

AutoCAD 2015 默认的标注格式是 ISO-25，可以根据有关规定及所标注图形的具体要求，对尺寸标注格式进行设置。具体操作方法如下。

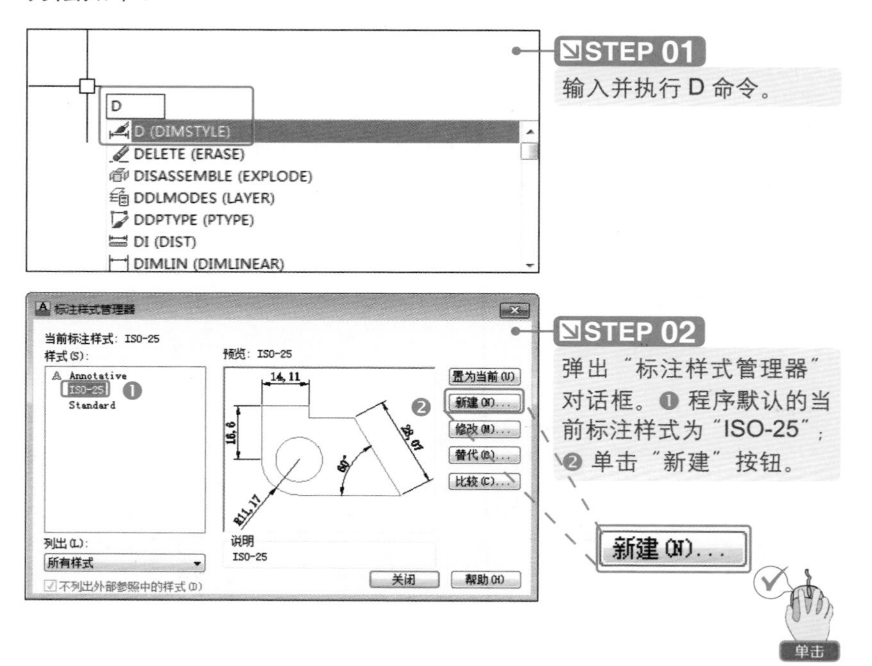

STEP 01

输入并执行 D 命令。

STEP 02

弹出“标注样式管理器”对话框。❶ 程序默认的当前标注样式为“ISO-25”；❷ 单击“新建”按钮。

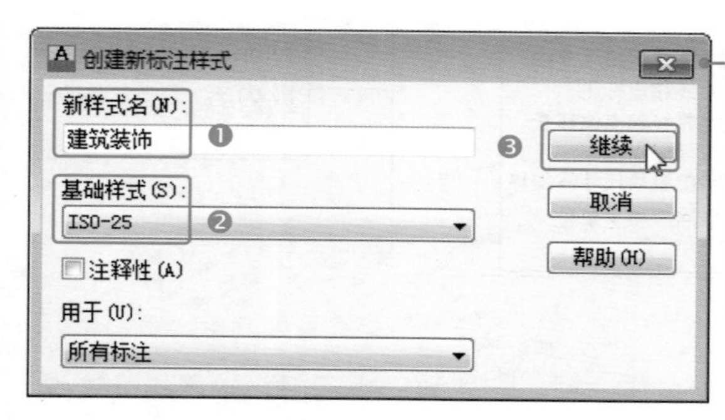

STEP 03

弹出"创建新标注样式"对话框。❶ 输入新样式名，如"建筑装饰"；❷ 选择基础样式，如"ISO-25"，❸ 单击"继续"按钮。

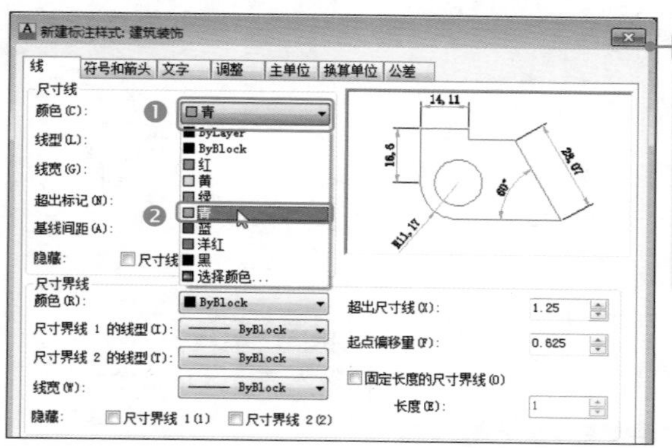

STEP 04

弹出"新建标注样式：建筑装饰"对话框，默认为"线"选项卡。❶ 单击"颜色"下拉按钮；❷ 在下拉菜单中单击所选颜色，如"青"。

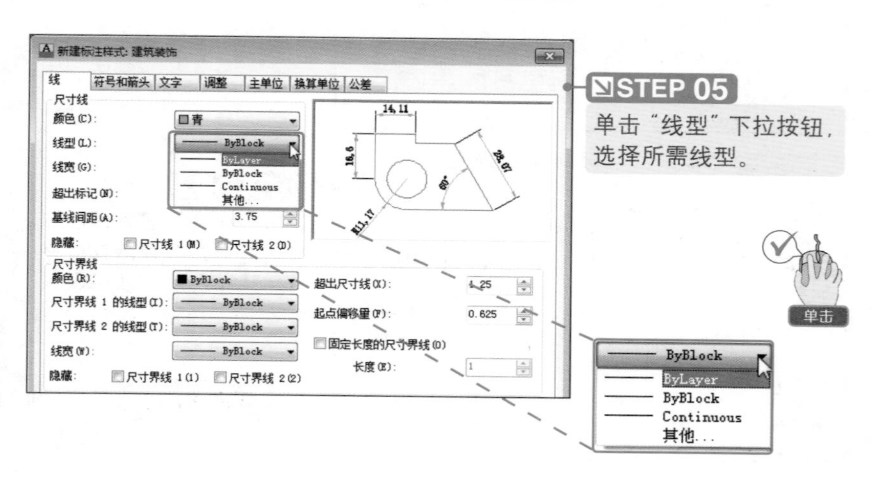

STEP 05

单击"线型"下拉按钮，选择所需线型。

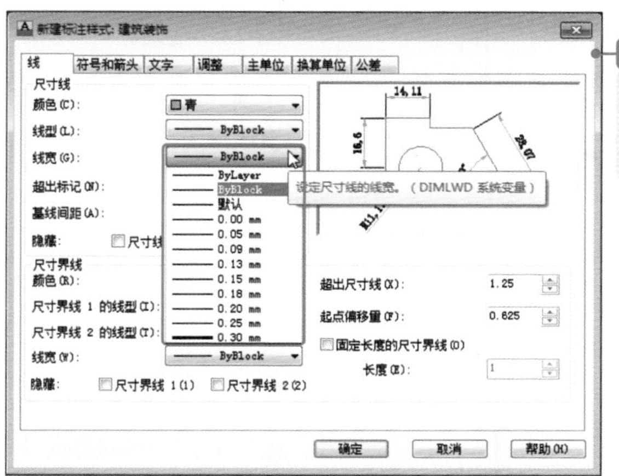

STEP 06

单击“线宽”下拉按钮；选择下拉菜单中所需线宽。

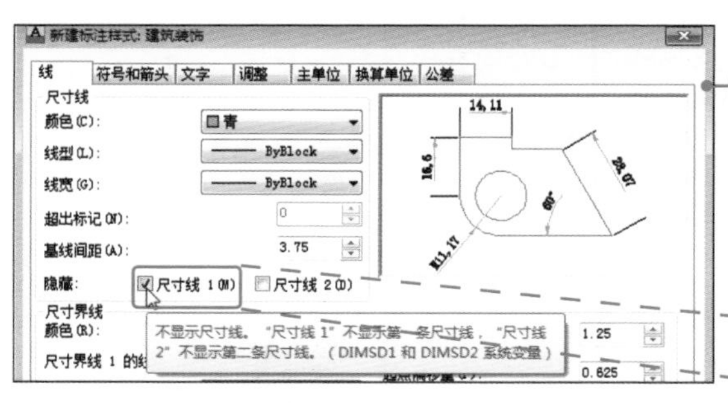

STEP 07

勾选隐藏选项中的“尺寸线1”复选框，隐藏标注左侧尺寸线。

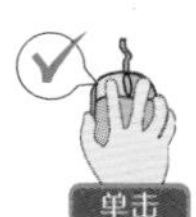

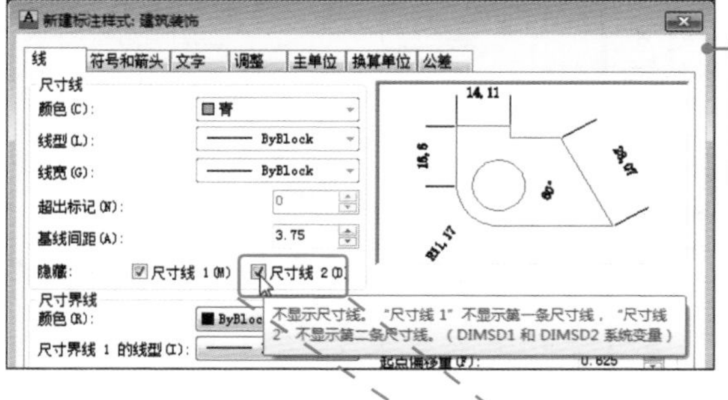

STEP 08

勾选隐藏选项中的“尺寸线2”复选框，隐藏标注右侧尺寸线。

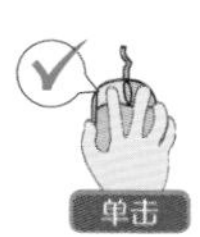

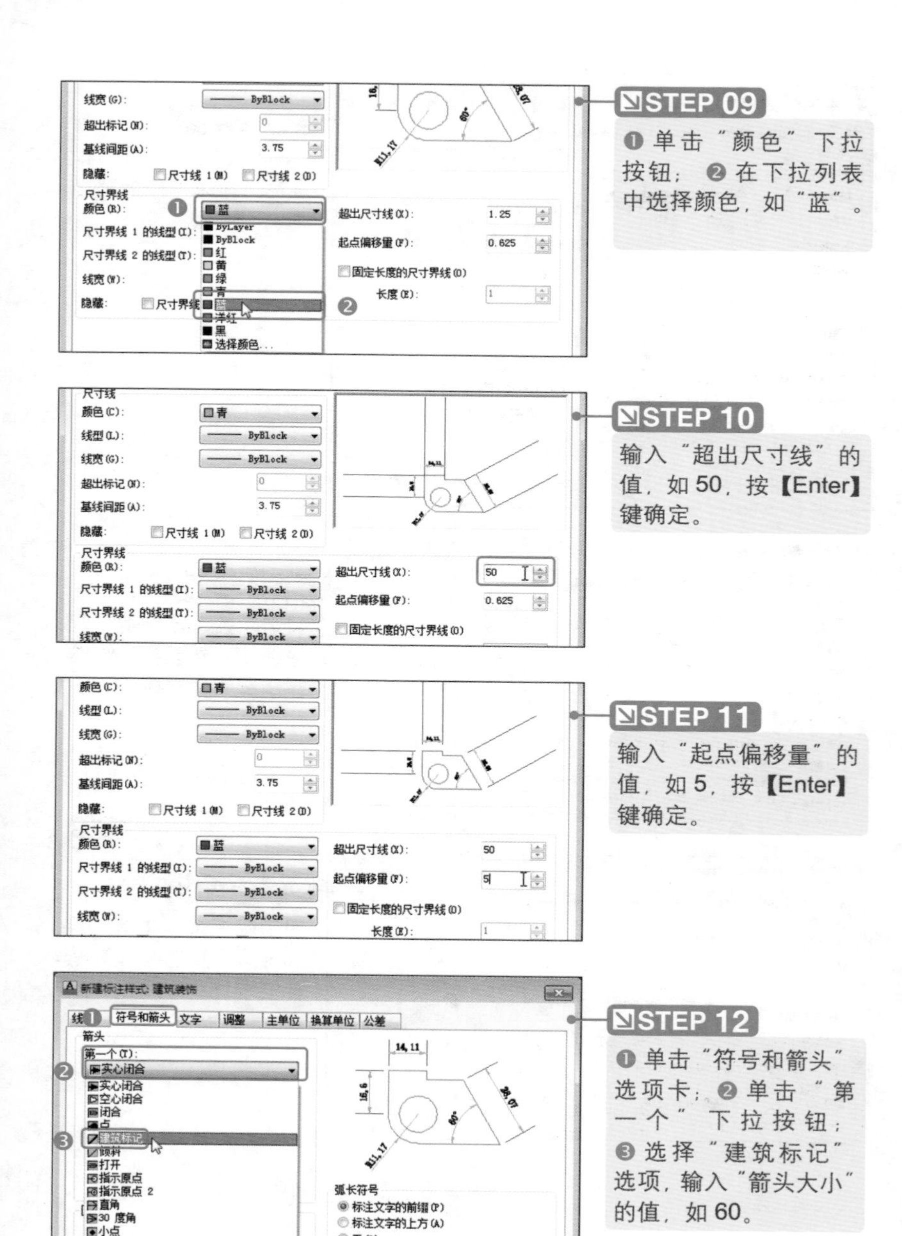

STEP 09

❶单击“颜色”下拉按钮；❷在下拉列表中选择颜色，如“蓝”。

STEP 10

输入“超出尺寸线”的值，如 50，按【Enter】键确定。

STEP 11

输入“起点偏移量”的值，如 5，按【Enter】键确定。

STEP 12

❶单击“符号和箭头”选项卡；❷单击“第一个”下拉按钮；❸选择“建筑标记”选项，输入“箭头大小”的值，如 60。

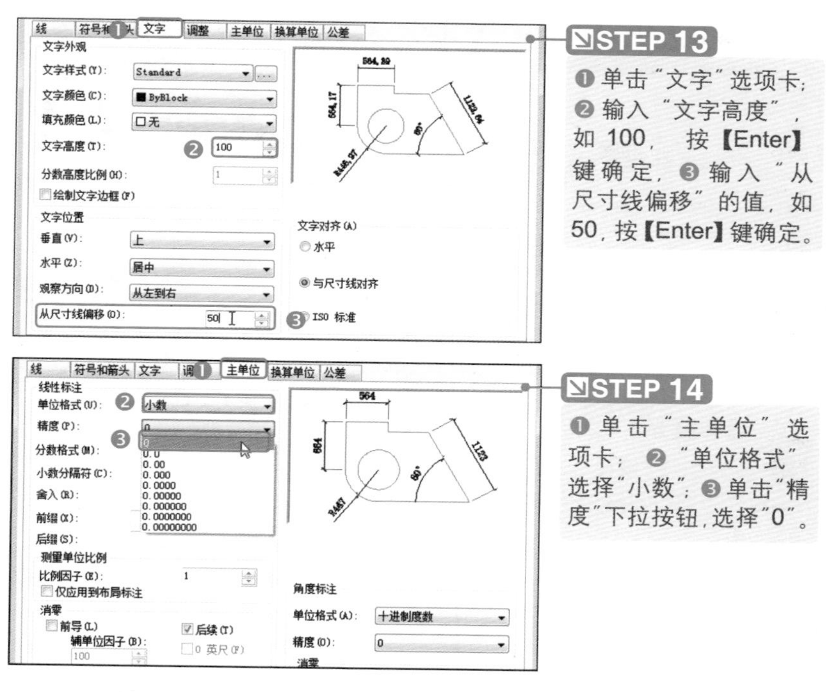

5.1.3 修改标注样式

建立了新标注样式后在“标注样式管理器”对话框右方的预览栏里，可以看见当前样式设置后的效果。具体操作方法如下。

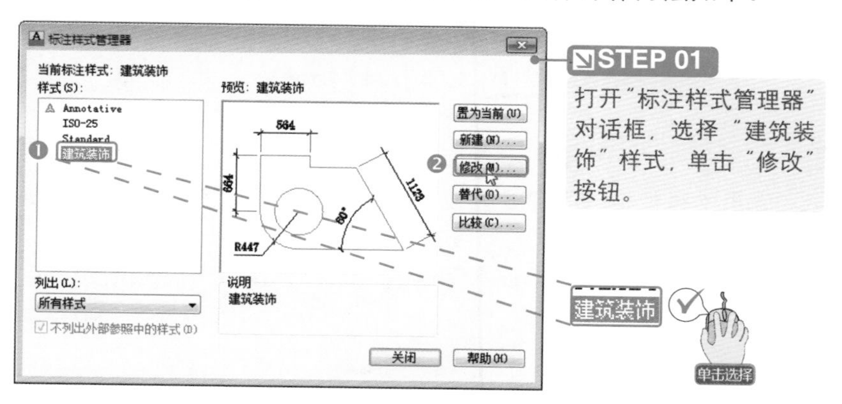

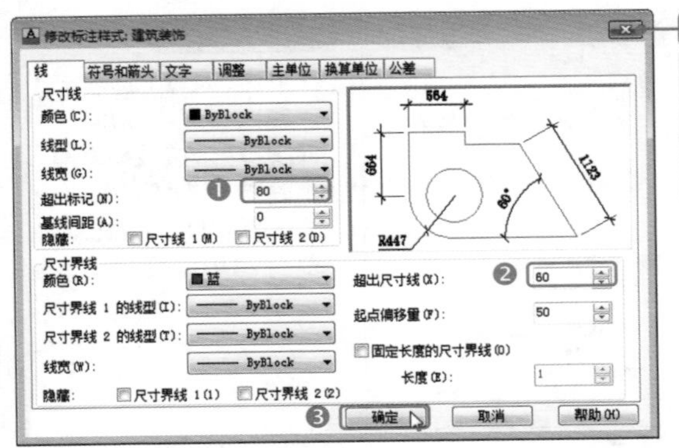

STEP 02

❶“超出标记”改为“80”；❷“超出尺寸线”改为“60”；❸单击“确定”按钮。

温馨提示：

在本书创建修改标注样式的内容中，主要对建筑装饰设计中常用内容进行了详细的图例讲解，其他内容请根据实际操作中的需要进行相应设置。

5.2 标注图形尺寸

尺寸标注可以准确地反映图形中各对象的大小和位置，并为生产加工提供依据，因此具有非常重要的作用。

光盘同步文件

素材文件：光盘\原始文件\第 5 章\新手入门\

结果文件：光盘\结果文件\第 5 章\新手入门\

教学文件：光盘\视频教学\第 5 章\新手入门\5-2.mp4

5.2.1 线性标注

使用“线性标注”命令可以标注长度类型的尺寸，用于标注垂直、水平和旋转的线性尺寸，线性标注可以水平、垂直或对齐放置。创建线性标注时，可以修改文字内容、文字角度或尺寸线的角度。具体操作方法如下。

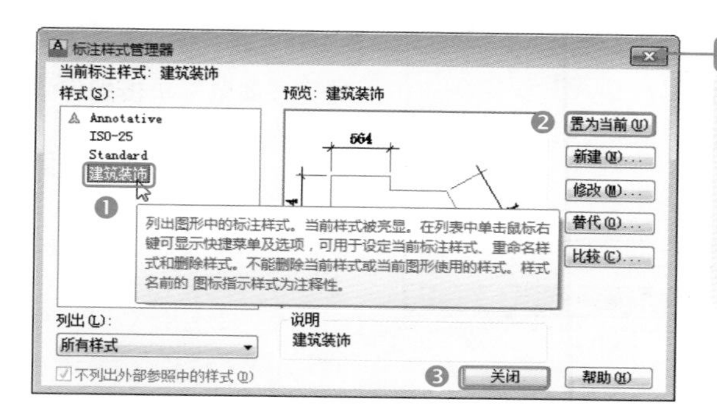

STEP 01

❶输入并执行D命令，打开"标注样式管理器"对话框，创建"建筑装饰"样式；❷单击"置为当前"按钮；❸单击"关闭"按钮。

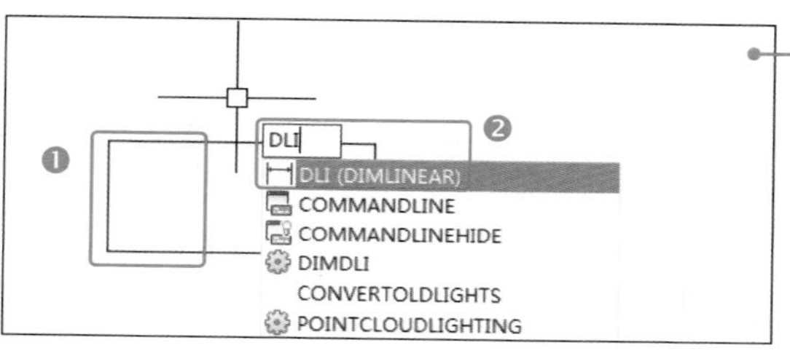

STEP 02

❶使用矩形命令REC绘制一个矩形；❷输入并执行DLI（线性标注）命令。

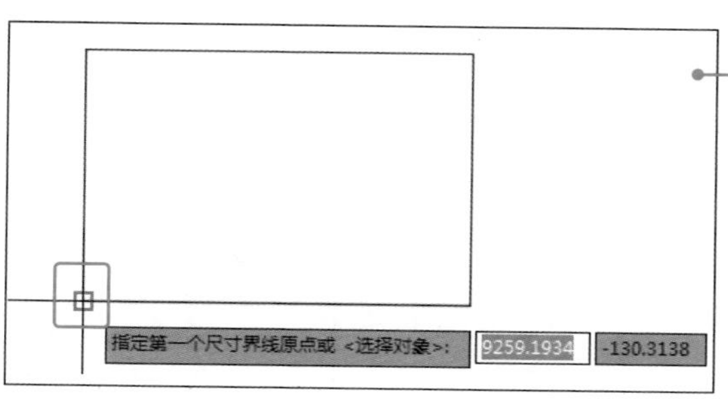

STEP 03

单击指定第一个尺寸界线原点确定线性标注的起点。

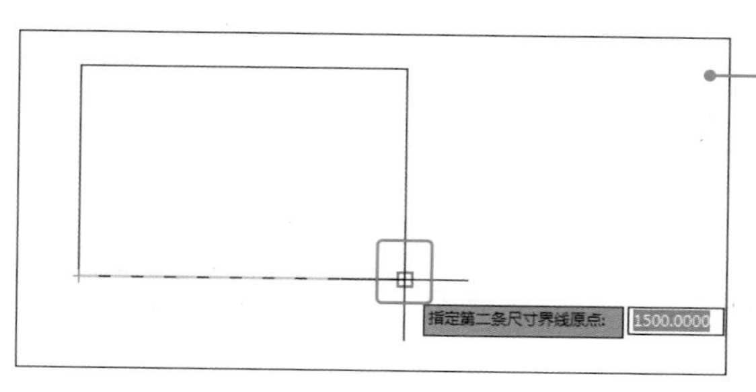

STEP 04

单击指定第二个尺寸界线原点确定线性标注的终点。

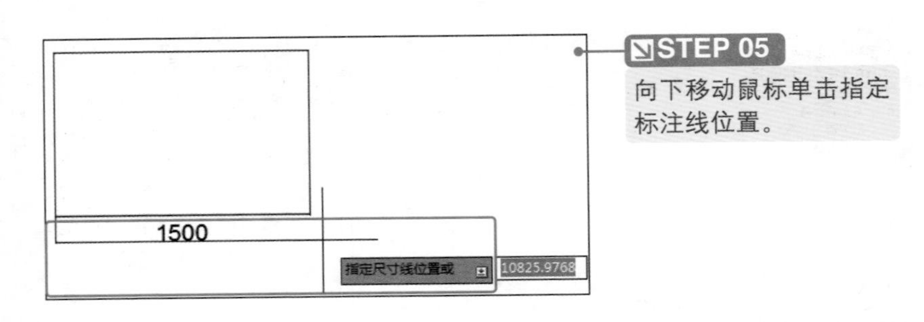

STEP 05

向下移动鼠标单击指定标注线位置。

温馨提示：

线性标注是基于选择三个点来建立的，即该尺寸标注的起始点、终止点和该尺寸标注线的位置。线性标注中的起始点和终止点是确定标注对象长度的，而尺寸标注线的位置主要是确定标注尺寸线和标注对象之间的距离，当命令行出现“指定尺寸线位置或”时可直接输入具体数值以使各水平垂直标注线整洁美观。

5.2.2 对齐标注

“对齐标注”是线性标注的其中一种形式，是指尺寸线的标注始终与标注对象保持平行，若是圆弧则对齐尺寸标注的尺寸线与圆弧的两个端点所连接的弦保持平行。具体操作方法如下。

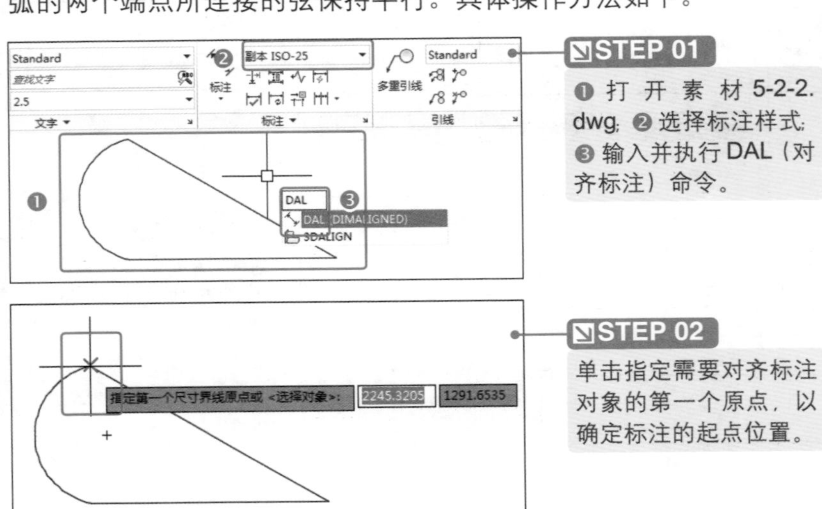

STEP 01

❶ 打开素材 5-2-2.dwg；❷ 选择标注样式；❸ 输入并执行 DAL（对齐标注）命令。

STEP 02

单击指定需要对齐标注对象的第一个原点，以确定标注的起点位置。

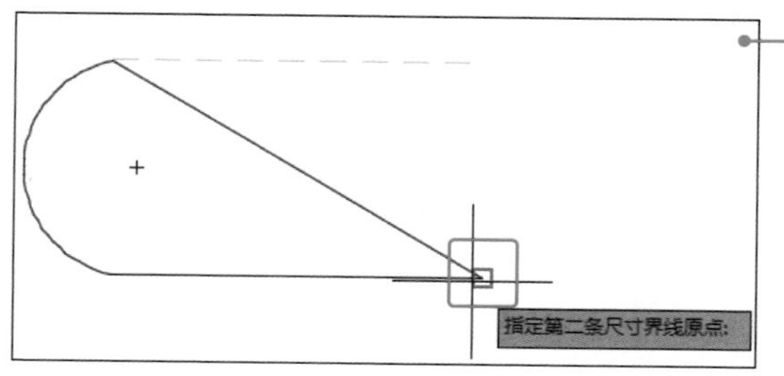

STEP 03

单击对象的第二条尺寸界线原点以确定标注的终点位置。

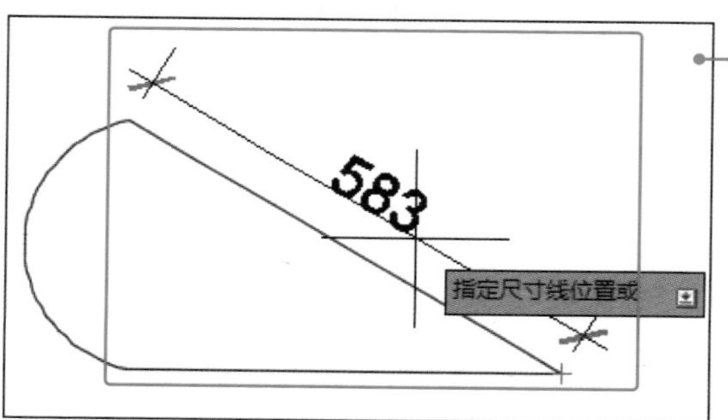

STEP 04

单击指定尺寸线离对象的距离位置。

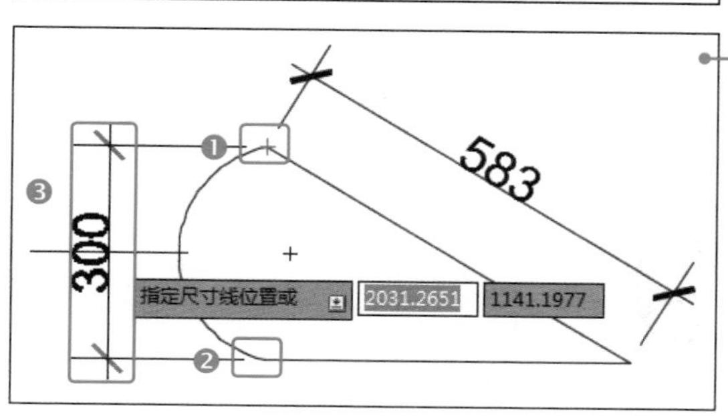

STEP 05

按空格键激活对齐命令。❶ 单击指定标注起点；❷ 单击指定标注终点；❸ 单击指定标注尺寸线的位置。

专家点拨 对齐标注的特点

默认情况下，对齐标注与标注对象的角度是保持一致的，当需要标注的对象是垂直或水平时，标注的样式与线性标注一样。

5.2.3 坐标标注

当使用“坐标标注”时，可用尺寸标注 *X* 或 *Y* 轴点，称之为基准。具体操作方法如下。

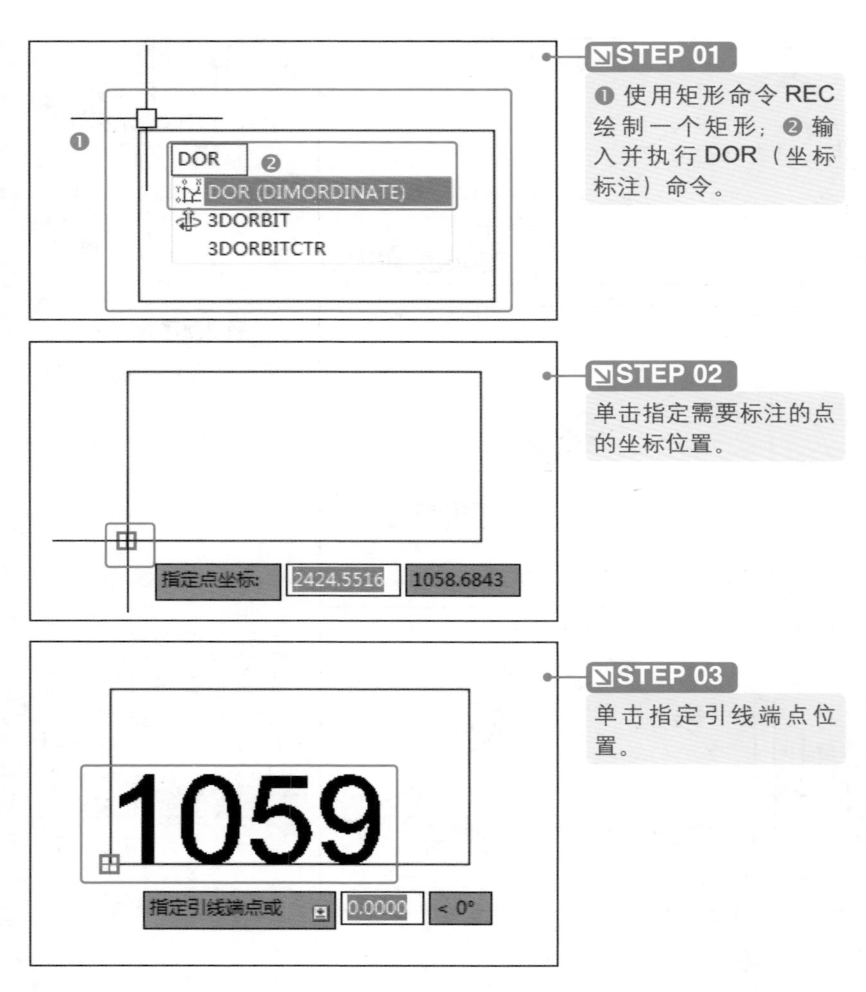

5.2.4 半径标注

“半径标注”命令用于标注圆或圆弧的半径，半径标注是由一条具有指向圆或圆弧的箭头的半径尺寸线组成的。具体操作方法如下。

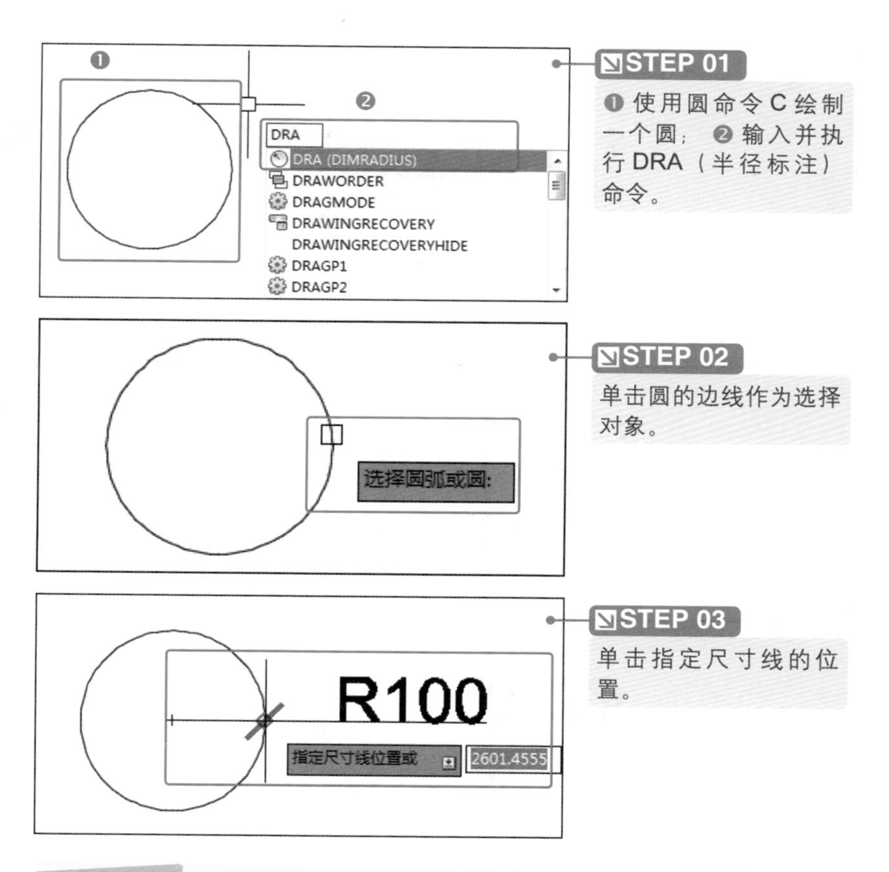

专家点拨 半径标注的组成样式

半径标注命令可以根据圆和圆弧的大小，标注样式的选项设置及光标的位置来绘制不同类型的半径标注。标注样式控制圆心标记和中心线。当尺寸线画在圆弧或圆内部时，程序不绘制圆心标记或中心线。

5.2.5 直径标注

“直径标注”命令用于标注圆或圆弧的直径，直径标注是由一条具有指向圆或圆弧的箭头的直径尺寸线组成的。具体操作方法如下。

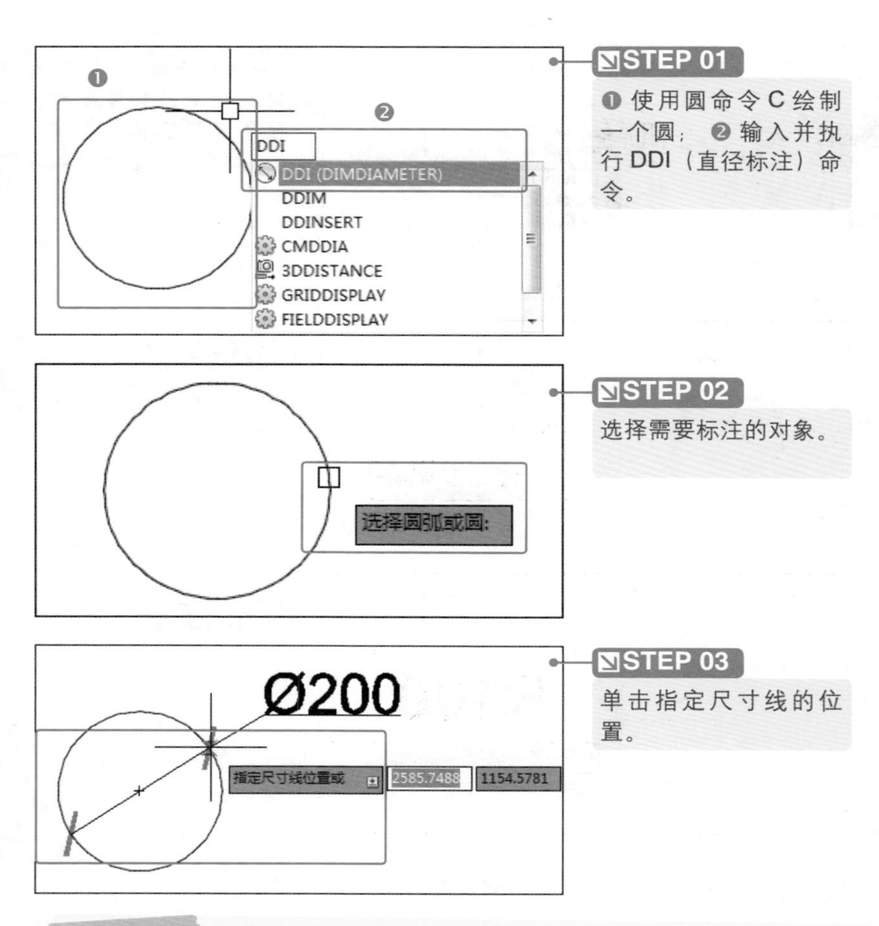

专家点拨 半径、直径标注的组成样式

半径和直径尺寸标注用于标注一个弧或圆的尺寸，而不考虑对象的类型。半径和直径标注是基于选择两点的尺寸标注方法，进行标注时只需要拾取标注对象以指定第一点，再单击第二点指定尺寸标注线的位置即可。

5.2.6 角度标注

使用“角度标注”命令可以标注线段之间的夹角，也可以标注圆弧所包含的弧度。具体操作方法如下。

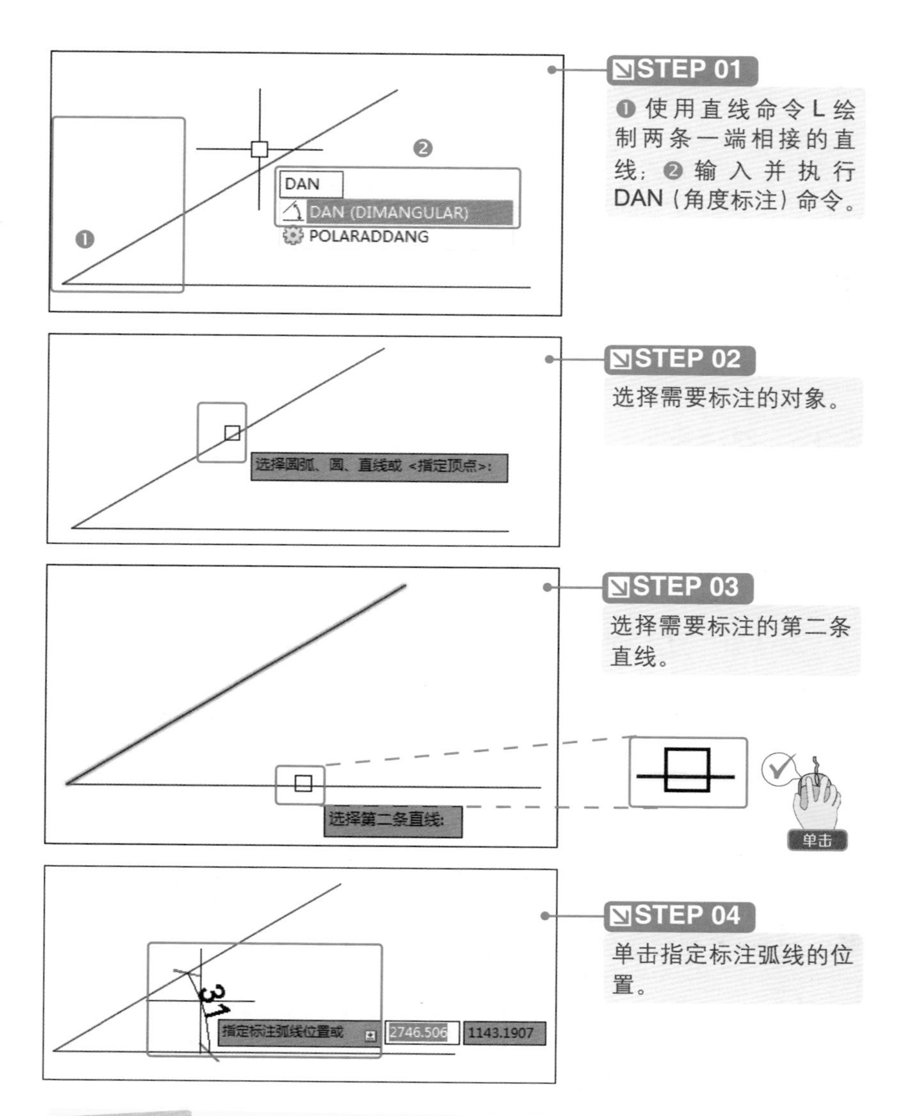

专家点拨 角度标注找不到标注点时怎么办

角度标注不能使用其他弧、尺寸标注或块实例产生该角度的边界边。在找不到标注的起始、终止点时，可以创建辅助线，如构造线。帮助绘制角度型尺寸标注，然后删除辅助线。

5.3 快速连续标注

在 AutoCAD 2015 中要提高绘图速度，通常会使用到连续标注和基线标注等标注方法对图形进行标注。下面将介绍基线标注、连续标注和快速标注的应用方法。

光盘同步文件

素材文件：光盘\原始文件\第 5 章\新手入门\

结果文件：光盘\结果文件\第 5 章\新手入门\

教学文件：光盘\视频教学\第 5 章\新手入门\5-3.mp4

5.3.1 基线标注

“基线标注”用于标注图形中有一个共同基准的线型、坐标或角度关联标注。基线标注以某一点、线、面作为基准，其他尺寸按照该基准进行定位。因此，进行基线标注前需要对图形进行一次线性尺寸标注操作，以确定基线标注的基准点，否则无法进行基线标注。具体操作方法如下。

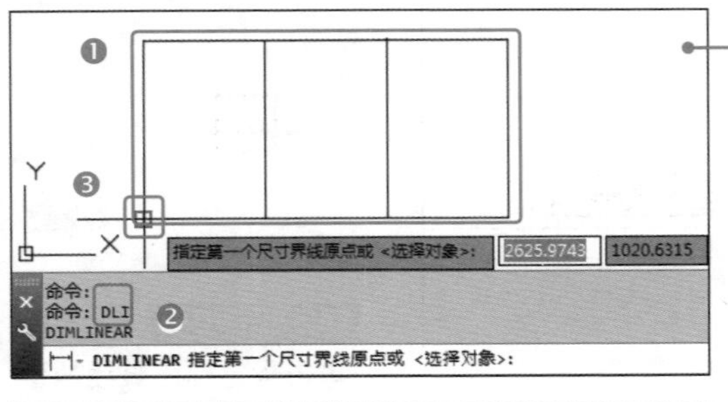

STEP 01

❶ 打开素材 5-3-1.dwg；❷ 输入并执行 DLI（线性标注）命令；❸ 单击指定第一个尺寸界线原点确定线性标注的起点。

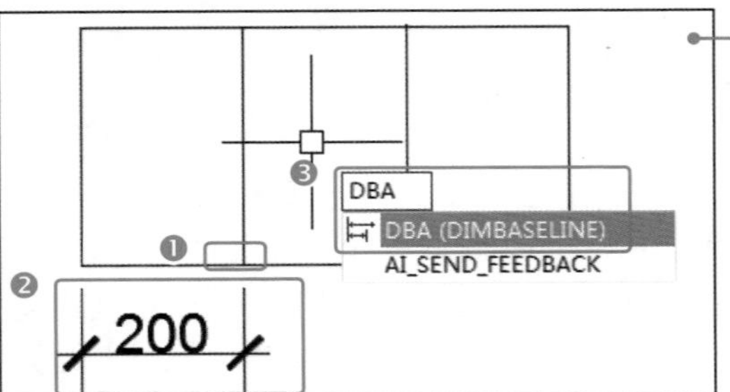

STEP 02

❶ 单击指定第二个尺寸界线的点；❷ 移动鼠标指针单击指定尺寸线位置；❸ 输入并执行 DBA（基线标注）命令。

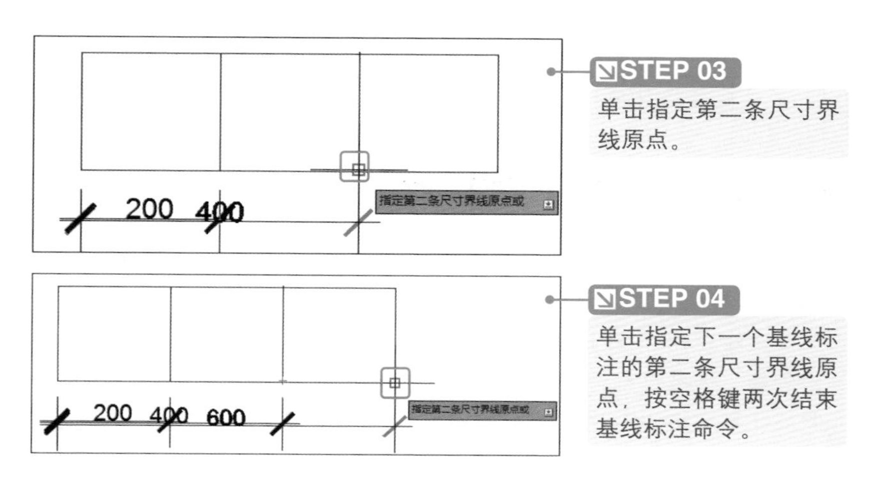

5.3.2 连续标注

“连续标注”用于标注在同一方向上连续的线型或角度尺寸，该命令用于从上一个或选定标注的第二条尺寸界线处创建新的线性、角度或坐标的连续标注。具体操作方法如下。

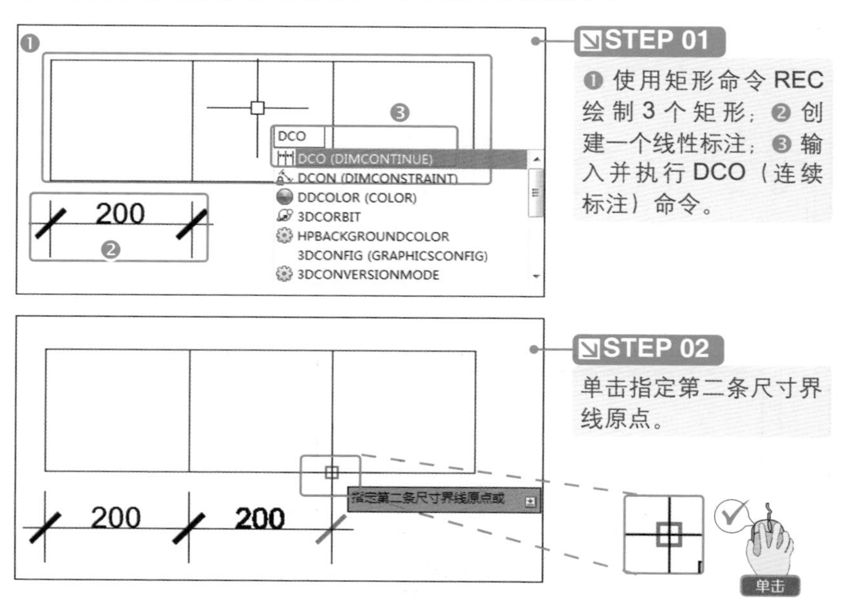

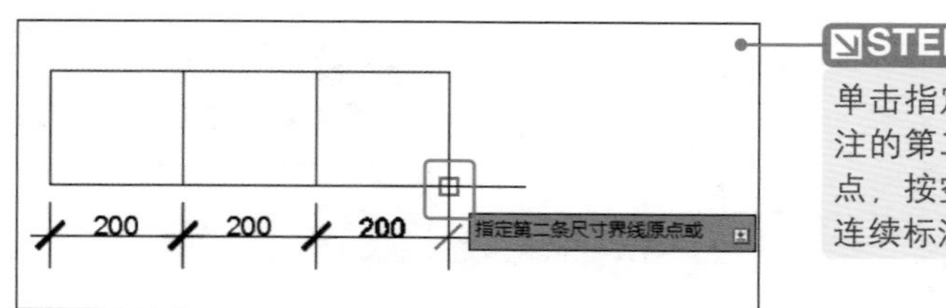

STEP 03

单击指定下一个连续标注的第二条尺寸界线原点，按空格键两次结束连续标注命令。

专家点拨 基线标注简介

基线标注和连续标注非常相似，都是必须在已有标注上才能开始创建。但基线标注是将已经标注的起始点作为基准起始点开始创建，此基准点也就是起始点是不变的；而连续标注是将已有标注终止点作为下一个标注的起始点，依此类推。

5.3.3 快速标注

“快速标注”命令用于快速创建标注，其中包含了创建基线标注、连续尺寸标注、半径标注和直径标注等。具体操作方法如下。

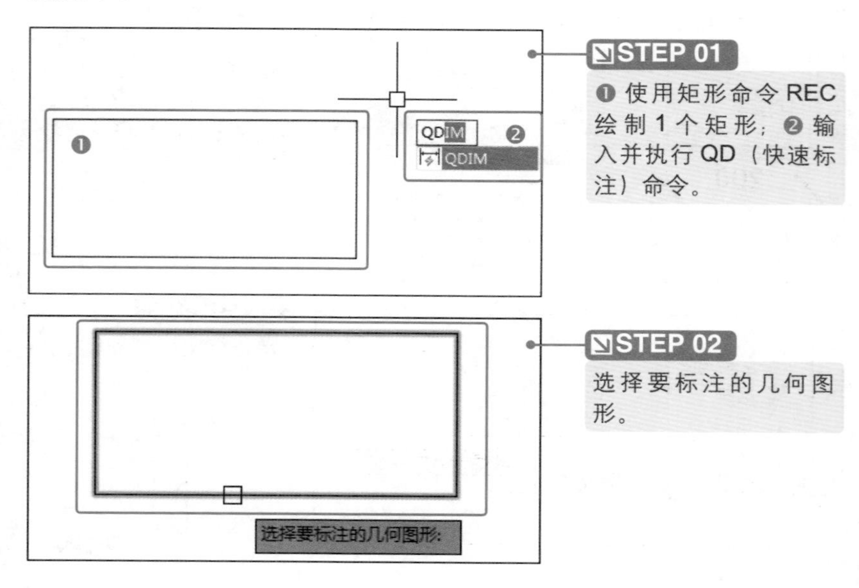

STEP 01

❶ 使用矩形命令 REC 绘制 1 个矩形；❷ 输入并执行 QD（快速标注）命令。

STEP 02

选择要标注的几何图形。

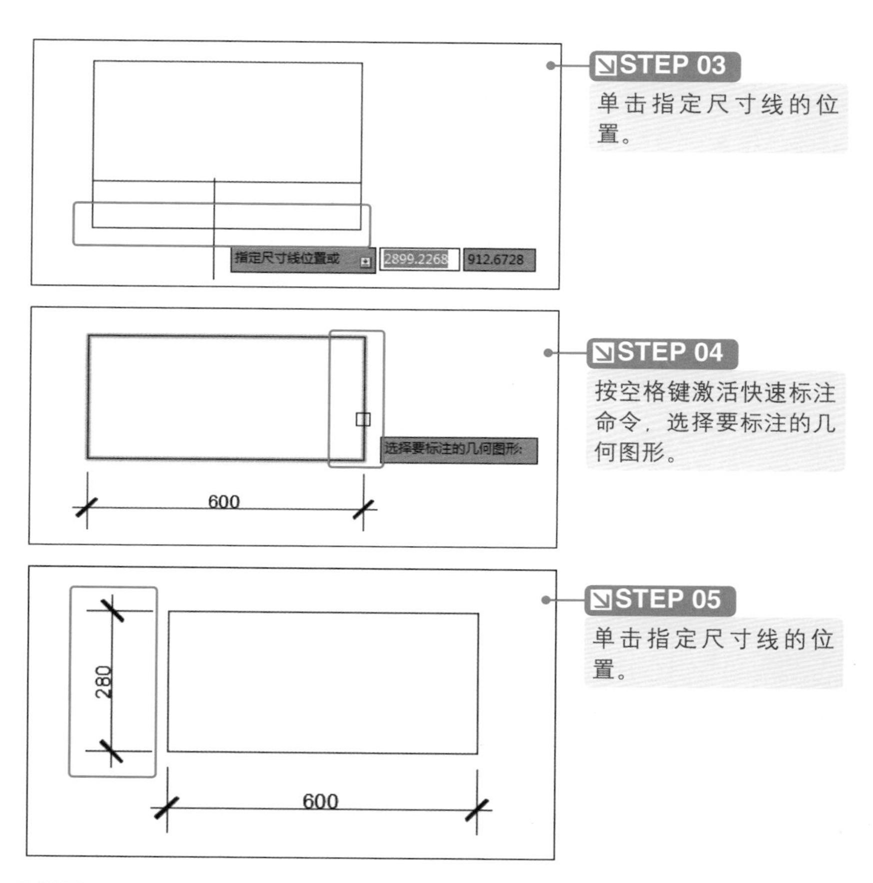

5.4 查询

使用 AutoCAD 2015 提供的查询功能可以对图形的属性进行分析与查询操作，可以直接测量点的坐标、两个对象之间的距离、图形的面积与周长以及线段间的角度等。下面将具体介绍各种图形查询的功能。

光盘同步文件

素材文件：光盘\原始文件\第 5 章\新手入门\
结果文件：光盘\结果文件\第 5 章\新手入门\
教学文件：光盘\视频教学\第 5 章\新手入门\5-4.mp4

5.4.1 距离查询

“距离”查询命令用于测量一个 AutoCAD 2015 图形中两个点之间的距离。具体操作方法如下。

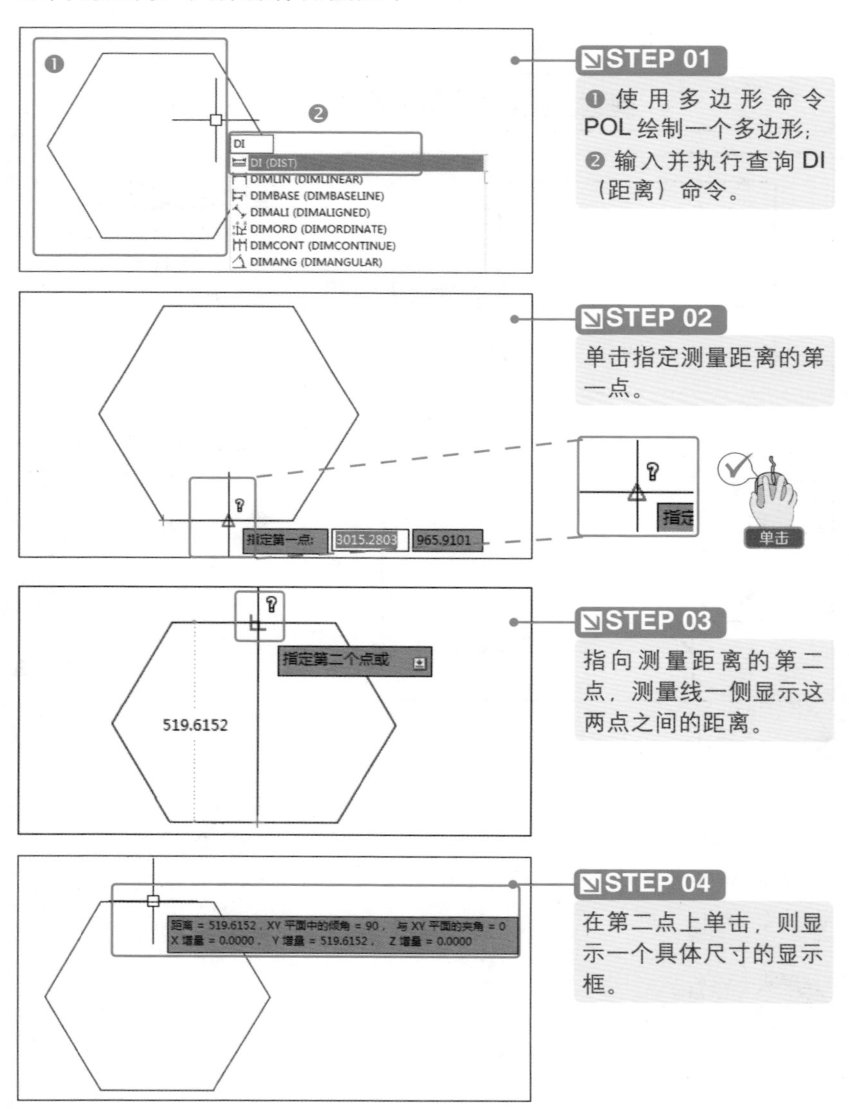

5.4.2 半径查询

在计算机辅助制图中，常常需要使用半径查询（MEASUREGEOM）命令查询对象的半径，以便于了解对象的情况并对当前图形进行调整。具体操作方法如下。

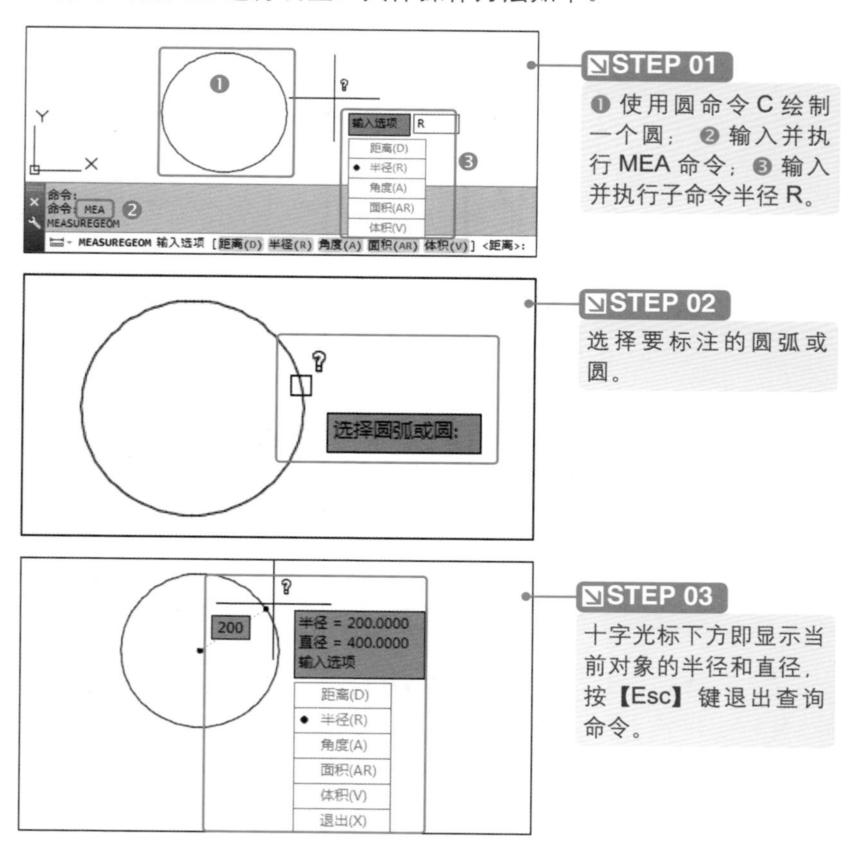

温馨提示：

使用半径查询命令查询的是所选对象的半径和直径两个内容。在激活测量命令后，选择对象会显示测量数值，若对象只有一个，则按【Esc】键退出；若对象有多个，按空格键可以直接选择下一个对象进行测量，依此类推；若需要退出测量命令，按【Esc】键。

5.4.3 角度查询

角度查询命令主要是测量选定对象或点序列的角度。具体操作方法如下。

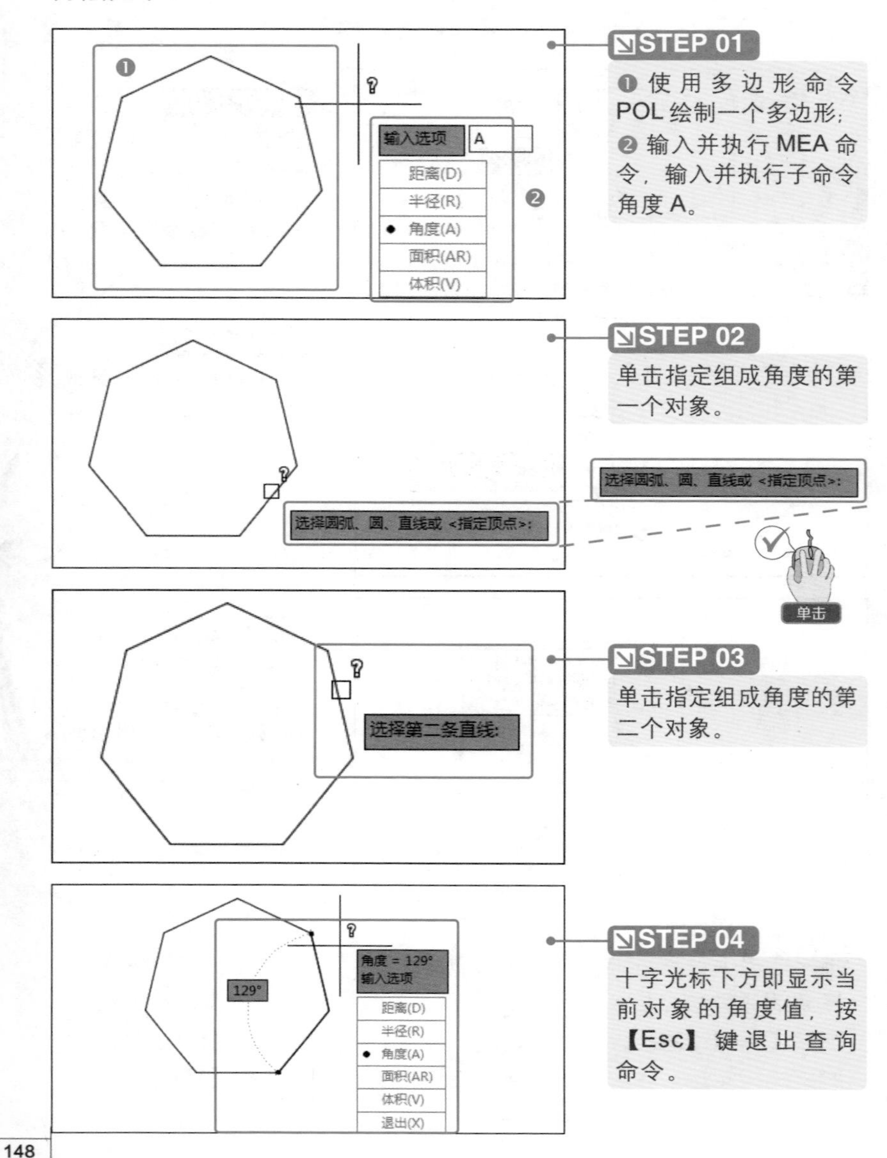

5.4.4 面积和周长查询

在 AutoCAD 2015 中可以使用面积（AREA）查询命令将图形的面积和周长测量出来。在使用此命令测量区域面积和周长时，需要依次指定构成区域的角点。具体操作方法如下。

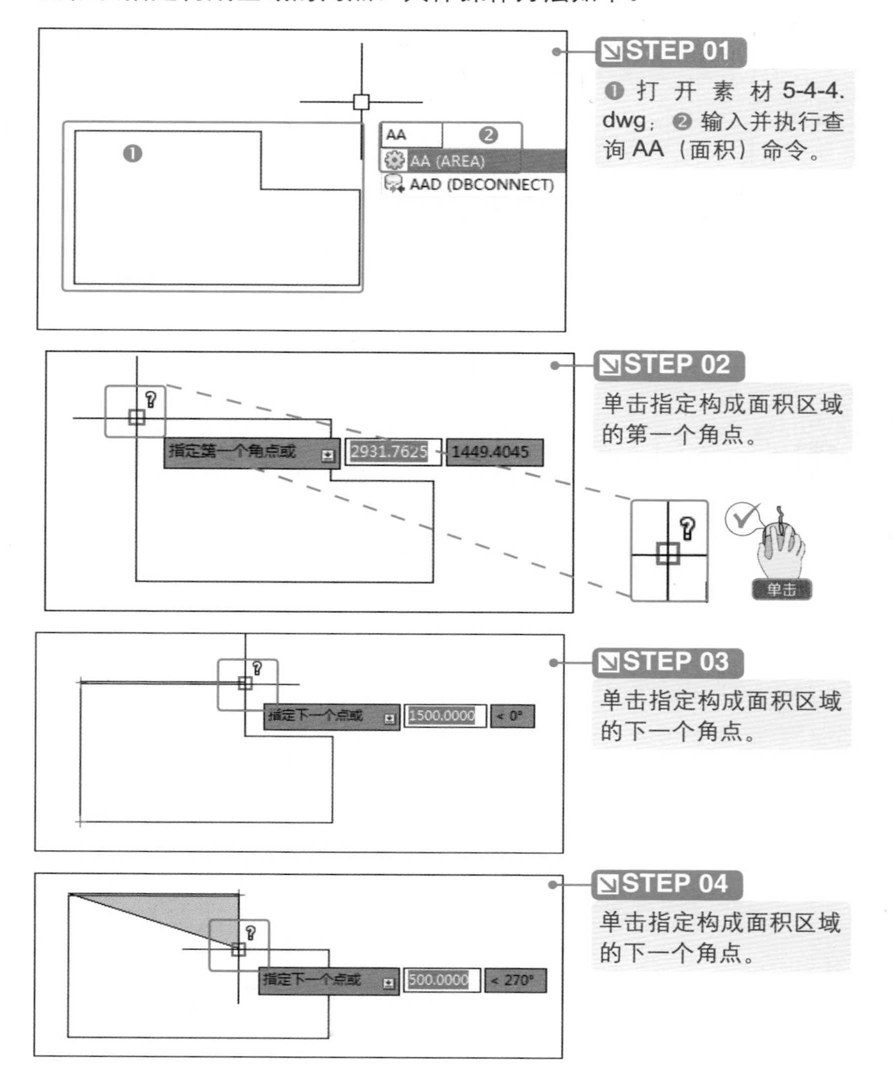

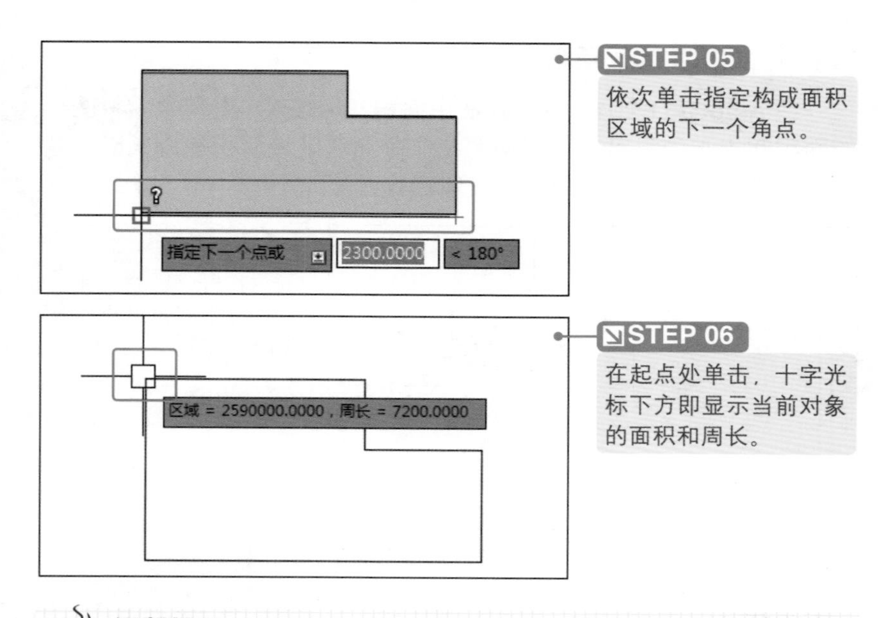

STEP 05

依次单击指定构成面积区域的下一个角点。

STEP 06

在起点处单击，十字光标下方即显示当前对象的面积和周长。

温馨提示：

在使用面积查询命令时，也会显示周长数值；面积查询是将用户指定的绿色区域中的面积和周长显示出来，所以必须要封闭对象，也就是说指定区域的最后一步一定是单击指定区域的起点，然后按空格键即显示当前指定的封闭区域中的面积和周长。

5.4.5 列表显示

查询命令中的列表（LIST）命令主要是将当前所选择对象的各种信息用文本窗口的方式显示出来供用户查阅。具体操作方法如下。

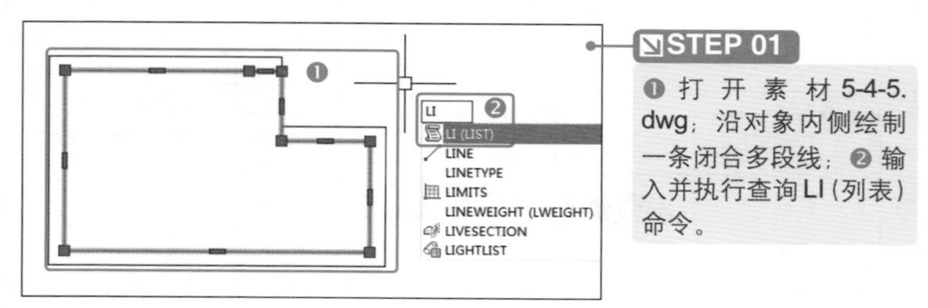

STEP 01

❶ 打开素材5-4-5.dwg；沿对象内侧绘制一条闭合多段线；❷ 输入并执行查询LI（列表）命令。

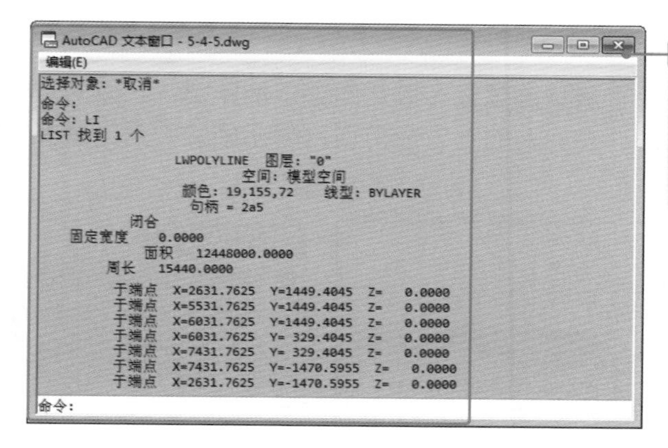

STEP 02

单击内侧的多段线;按空格键打开文本窗口，显示列表信息。

专家点拨 面积和列表命令的区别

在查询对象面积和周长时，“面积”和“列表”命令都可以查询并显示当前对象的面积和周长。要注意“面积”命令是根据所指定的角点来确定区域并计算此区域的数据；而“列表”命令只针对封闭的对象才能显示此对象区域的数据。在得到相关数据后，要将作为辅助线的多段线删除。

新手提高——实用技巧

通过前面标注和查询知识的学习，相信初学者已经学会并掌握了相关知识。下面，介绍一些新手提高的技能知识。

光盘同步文件

素材文件：光盘 \ 原始文件 \ 第 5 章 \ 新手提高 \

结果文件：光盘 \ 结果文件 \ 第 5 章 \ 新手提高 \

教学文件：光盘 \ 视频教学 \ 第 5 章 \ 新手提高 \ 实用技巧 .mp4

NO.1 弧长标注的使用

弧长标注命令用于测量圆弧或多段线圆弧上的距离，尺寸可以呈正交或径向的状态，在标注的上方或前面将显示圆弧符号，其具体操作方法如下。

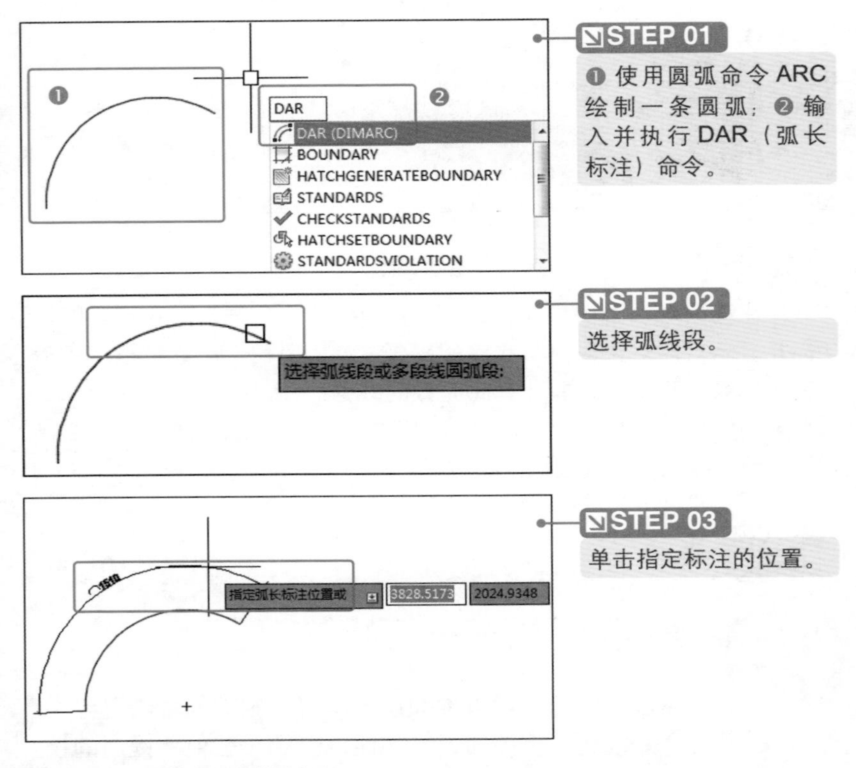

NO.2 引线标注的使用

引线标注命令用于快速地创建引线标注和引线注释。引线是一条连接注释与特征的线。引线标注通常和公差一起用来标注机械设计中的形位公差；也常用来标注建筑装饰设计中的材料等内容，其操作方法如下。

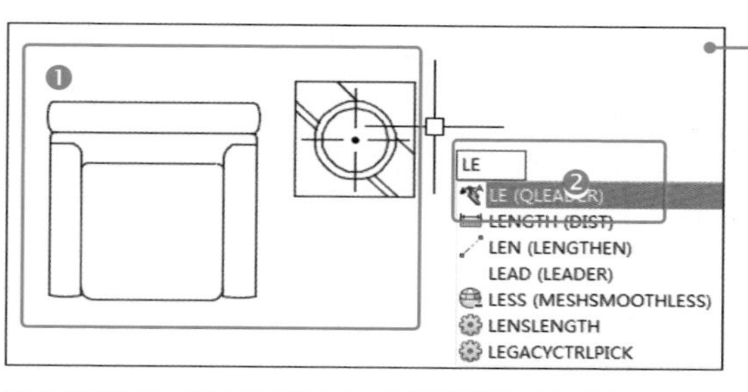

STEP 01

❶ 打开原始文件NO.2.dwg；❷ 输入并执行LE（引线标注）命令。

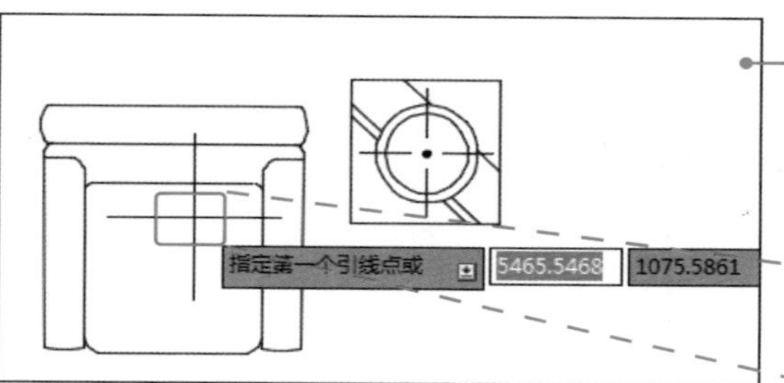

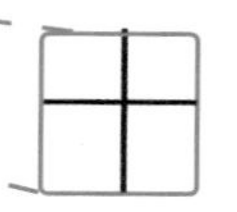

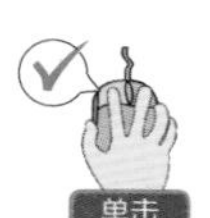

STEP 02

单击指定引线的起点。

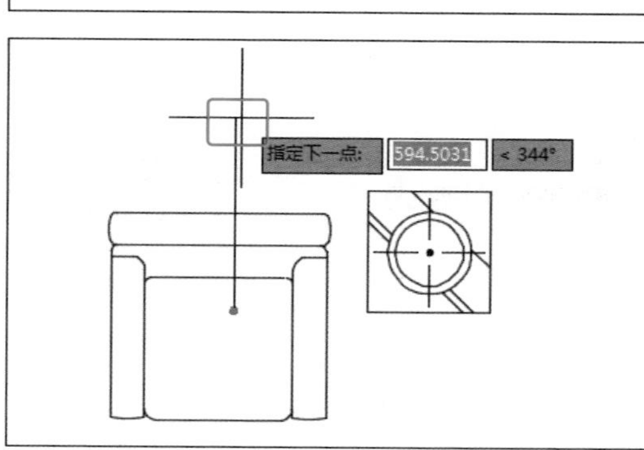

STEP 03

按【F8】键打开正交模式，移动十字光标单击指定下一点。

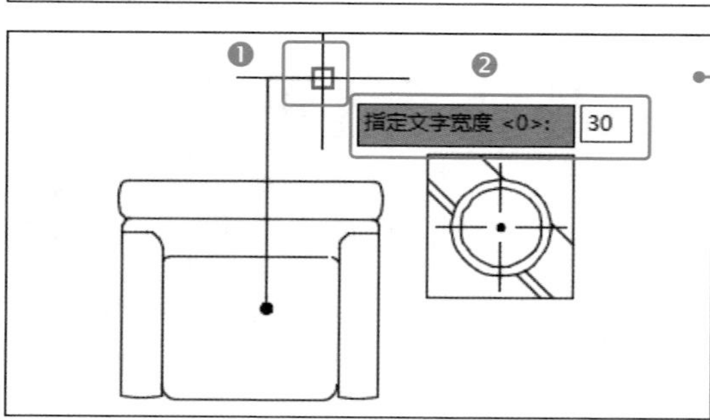

STEP 04

❶ 移动十字光标单击指定下一点；❷ 输入文字宽度，如30，按空格键确定。

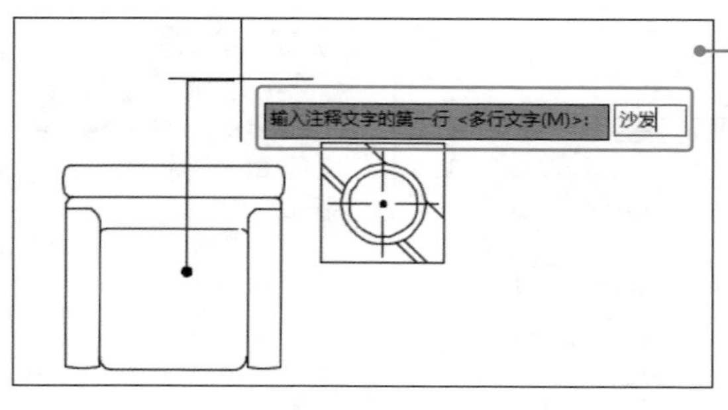

STEP 05

输入文字，如沙发，按空格键确定。

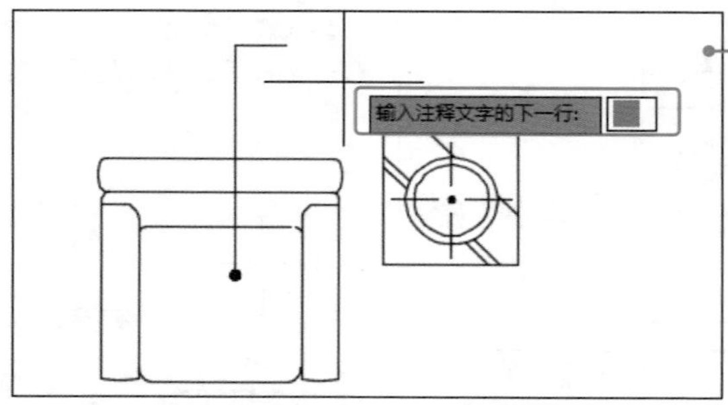

STEP 06

再次按空格键，可结束引线命令。

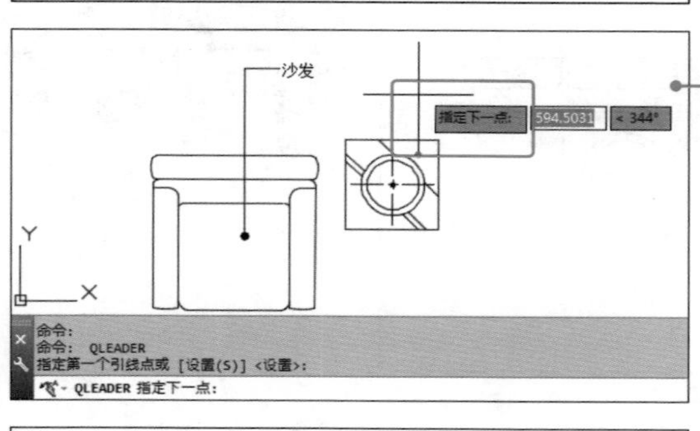

STEP 07

此时按空格键可直接激活引线命令，单击指定引线起点，移动十字光标单击指定下一点。

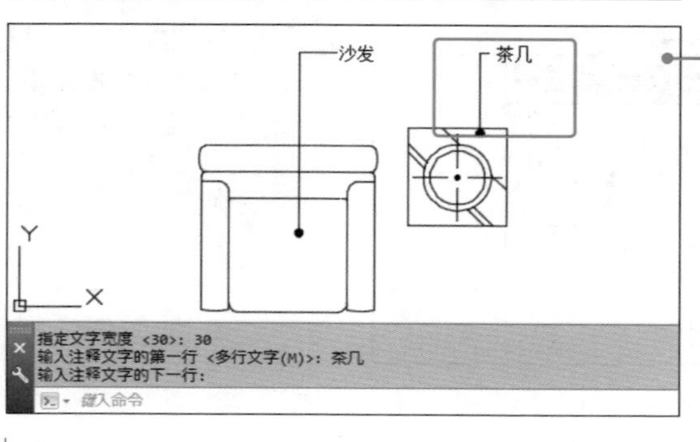

STEP 08

移动十字光标单击指定下一点；按空格键确定默认文字宽度，输入文字内容，如茶几，按空格键两次结束引线命令。

温馨提示：

“引线”是一条连接注释与特征的线，常用来标注建筑装饰设计中的材料等内容。激活引线命令后执行子命令设置“S”，可打开“引线设置”对话框设置内容。

NO.3 公差标注的使用

公差标注命令主要用于标注机械设计中的形位公差。具体操作方法如下。

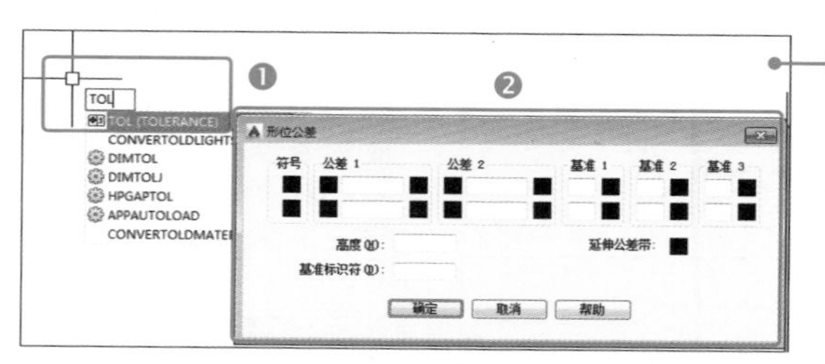

STEP 01

❶ 输入并执行TOL（公差）命令；❷ 弹出“形位公差”对话框。

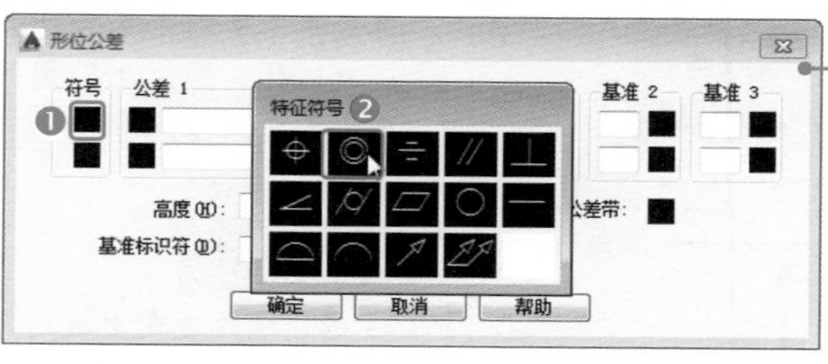

STEP 02

❶ 在该对话框中的“符号”框内单击；❷ 弹出“特征符号”对话框，选择形位符号。

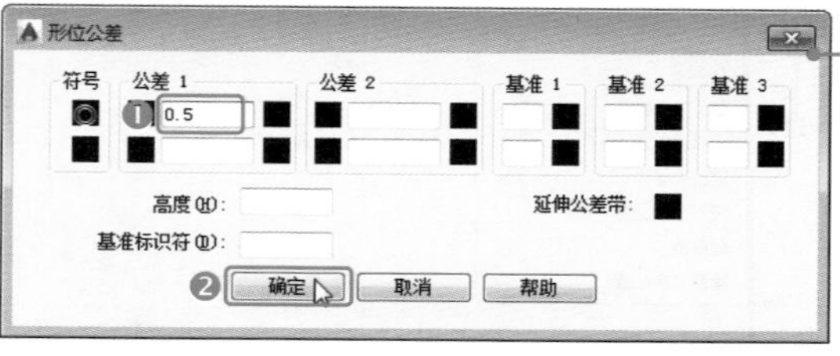

STEP 03

❶ 在“公差 1”下的文本框中输入公差参数，如0.5；❷ 单击“确定”按钮。

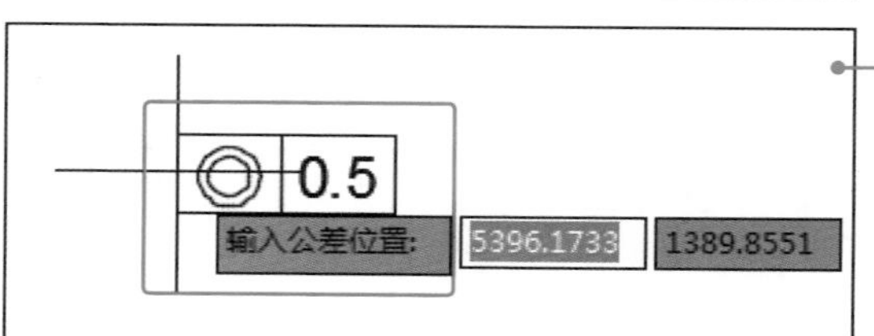

STEP 04

在绘图区适当位置单击指定公差位置。

NO.4　编辑与修改标注

当在图形上将标注创建后可能需要进行多次修改。修改标注可以确保尺寸界线或尺寸线不会遮挡任何对象；可以重新放置标注文字；也可以调整线性标注的位置从而使其均匀分布。最简单的方法是使用多功能标注夹点单独修改标注。具体操作方法如下。

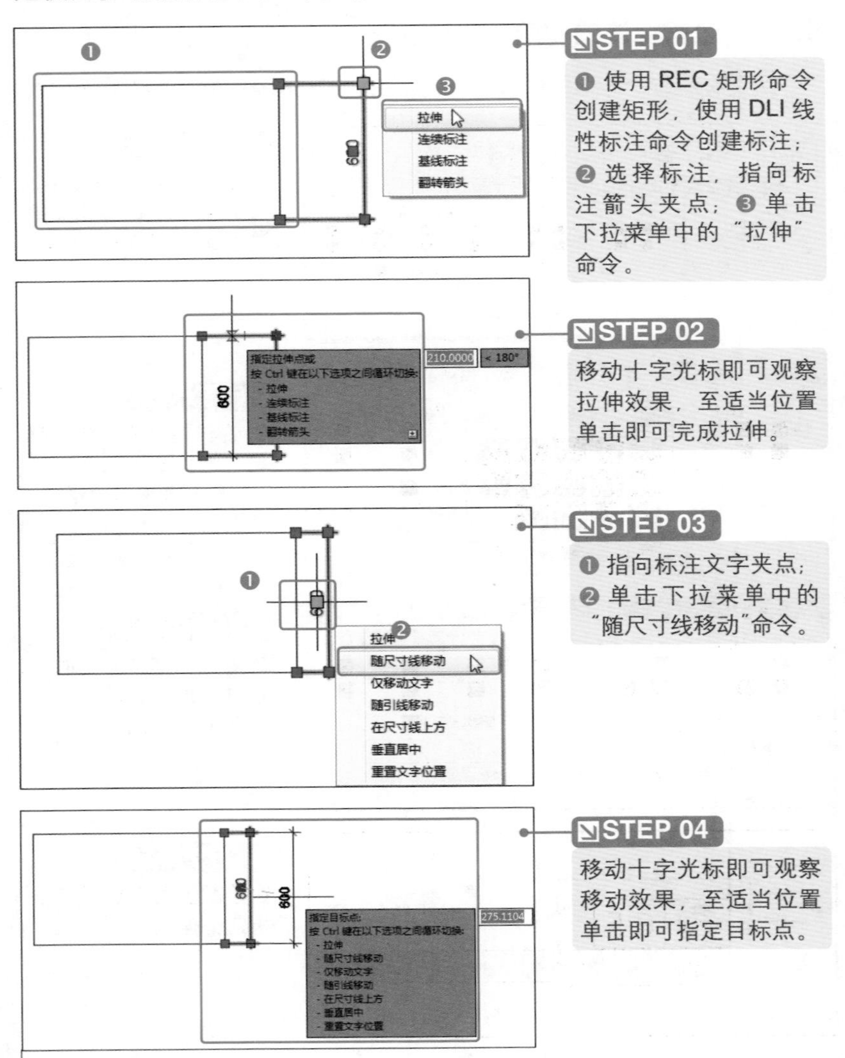

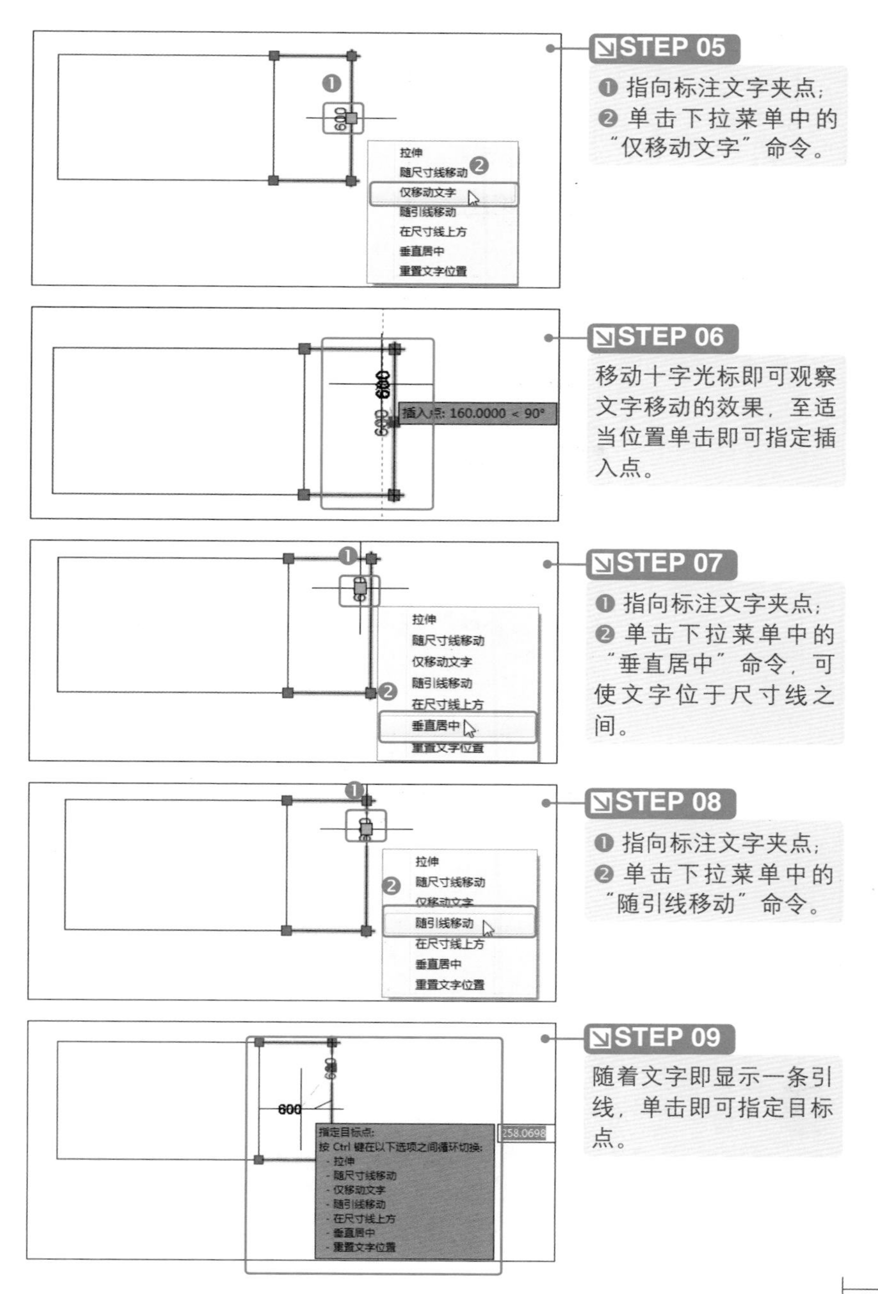
600
拉伸
随尺寸线移动
仅移动文字
随引线移动
在尺寸线上方
垂直居中
重置文字位置
STEP 05
❶ 指向标注文字夹点；
❷ 单击下拉菜单中的“仅移动文字”命令。
插入点: 160.0000 < 90°
STEP 06
移动十字光标即可观察文字移动的效果，至适当位置单击即可指定插入点。
STEP 07
❶ 指向标注文字夹点；
❷ 单击下拉菜单中的“垂直居中”命令，可使文字位于尺寸线之间。
STEP 08
❶ 指向标注文字夹点；
❷ 单击下拉菜单中的“随引线移动”命令。
指定目标点:
按 Ctrl 键在以下选项之间循环切换:
- 拉伸
- 随尺寸线移动
- 仅移动文字
- 随引线移动
- 在尺寸线上方
- 垂直居中
- 重置文字位置
258.0698
STEP 09
随着文字即显示一条引线，单击即可指定目标点。

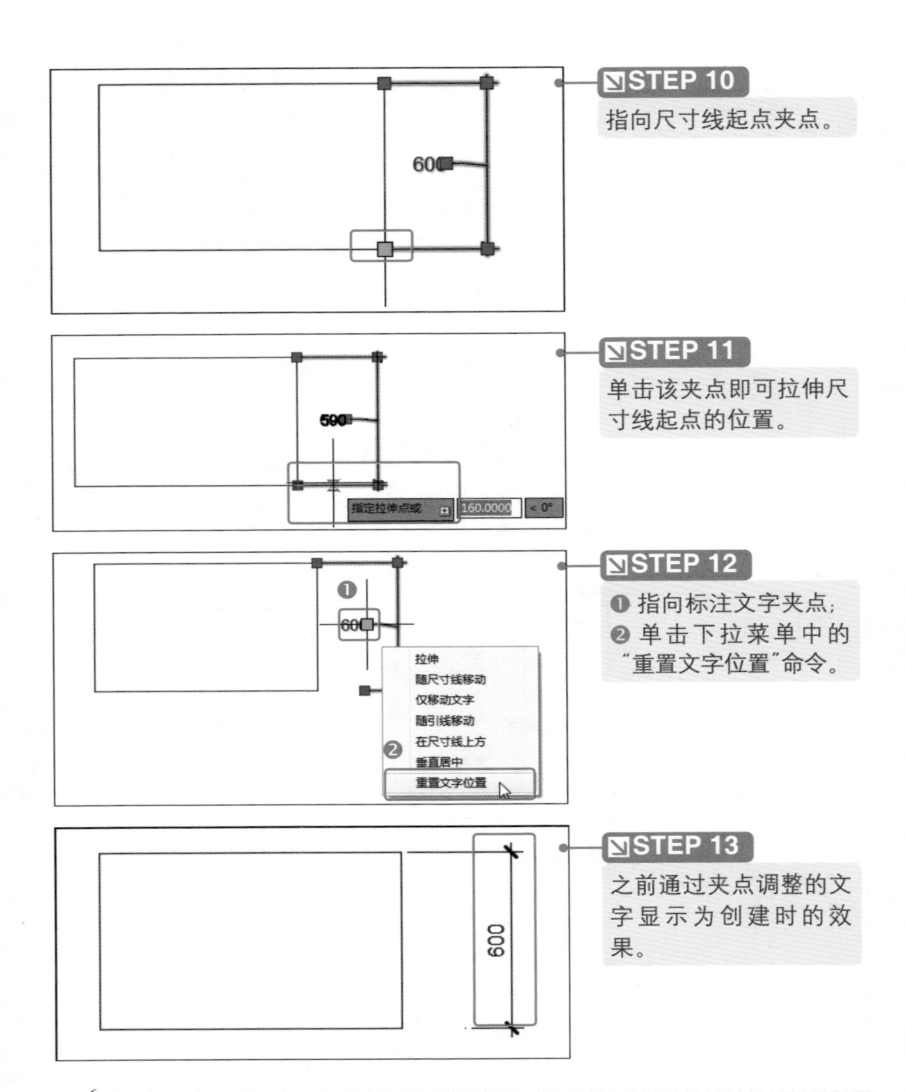

温馨提示：

在径向型尺寸标注中，选择该标注有且只有三个夹点框，使用夹点框可以更改直径或半径的值，也可将标注文字与标注对象的位置进行调整。不同的标注类型，其每个夹点的精确位置和作用会有差别。

新手实训——酒柜立面图的标注

为了巩固本章所学的知识，特安排一个给酒柜立面图添加标注的实例进行练习。

实例效果

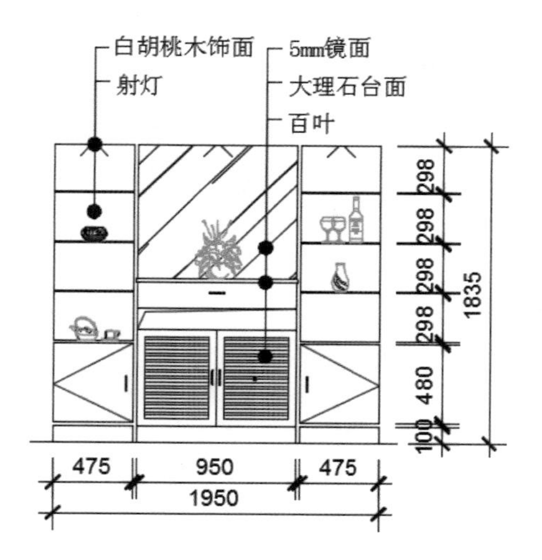

光盘同步文件

素材文件：光盘\原始文件\第5章\新手实训\酒柜立面图.dwg

结果文件：光盘\结果文件\第5章\新手实训\酒柜立面图.dwg

教学文件：光盘\视频教学\第5章\新手实训\酒柜立面图.mp4

制作步骤

本实例首先在打开的素材文件中创建标注样式，再给素材添加标注，最后添加引线标注标明材质。具体操作方法如下。

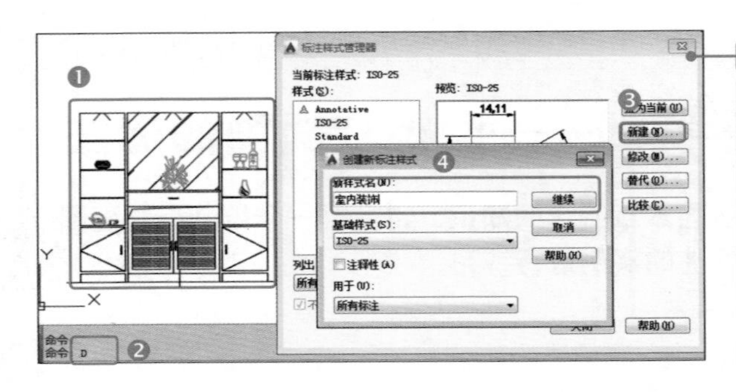

STEP 01

❶ 打开素材“酒柜立面图.dwg”；❷ 输入并执行 D 命令，打开“标注样式管理器”对话框；❸ 单击“新建”按钮；❹ 在“创建新标注样式”对话框中输入新样式名“室内装饰”，单击“继续”按钮。

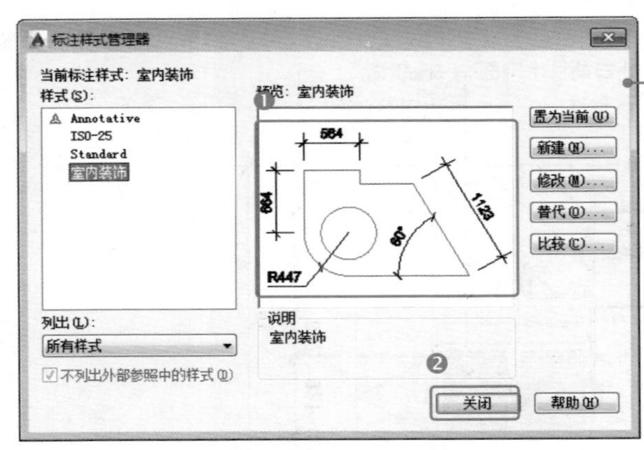

STEP 02

❶ 在“当前标注样式：室内装饰”选项区域设置内容，设置完成后即可，在预览区显示效果；❷ 单击“关闭”按钮。

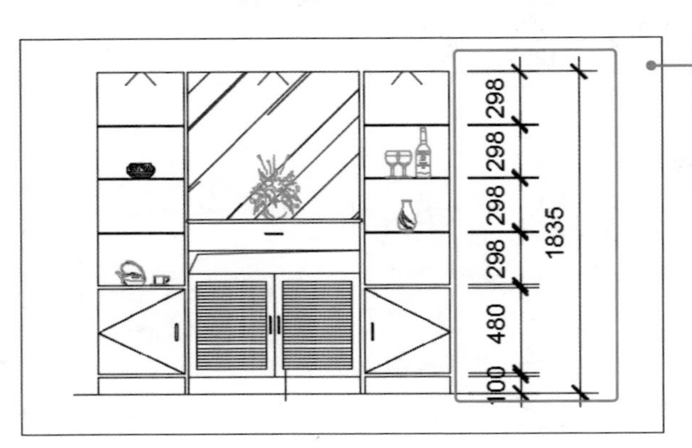

STEP 03

使用 DLI 线性标注命令创建酒柜右侧标注。

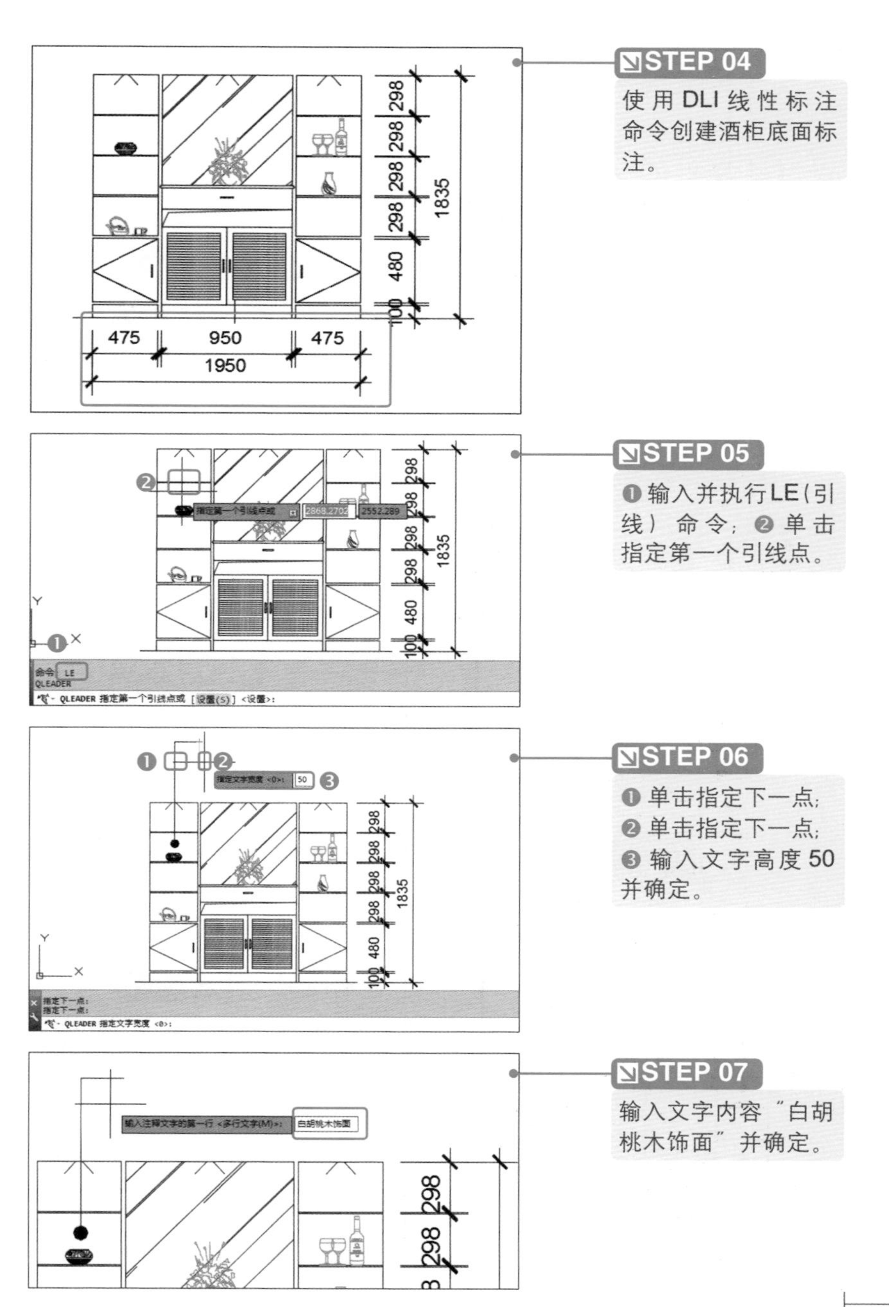

STEP 04

使用DLI线性标注命令创建酒柜底面标注。

STEP 05

❶ 输入并执行LE（引线）命令；❷ 单击指定第一个引线点。

STEP 06

❶ 单击指定下一点；
❷ 单击指定下一点；
❸ 输入文字高度50并确定。

STEP 07

输入文字内容“白胡桃木饰面”并确定。

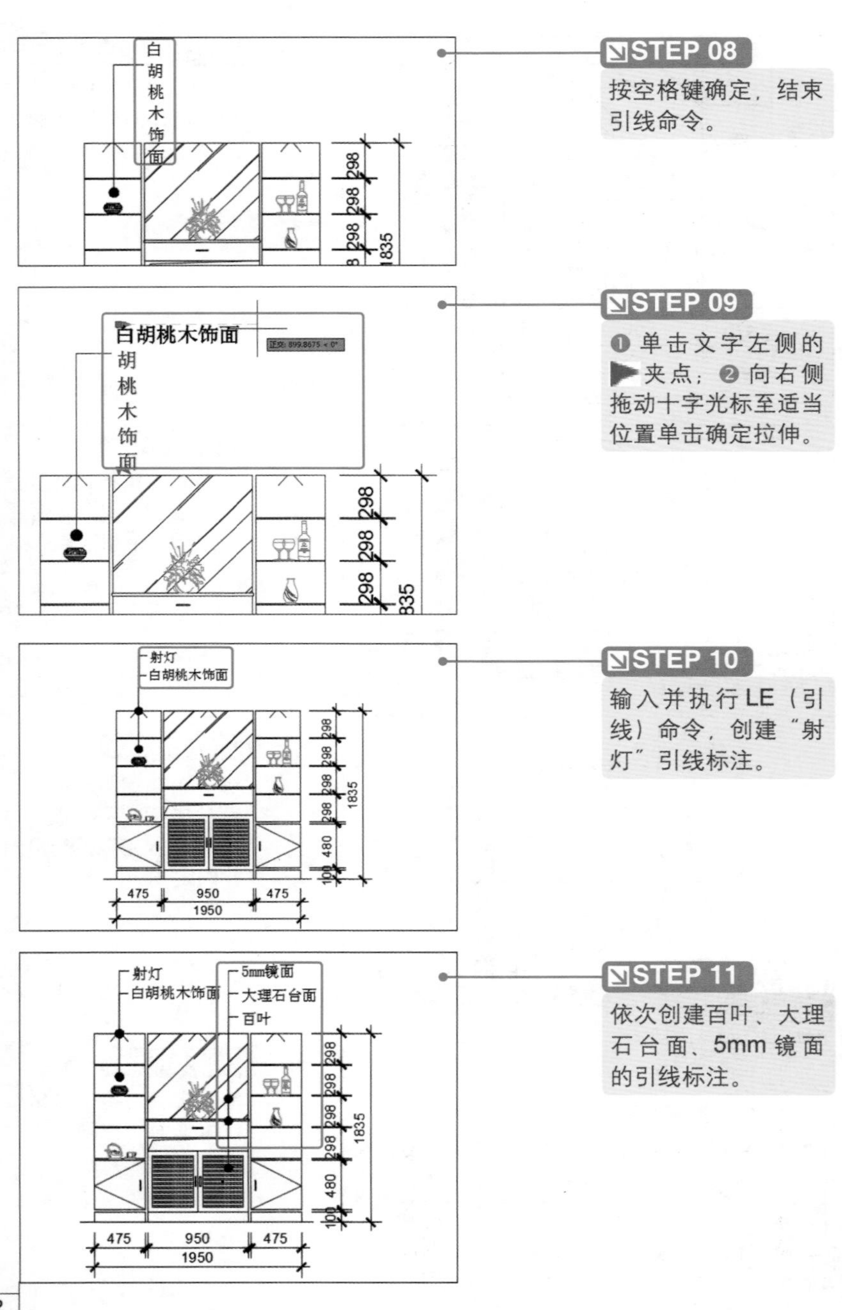

STEP 08

按空格键确定，结束引线命令。

STEP 09

❶ 单击文字左侧的▶夹点；❷ 向右侧拖动十字光标至适当位置单击确定拉伸。

STEP 10

输入并执行 LE（引线）命令，创建“射灯”引线标注。

STEP 11

依次创建百叶、大理石台面、5mm 镜面的引线标注。

Chapter

文字标注与表格

关于本章：

在计算机辅助设计制图中，常常需要对图形进行文字说明。如工程图中的结构、技术要求、机械的加工要求、零部件名称，以及建筑结构的说明、建筑体的空间标注、室内装饰装潢的材料说明等。表格能使大量的文字说明系统化、条理化，更加清晰地表述文字的内容，显得紧凑、简明、醒目，使人一目了然。

知识要点

掌握 AutoCAD 2015 文字样式的设置

掌握 AutoCAD 2015 输入文字的方法

掌握 AutoCAD 2015 创建与编辑表格的方法

效果展示

图纸目录				
顺序号	图号	图纸说明	图幅	出图日期
1	A-001	封面	A3	2015.1.26
2	A-002	图纸目录	A3	2015.1.26
3	A-003	设计/施工说明	A3	2015.1.26
4	PM-001	原始结构平面图	A3	2015.1.26
5	PM-002	平面设计图	A3	2015.1.26
6	PM-003	地面铺装图	A3	2015.1.26
7	PM-004	吊顶布置图	A3	2015.1.26
8	DP-001	照明开关连线图	A3	2015.1.26
9	DP-002	插座布置图	A3	2015.1.26

Lesson 01

新手入门——必学基础

本节内容是文字与表格的相关知识，在本节中将介绍文字样式、文字的输入和创建与编辑表格的相关内容。

6.1 文字样式

文字样式是控制文字外观的一组设置，在 AutoCAD 中输入文字对象将使用默认文字样式，也可以修改已有样式或定义自己需要的文字样式。

光盘同步文件

教学文件：光盘 \ 视频教学 \ 第 6 章 \ 新手入门 \6-1.mp4

6.1.1 创建文字样式

在 AutoCAD 2015 中除了自带的文字样式外，还可以在“文字样式”对话框中创建新的文字样式。具体操作方法如下。

STEP 01

❶ 输入并执行 ST（文字样式）命令；❷ 打开“文字样式”对话框。

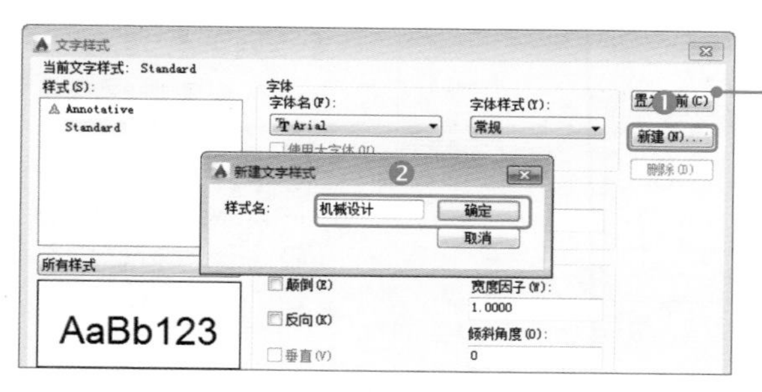

STEP 02

❶ 单击“新建”按钮；❷ 弹出“新建文字样式”对话框，输入新的文字样式名称，单击“确定”按钮。

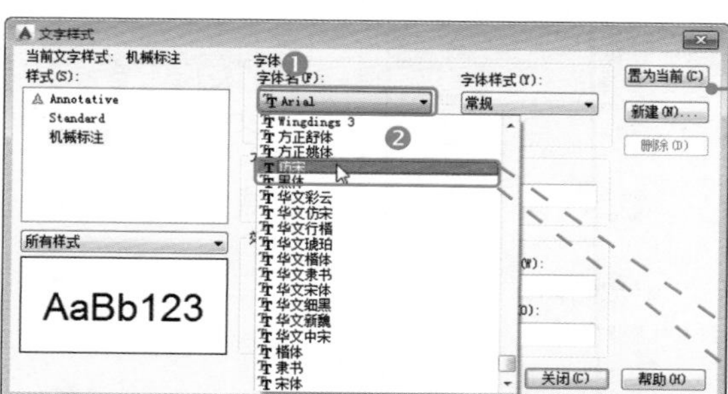

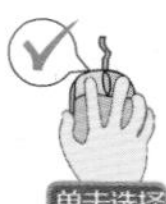

STEP 03

❶ 单击“字体名”下的下拉按钮；❷ 选择字体，如“仿宋”。

STEP 04

❶ 在“大小”选项栏的“高度”文本框内输入数值，如50；❷ 单击“应用”按钮。

STEP 05

❶ 选择“Standard”样式；❷ 单击“置为当前”按钮。

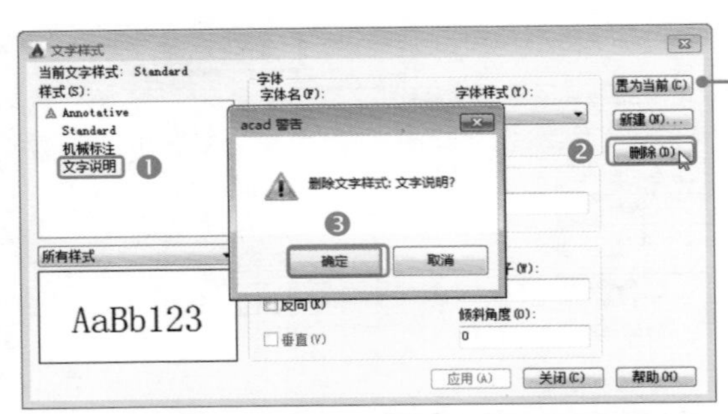

STEP 06

❶ 选择要删除的样式，如"文字说明"；❷ 单击"删除"按钮；❸ 在弹出的"acad 警告"对话框内单击"确定"按钮。

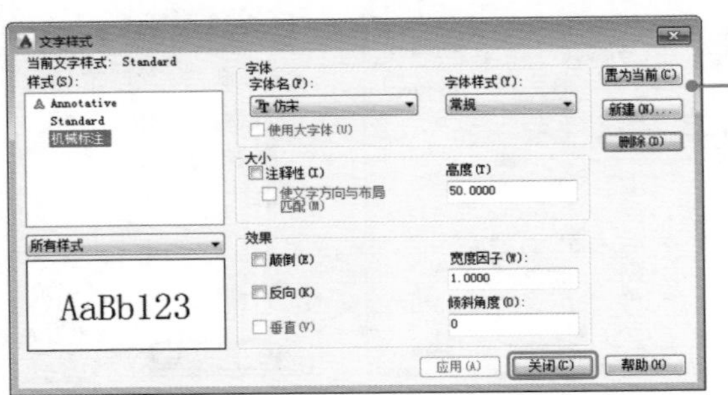

STEP 07

"文字说明"被删除；文字样式创建完成，单击"关闭"按钮。

温馨提示：

"样式名"编辑框中输入的新建文字样式的名称，不能与已经存在的样式名称重复。在删除文字样式的操作中，不能对默认的"Standard"样式和当前正在使用的样式进行删除。

6.1.2 修改文字标注样式

在实际使用 AutoCAD 2015 绘图时，常常根据需要修改文字样式。如文字样式的字体、大小、效果等内容。具体操作方法如下。

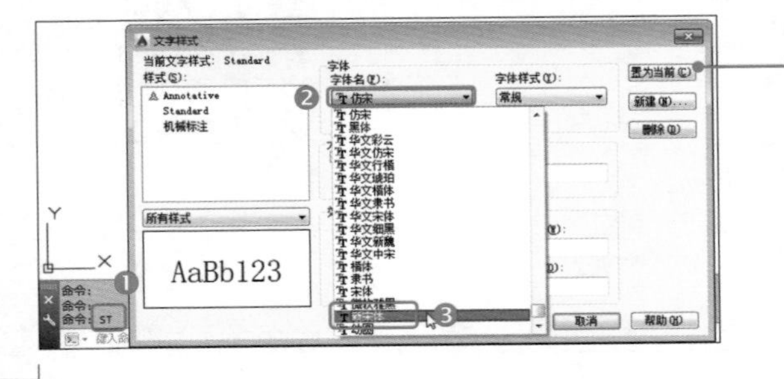

STEP 01

❶ 在"文字高度"框中输入文字高度为 800，按【Enter】键确定；❷ 输入文字"图纸目录"，按【Enter】键确定。

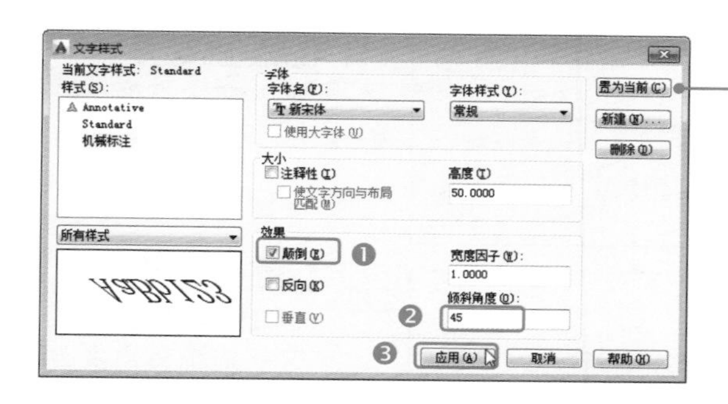

STEP 02

❶ 勾选“效果”选项栏“颠倒”复选框；❷ 在“效果”选项栏的“倾斜角度”文本框内输入数值，如 45；❸ 单击“应用”按钮。

温馨提示：

在“文字样式”对话框中的“效果”区域中可以修改字体的特性，例如高度、宽度因子、倾斜角以及是否颠倒显示、反向或垂直对齐等内容，在左侧的预览框中可观察修改效果。

6.2 输入文字

在 AutoCAD 2015 中，通常可以创建两种类型的文字，一种是单行文字，一种是多行文字。

光盘同步文件

素材文件：光盘 \ 原始文件 \ 第 6 章 \ 新手入门 \

结果文件：光盘 \ 结果文件 \ 第 6 章 \ 新手入门 \

教学文件：光盘 \ 视频教学 \ 第 6 章 \ 新手入门 \6-2.mp4

6.2.1 创建单行文字

单行文本可以是单个字符、单词或一个完整的句子。可对文本进行字体、大小、倾斜、镜像、对齐和文字间隔调整等设置。具体操作方法如下。

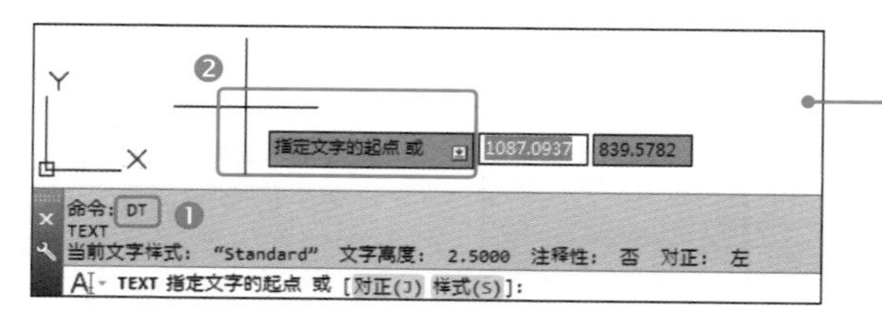

STEP 01

❶ 输入并执行 DT（单行文字）命令；❷ 单击指定文字的起点。

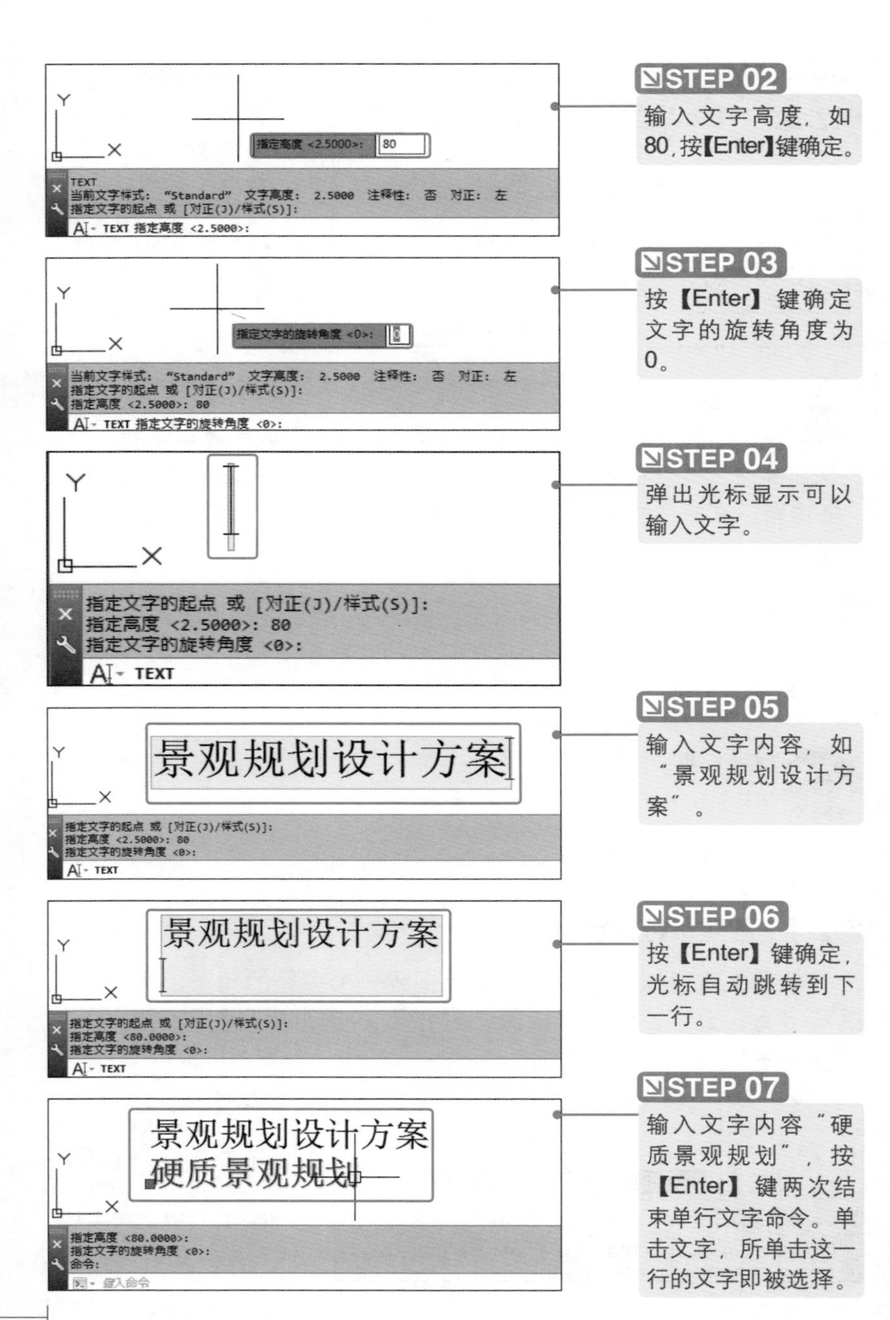

STEP 02 输入文字高度，如80，按【Enter】键确定。

STEP 03 按【Enter】键确定文字的旋转角度为0。

STEP 04 弹出光标显示可以输入文字。

STEP 05 输入文字内容，如“景观规划设计方案”。

STEP 06 按【Enter】键确定，光标自动跳转到下一行。

STEP 07 输入文字内容“硬质景观规划”，按【Enter】键两次结束单行文字命令。单击文字，所单击这一行的文字即被选择。

专家点拨 单行文字命令

执行单行文字命令并输入文字后按【Enter】键，自动换行；若不再继续创建文字，再按【Enter】键可终止创建单行文字命令；若需要继续创建内容可直接输入文字；完成后按【Enter】键两次可终止单行文字命令，所创建的文字每一行都是一个独立的文本对象。

6.2.2 编辑单行文字

在已经创建完成的单行文本上双击，可以进行相关编辑操作。具体操作方法如下。

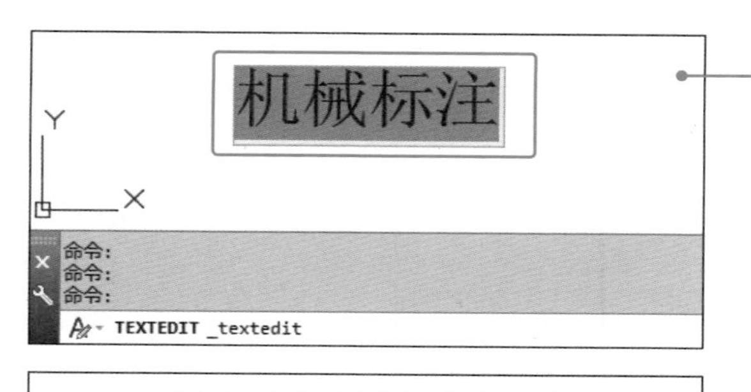

STEP 01 打开素材6-2-2.dwg，双击单行文本对象，即可进入编辑状态。

STEP 02 输入新的文字内容，在绘图区空白处单击即可退出编辑文本状态。

温馨提示：

单行文字主要用于制作不需要使用多种字体的简短内容；多行文字主要用于制作一些复杂的说明性文字。

6.2.3 创建多行文字

在 AutoCAD 中，“多行文字”是由沿垂直方向任意数目的文字行或段落构成，可以指定文字行段落的水平宽度。可以对其进行移动、旋转、删除、复制、镜像或缩放操作。具体操作方法如下。

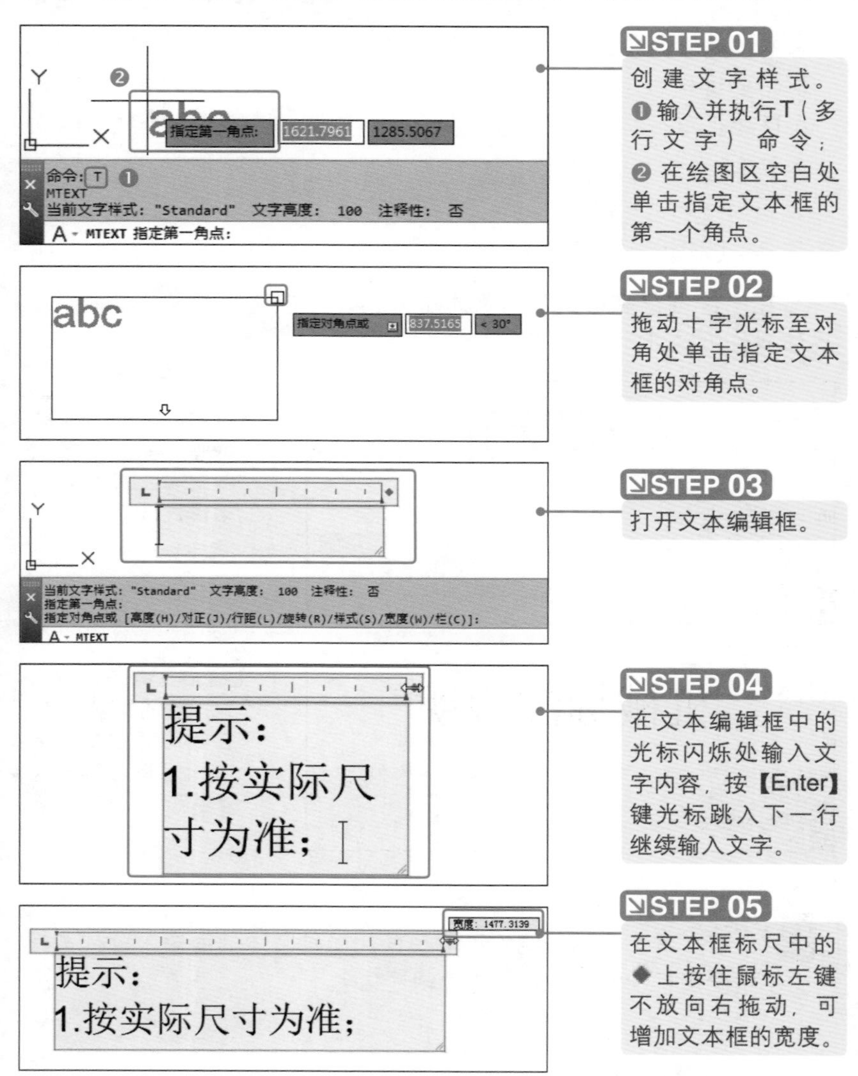

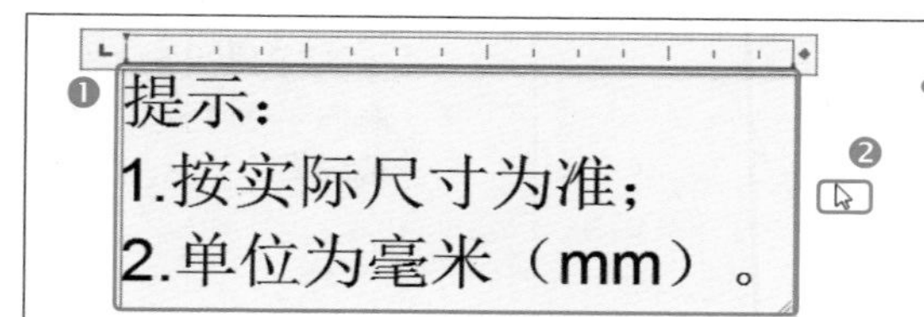

STEP 06

❶ 按【Enter】键换行，输入文字；❷ 完成文字的输入后在绘图区空白处单击结束多行文字命令。

6.2.4 设置多行文字格式

多行文字创建成功后，可以对其进行相关格式设置，如修改文本内容、修改文本特性、缩放文本的方法等。具体操作方法如下。

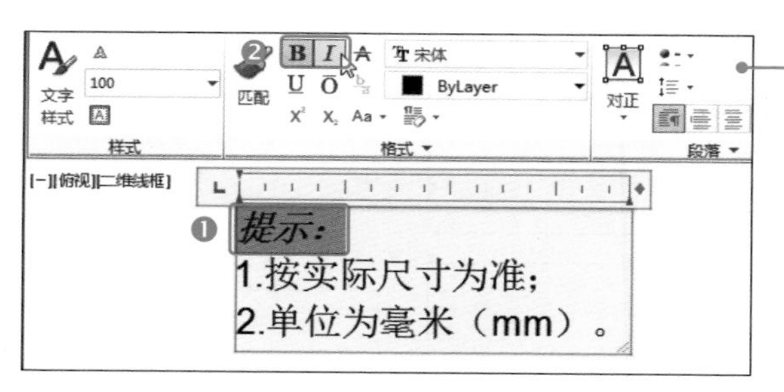

STEP 01

打开素材6-2-4.dwg，双击多行文字，进入“文字编辑器”对话框。❶ 选择对象使其蓝亮显示；❷ 在格式中单击加粗、倾斜按钮，即可更改文字格式。

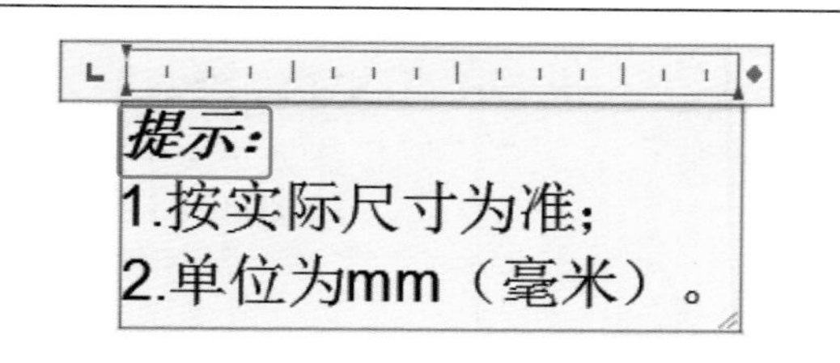

STEP 02

设置完成后效果如左图所示。

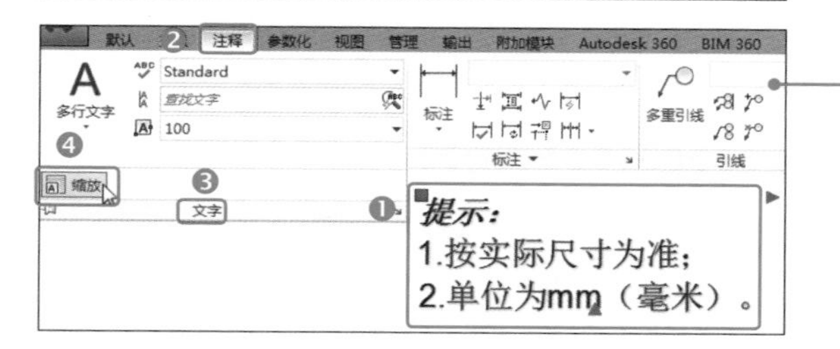

STEP 03

❶ 选择对象；❷ 单击“注释”选项卡；❸ 单击“文字”下拉按钮；❹ 单击“缩放”按钮。

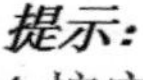

1.按实际尺寸为准；
2.单位为mm（毫米）。

STEP 04

输入并执行子命令居中 C。

提示：
1.按实际尺寸为准；
2.单位为mm（毫米）。

STEP 05

输入文字新高度，如 50，按【Enter】键确定。

提示：
1.按实际尺寸为准；
2.单位为mm（毫米）。

STEP 06

选择文字，缩放后效果如左图所示。

STEP 07

❶ 双击文字对象，按【Ctrl+A】组合键全选文字对象；❷ 单击“对正”下拉按钮；❸ 单击“正中 MC”命令。

专家点拨 修改文本的不同方式

要修改单行文本，只需双击要修改的单行文字即可，若需要修改多个单行文本，只要在完成一个单行文字的修改后，按【Enter】键即显示“选择注释对象”的拾取框，单击对象即可进行修改，依此类推；修改多行文字，双击要修改的多行文字，弹出“文字格式”编辑器后即可进行修改。

6.2.5 插入特殊符号

在文本标注的过程中，有时需要输入一些控制码和专用字符，AutoCAD 便根据用户的需要提供了一些特殊字符的输入方法。具体操作方法如下。

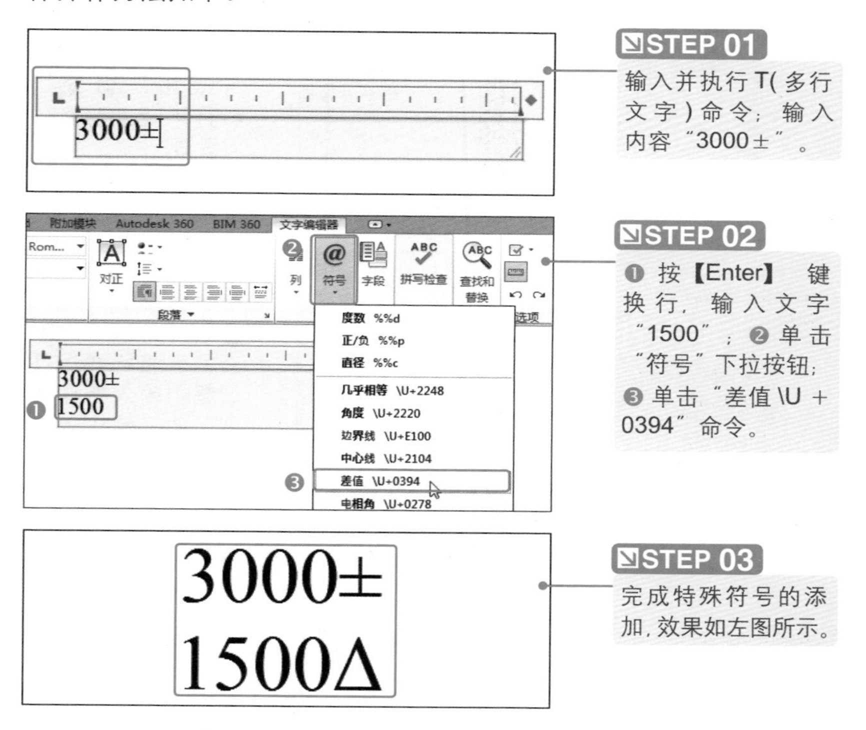

6.3 创建与编辑表格

表格是在行和列中包含数据的复合对象。可通过空表格或表格样式创建空表格对象，还可将表格链接至 Microsoft Excel 电子表格中的数据。

光盘同步文件

素材文件：光盘 \ 原始文件 \ 第 6 章 \ 新手入门 \
结果文件：光盘 \ 结果文件 \ 第 6 章 \ 新手入门 \
教学文件：光盘 \ 视频教学 \ 第 6 章 \ 新手入门 \6-3.mp4

6.3.1 创建表格样式

在创建表格之前可以先设置好表格的样式，再进行表格的创建。设置表格样式需要在“表格样式”对话框中进行。具体操作方法如下。

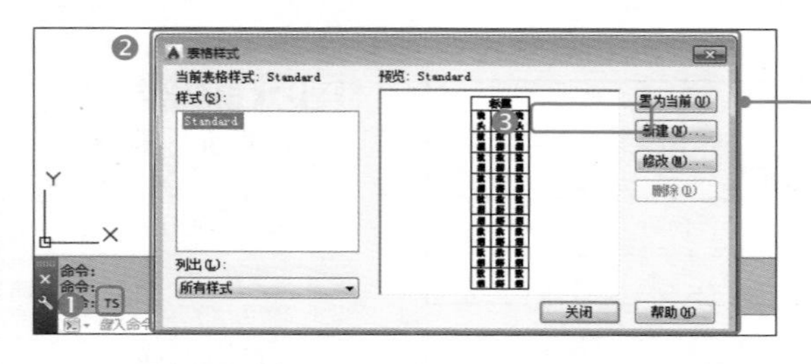

STEP 01

❶ 输入并执行 TS（表格）命令；❷ 打开“表格样式”对话框。

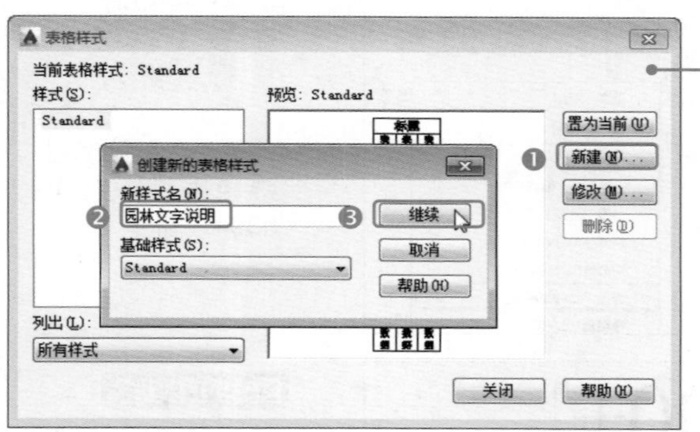

STEP 02

❶ 单击“新建”按钮；❷ 在打开的“创建新的表格样式”对话框中输入新样式名，如“园林文字说明”；❸ 单击“继续”按钮。

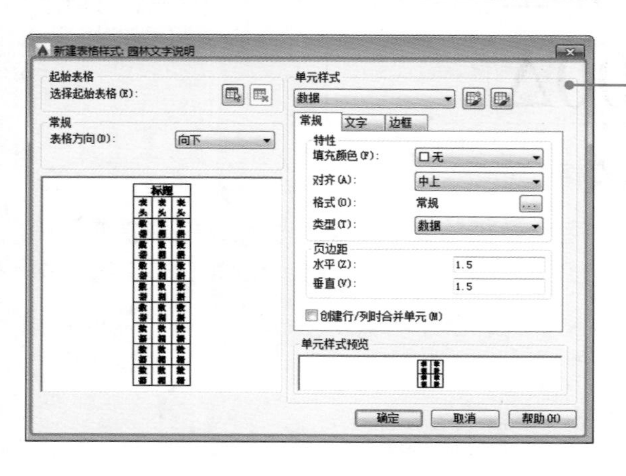

STEP 03

打开“新建表格样式：园林文字说明”对话框。

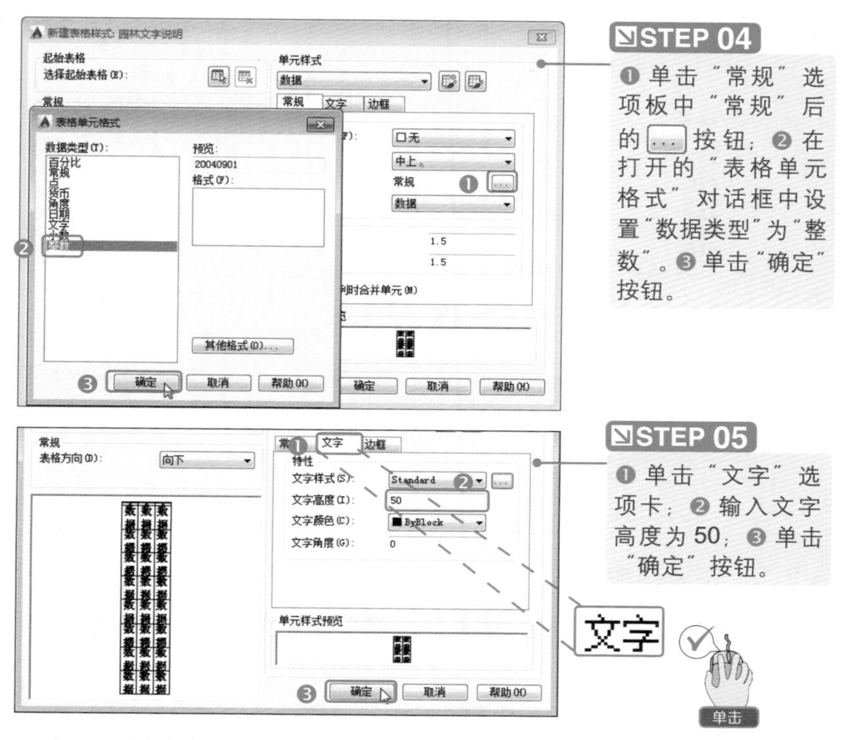

STEP 04

❶ 单击“常规”选项板中“常规”后的 [...] 按钮；❷ 在打开的“表格单元格式”对话框中设置“数据类型”为“整数”。❸ 单击“确定”按钮。

STEP 05

❶ 单击“文字”选项卡；❷ 输入文字高度为50；❸ 单击“确定”按钮。

6.3.2 创建空白表格

表格是由单元格构成的矩形阵列，是在行和列中包含数据的对象。最初创建时的表格是空白的，单元格内没有数据。具体操作方法如下。

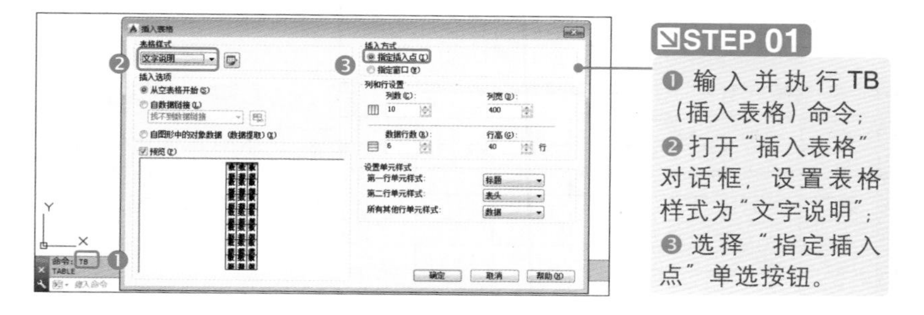

STEP 01

❶ 输入并执行TB（插入表格）命令；❷ 打开“插入表格”对话框，设置表格样式为“文字说明”；❸ 选择“指定插入点”单选按钮。

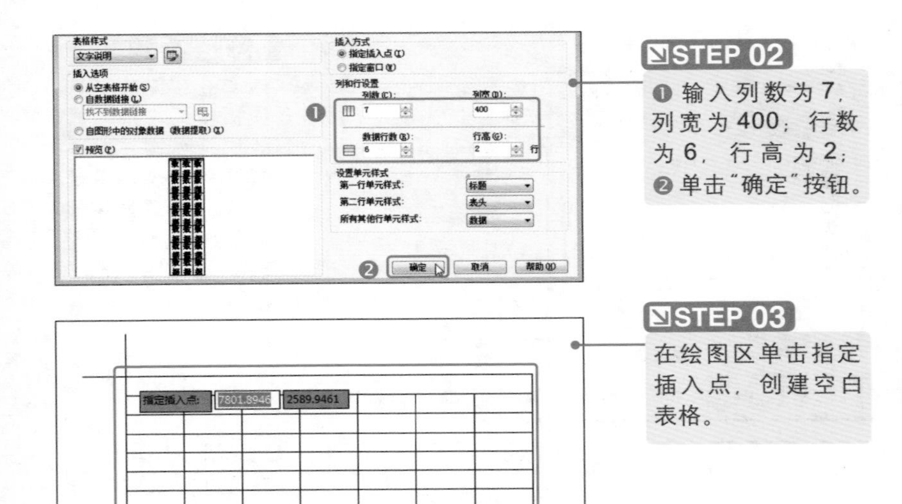

STEP 02

❶ 输入列数为 7，列宽为 400；行数为 6，行高为 2；❷ 单击“确定”按钮。

STEP 03

在绘图区单击指定插入点，创建空白表格。

6.3.3 在表格中输入文字

当表格外框建立以后，需要在表格中输入文字以使表格更完整。具体操作方法如下。

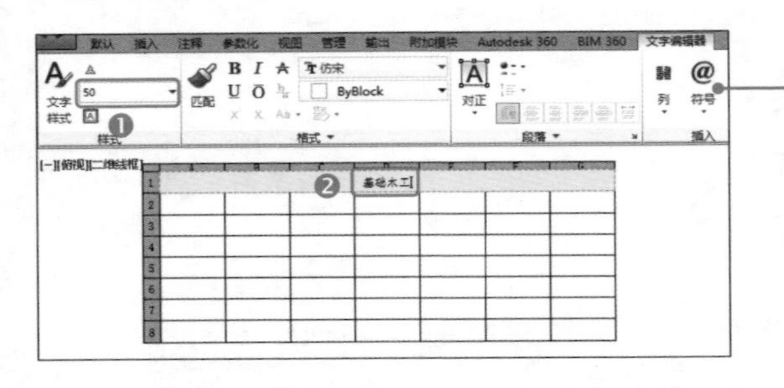

STEP 01

❶ 输入文字高度 50 并按【Enter】键确定；❷ 输入标题“基础木工”。

	A	B	C	D	E	F	G
1	基础木工						
2	名称	数量	单位	价格	说明		
3							
4							
5							
6							
7							
8							

STEP 02

在单元格中输入内容后按向右键跳入右侧单元格，依次输入内容。

基础木工				
名称	数量	单位	价格	说明
鞋柜	1	个	620	
酒柜	1	组	820	
书架	1	组	560	
衣柜	3	组	5300	

STEP 03

依次输入数据，完成表格的创建，效果如左图所示。

6.3.4 添加和删除表格的行和列

表格创建完成后，会根据需要对当前表格的行列进行相应调整，如添加或删除行和列。具体操作方法如下。

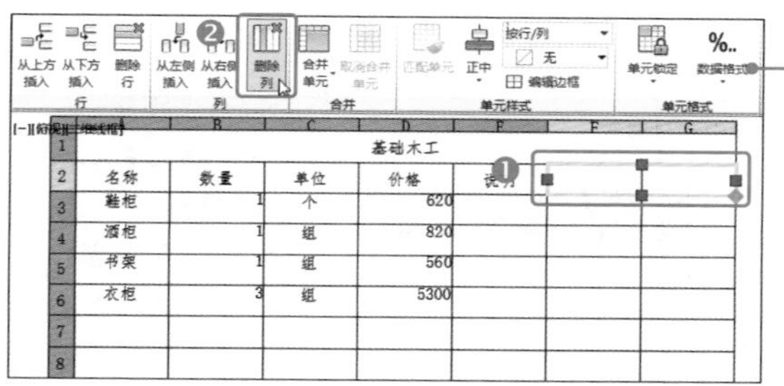

STEP 01

打开素材6-3-4.dwg。❶ 在需要选择的两个单元格中从右向左选择单元格；❷ 单击“删除列”按钮，删除所选单元格所在列。

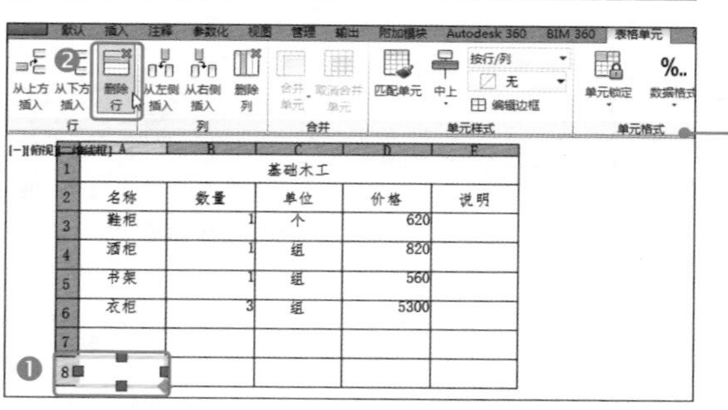

STEP 02

❶ 选择单元格；❷ 单击“删除行”按钮，删除已选定单元格所在的行。

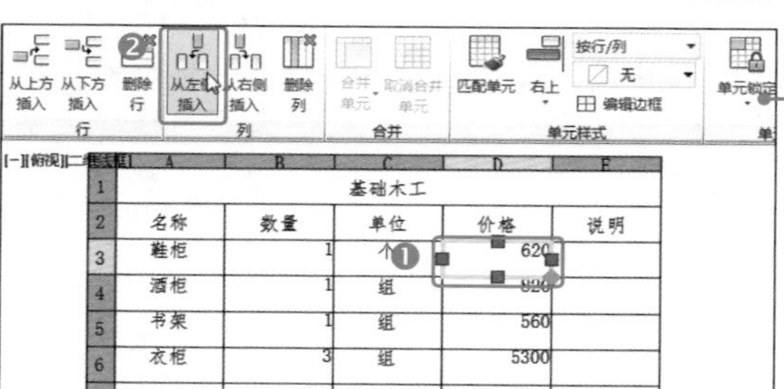

STEP 03

❶ 选择单元格；❷ 单击“从左侧插入”按钮。

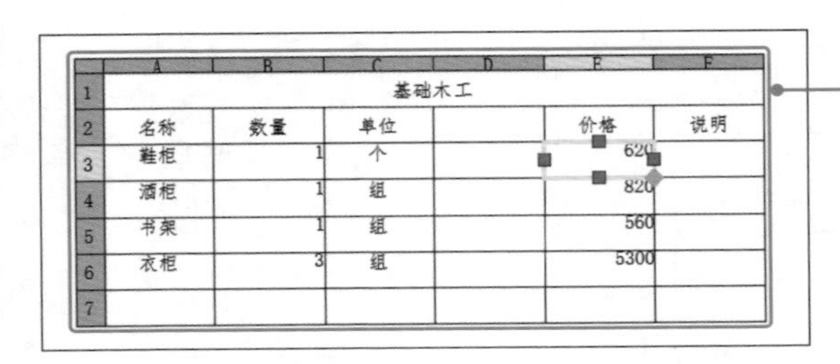

STEP 04

在所选单击格左侧插入了一列单元格，完成插入列的操作，效果如左图所示。

6.3.5 调整表格的行高和列宽

在编辑表格的过程中，必须经常根据内容或版面的需要对表格的行高和列宽进行相应调整。具体操作方法如下。

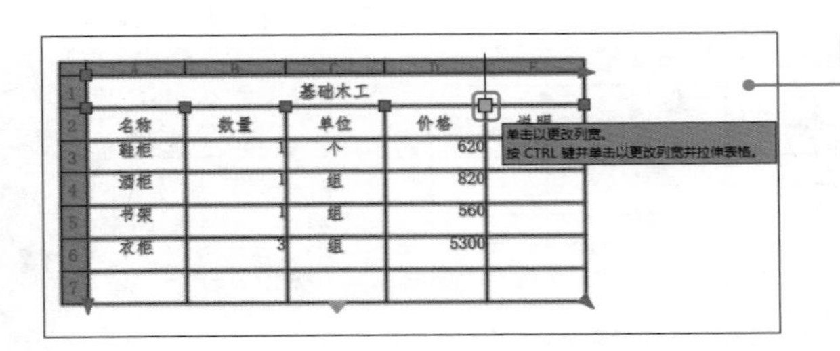

STEP 01

打开素材6-3-5.dwg，选择单元格，指向列右上方夹点。

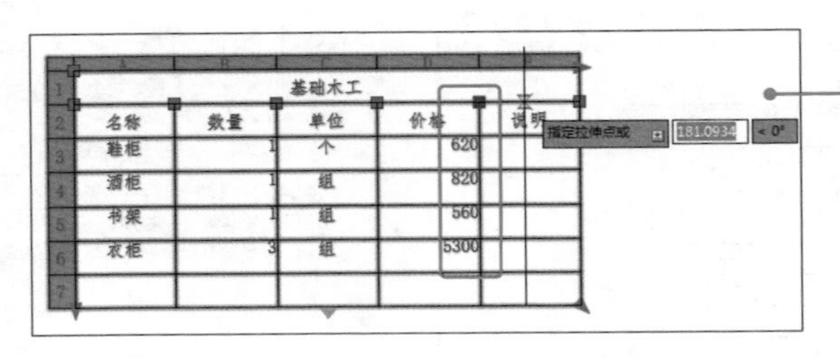

STEP 02

单击夹点并移动十字光标，即可拉伸所在列的宽度。

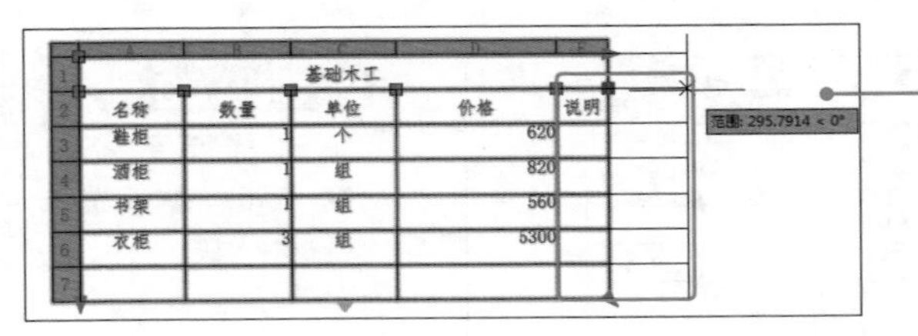

STEP 03

单击表格最右侧列的夹点，移动十字光标即可拉伸整个表格所有列的宽度。

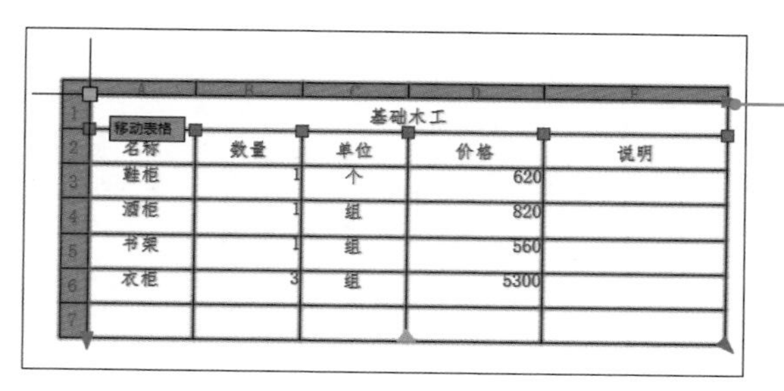

STEP 04

指向表格左上角的夹点，显示单击此夹点可移动表格。

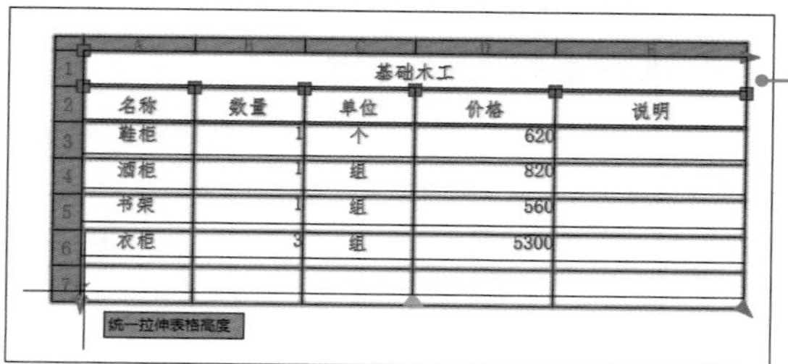

STEP 05

单击表格左下角向下的箭头▼，可统一拉伸表格高度。

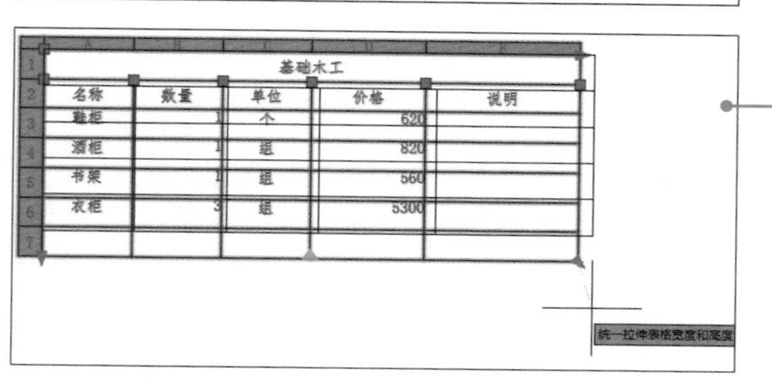

STEP 06

单击表格右下角的箭头◢，可统一拉伸表格高度和宽度。

专家点拨 均匀调整行列大小的方法

选择表格后右击，在弹出的快捷菜单中单击“均匀调整列大小”命令可均匀调整表格列大小；单击“均匀调整行大小”命令可均匀调整行大小。

6.3.6 设置单元格的格式

在 AutoCAD 2015 中，同样可以对表格中的文字和数据内容进行相应的编辑，如设置表格中的数据格式、对齐方式、合并单元格等。具体操作方法如下。

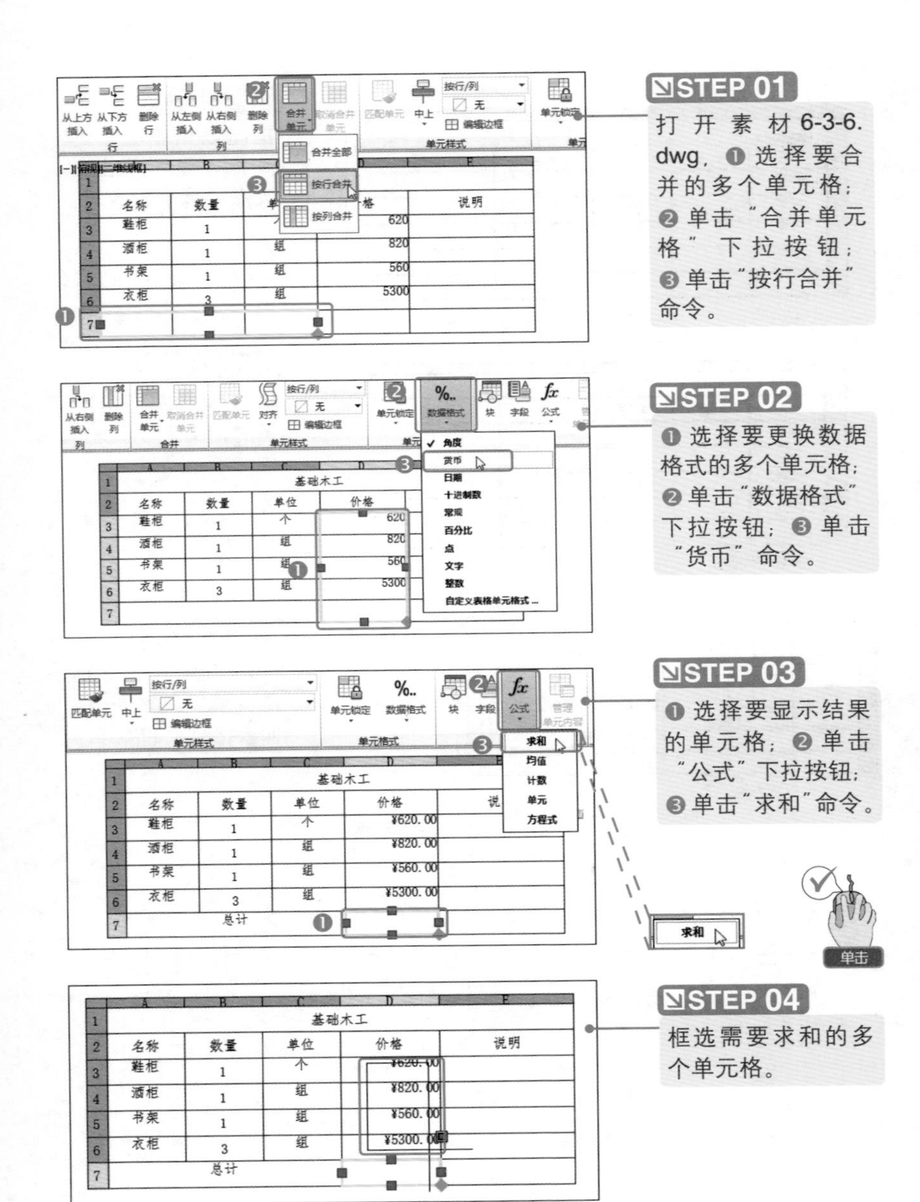

STEP 01

打开素材6-3-6.dwg，❶选择要合并的多个单元格；❷单击“合并单元格”下拉按钮；❸单击“按行合并”命令。

STEP 02

❶选择要更换数据格式的多个单元格；❷单击“数据格式”下拉按钮；❸单击“货币”命令。

STEP 03

❶选择要显示结果的单元格；❷单击“公式”下拉按钮；❸单击“求和”命令。

STEP 04

框选需要求和的多个单元格。

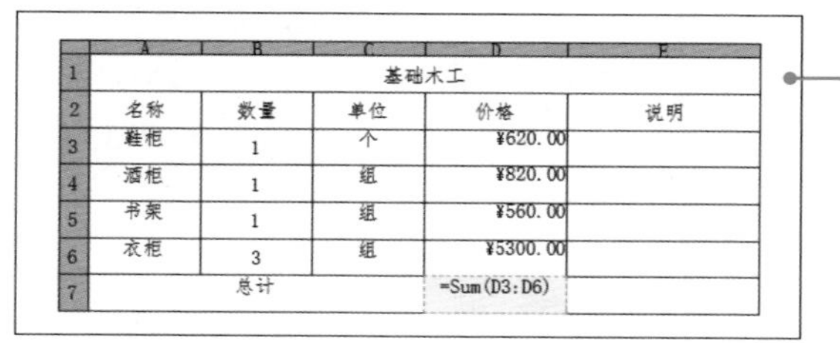

	A	B	C	D	E
1	基础木工				
2	名称	数量	单位	价格	说明
3	鞋柜	1	个	¥620.00	
4	酒柜	1	组	¥820.00	
5	书架	1	组	¥560.00	
6	衣柜	3	组	¥5300.00	
7	总计			=Sum(D3:D6)	

STEP 05

放置结果的单元格中显示设置的公式内容。

基础木工				
名称	数量	单位	价格	说明
鞋柜	1	个	¥620.00	
酒柜	1	组	¥820.00	
书架	1	组	¥560.00	
衣柜	3	组	¥5300.00	
总计			¥7300.00	

STEP 06

确认公式和内容后，按【Enter】键显示运算结果。

新手提高——实用技巧

通过前面文字与表格部分知识的学习，相信初学者已经学会并掌握了相关基础知识。下面，介绍一些新手提高的技能知识。

光盘同步文件

素材文件：光盘 \ 原始文件 \ 第 6 章 \ 新手提高 \

结果文件：光盘 \ 结果文件 \ 第 6 章 \ 新手提高 \

教学文件：光盘 \ 视频教学 \ 第 6 章 \ 新手提高 \ 实用技巧 .mp4

NO.1　设置文字对正方式

在文字创建完成后，某些情况下需要改变文字本身的对正点。指定新的文字对正点的选项包括顶 / 底部、中间、左 / 右侧等。其操作方法如下。

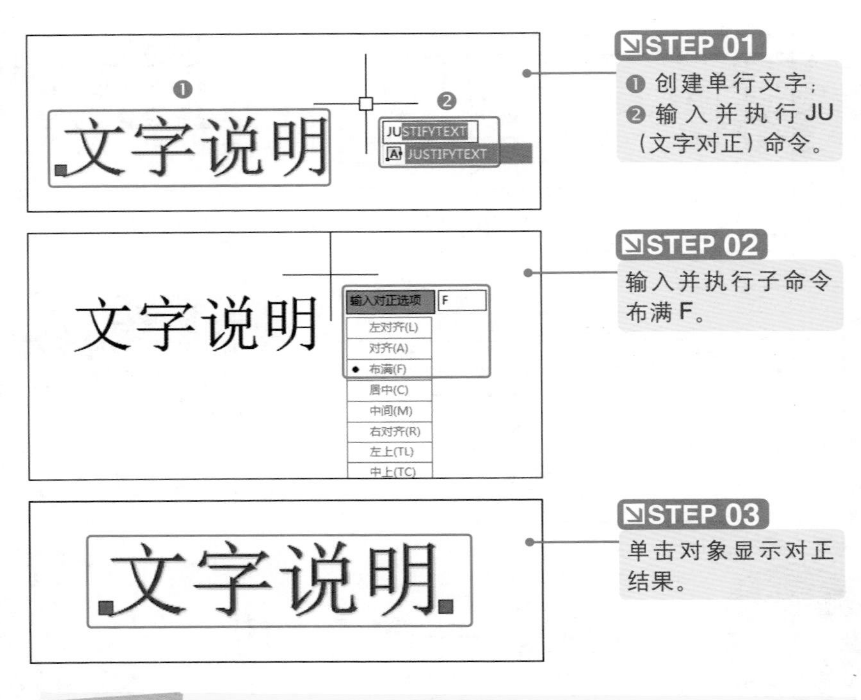

专家点拨 多行文字与单行文字的区别

“多行文字”命令输入的文本无论行数多少，都将作为一个实体，可进行整体选择、编辑等操作；而“单行文字”命令输入的多行文字，每一行都是一个独立的实体，只能单独对每行进行选择、编辑等操作。

NO.2 设置表格文字对齐方式

在一个表格中常常需要使用对齐方式来使对象根据需要对齐，使表格更加美观实用。其操作方法如下。

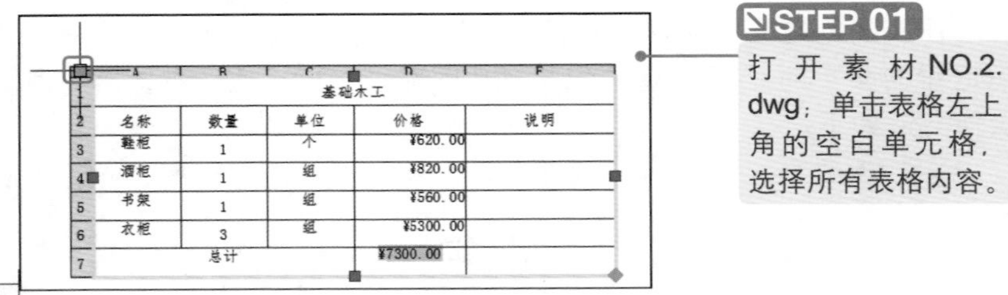

基础木工				
名称	数量	单位	价格	说明
鞋柜	1	个	¥620.00	
酒柜	1	组	¥820.00	
书架	1	组	¥560.00	
衣柜	3	组	¥5300.00	
总计			¥7300.00	

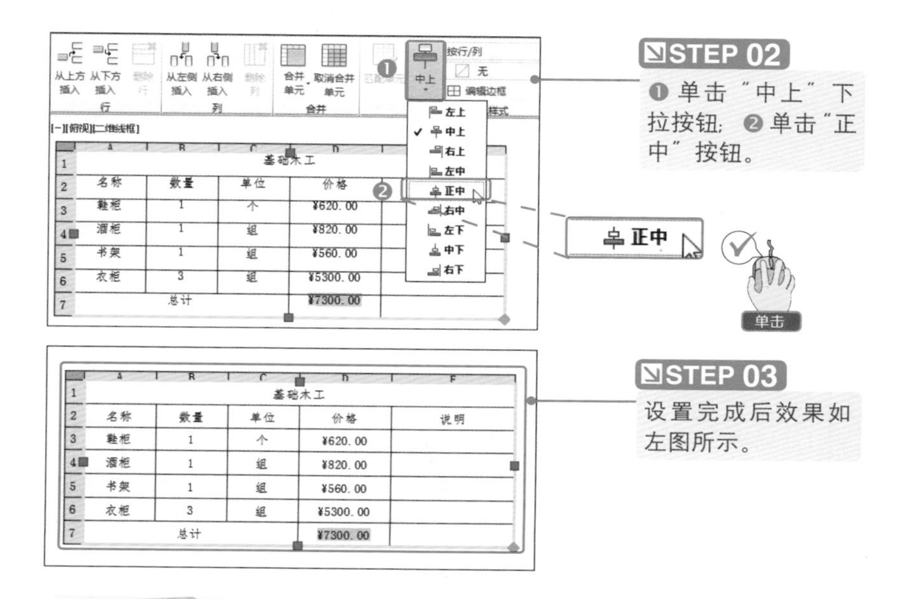

STEP 02

❶ 单击“中上”下拉按钮；❷ 单击“正中”按钮。

STEP 03

设置完成后效果如左图所示。

专家点拨 解决 AutoCAD 中汉字不能识别的方法

设置“文字类型”时，在“字体样式”选项中选择能同时接受中文和西文的样式类型，如“常规”样式；在“字体”栏中选中“仿宋”字体，在“字高”项中输入一个默认字高，然后单击“应用”、“关闭”按钮后，即可解决标注和单行文本中输入汉字不能识别的问题。

NO.3 使用特性面板修改文字特性

如果需要修改文本的文字特性，如样式、位置、方向、大小、对正和其他特性时，可以在特性管理器中进行编辑。具体操作方法如下。

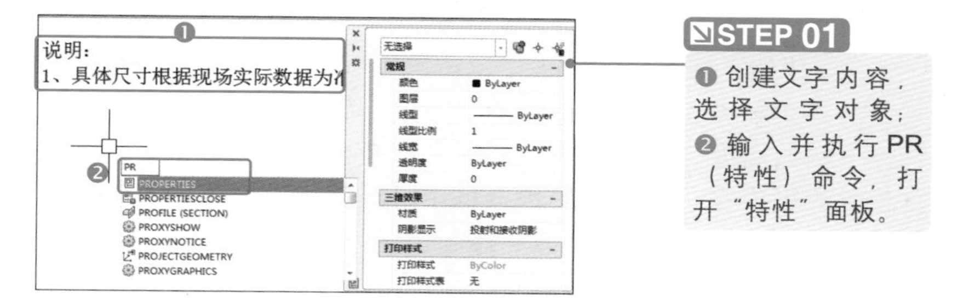

STEP 01

❶ 创建文字内容，选择文字对象；❷ 输入并执行 PR（特性）命令，打开“特性”面板。

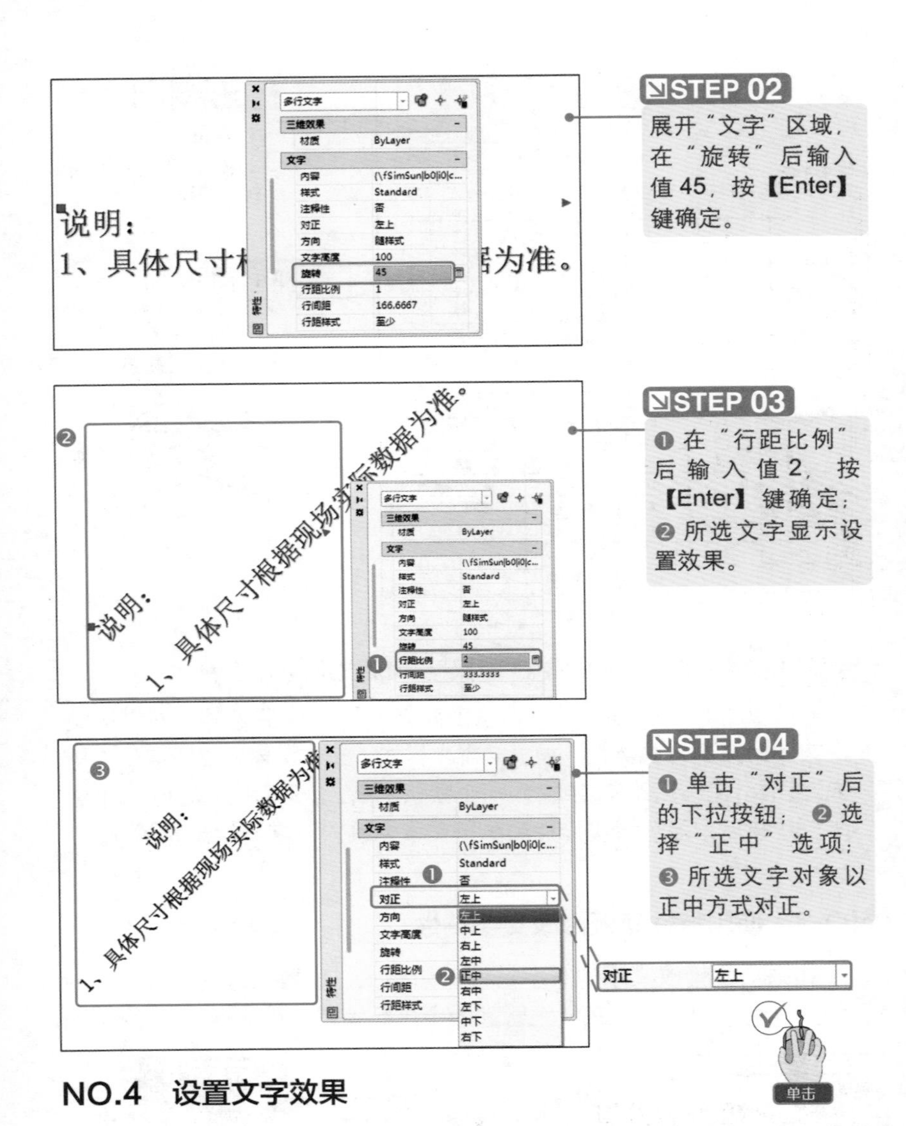

NO.4　设置文字效果

在“文字样式”对话框中的“效果”区域中可以修改字体的特性，例如高度、宽度因子、倾斜角以及是否颠倒显示、反向或垂直对齐等内容，在左侧的预览框中可观察修改效果。具体操作方法如下。

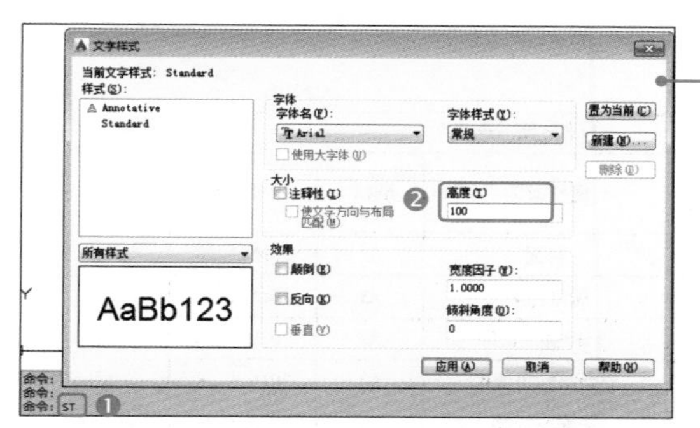

STEP 01

❶ 输入并执行ST（文字样式）命令；❷ 打开“文字样式”对话框，输入文字高度为100。

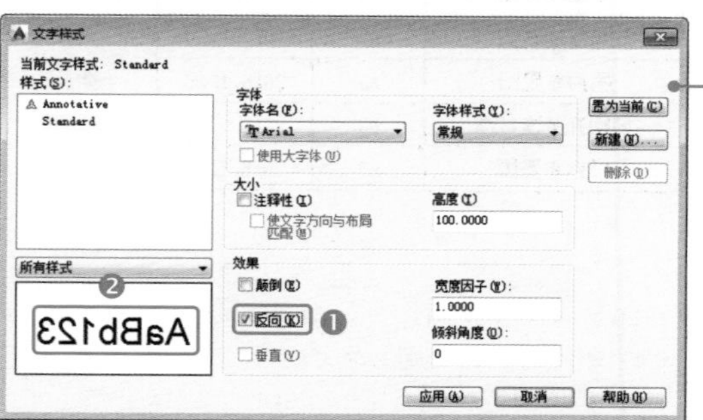

STEP 02

❶ 在“效果”区域勾选“反向”复选框；❷ 预览框显示反向效果。

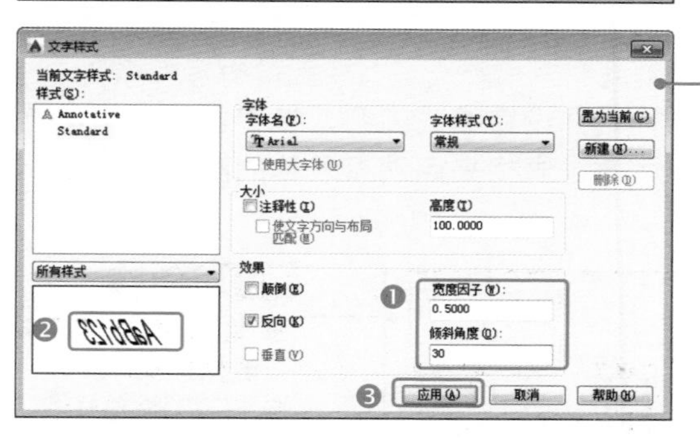

STEP 03

❶ 输入“宽度因子”为0.5000；“倾斜角度”为30；❷ 预览框显示设置效果；❸ 设置完成后单击“应用”按钮。

新手实训——绘制图纸目录

本实例结合本小节所讲内容，讲解创建图纸目录表。图纸目录表主要用于在装订成册的施工图纸中进行定位查找。

➡ 实例效果

图纸目录				
顺序号	图号	图纸说明	图幅	出图日期
1	A-001	封面	A3	2015.1.26
2	A-002	图纸目录	A3	2015.1.26
3	A-003	设计/施工说明	A3	2015.1.26
4	PM-001	原始结构平面图	A3	2015.1.26
5	PM-002	平面设计图	A3	2015.1.26
6	PM-003	地面铺装图	A3	2015.1.26
7	PM-004	吊顶布置图	A3	2015.1.26
8	DP-001	照明开关连线图	A3	2015.1.26
9	DP-002	插座布置图	A3	2015.1.26

光盘同步文件

素材文件：光盘\原始文件\第 6 章\新手实训\无

结果文件：光盘\结果文件\第 6 章\新手实训\图纸目录 .dwg

教学文件：光盘\视频教学\第 6 章\新手实训\图纸目录 . mp4

➡ 制作步骤

本实例首先创建表格样式并设置格式内容，接着创建表格，然后在表格中输入数据，最后通过表格夹点调整表格的高度和宽度。具体操作方法如下。

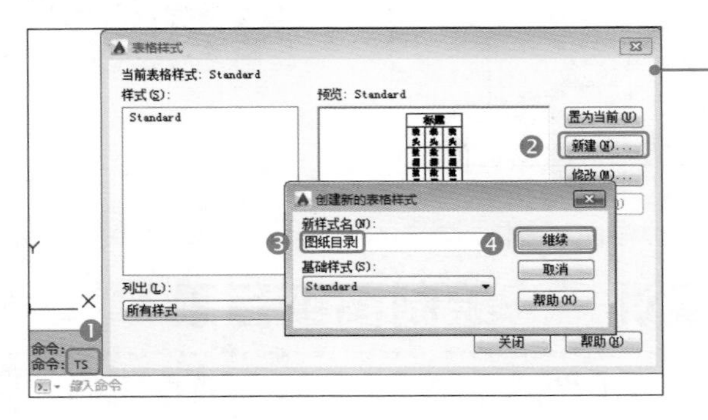

STEP 01

❶ 输入并执行 TS（表格样式）命令；❷ 打开“表格样式”对话框，单击“新建”按钮；❸ 在“创建新的表格样式”对话框中输入文字新样式名“图纸目录”；❹ 单击“继续”按钮。

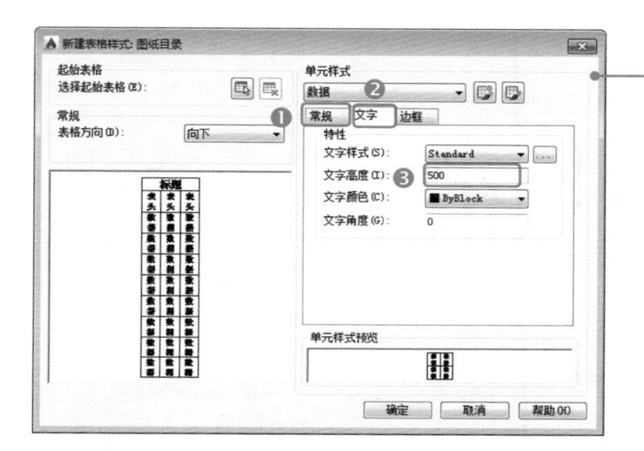

STEP 02

打开“新建表格样式：图纸目录”对话框。❶在“常规”选项卡中设置“对齐方式”为“正中”；❷单击“文字”选项卡；❸设置“文字高度”为500；单击“确定”按钮。

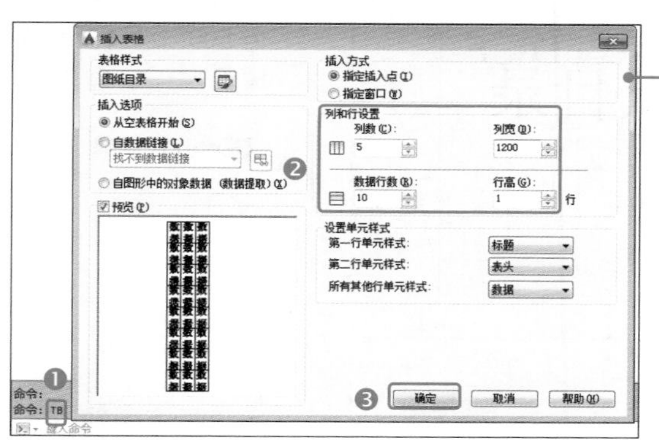

STEP 03

❶输入并执行TB（插入表格）命令，打开“插入表格”对话框；❷设置列数为5，列宽为1200；行数为10，行高为1；❸单击“确定”按钮。

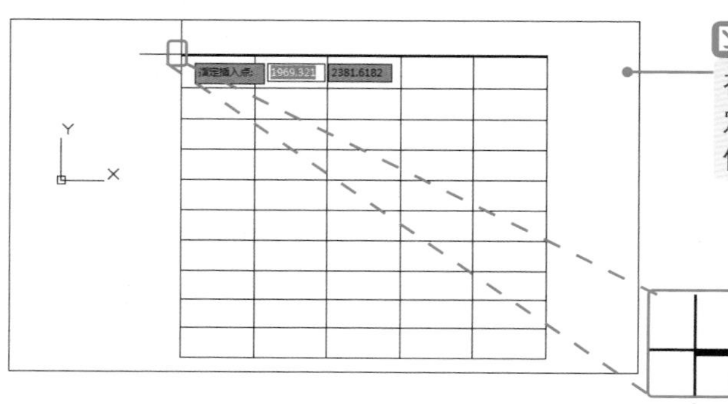

STEP 04

在绘图区域单击指定插入点确定表格位置。

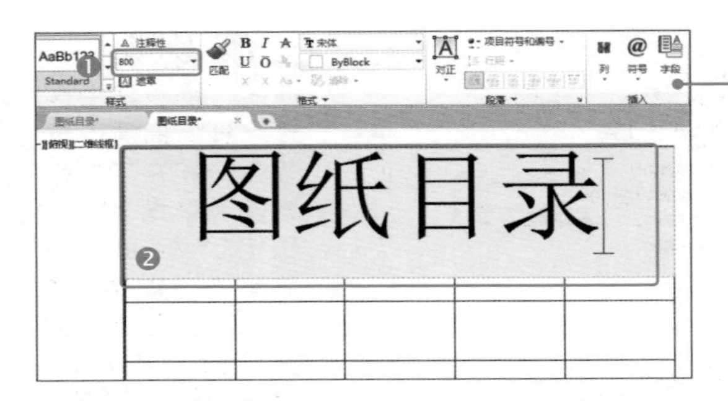

STEP 05

❶ 在功能区的“文字高度”框中输入文字高度为 800，按【Enter】键确定；❷ 输入文字“图纸目录”，按【Enter】键确定。

STEP 06

❶ 在“文字高度”框中输入文字高度为 500，按【Enter】键确定；❷ 输入文字“顺序号”，按【Enter】键确定。

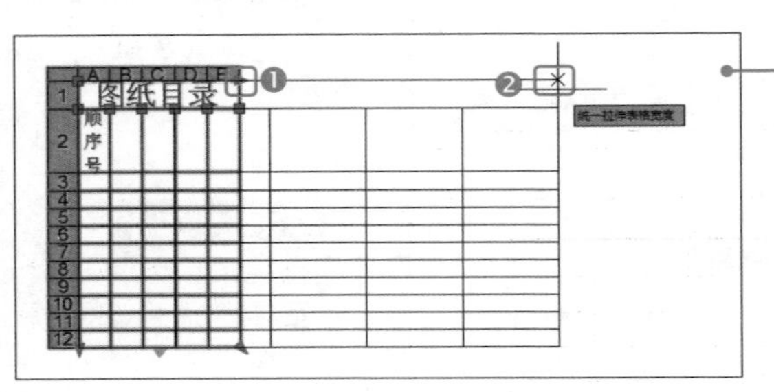

STEP 07

在绘图区空白处单击结束文字输入，选择表格。❶ 单击表格右侧的箭头▶；❷ 向右侧拖动至适当位置单击拉伸表格宽度。

图纸目录				
顺序号	图号	图纸说明	图幅	出图日期

STEP 08

在表格中依次输入文字内容，如左图所示。

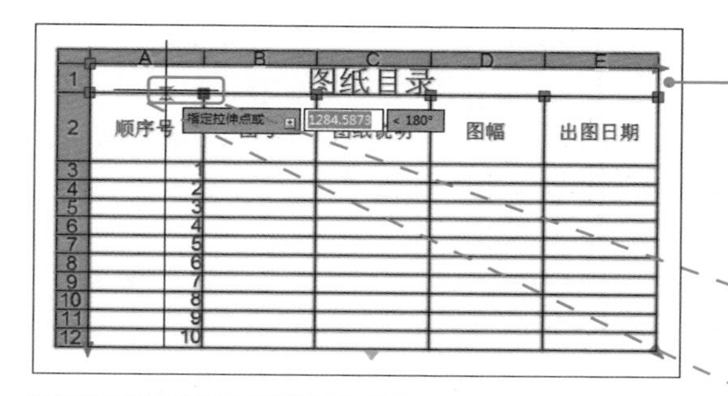

STEP 09

单击"顺序号"列右侧的夹点，向左拖动并单击指定拉伸点。

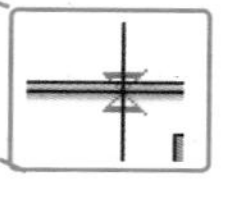

图纸目录				
顺序号	图号	图纸说明	图幅	出图日期
1	A-001	封面	A3	2015. 1. 26
2	A-002	图纸目录	A3	2015. 1. 26
3	A-003	设计/施工说明	A3	2015. 1. 26
4	PM-001	原始结构平面图	A3	2015. 1. 26
5	PM-002	平面设计图	A3	2015. 1. 26
6	PM-003	地面铺装图	A3	2015. 1. 26
7	PM-004	吊顶布置图	A3	2015. 1. 26
8	DP-001	照明开关连线图	A3	2015. 1. 26
9	DP-002	插座布置图	A3	2015. 1. 26
10	DP-003			

STEP 10

依次输入表格中的文字内容，如左图所示。

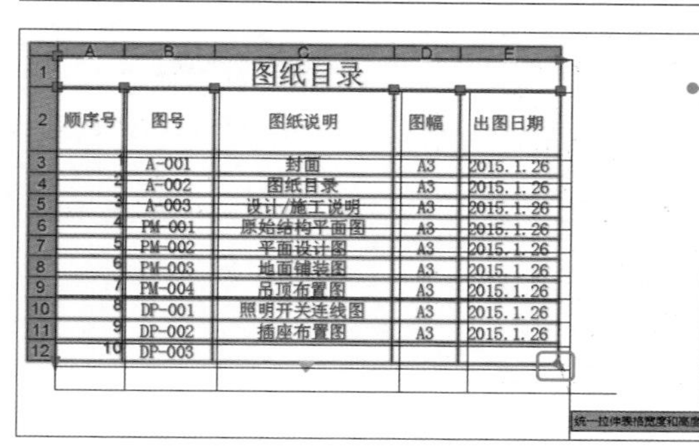

STEP 11

单击表格右下角的箭头◣，向右下方拖动并单击统一拉伸表格高度和宽度。

STEP 12

❶ 框选最下方一行单元格；❷ 单击"删除行"按钮删除所选单元格。

	A	B	C	D	E
1	图纸目录				
2	顺序号	图号	图纸说明	图幅	出图日期
3	1	A-001	封面	A3	2015.1.26
4	2	A-002	图纸目录	A3	2015.1.26
5	3	A-003	设计/施工说明	A3	2015.1.26
6	4	PM-001	原始结构平面图	A3	2015.1.26
7	5	PM-002	平面设计图	A3	2015.1.26
8	6	PM-003	地面铺装图	A3	2015.1.26
9	7	PM-004	吊顶布置图	A3	2015.1.26
10	8	DP-001	照明开关连线图	A3	2015.1.26
11	9	DP-002	插座布置图	A3	2015.1.26

STEP 13

从右向左框选“顺序号”列单元格。

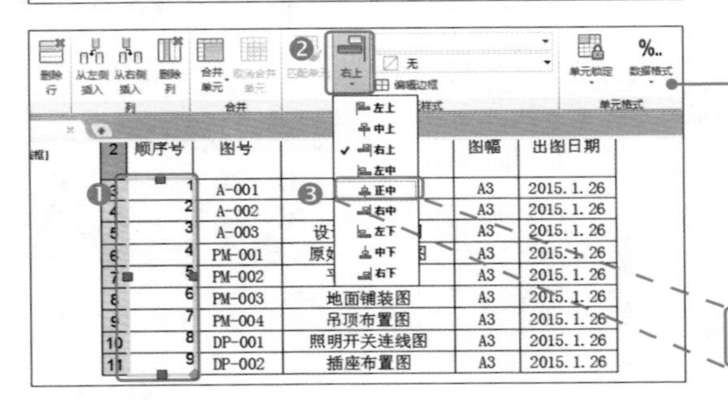

STEP 14

❶ 单元格呈选中状态；❷ 单击“右上”下拉按钮；❸ 单击“正中”命令。

正中

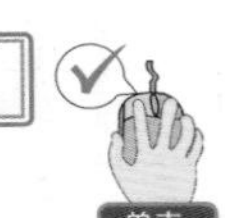

图纸目录				
顺序号	图号	图纸说明	图幅	出图日期
1	A-001	封面	A3	2015.1.26
2	A-002	图纸目录	A3	2015.1.26
3	A-003	设计/施工说明	A3	2015.1.26
4	PM-001	原始结构平面图	A3	2015.1.26
5	PM-002	平面设计图	A3	2015.1.26
6	PM-003	地面铺装图	A3	2015.1.26
7	PM-004	吊顶布置图	A3	2015.1.26
8	DP-001	照明开关连线图	A3	2015.1.26
9	DP-002	插座布置图	A3	2015.1.26

STEP 15

所选单元格的对象以正中方式对齐，最终结果如左图所示。

Chapter 07 创建常用三维图形

关于本章：

在 AutoCAD 2015 中，提供了不同视角和显示图形的设置工具，可以在不同的用户坐标系和正交坐标系之间切换，从而方便绘制和编辑三维图形。使用三维绘图功能，可以直观地表现出物体的实际形状。

知识要点

掌握显示与观察三维图形的操作
掌握创建三维实体的方法
掌握通过二维对象创建实体的方法

效果展示

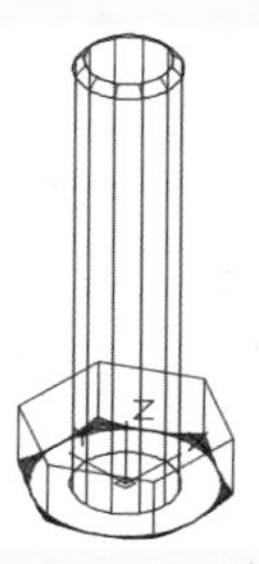

Lesson 01 新手入门——必学基础

AutoCAD 2015 中二维图形默认为俯视图（平面图）；三维图形对象由最少六个面组成，要查看或显示三维图形，就要掌握三维对象的线条显示与消隐，模型的明暗颜色处理选项。本章的内容都在“三维建模”工作空间内完成。

7.1 显示与观察三维图形

在 AutoCAD 2015 中，使用三维动态的方法可以从任意角度实时、直观地观察三维模型。用户可以通过使用动态观察工具对模型进行动态观察。

光盘同步文件

素材文件：光盘 \ 原始文件 \ 第 7 章 \ 新手入门 \

结果文件：光盘 \ 结果文件 \ 第 7 章 \ 新手入门 \

教学文件：光盘 \ 视频教学 \ 第 7 章 \ 新手入门 \7-1.mp4

7.1.1 动态观察模型

在 AutoCAD 2015 中，用户可以对模型进行动态观察。 具体操作方法如下。

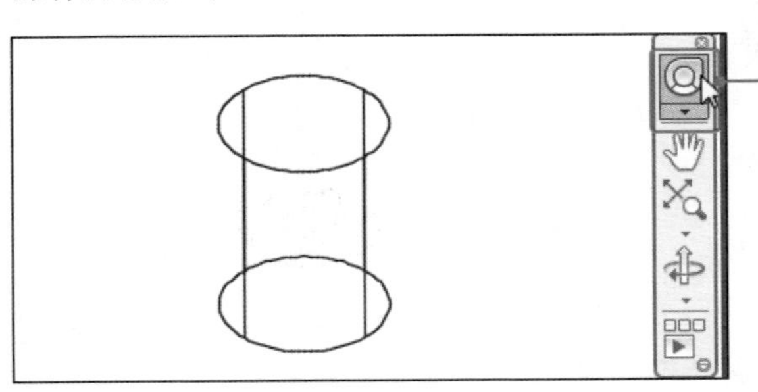

STEP 01

打开“三维建模”工作空间，打开素材 7-1-1.dwg；单击“全导航控制盘”按钮。

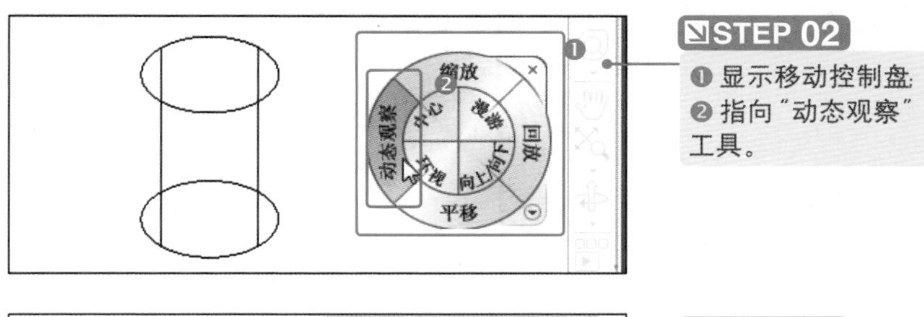

STEP 02

❶ 显示移动控制盘；
❷ 指向“动态观察”工具。

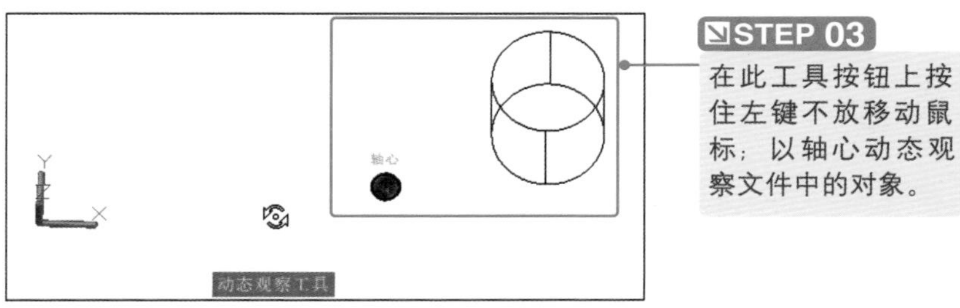

STEP 03

在此工具按钮上按住左键不放移动鼠标；以轴心动态观察文件中的对象。

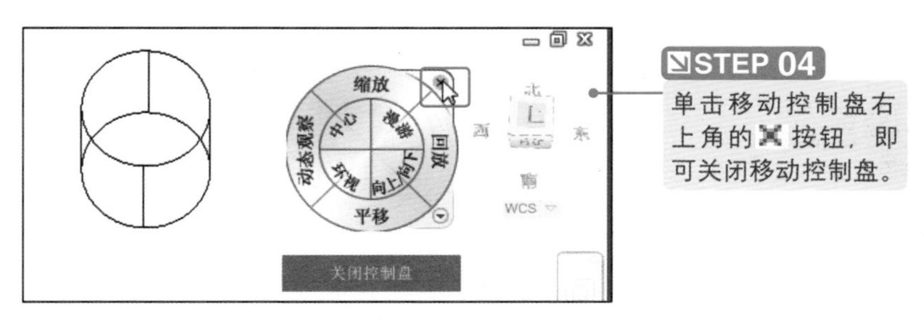

STEP 04

单击移动控制盘右上角的 ✖ 按钮，即可关闭移动控制盘。

温馨提示：

单击“全导航控制盘”右下侧的下拉按钮，在弹出的快捷菜单内可以更改当前导航控制盘的大小、类型、视图转换及缩放内容，在实际操作中可以根据需要进行相应的选择。

7.1.2 消隐图形

消隐图形即将当前图形对象用三维线框模型显示，是将当前二维线框模型重生成且不显示隐藏线的三维模型。具体操作方法如下。

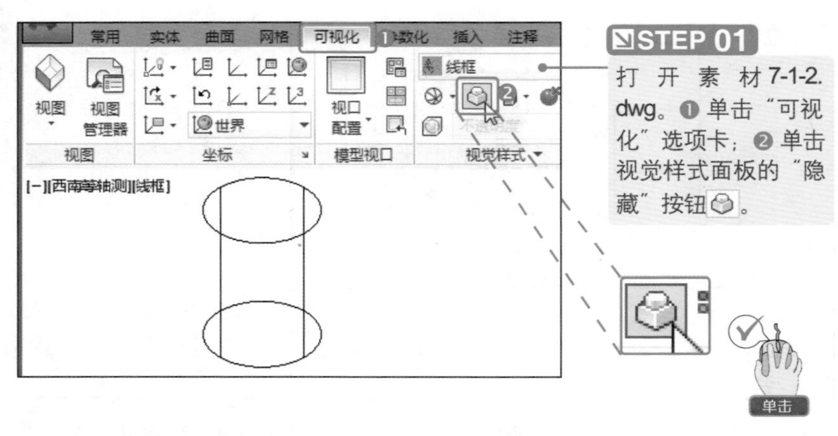

STEP 01

打开素材7-1-2.dwg。❶单击“可视化”选项卡；❷单击视觉样式面板的“隐藏”按钮。

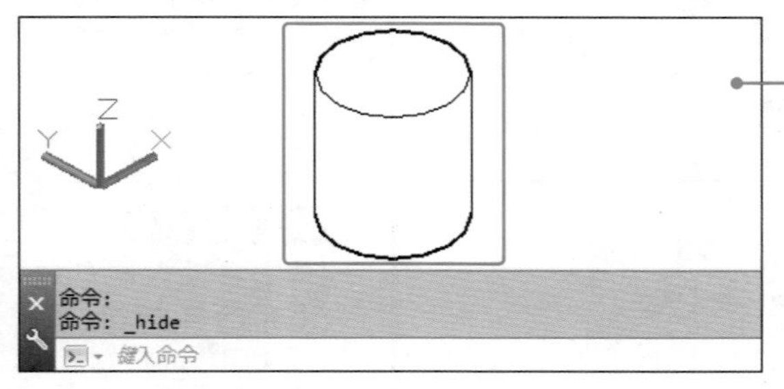

STEP 02

当前文件中的对象即显示消隐后的视图样式。

7.1.3 应用视觉样式

应用视觉样式可以对三维实体进行染色并赋予明暗光线。在 AutoCAD 2015 中默认有 10 种视觉样式可以选择。具体操作方法如下。

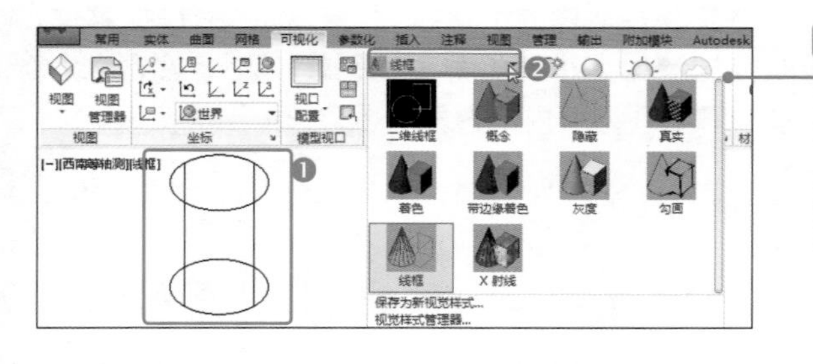

STEP 01

打开素材7-1-3.dwg；❶选择对象；❷单击“视觉样式”下拉按钮。

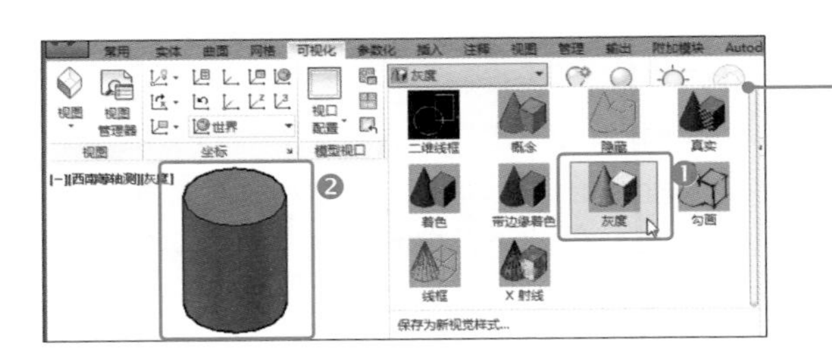

STEP 02

❶选择“灰度”选项；❷实体对象即显示视觉样式的效果。

7.2 创建三维实体

创建三维实体时，实体对象表示整体对象的体积，信息最完整，歧义最少，比线框和网格更容易构造和编辑。本节设置视图为“西南等轴测”。

光盘同步文件

素材文件：光盘\原始文件\第 7 章\新手入门\

结果文件：光盘\结果文件\第 7 章\新手入门\

教学文件：光盘\视频教学\第 7 章\新手入门\7-2.mp4

7.2.1 创建球体

创建三维实心球体，可以通过指定圆心和半径上的点创建球体，具体操作方法如下。

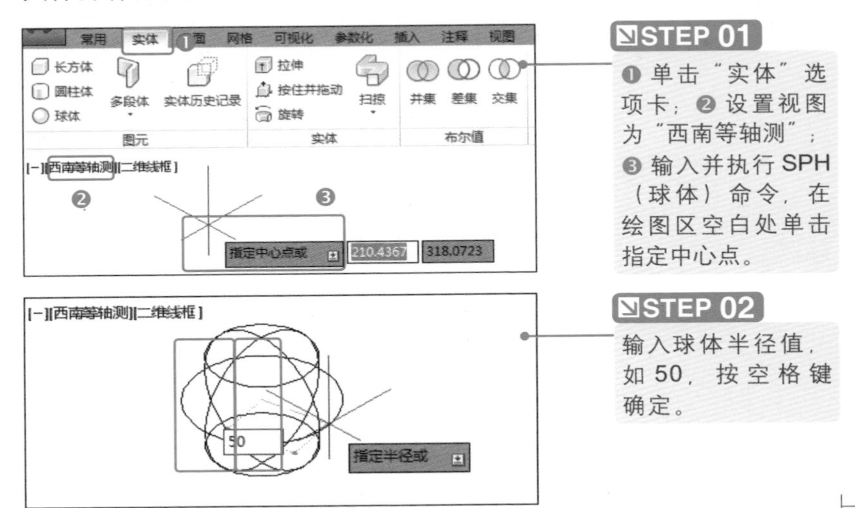

STEP 01

❶单击“实体”选项卡；❷设置视图为“西南等轴测”；❸输入并执行 SPH（球体）命令，在绘图区空白处单击指定中心点。

STEP 02

输入球体半径值，如 50，按空格键确定。

专家点拨 创建球体的技巧

在指定中心点后，命令行显示“指定半径或 [直径（D）]：”时，输入数值指定球体半径；若输入子命令“D”并确定，则以直径来创建球体。可以通过 FACETRES 系统变量控制曲线式三维实体（如球体）的平滑度。

7.2.2 创建长方体

在创建三维实心长方体时，始终将长方体的底面绘制为与当前 UCS 的 XY 平面平行。在 Z 轴方向上指定长方体的高度。为高度输入正值，向上建立长方体；为高度输入负值，向下建立长方体。具体操作方法如下。

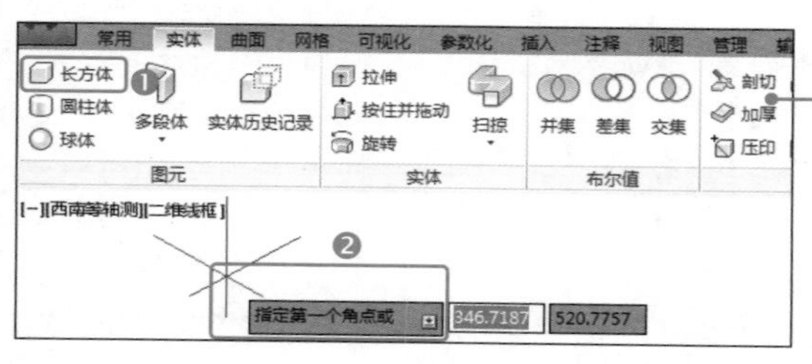

STEP 01 ❶ 单击“长方体”命令按钮，激活长方体命令；❷ 在绘图区单击指定长方体第一个角点。

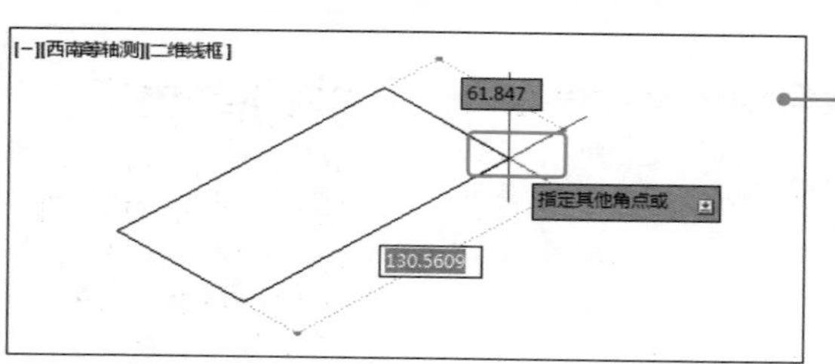

STEP 02 移动十字光标至适当位置单击指定对角点。

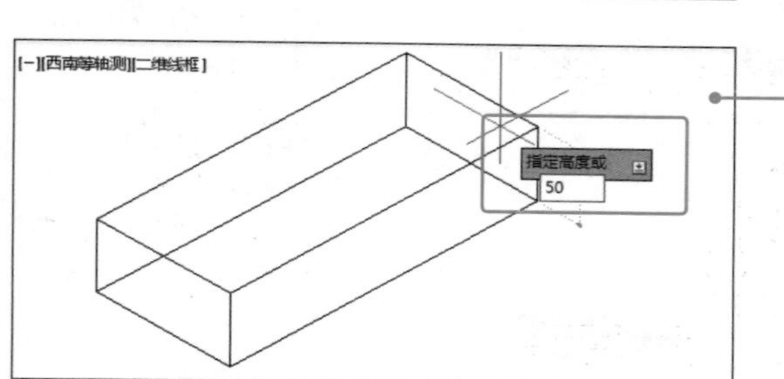

STEP 03 将十字光标上移，输入长方体高度值，如 50，按空格键确定。

7.2.3 创建楔体

在创建三维实心楔形体的操作中，要注意所创建对象的倾斜方向始终沿 UCS 的 *X* 轴正方向倾斜。具体操作方法如下。

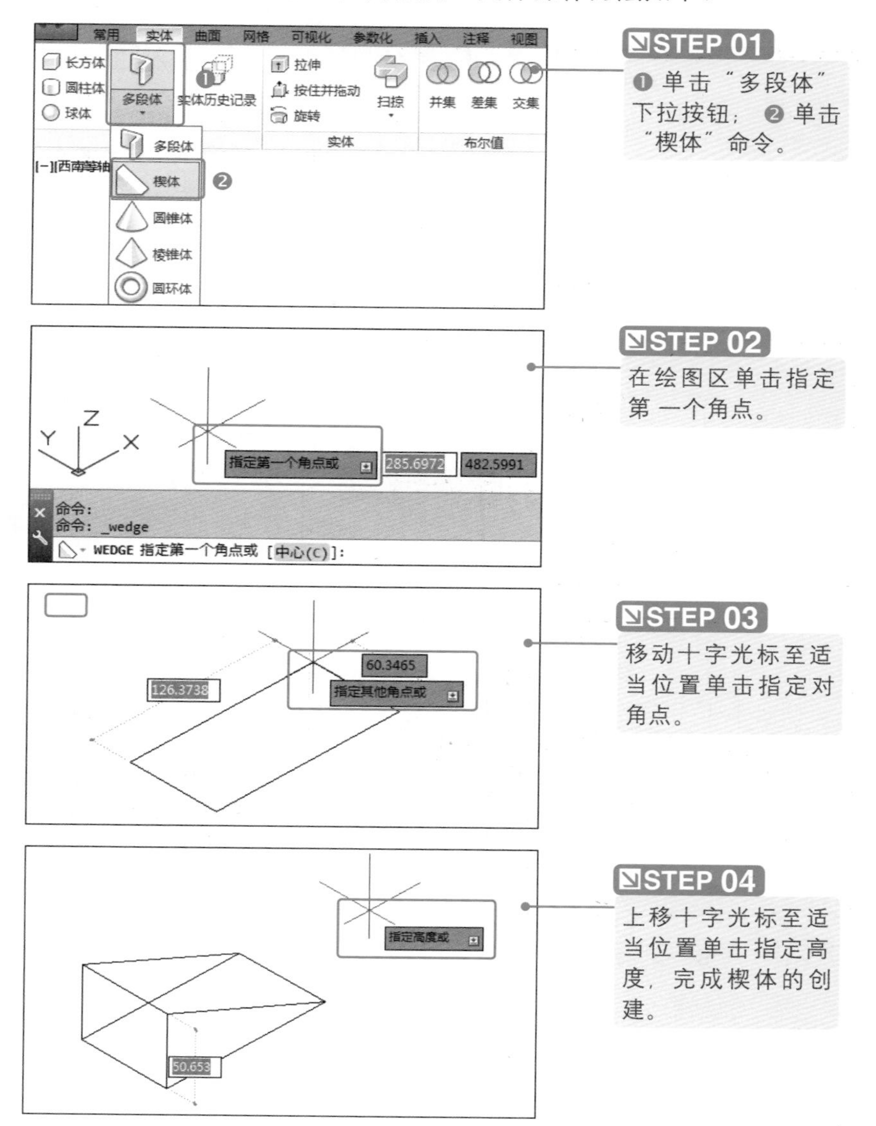

7.2.4 创建圆柱体

在创建三维实心圆柱体的操作中，要注意圆柱体的底面始终位于与工作平面平行的平面上。具体操作方法如下。

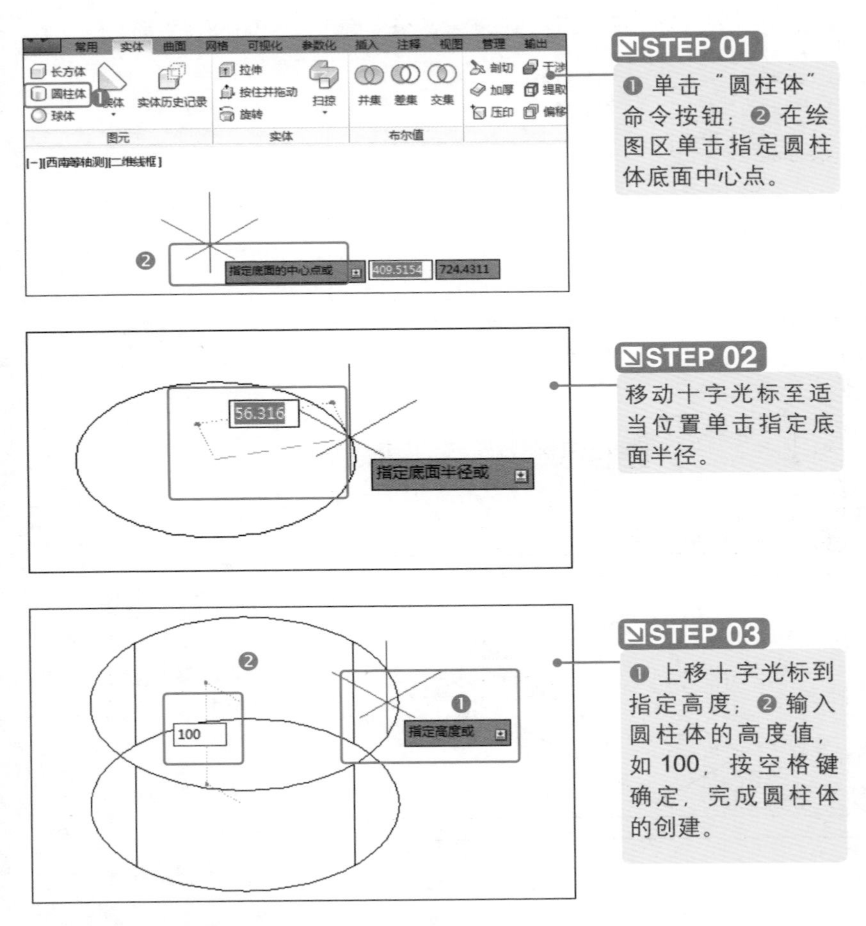

7.2.5 创建多段体

使用创建三维多段体命令，可以创建具有固定高度、宽度和厚度的开放或闭合直线段和曲线段的墙。具体操作方法如下。

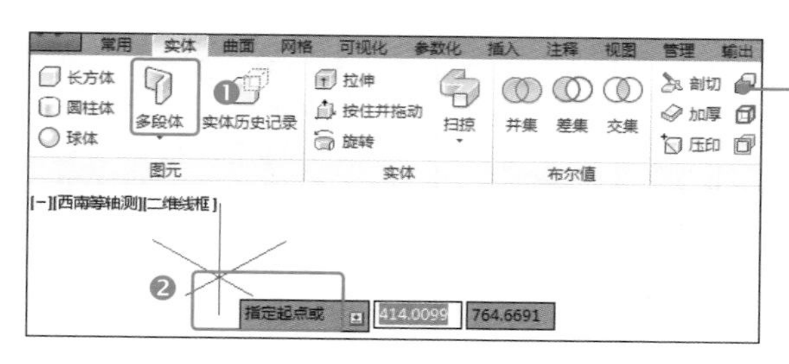

STEP 01

❶ 单击“多段体”命令按钮；❷ 在绘图区单击指定起点。

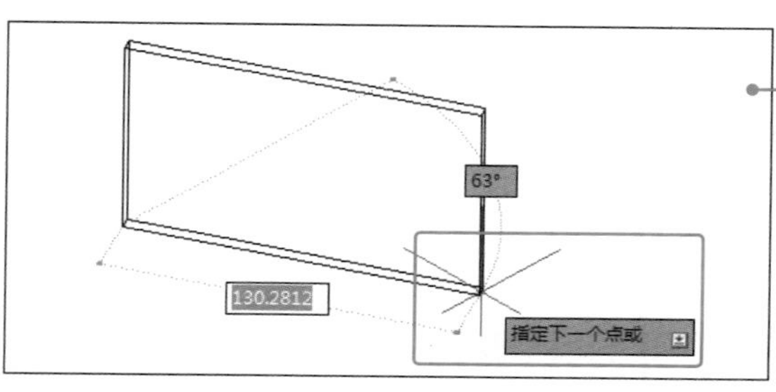

STEP 02

移动十字光标至适当位置单击指定下一点。

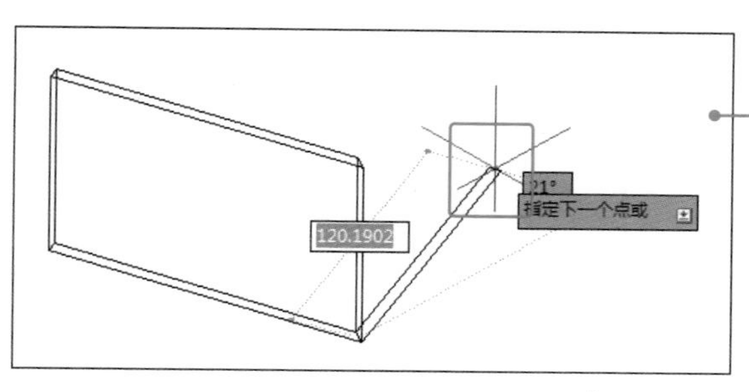

STEP 03

继续移动十字光标至适当位置单击指定下一点。

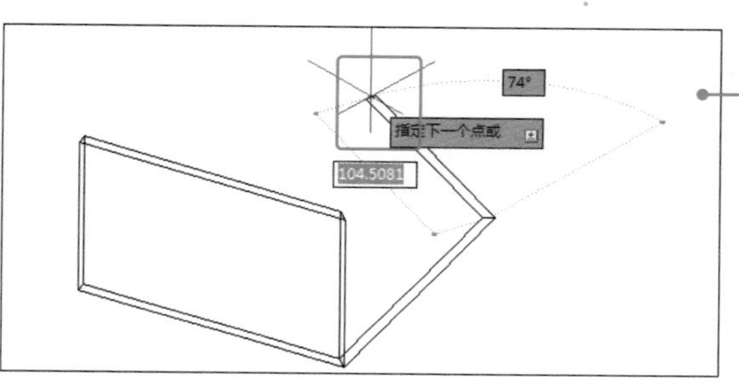

STEP 04

继续移动十字光标至适当位置单击指定下一点。

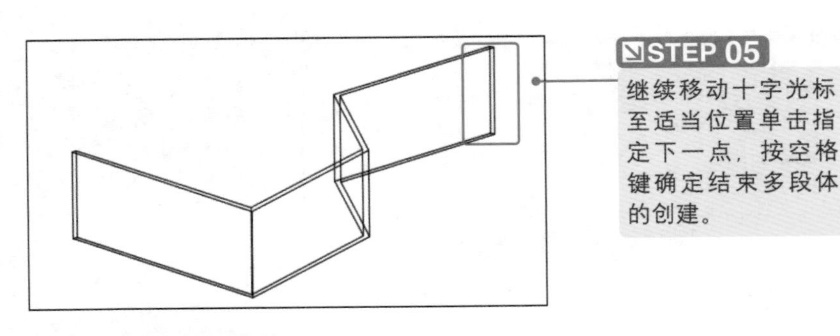

STEP 05

继续移动十字光标至适当位置单击指定下一点，按空格键确定结束多段体的创建。

7.2.6 创建圆锥体

在创建三维实心圆锥体时，该实体以圆或椭圆为底面，以对称方式形成锥体表面，最后归于一点，或归于一个圆或椭圆平面。具体操作方法如下。

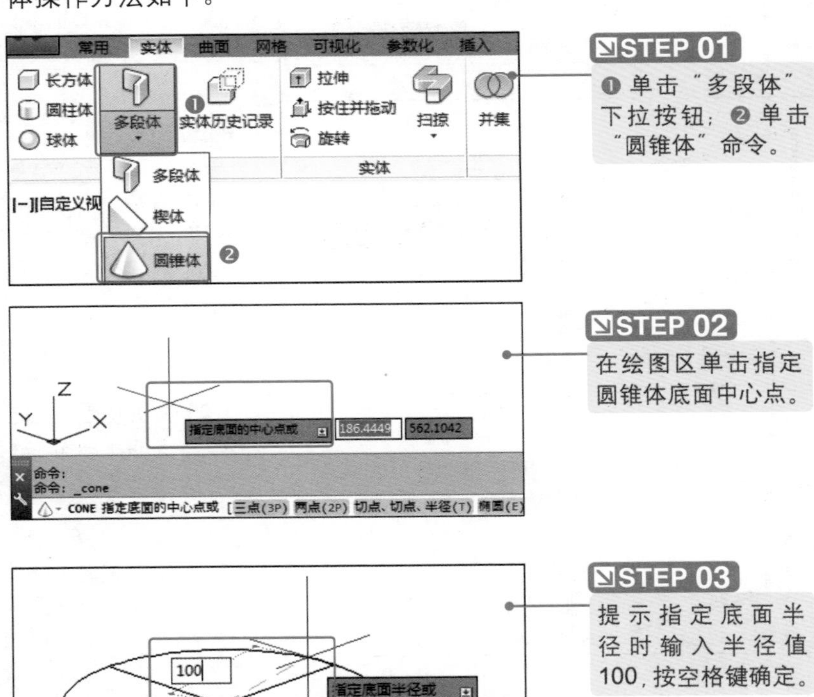

STEP 01

❶ 单击“多段体”下拉按钮；❷ 单击“圆锥体”命令。

STEP 02

在绘图区单击指定圆锥体底面中心点。

STEP 03

提示指定底面半径时输入半径值100，按空格键确定。

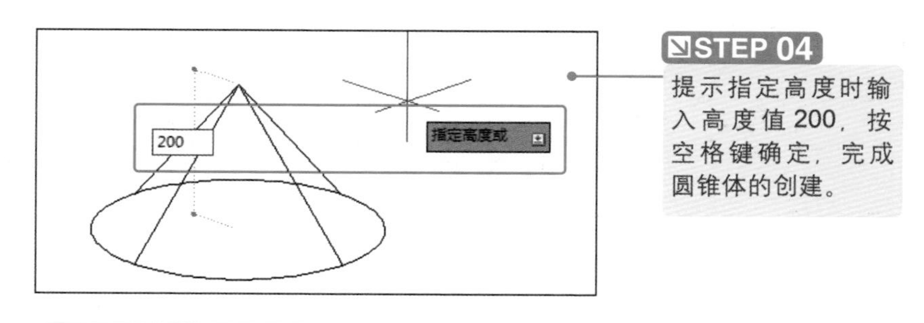

STEP 04

提示指定高度时输入高度值200，按空格键确定，完成圆锥体的创建。

专家点拨 圆锥体的创建特点

在创建圆锥体的过程中，如果设置圆锥体的顶面半径为大于零的值，创建的对象将是一个圆台体。

7.2.7 创建棱锥体

在创建三维实体棱锥体的操作中，默认情况下，使用基点的中心、边的中点和可确定高度的另一个点来定义棱锥体。具体操作方法如下。

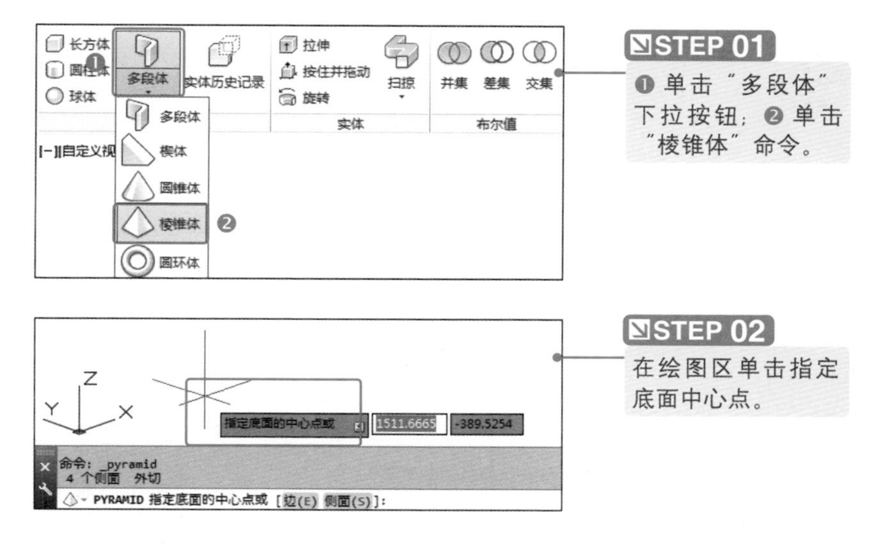

STEP 01

❶ 单击"多段体"下拉按钮；❷ 单击"棱锥体"命令。

STEP 02

在绘图区单击指定底面中心点。

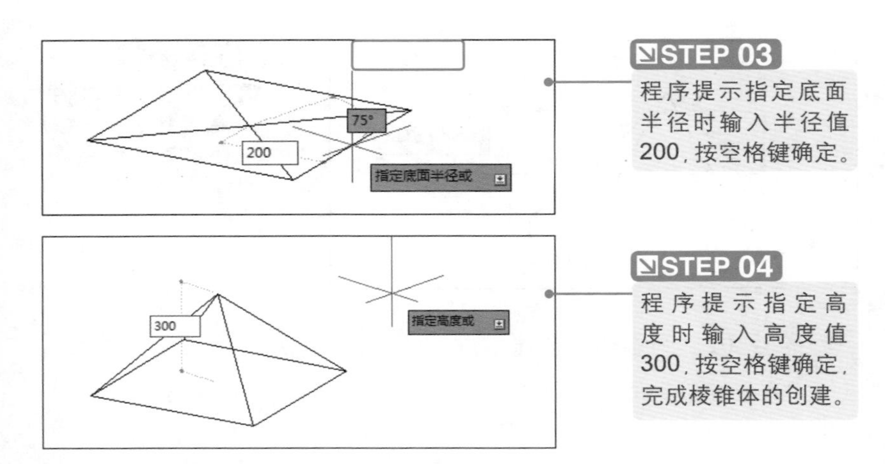

STEP 03

程序提示指定底面半径时输入半径值200，按空格键确定。

STEP 04

程序提示指定高度时输入高度值300，按空格键确定，完成棱锥体的创建。

7.2.8 创建圆环体

7.3 通过二维对象创建实体

在创建三维实体时，可以直接创建三维基本体，也可以通过对二维图形对象进行三维拉伸、三维旋转、扫掠和放样等方法来创建三维实体。

光盘同步文件

素材文件：光盘\原始文件\第 7 章\新手入门\

结果文件：光盘\结果文件\第 7 章\新手入门\

教学文件：光盘\视频教学\第 7 章\新手入门\7-3.mp4

7.3.1 拉伸实体

使用“拉伸”命令可以沿指定路径拉伸对象或按指定高度值和倾斜角度拉伸对象，从而将二维图形拉伸为三维实体。具体操作方法如下。

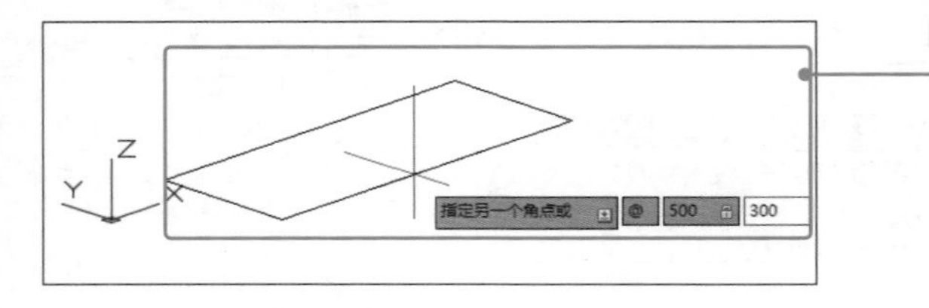

STEP 01

输入并执行REC（矩形）命令，在绘图区单击指定第一个角点，输入“@500,300”并按空格键确定，指定为矩形的另一个角点。

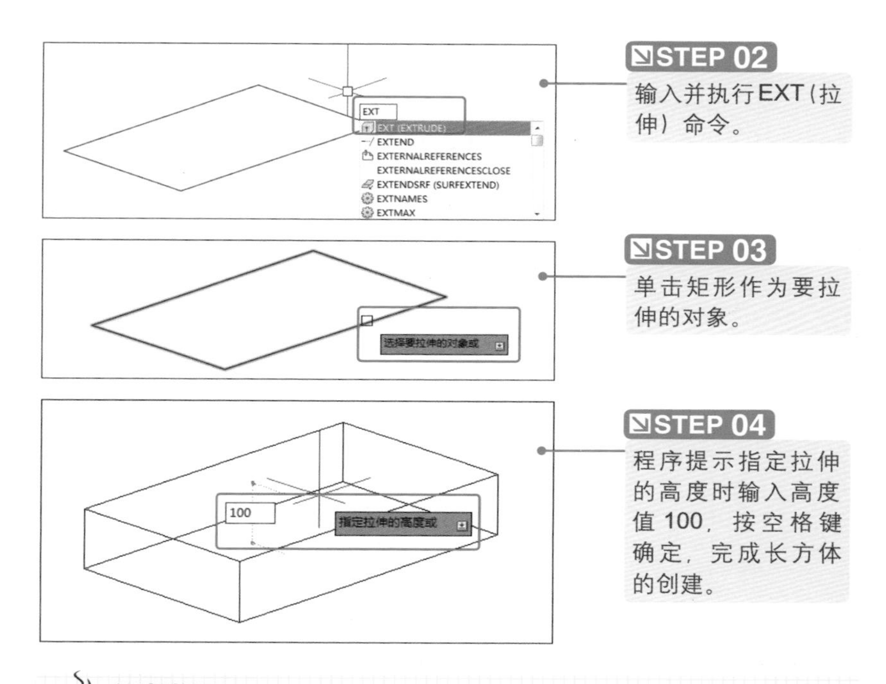

温馨提示：

使用二维图形拉伸为三维实体的方法可以方便地创建外形不规则的实体。使用该方法，需要先用二维绘图命令绘制不规则的截面，然后将其拉伸即可创建出三维实体。

7.3.2 旋转实体

使用“旋转”命令可以通过绕轴旋转开放或闭合的平面曲线来创建新的实体或曲面，并且可以旋转多个对象。具体操作方法如下。

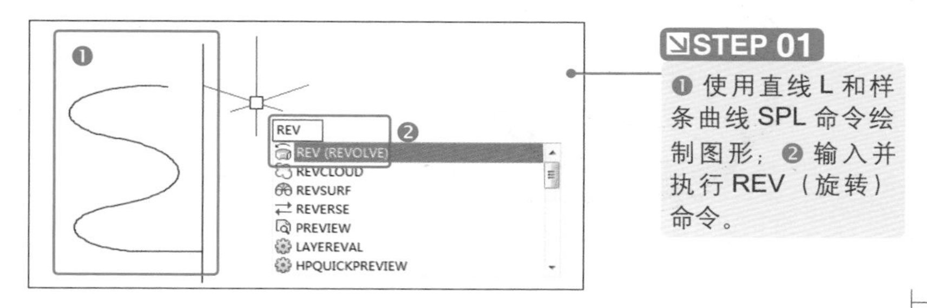

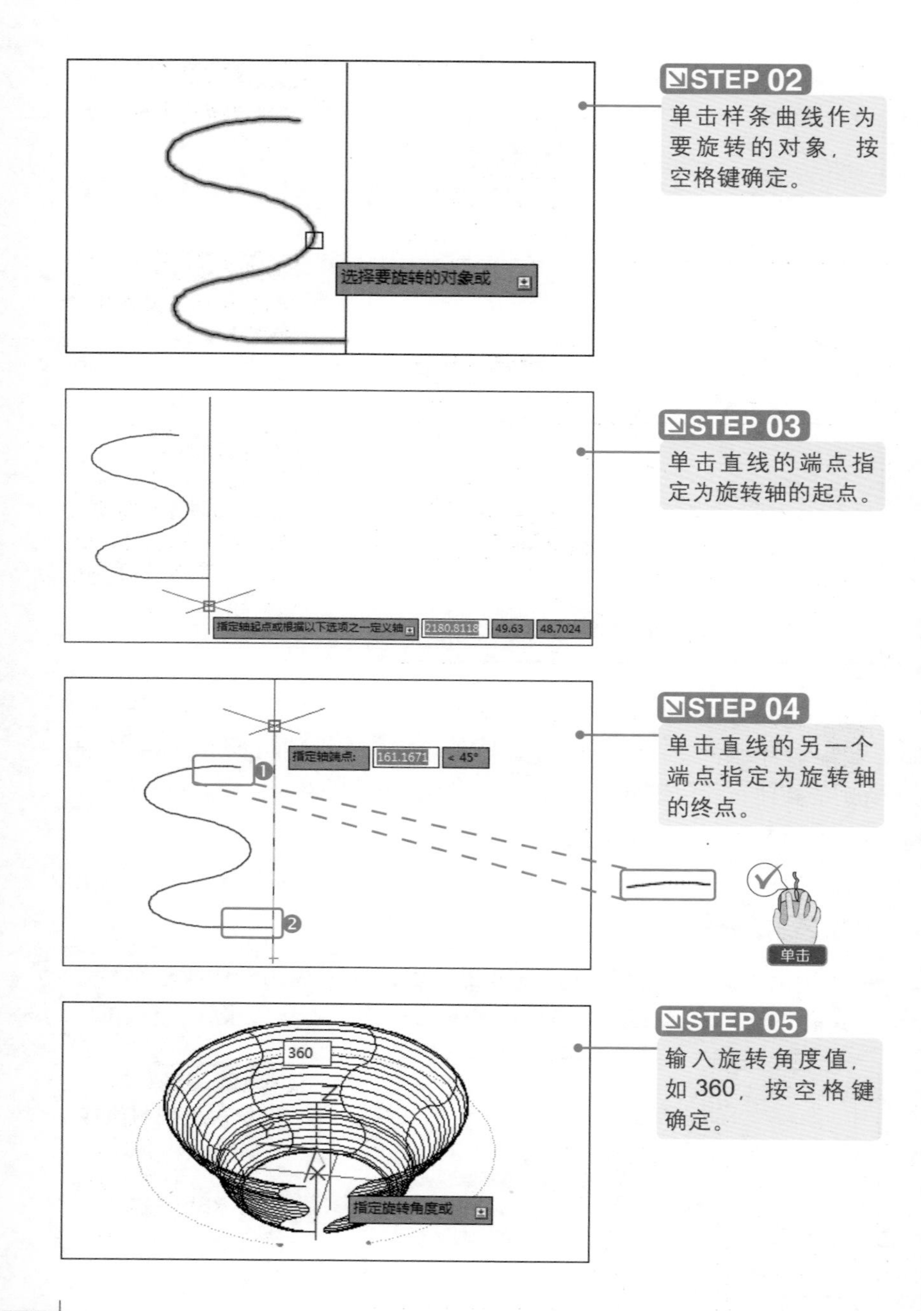
STEP 02
单击样条曲线作为要旋转的对象，按空格键确定。
选择要旋转的对象或
STEP 03
单击直线的端点指定为旋转轴的起点。
指定轴起点或根据以下选项之一定义轴
2180.8118
49.63
48.7024
STEP 04
单击直线的另一个端点指定为旋转轴的终点。
指定轴端点:
161.1671
< 45°
单击
STEP 05
输入旋转角度值，如 360，按空格键确定。
360
指定旋转角度或

温馨提示：

要“旋转”创建实体对象可以绘制一条线作为旋转对象的中心线。通过开放的二维线条旋转创建的三维对象，只是作为一个面存在；而闭合线段通过旋转命令创建为三维对象后，则是有厚度的三维体。

7.3.3 扫掠实体

使用“扫掠”命令可以通过沿路径扫掠二维或三维曲线来创建三维实体或曲面，扫掠对象会自动与路径对象对齐。具体操作方法如下。

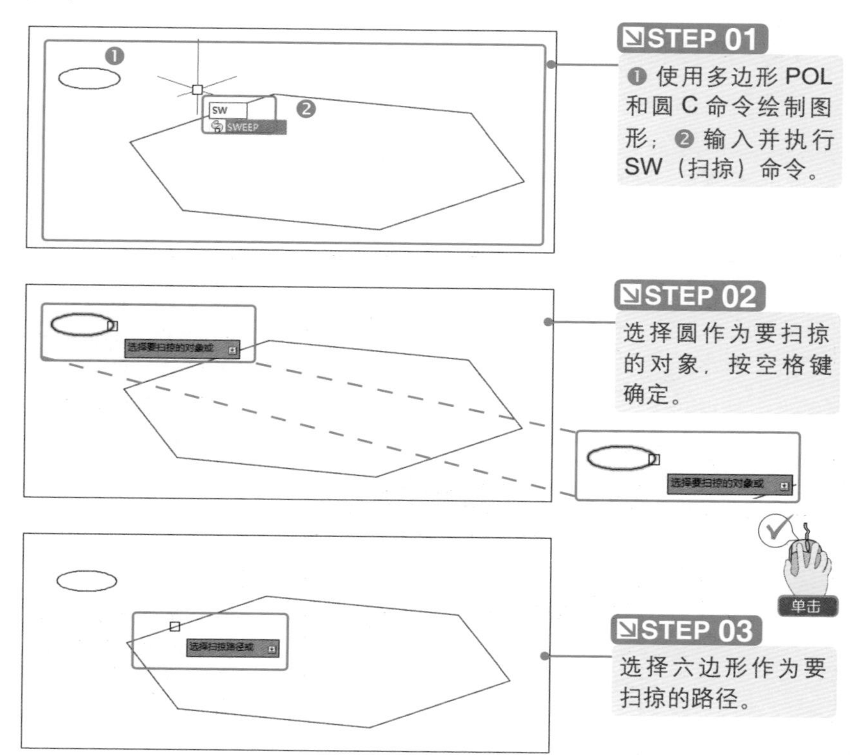

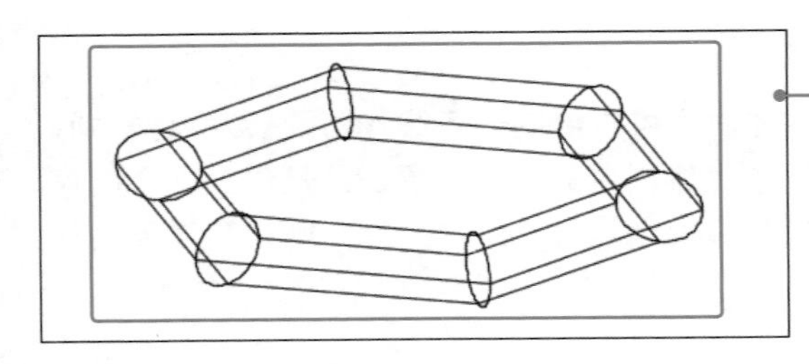

STEP 04

完成扫掠后的效果如左图所示。

专家点拨 扫掠实体的技巧

在扫掠实体的操作中，扫掠对象可以是一个，也可以是多个；所扫掠出的三维实体对象根据所选择的扫掠对象来变化。

7.3.4 放样实体

使用“放样”命令可以通过对包含两条或两条以上横截面曲线的一组曲线进行放样来创建三维实体或曲面。其中横截面决定了放样生成实体或曲面的形状，它可以是开放的线或直线，也可以是闭合的图形，如圆，椭圆、多边形和矩形等。具体操作方法如下。

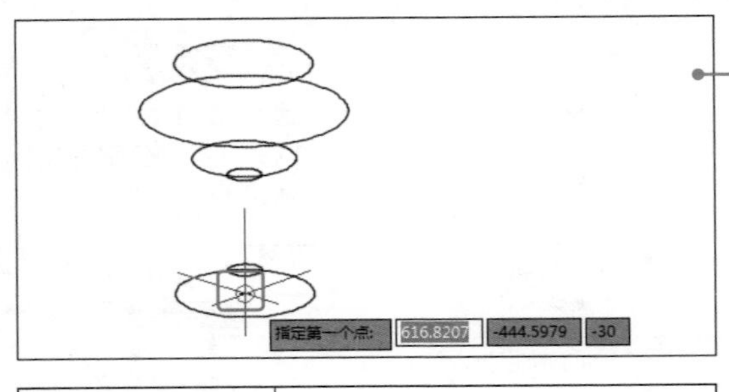

STEP 01

打开素材7-3-4.dwg，输入并执行L（直线）命令，单击最底侧圆的圆心作为直线的起点。

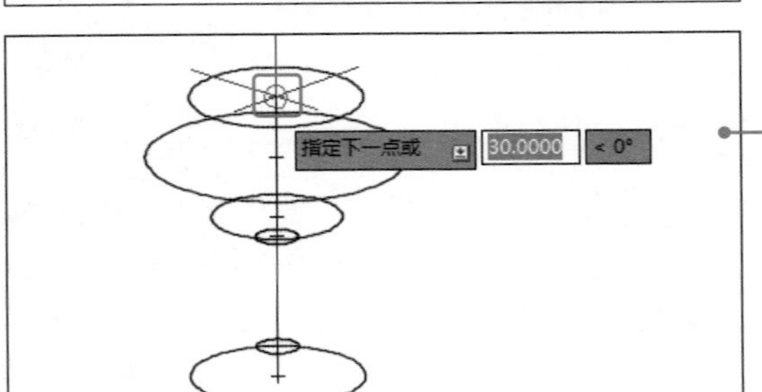

STEP 02

单击最上面圆的圆心作为直线的终点，按空格键结束直线命令。

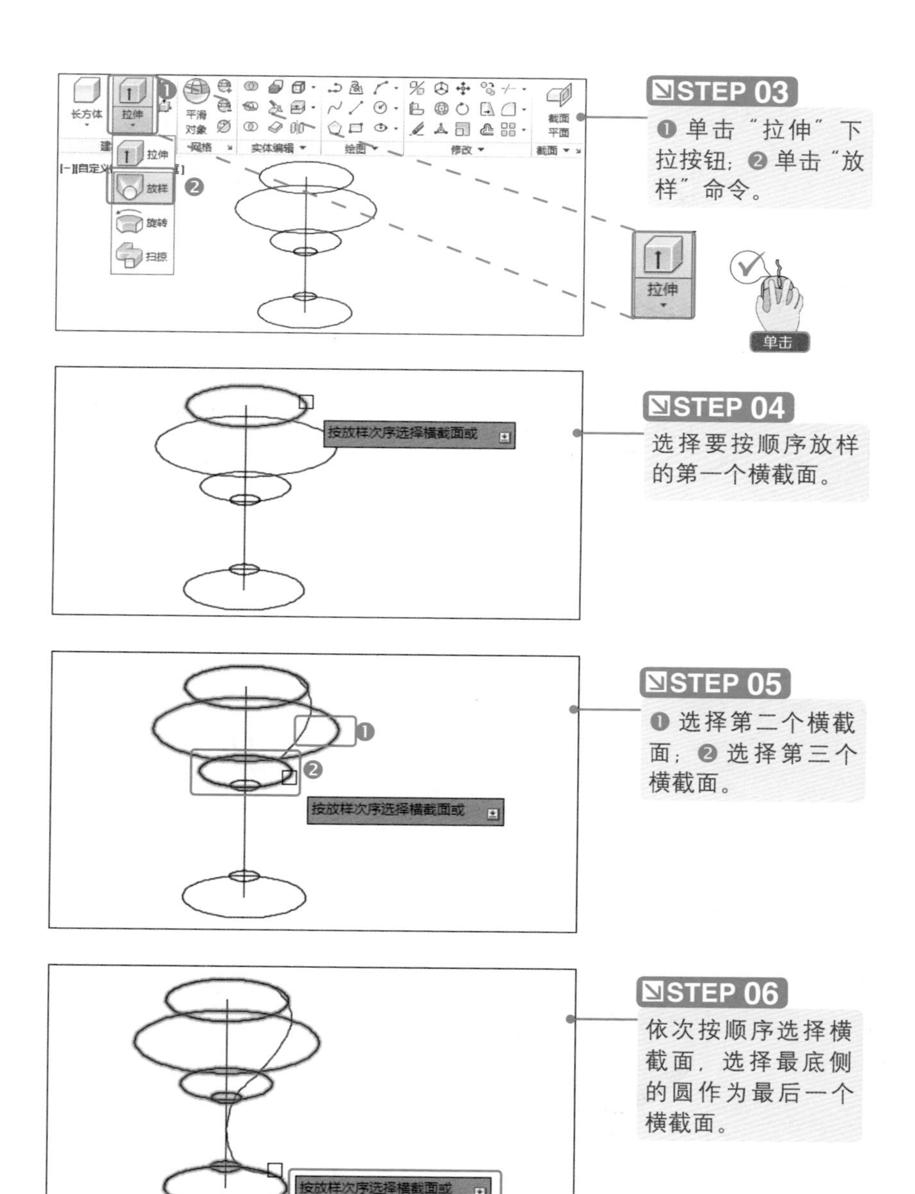
STEP 03
❶ 单击“拉伸”下拉按钮；❷ 单击“放样”命令。
长方体
拉伸
平滑对象
网格
实体编辑
绘图
修改
截面平面
截面
拉伸
放样
旋转
扫掠
单击
STEP 04
选择要按顺序放样的第一个横截面。
按放样次序选择横截面或
STEP 05
❶ 选择第二个横截面；❷ 选择第三个横截面。
按放样次序选择横截面或
STEP 06
依次按顺序选择横截面，选择最底侧的圆作为最后一个横截面。
按放样次序选择横截面或

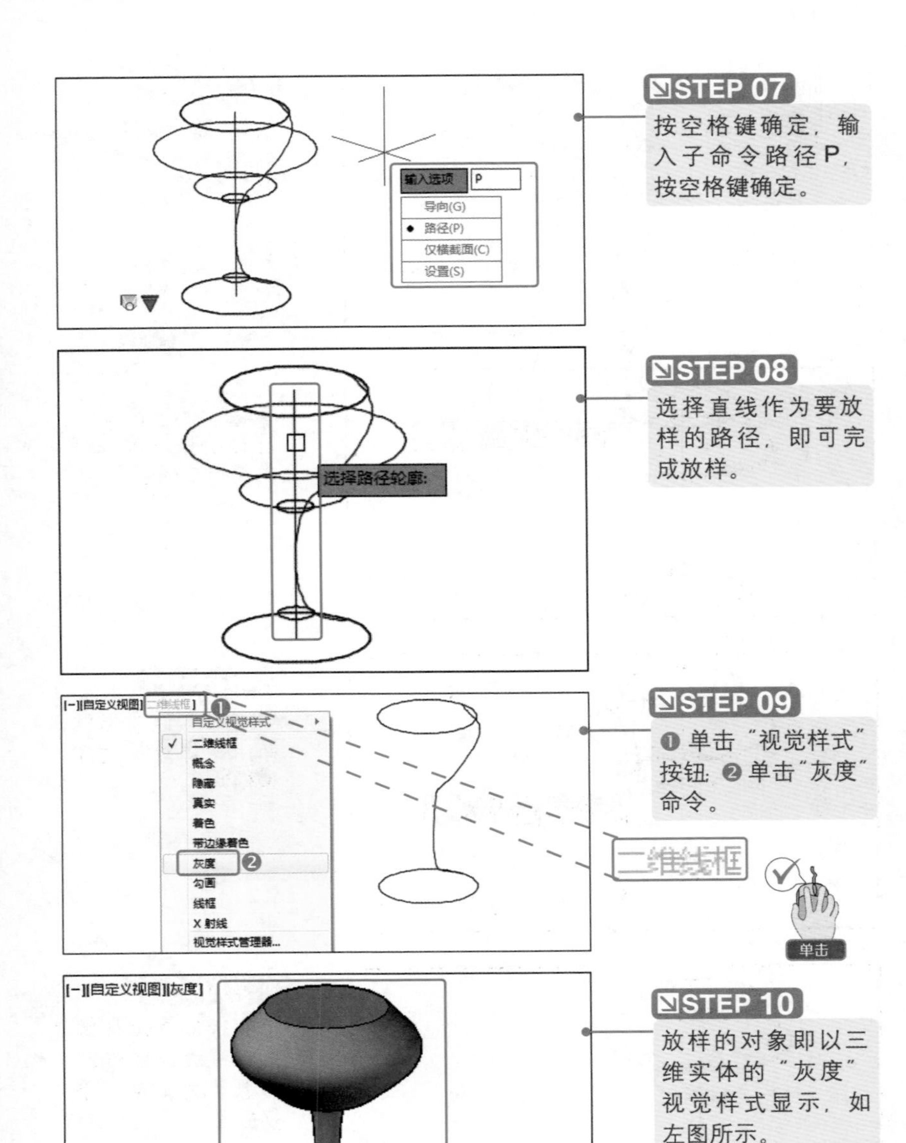

STEP 07

按空格键确定，输入子命令路径 P，按空格键确定。

STEP 08

选择直线作为要放样的路径，即可完成放样。

STEP 09

❶ 单击“视觉样式”按钮；❷ 单击“灰度”命令。

STEP 10

放样的对象即以三维实体的“灰度”视觉样式显示，如左图所示。

新手提高——实用技巧

通过前面创建三维图形入门部分知识的学习，相信初学者已经学会并掌握了相关创建三维实体的知识。下面，介绍一些新手提高的技能知识。

光盘同步文件

素材文件：光盘 \ 原始文件 \ 第 7 章 \ 新手提高 \

结果文件：光盘 \ 结果文件 \ 第 7 章 \ 新手提高 \

教学文件：光盘 \ 视频教学 \ 第 7 章 \ 新手提高 \ 实用技巧 .mp4

NO.1 设置多视口及视图方向

在绘制三维图形对象时，为了更直观地了解图形对象，用户可以根据自己的需要新建多个视口，同时使用不同的视图来观察三维模型；如果要观察具有立体感的三维模型，用户可以使用系统提供的西南、西北、东南和东北 4 个等轴测视图观察三维模型，使观察效果更加形象和直观。其操作方法如下。

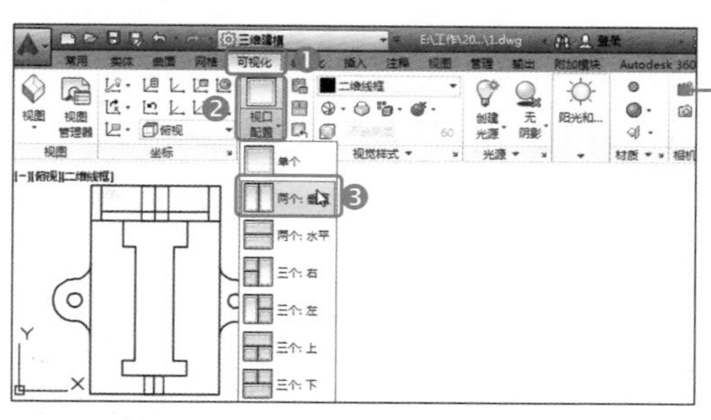

STEP 01

打开素材 NO.1.dwg；❶ 在“三维建模”工作空间中单击“可视化”选项卡；❷ 单击“视口配置”下拉按钮；❸ 单击“两个：相等”命令。

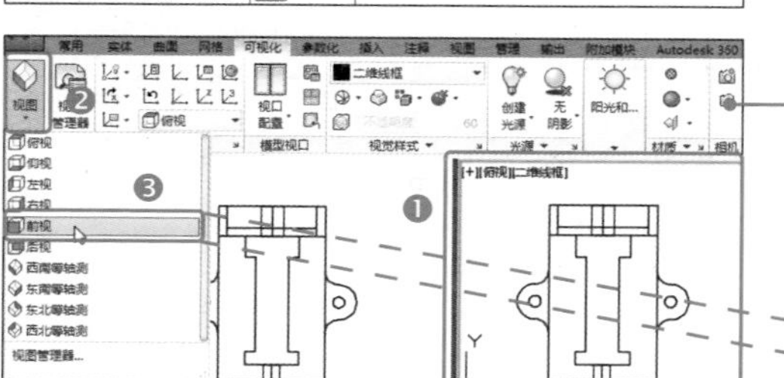

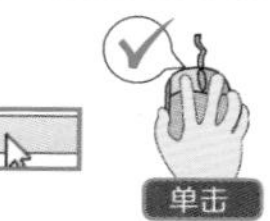

STEP 02

❶ 选择右侧视口；❷ 单击“视图”下拉按钮；❸ 单击“前视”命令。

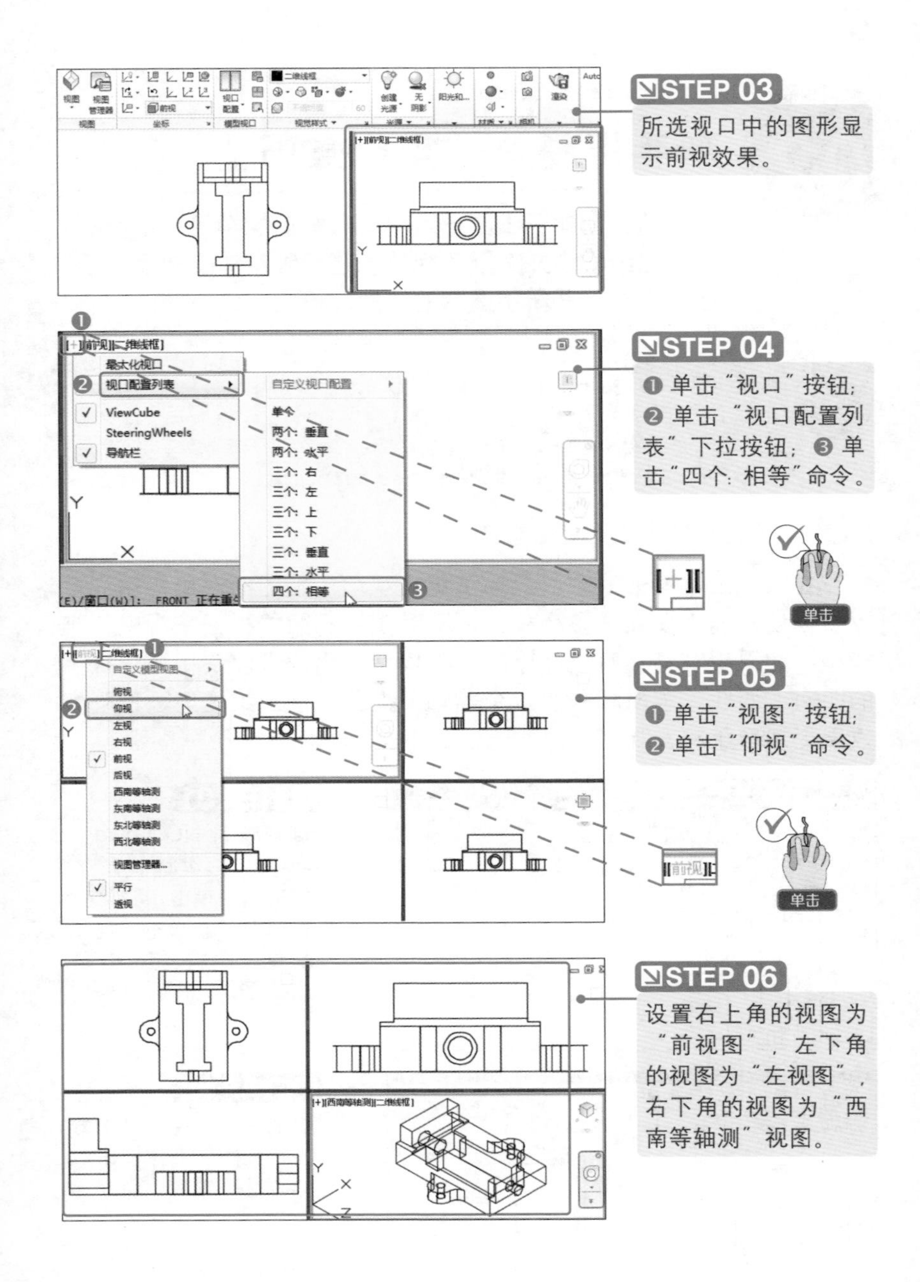

STEP 03

所选视口中的图形显示前视效果。

STEP 04

❶ 单击“视口”按钮；❷ 单击“视口配置列表”下拉按钮；❸ 单击“四个：相等”命令。

STEP 05

❶ 单击“视图”按钮；❷ 单击“仰视”命令。

STEP 06

设置右上角的视图为“前视图”，左下角的视图为“左视图”，右下角的视图为“西南等轴测”视图。

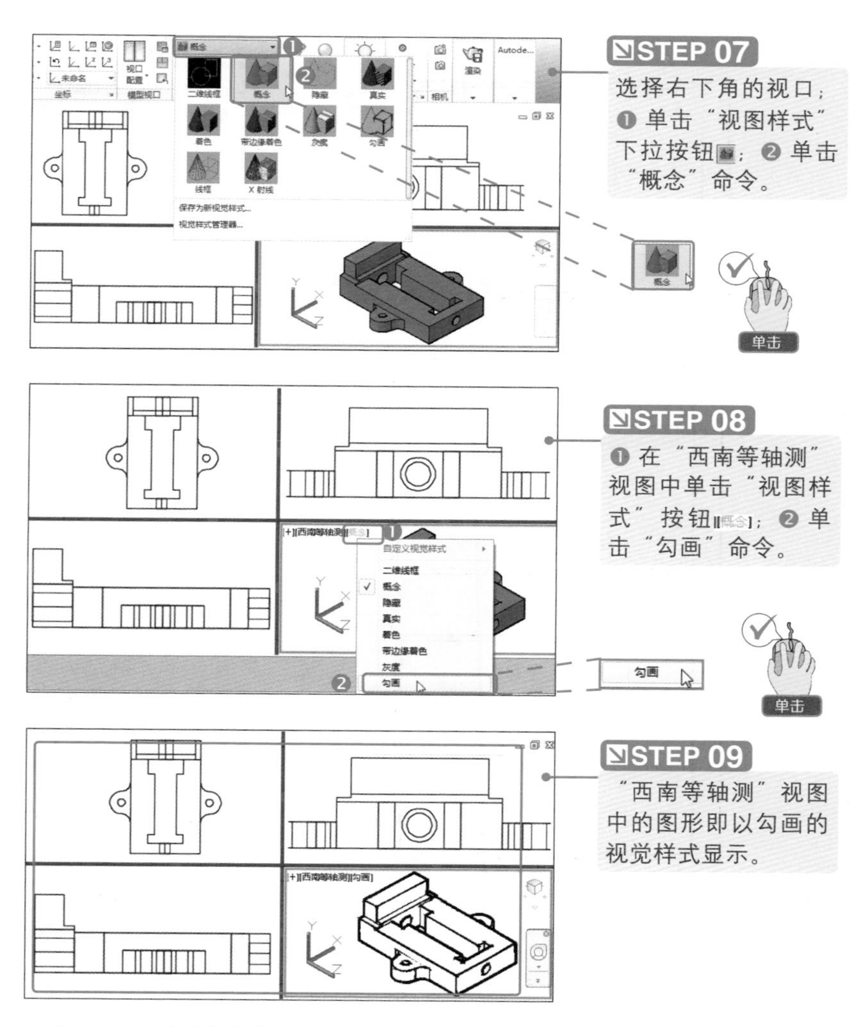

NO.2 局部放大视图

在绘制或查看三维图形时，可以使用局部放大的方法查看图形的其中一部分，其具体操作方法如下。

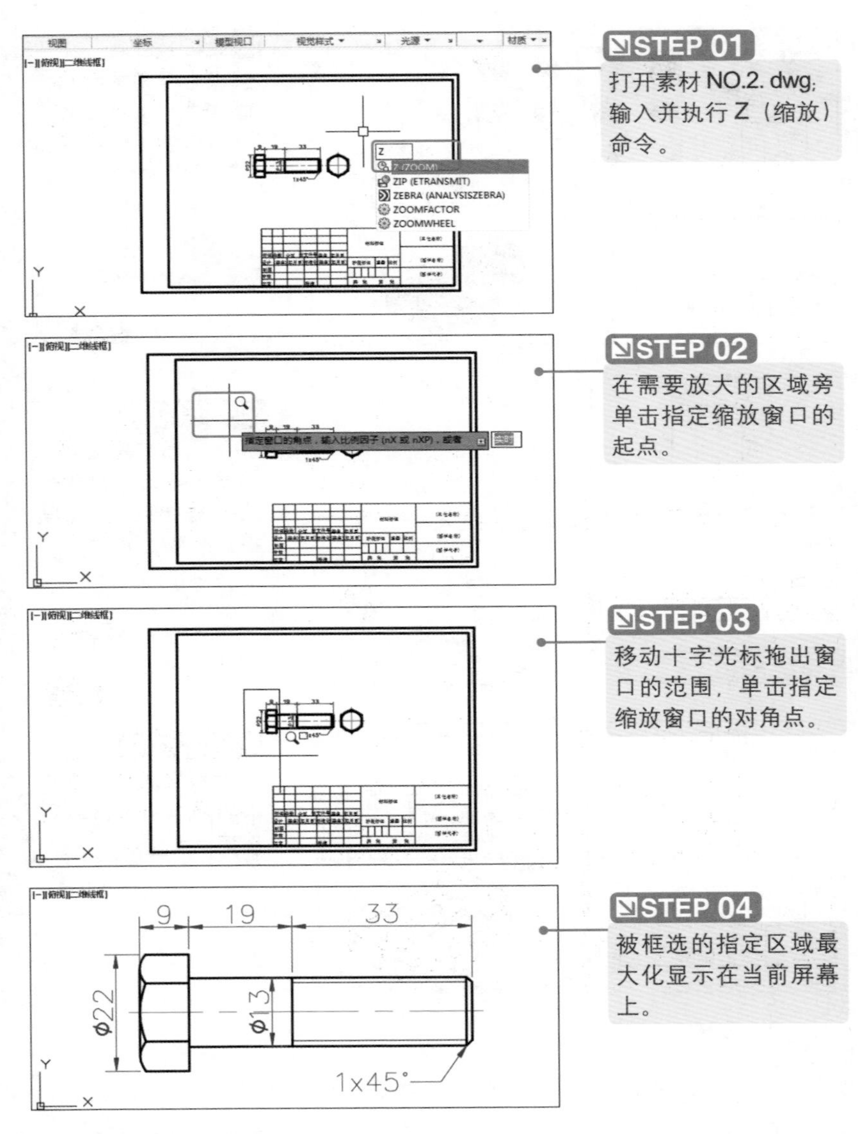

NO.3　等轴测视图

轴测图是采用特定的投射方向，将空间的立体按平行投影的方法在投影面上得到的投影图。具体操作方法如下。

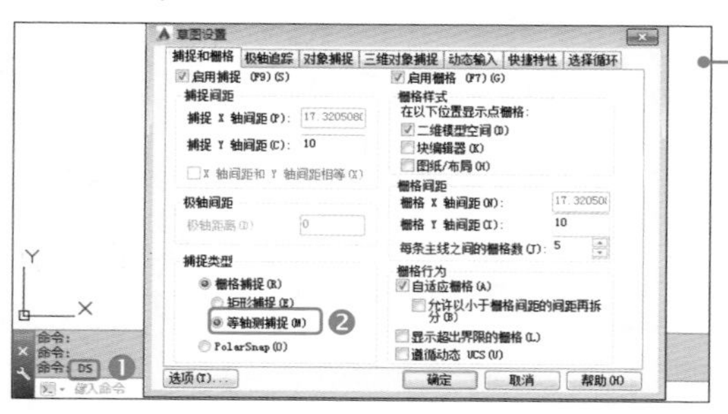

STEP 01

❶ 输入并执行DS（草图设置）命令；❷ 打开“草图设置”对话框，在“捕捉和栅格”选项卡下选择“等轴测捕捉”单选按钮。

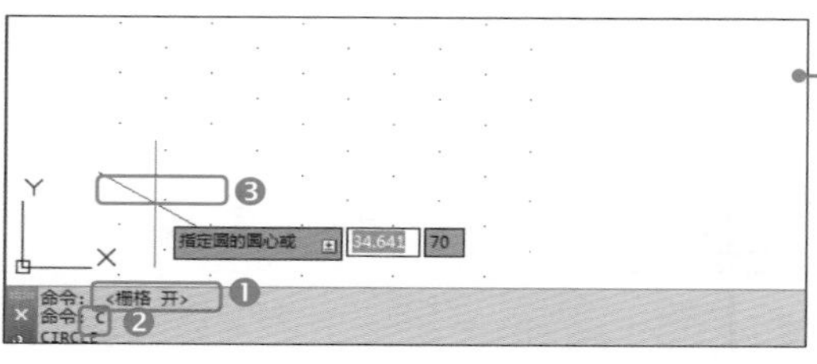

STEP 02

❶ 按F7键打开栅格；❷ 输入并执行C（圆）命令；❸ 在绘图区空白处单击指定圆心。

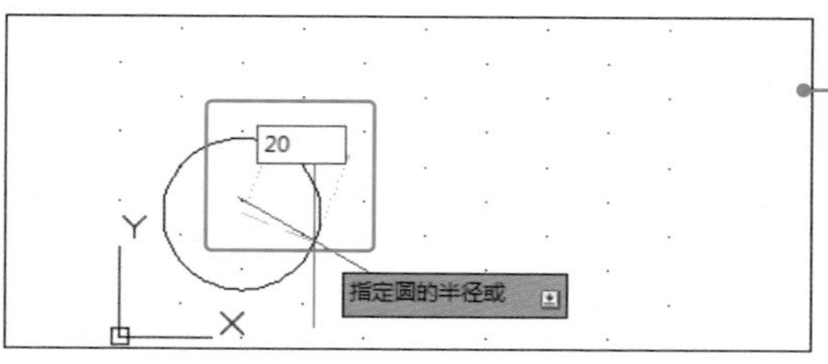

STEP 03

输入圆的半径值20，按空格键确定。

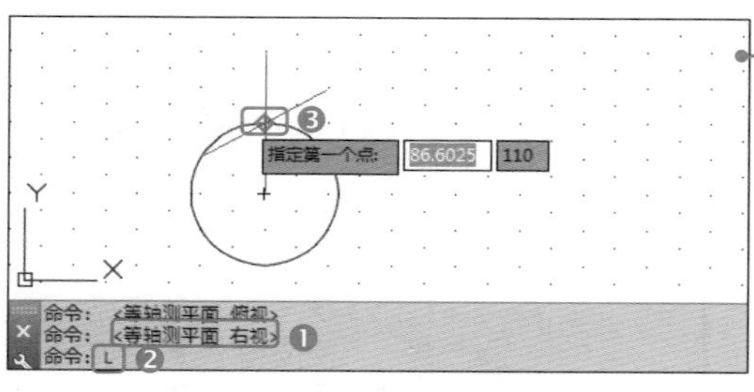

STEP 04

❶ 按F5键切换到右视平面，绘制滚筒轴线；❷ 输入并执行L（直线）命令；❸ 在圆的上象限点单击指定直线起点。

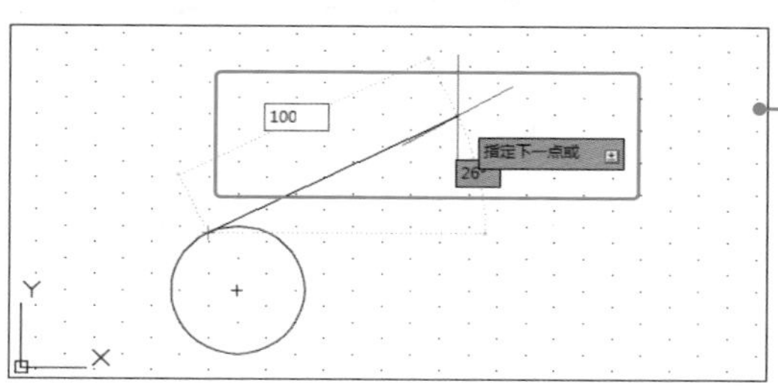

STEP 05

移动十字光标至适当位置，输入距离值为100，按空格键确定。

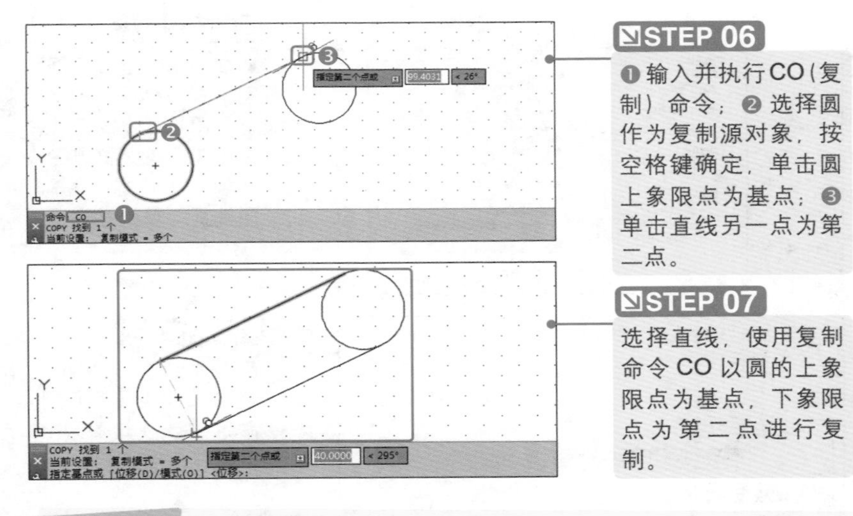

STEP 06

❶ 输入并执行CO（复制）命令；❷ 选择圆作为复制源对象，按空格键确定，单击圆上象限点为基点；❸ 单击直线另一点为第二点。

STEP 07

选择直线，使用复制命令 CO 以圆的上象限点为基点，下象限点为第二点进行复制。

专家点拨　绘制轴测图的技巧

在绘制轴测图时，选择 3 个轴测平面之一将导致“正交”和十字光标沿相应的轴测轴对齐，按【Ctrl+E】组合键或者按功能键 F5 可以循环切换各轴测平面。

NO.4　创建圆环体

在创建三维圆环实体的操作中，可以通过指定圆环体的圆心、半径或直径以及围绕圆环的圆管的半径或直径创建圆环体。具体操作方法如下。

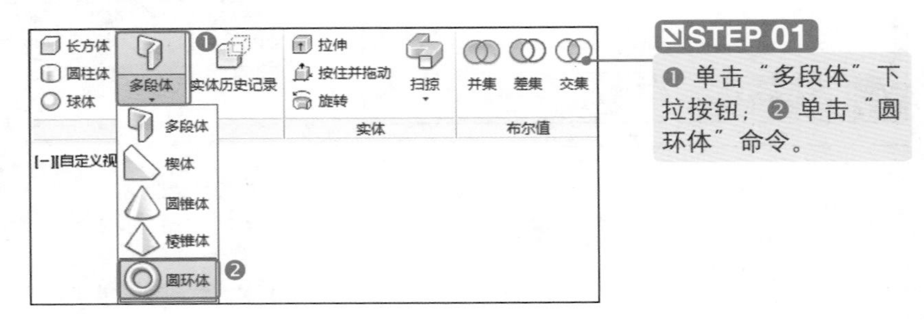

STEP 01

❶ 单击“多段体”下拉按钮；❷ 单击“圆环体”命令。

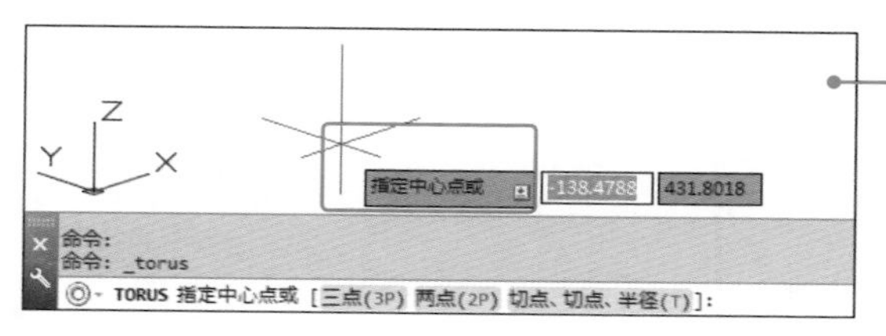

STEP 02

在绘图区空白处单击指定中心点。

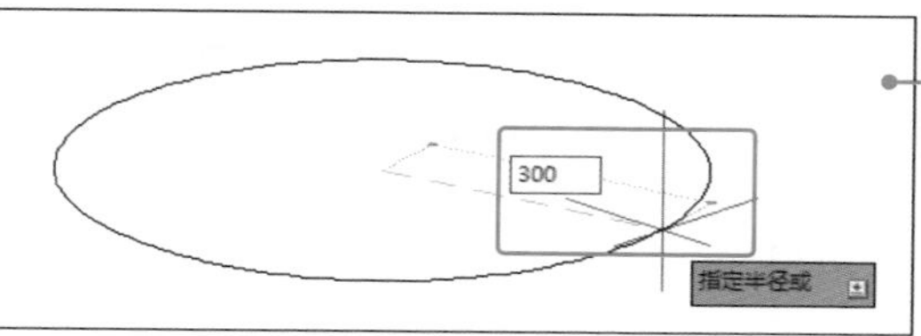

STEP 03

程序提示指定半径时输入半径值 300 并按空格键确定。

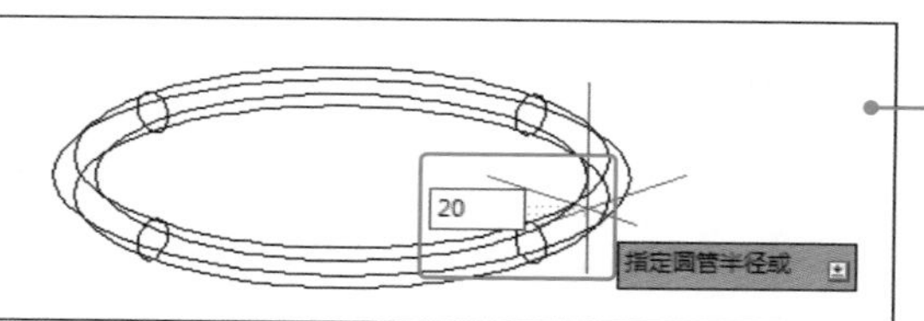

STEP 04

程序提示指定圆管半径时输入值 20 并按空格键确定。

新手实训——绘制六角螺母

为了巩固本章所学的创建三维实体的相关知识，现安排绘制六角螺母的实例，达到练习的目的。

实例效果

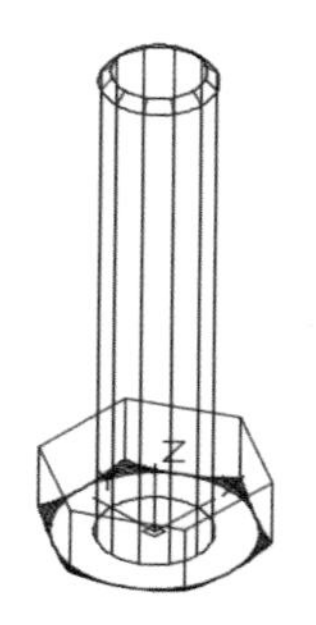

光盘同步文件

素材文件：光盘 \ 原始文件 \ 无

结果文件：光盘 \ 结果文件 \ 第 7 章 \ 新手实训 \ 六角螺母 .dwg

教学文件：光盘 \ 视频教学 \ 第 7 章 \ 新手实训 \ 六角螺母 .mp4

制作步骤

本实例首先绘制正多边形，接着将多边形拉伸为三维实体，再绘制球体，将球体和螺帽进行交集运算，最后绘制螺钉。具体操作方法如下。

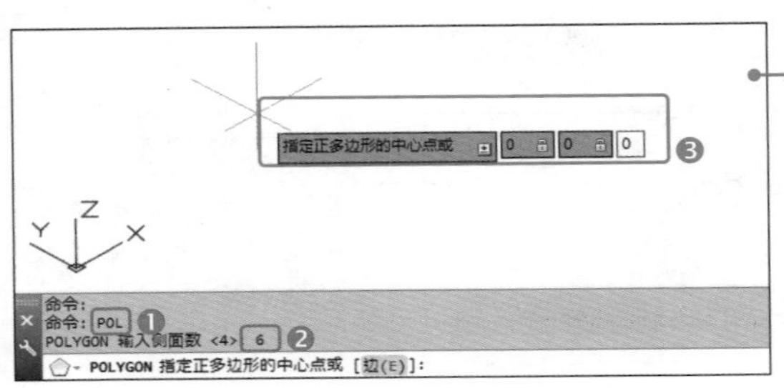

STEP 01

❶ 调整视图为西南等轴测视图，输入并执行 POL（多边形）命令；❷ 输入侧面数 6 并确定；❸ 输入多边形的中心点“0,0,0”并确定。

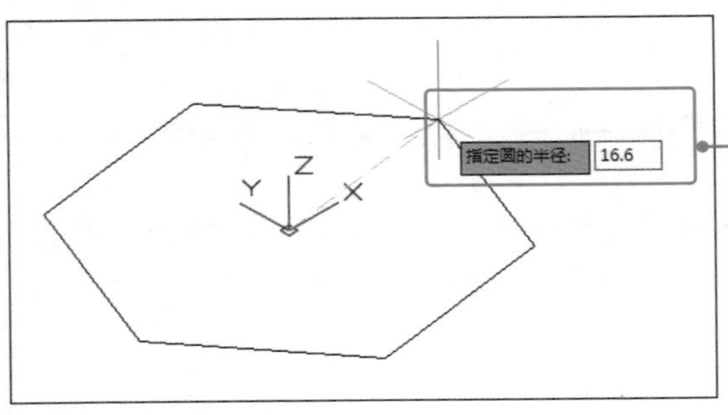

STEP 02

按【Enter】键确定默认选项（内接于圆）；输入半径 16.6 并确定。

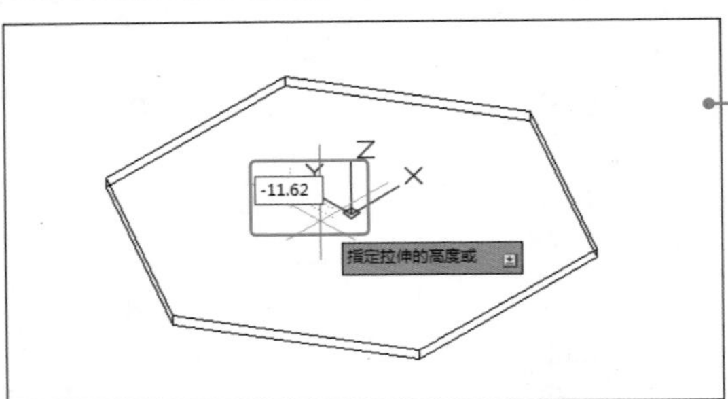

STEP 03

输入并执行 EXT（拉伸）命令；选择六边形作为拉伸对象；输入拉伸高度 -11.62 并确定。

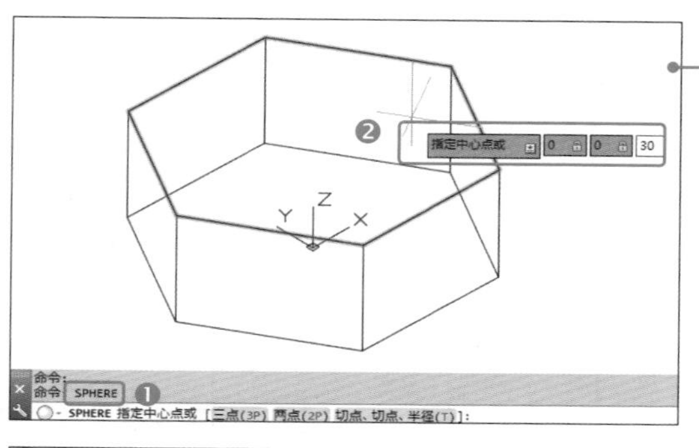

STEP 04

❶ 输入并执行 SPH（球体）命令；

❷ 指定球体中心点“0,0,30”并确定。

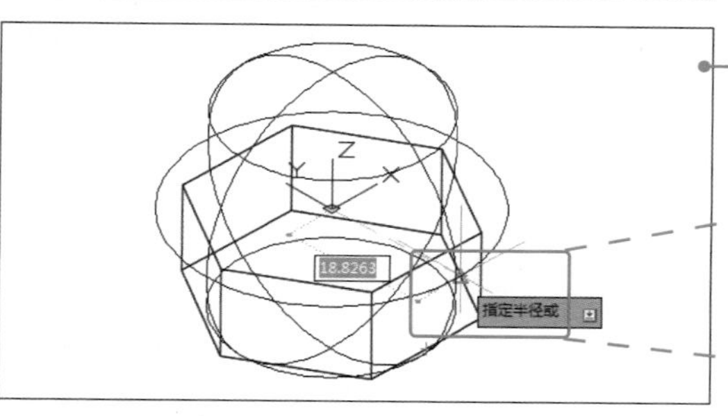

STEP 05

单击六边形边线中点作为球体半径。

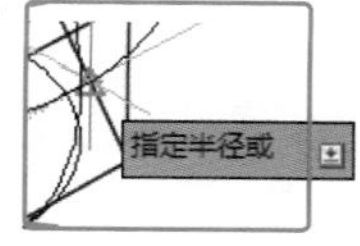

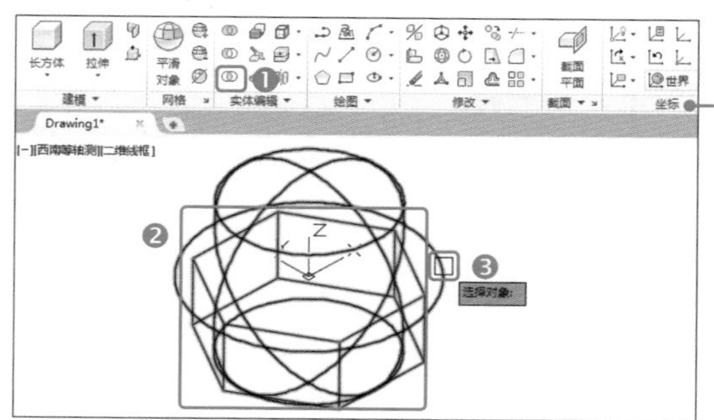

STEP 06

❶ 单击“交集”按钮；❷ 单击六边形对象；❸ 单击球体，按空格键确定。

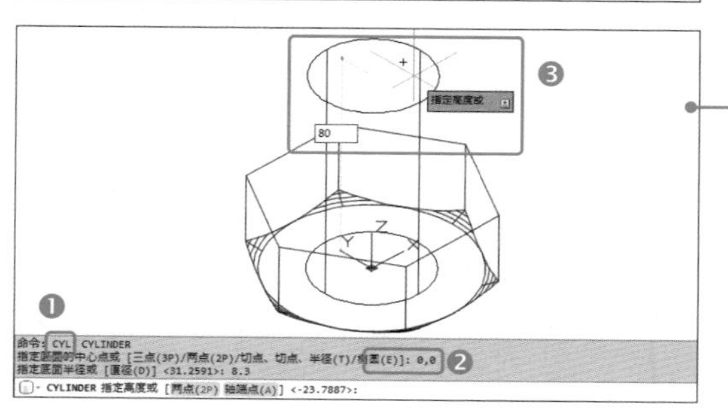

STEP 07

❶ 输入并执行 CYL（圆柱体）命令；

❷ 输入底面中心点“0,0”并确定；

❸ 输入圆柱体高度 80 并确定。

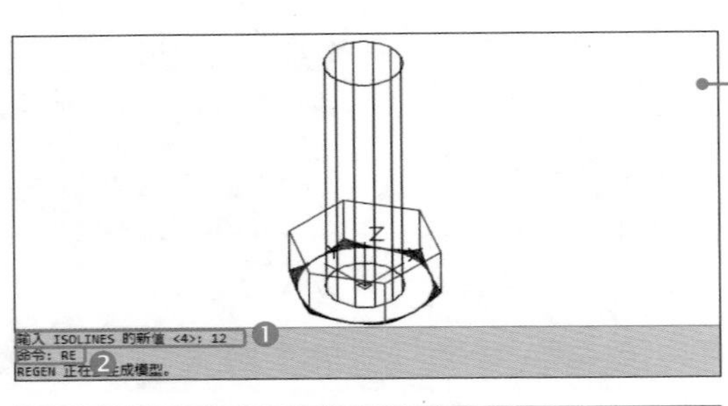

STEP 08

❶ 输入并执行ISOLINES命令；输入当前线框密度为12并确定；❷ 输入并执行行RE（重生成）命令。

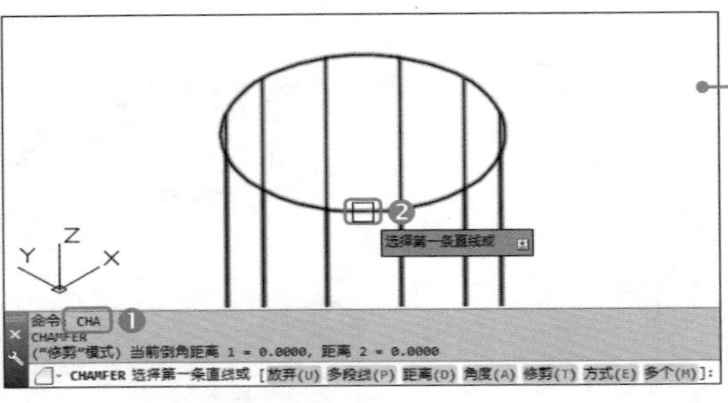

STEP 09

❶ 输入并执行CHA（倒角）命令；❷ 选择要倒角的对象。

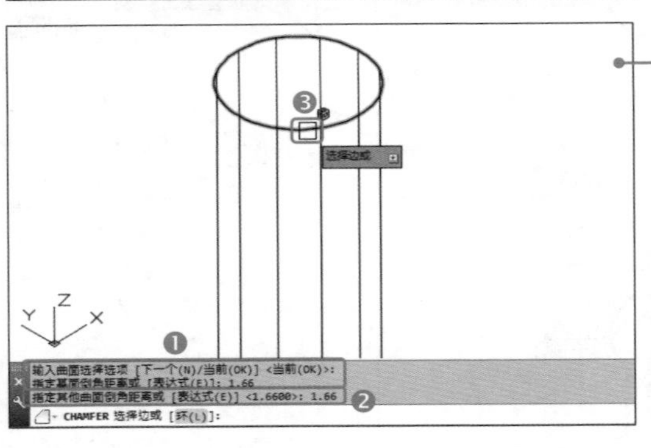

STEP 10

❶ 按空格键确定选项为当前；输入基面倒角距离1.66并确定；❷ 输入其他曲面倒角距离1.66并确定；❸ 选择边。

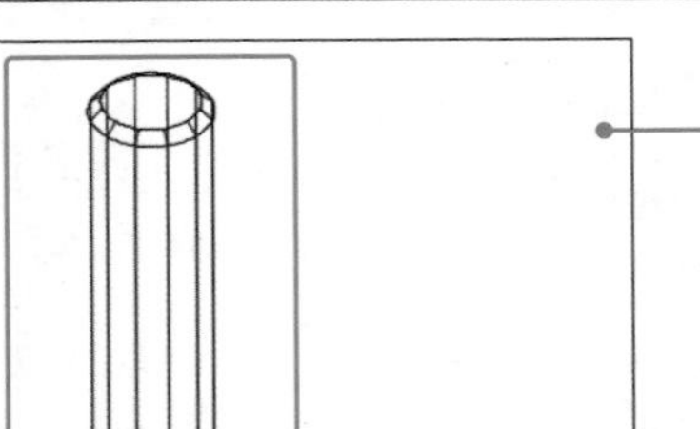

STEP 11

按空格键确定，完成六角螺母的绘制。

Chapter

编辑常用三维图形

关于本章：

在 AutoCAD 2015 中，不仅可以直接创建三维实体。还可以根据需要对实体进行编辑，以便得到更多的模型效果。本章主要介绍在“三维建模”工作空间编辑三维图形的相关知识。

知识要点

掌握编辑三维实体的方法

掌握编辑实体边对象的方法

掌握布尔运算实体对象的方法

效果展示

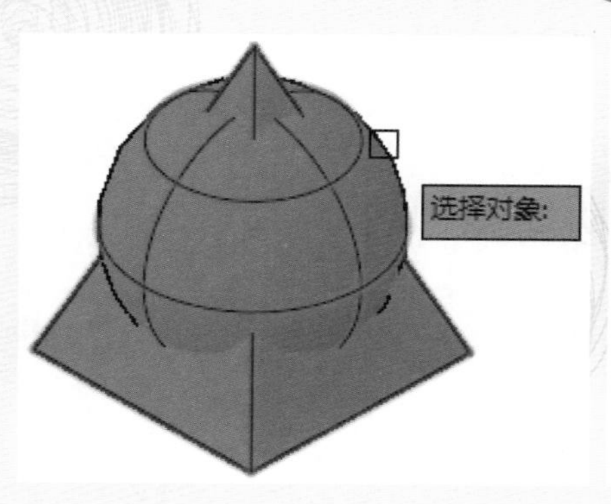

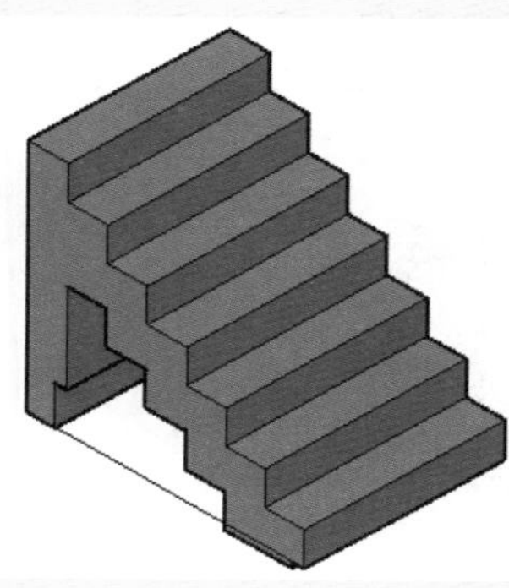

Lesson 01

新手入门——必学基础

本节内容是编辑三维对象的相关知识，在本节中将介绍编辑三维实体对象、编辑实体边以及对实体对象进行布尔运算等相关内容。

8.1 编辑三维实体对象

在将图形对象从二维对象创建为三维对象，或者直接创建三维基础体后，可以对三维对象进行整体编辑以改变其形状。

光盘同步文件

素材文件：光盘\原始文件\第 8 章\新手入门\

结果文件：光盘\结果文件\第 8 章\新手入门\

教学文件：光盘\视频教学\第 8 章\新手入门\8-1.mp4

8.1.1 剖切三维实体

使用“剖切”命令可以通过剖切或分割现有对象创建新的三维实体和曲面，达到编辑三维实体对象的目的。其具体操作方法如下。

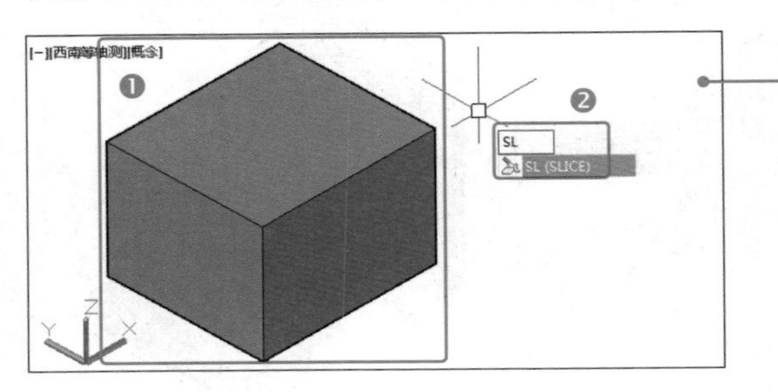

STEP 01

❶ 绘制一个长方体；❷ 输入并执行 SL（剖切）命令。

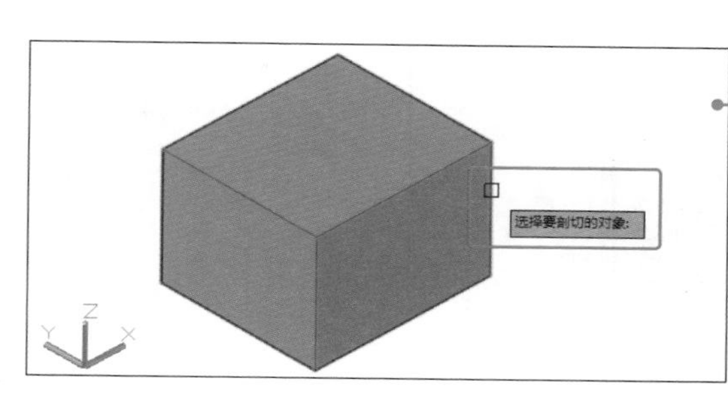

STEP 02

选择长方体作为要剖切的实体，按空格键确定。

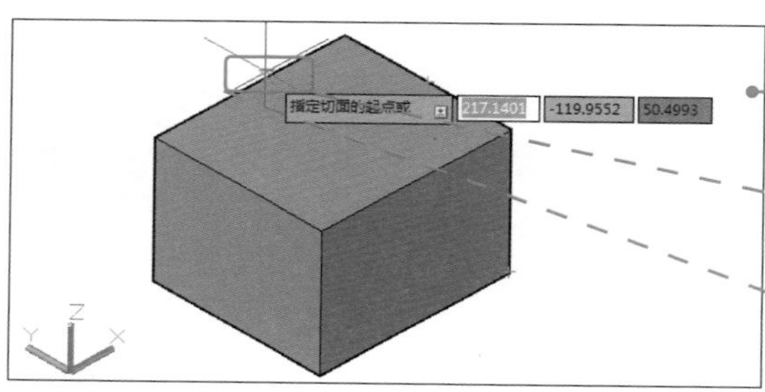

STEP 03

单击指定切面的起点。

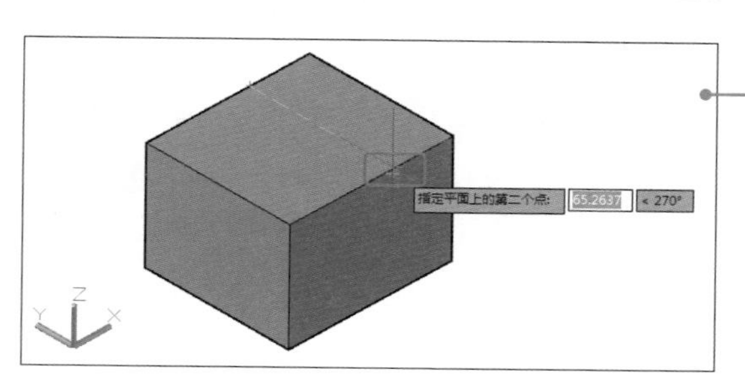

STEP 04

单击指定平面的第二点。

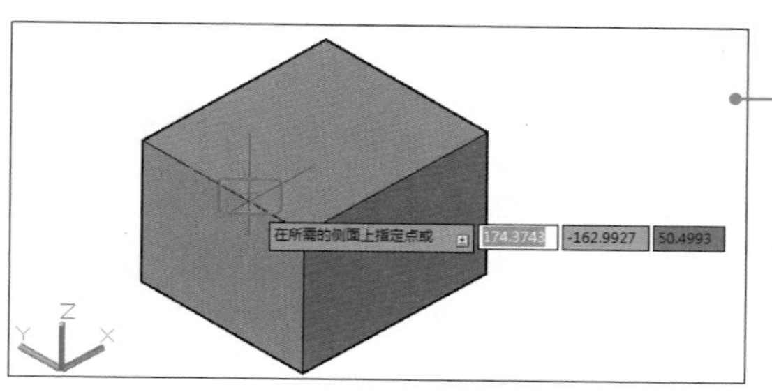

STEP 05

在需要保留的侧面上单击插入点。

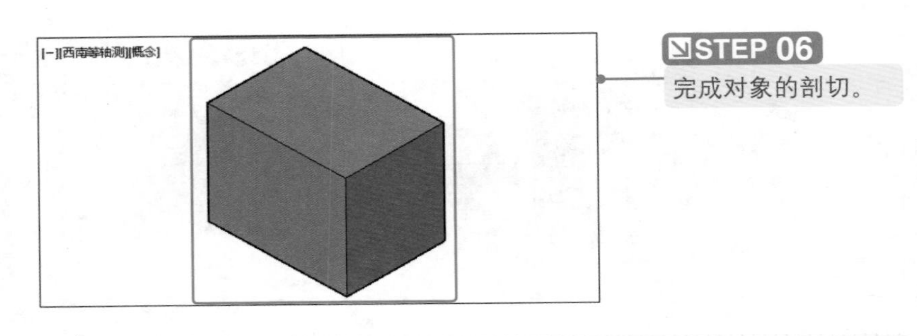

温馨提示：
剖切平面是通过 2 个或 3 个点定义的，方法是指定坐标系的主要平面，或选择曲面对象（非网格对象），可保留剖切三维实体的一个或两个侧面。

8.1.2 抽壳三维实体

使用“抽壳”命令可以将三维实体转换为中空壳体，留下的外壳部分具有指定厚度。具体操作方法如下。

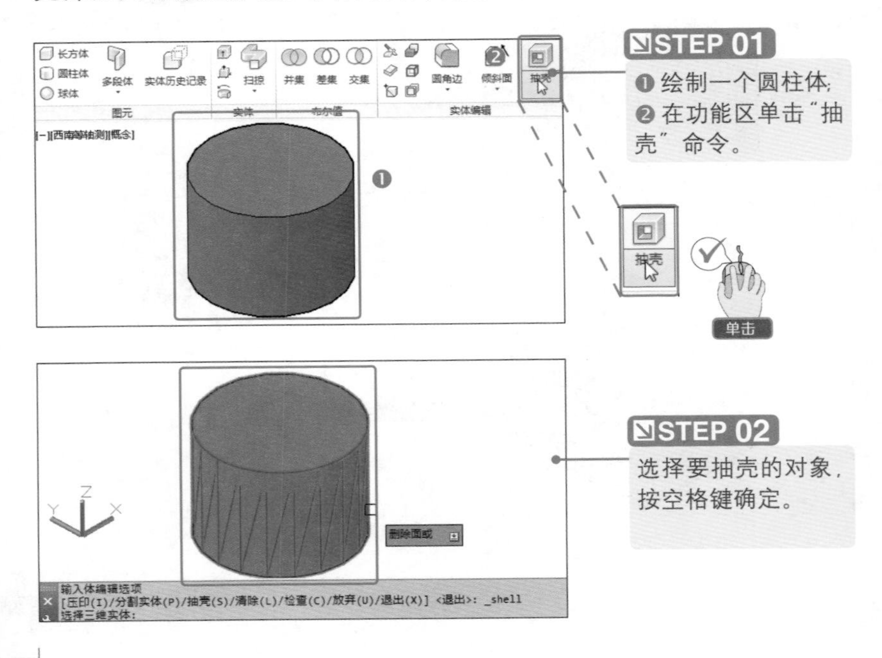

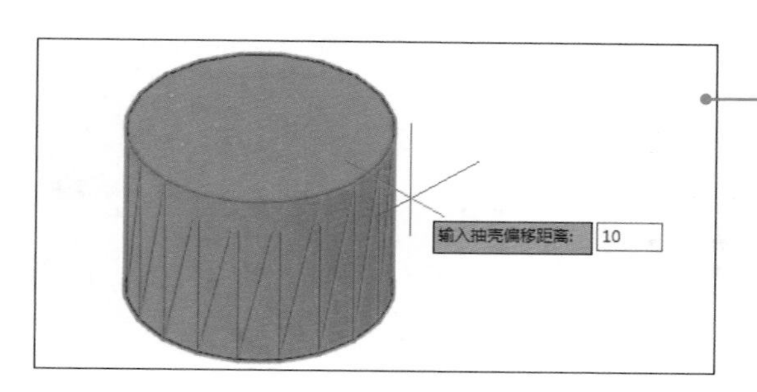

STEP 03

程序提示输入抽壳偏移距离时输入值10，按空格键三次结束抽壳命令。

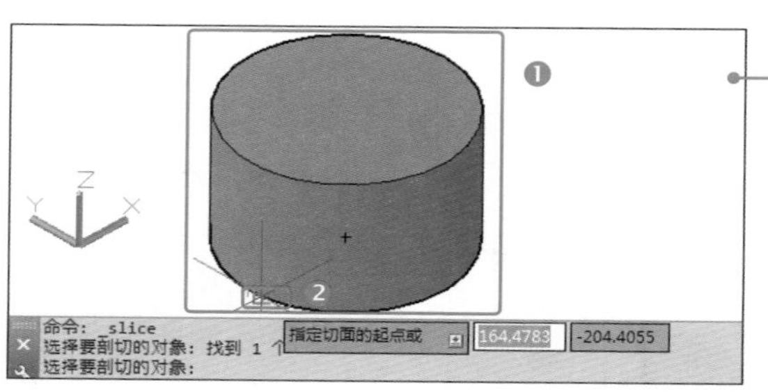

STEP 04

在功能区单击“剖切” 剖切 命令。❶选择圆柱体并按空格键确定；❷单击指定切面的起点。

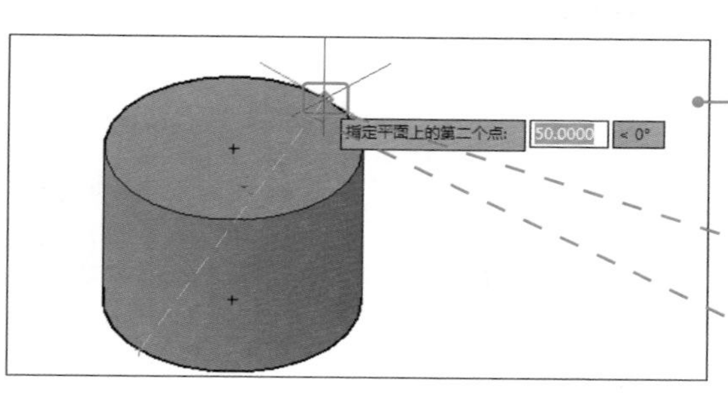

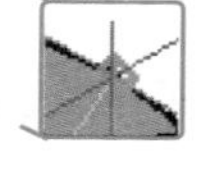

STEP 05

单击指定平面上的第二点。

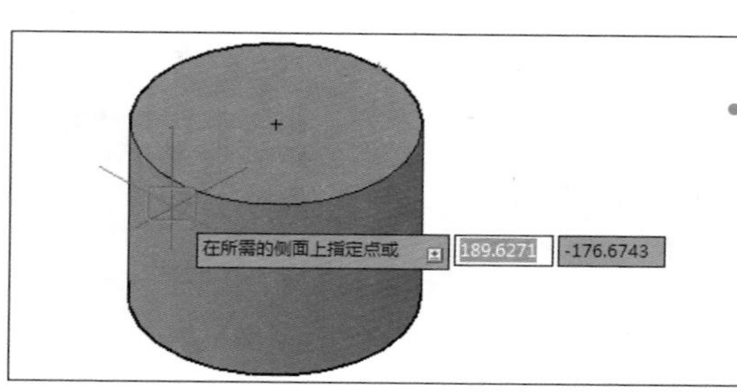

STEP 06

在需要保留的侧面上单击插入点。

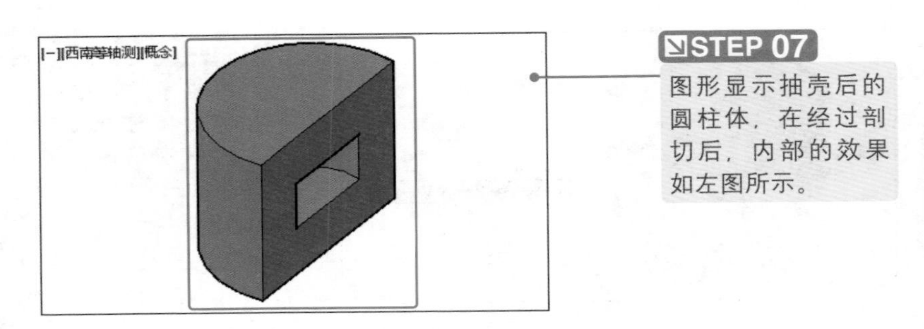

STEP 07

图形显示抽壳后的圆柱体，在经过剖切后，内部的效果如左图所示。

8.1.3 分割三维实体

使用三维编辑命令中的“分割”命令可以将具有多个不连续部分的三维实体对象分割为独立的三维实体。具体操作方法如下。

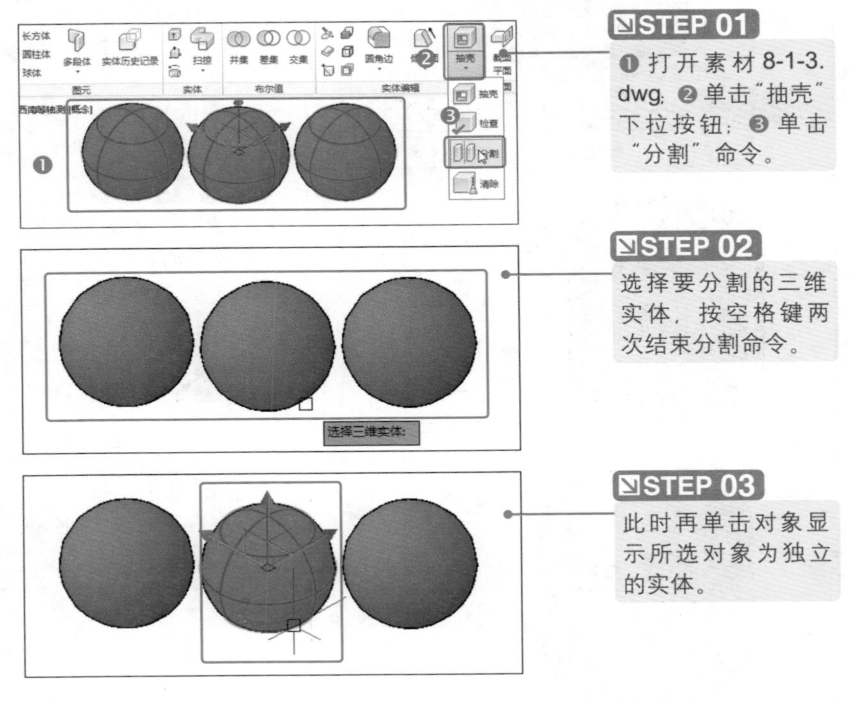

STEP 01

❶ 打开素材 8-1-3. dwg；❷ 单击“抽壳”下拉按钮；❸ 单击“分割”命令。

STEP 02

选择要分割的三维实体，按空格键两次结束分割命令。

STEP 03

此时再单击对象显示所选对象为独立的实体。

温馨提示：

分割命令只对由两个或两个以上不连续部分组成的三维实体有效，有相接或相融部分的由多个对象组成的对象不能使用分割命令。

8.2 编辑实体边对象

在 AutoCAD 2015 中，除了可以对三维实体对象进行相应编辑修改外，也可以对实体对象的边进行编辑修改；本小节主要讲解编辑实体边各命令的相关内容。

光盘同步文件

素材文件：光盘 \ 原始文件 \ 无

结果文件：光盘 \ 结果文件 \ 第 8 章 \ 新手入门 \

教学文件：光盘 \ 视频教学 \ 第 8 章 \ 新手入门 \8-2.mp4

8.2.1 压印实体边

使用“压印”命令可以将二维几何图形压印到三维实体上，从而在对象的某一平面上创建更多的边。具体操作方法如下。

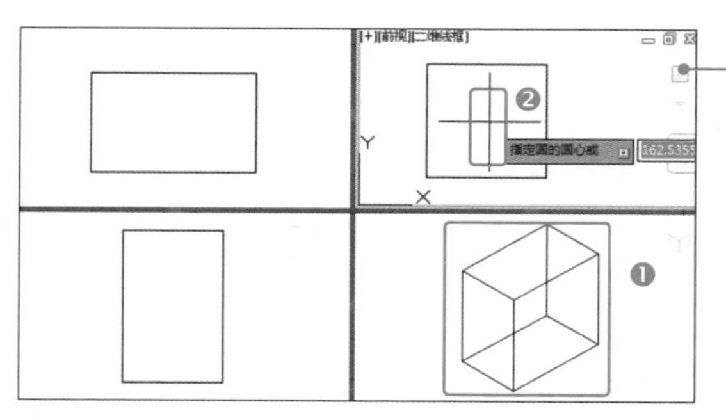

STEP 01

❶ 绘制一个长方体；❷ 在前视图中输入并执行 C（圆）命令，单击指定圆心并绘制圆。

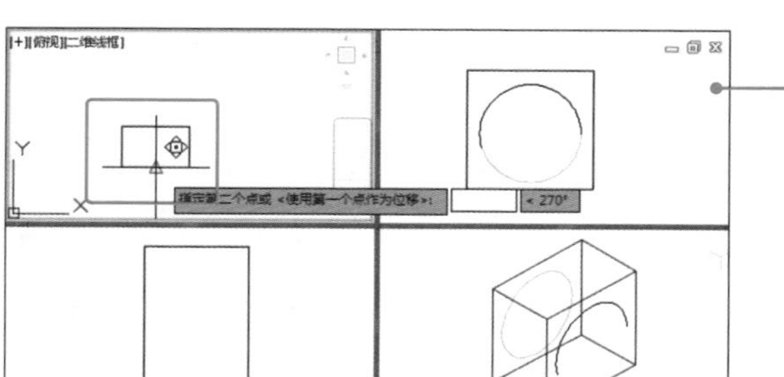

STEP 02

使用移动命令 M 在俯视图中将绘制的圆移动到长方体正面的中心位置。

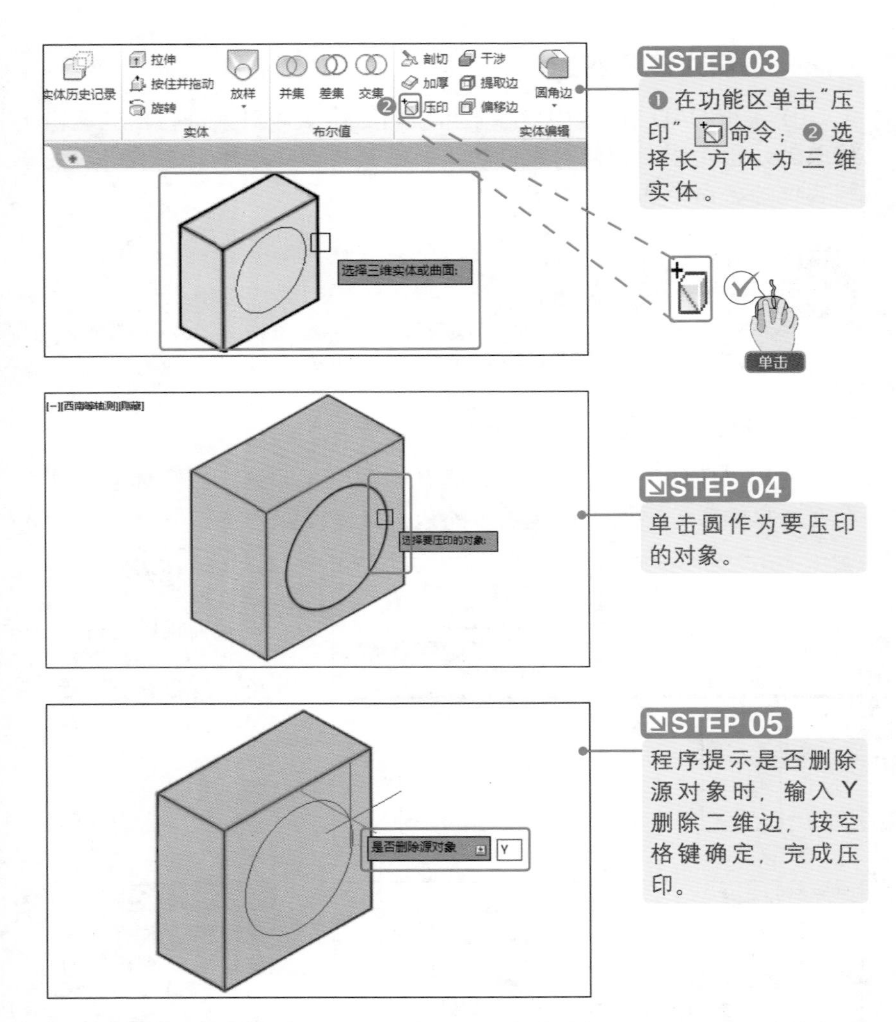

8.2.2 圆角实体边

使用“圆角边”命令可以为三维实体对象的边制作圆角。操作中可以选择多条边，输入圆角半径值或单击并拖动圆角夹点。具体操作方法如下。

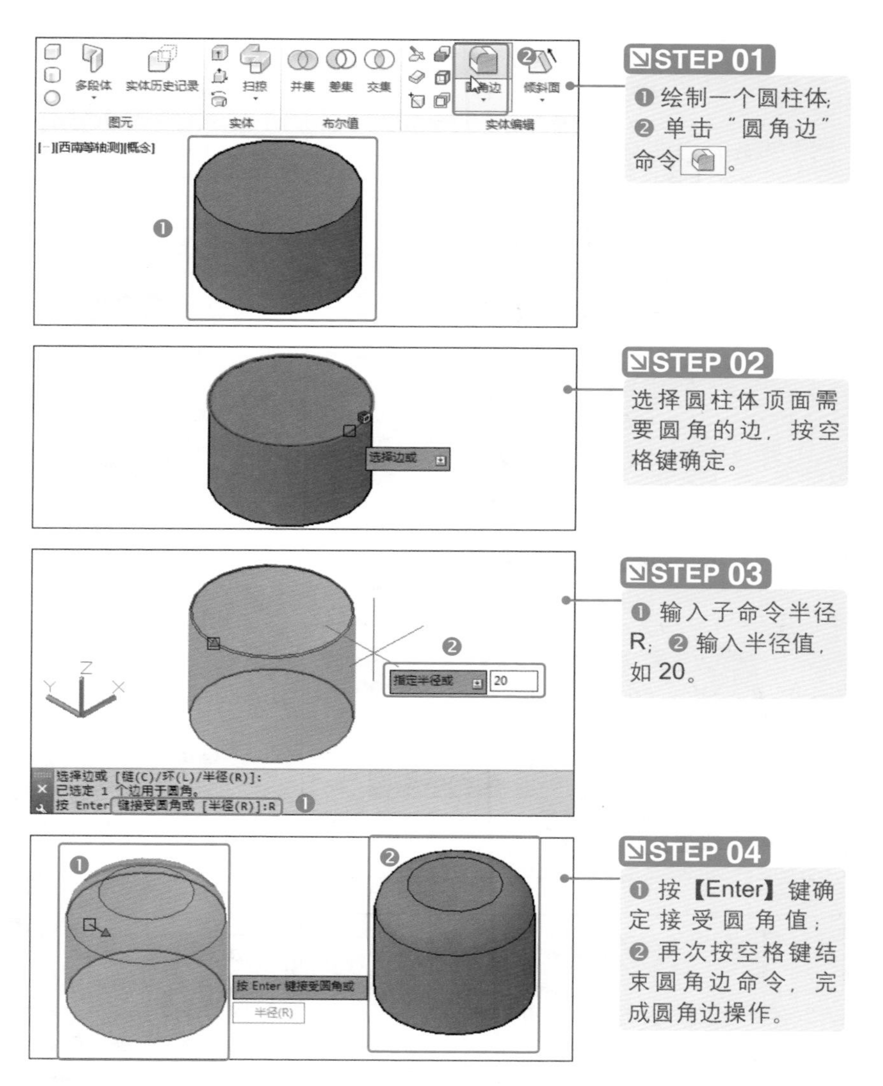

8.2.3 倒角实体边

使用“倒角边”命令可以为三维实体对象的边制作倒角。操作中可以同时选择属于相同面的多条边，输入倒角距离值，或单击并拖动倒角夹点。具体操作方法如下。

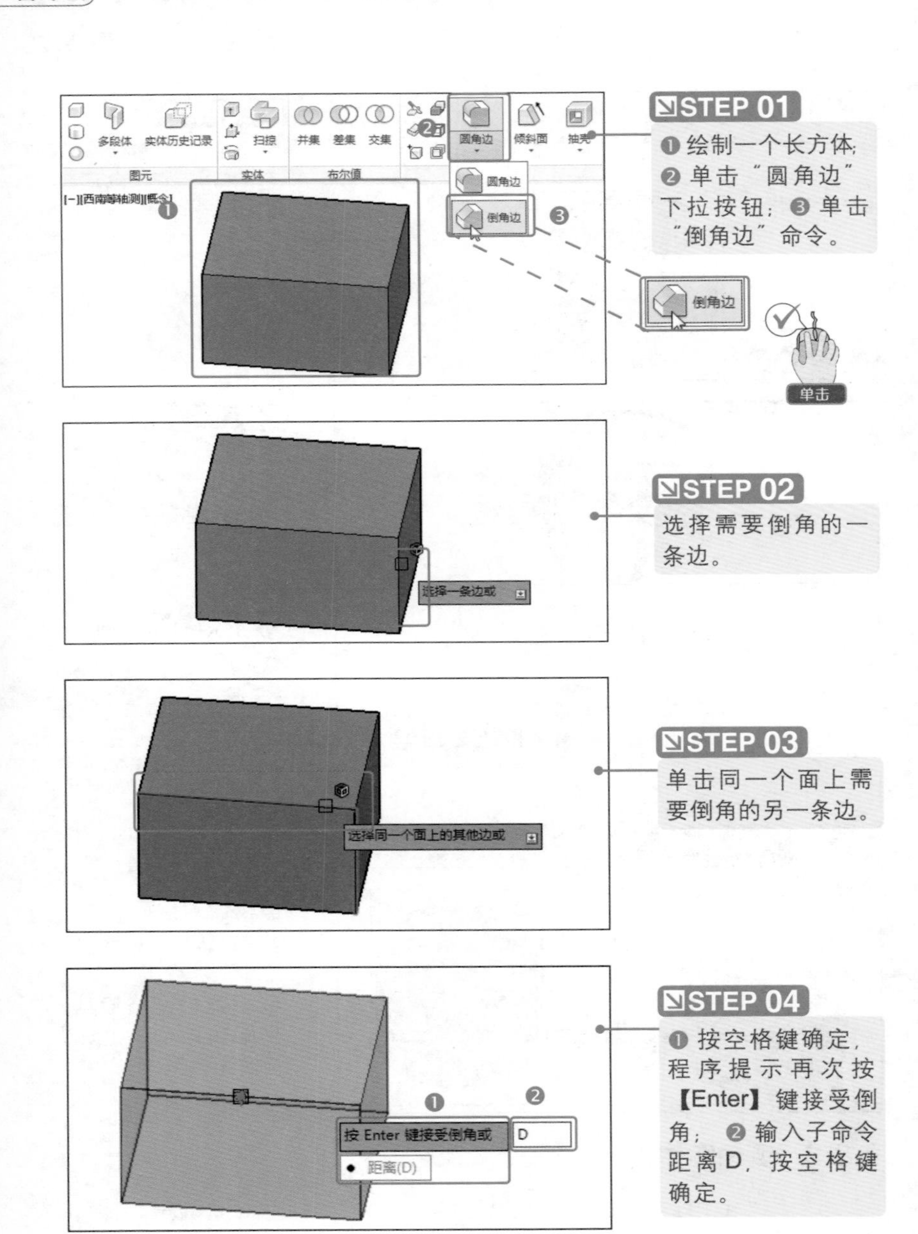
多段体
实体历史记录
扫掠
并集
差集
交集
圆角边
倾斜面
抽壳
图元
实体
布尔值
[-][西南等轴测][概念]
圆角边
倒角边
倒角边
单击
STEP 01
❶ 绘制一个长方体；❷ 单击“圆角边”下拉按钮；❸ 单击“倒角边”命令。
选择一条边或
STEP 02
选择需要倒角的一条边。
选择同一个面上的其他边或
STEP 03
单击同一个面上需要倒角的另一条边。
按 Enter 键接受倒角或
距离(D)
D
STEP 04
❶ 按空格键确定，程序提示再次按【Enter】键接受倒角；❷ 输入子命令距离 D，按空格键确定。

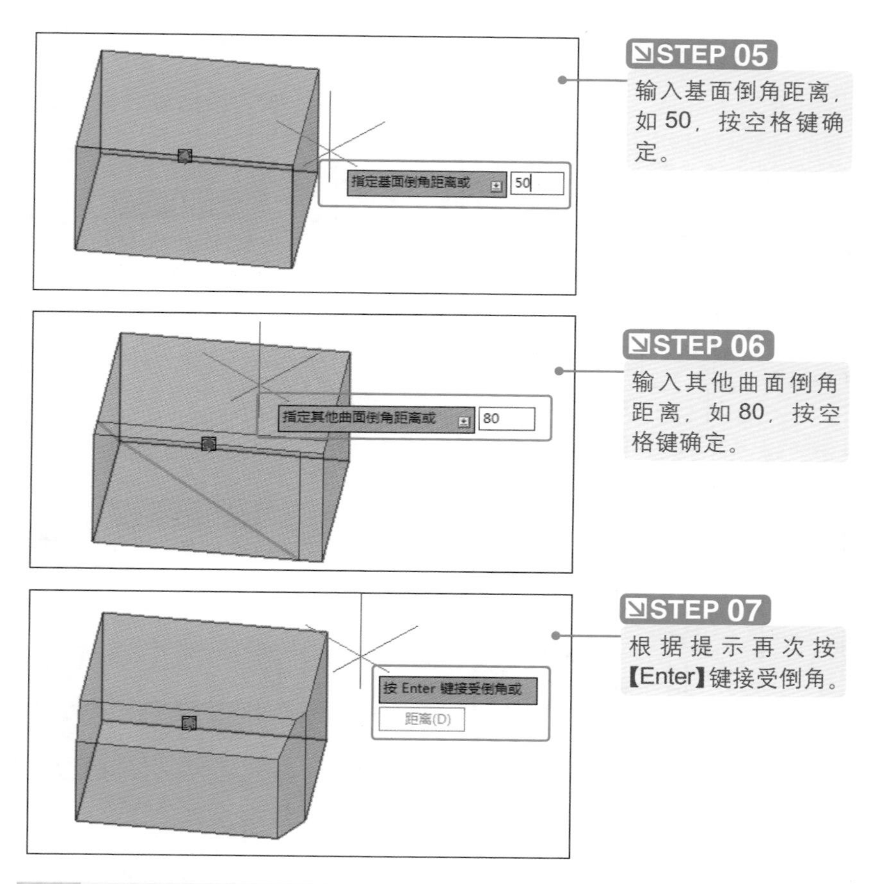

STEP 05

输入基面倒角距离，如 50，按空格键确定。

STEP 06

输入其他曲面倒角距离，如 80，按空格键确定。

STEP 07

根据提示再次按【Enter】键接受倒角。

8.3 布尔运算实体对象

布尔运算通过对两个或两个以上的三维实体对象进行并集、差集、交集的运算，从而得到新的物体形态。程序提供了 3 种布尔运算方式：并集、交集和差集。

光盘同步文件

素材文件：光盘 \ 原始文件 \ 第 8 章 \ 新手入门 \

结果文件：光盘 \ 结果文件 \ 第 8 章 \ 新手入门 \

教学文件：光盘 \ 视频教学 \ 第 8 章 \ 新手入门 \8-3.mp4

8.3.1 并集运算

使用“并集”运算可以将选定的三维实体或二维面域合并，但合并的物体必须选择类型相同的对象。具体操作方法如下。

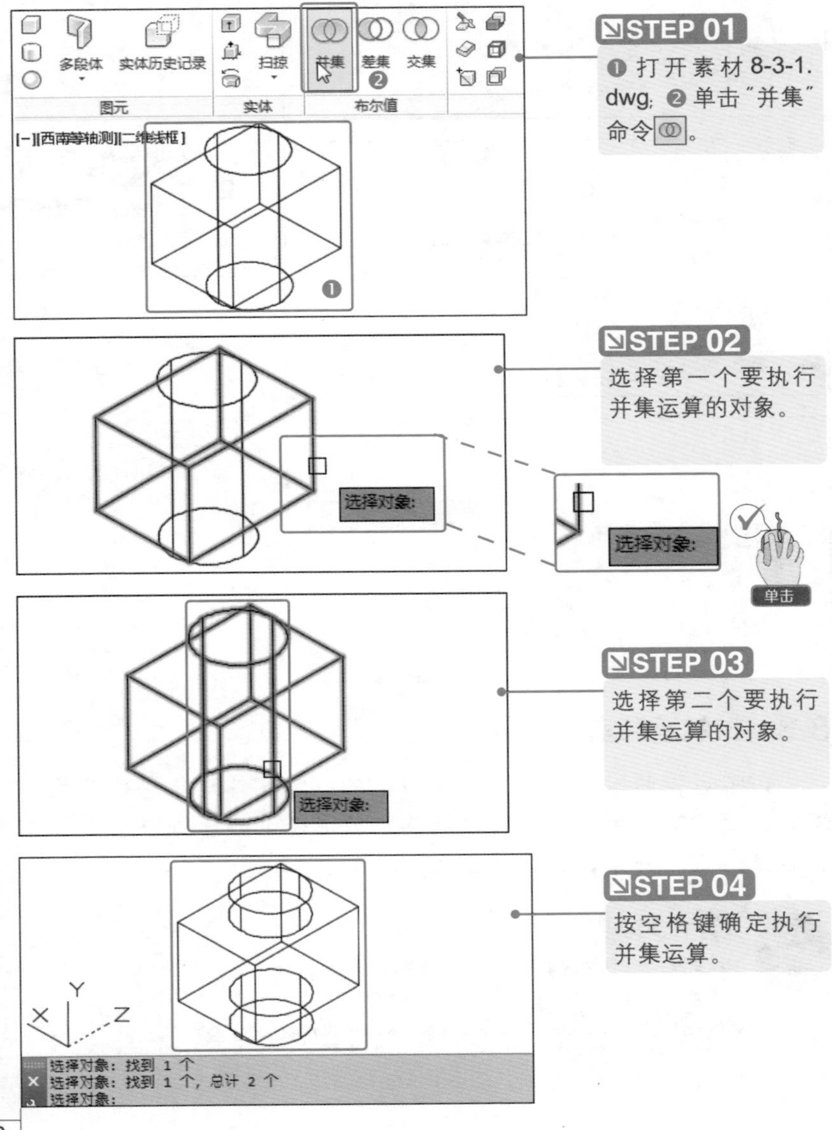

8.3.2 差集运算

差集运算可用后选择的三维实体减去先选择的三维实体，后选择的三维实体和与先选择的三维实体相交的部分一起被减去。具体操作方法如下。

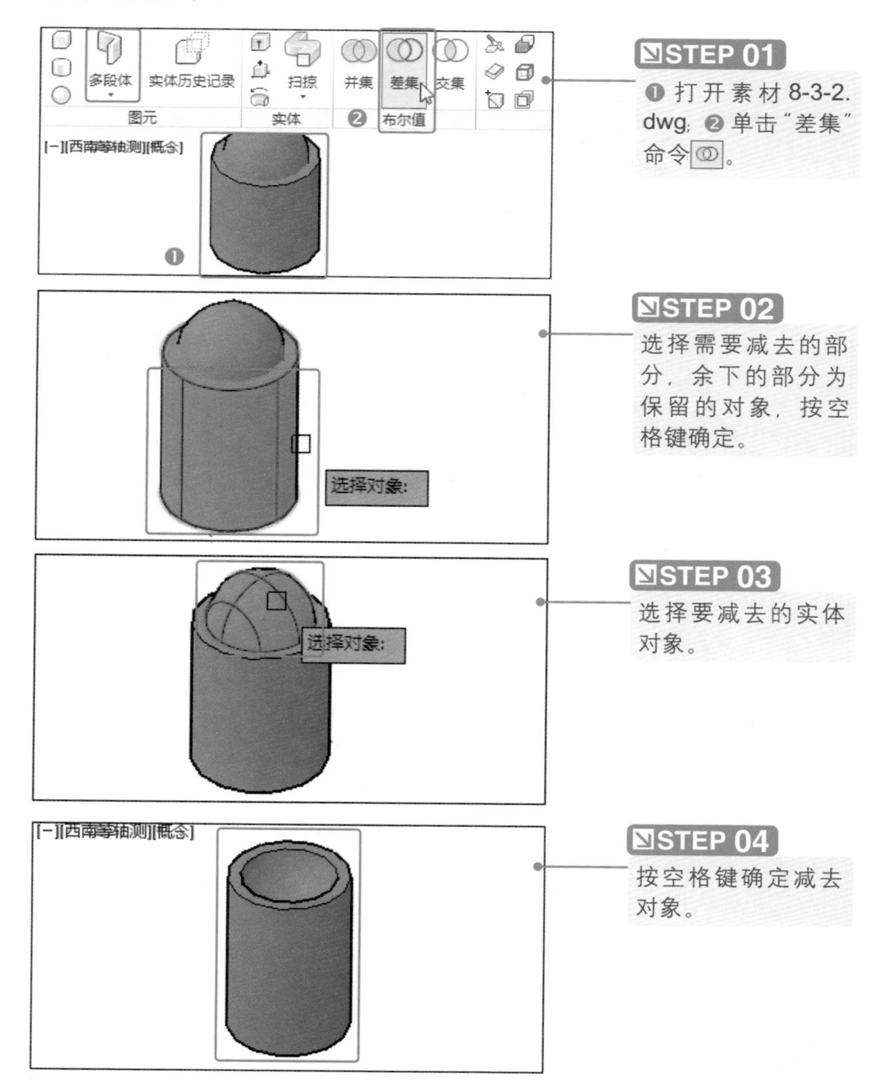

8.3.3 交集运算

使用交集运算可以从选定的重叠实体或面域中创建新的三维实体或二维面域等模型对象。具体操作方法如下。

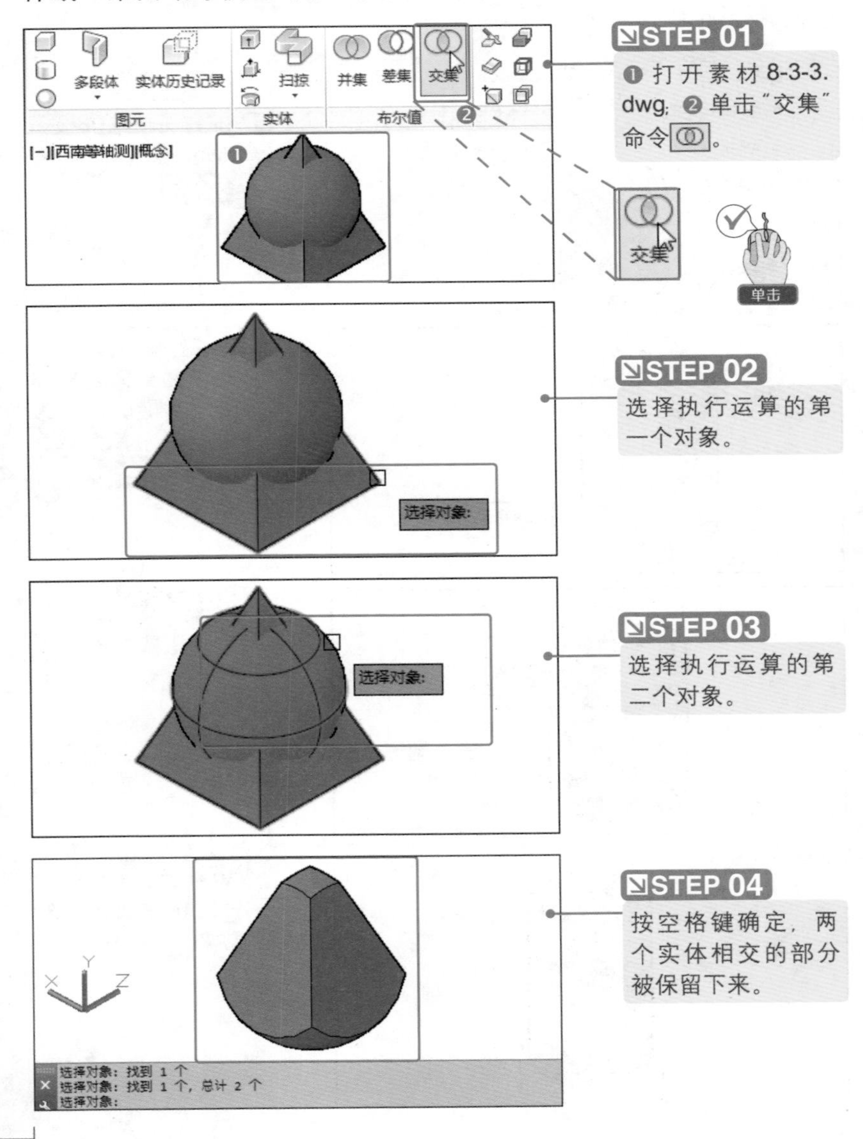

STEP 01 ❶ 打开素材 8-3-3.dwg; ❷ 单击“交集”命令。

STEP 02 选择执行运算的第一个对象。

STEP 03 选择执行运算的第二个对象。

STEP 04 按空格键确定，两个实体相交的部分被保留下来。

新手提高——实用技巧

通过前面编辑三维实体对象及布尔运算的学习，相信初学者已经学会并掌握了相关知识。下面，介绍一些新手提高的技能知识。

光盘同步文件

教学文件：光盘\视频教学\第8章\新手提高\实用技巧.mp4

NO.1 加厚三维对象

使用“加厚”命令可以加厚曲面，从而把它转换成实体。只能将该命令用于由平面曲面、拉伸、扫掠、放样或者旋转命令等创建的曲面对象。其操作方法如下。

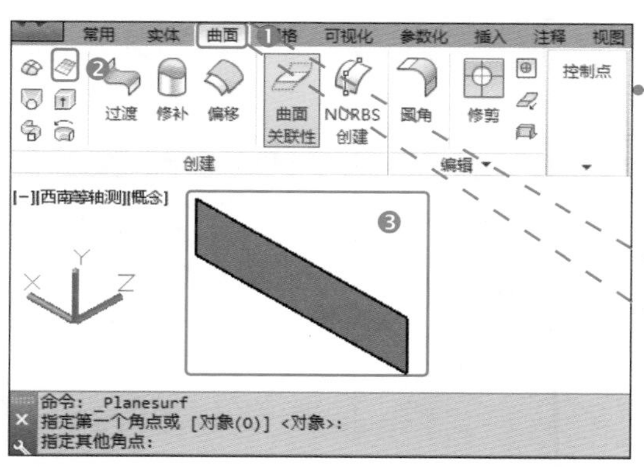

STEP 01

❶ 单击“曲面”选项卡；❷ 单击“平面”命令；❸ 在绘图区绘制一个平面。

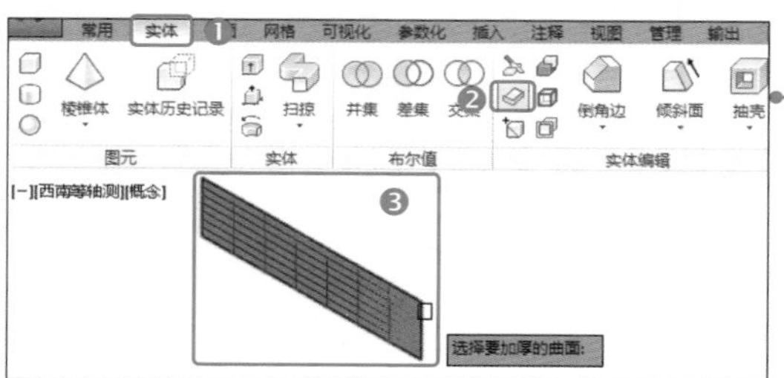

❶ 单击“实体”选项卡；❷ 单击“加厚”命令；❸ 选择要加厚的曲面，按空格键确定。

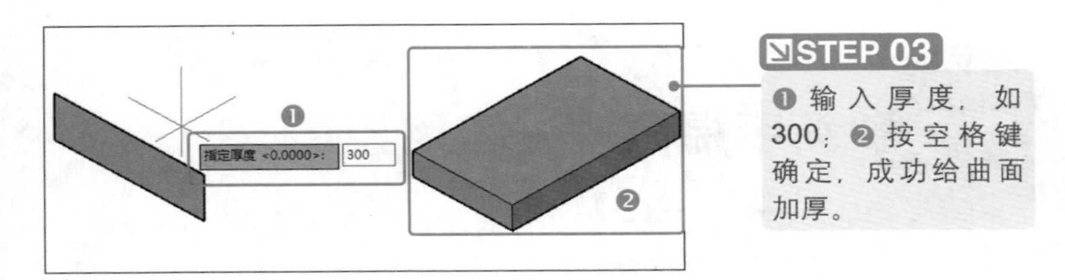

NO.2　提取三维对象边

在 AutoCAD 2015 中，可以通过提取曲面或者面域的边将其转换为线框对象。其操作方法如下。

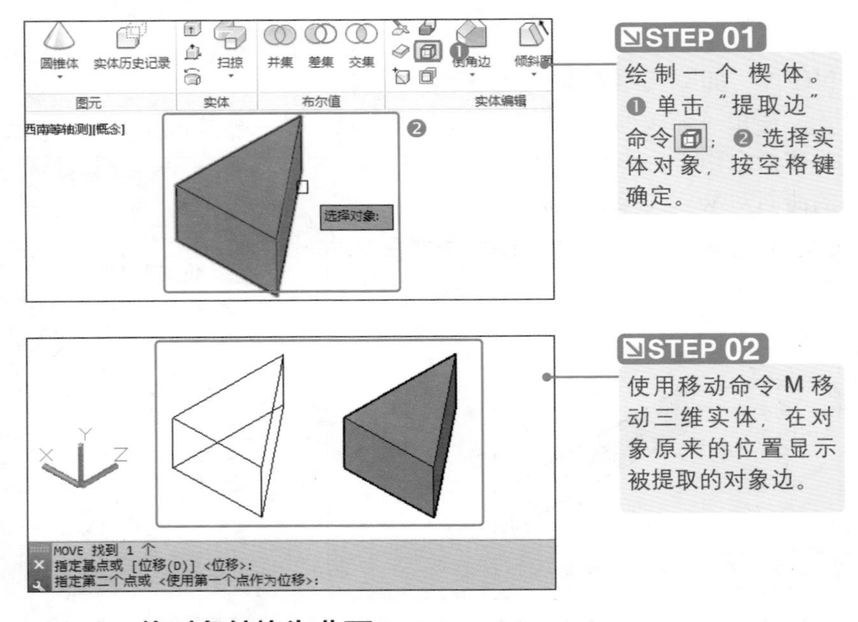

NO.3　将对象转换为曲面

将对象转换为曲面命令可以将二维图形和三维实体对象转换为曲面对象。将对象转换为曲面时，可指定结果对象是平滑的还是有镶嵌面的。具体操作方法如下。

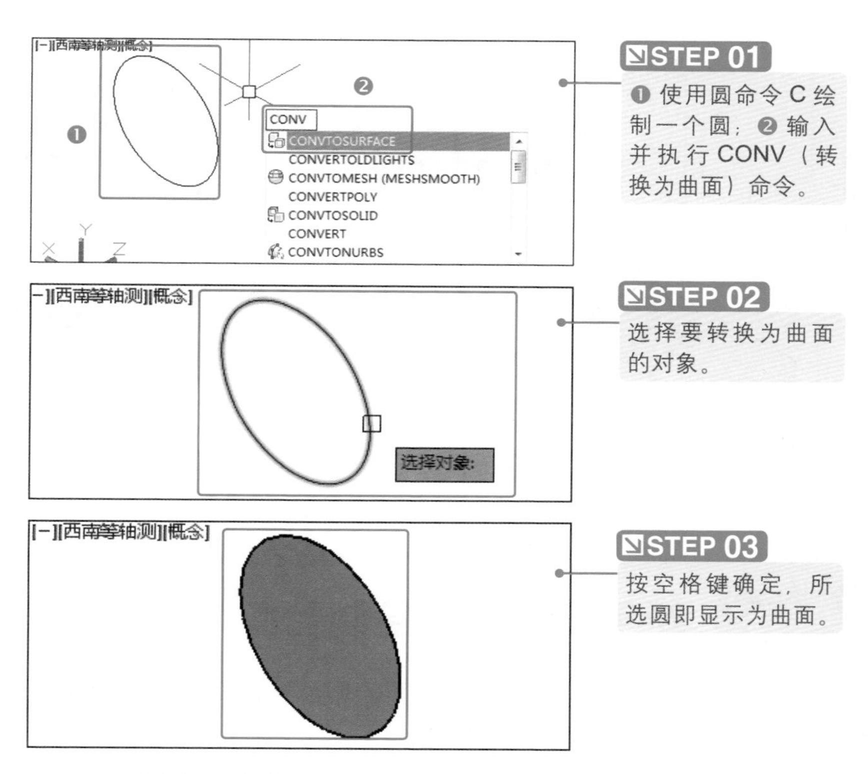

STEP 01

❶ 使用圆命令 C 绘制一个圆；❷ 输入并执行 CONV（转换为曲面）命令。

STEP 02

选择要转换为曲面的对象。

STEP 03

按空格键确定，所选圆即显示为曲面。

NO.4　创建平移曲面对象

使用“平移曲面”命令可以创建平移曲面。在创建平移曲面时，用户需要先确定被平移的对象和作为方向矢量的对象。具体操作方法如下。

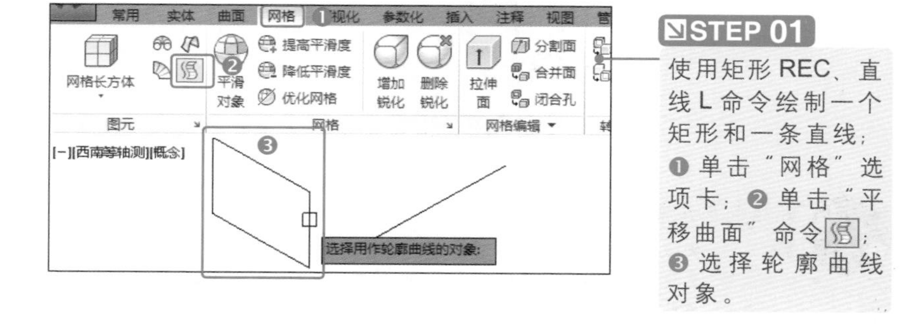

STEP 01

使用矩形 REC、直线 L 命令绘制一个矩形和一条直线；❶ 单击“网格”选项卡；❷ 单击“平移曲面”命令；❸ 选择轮廓曲线对象。

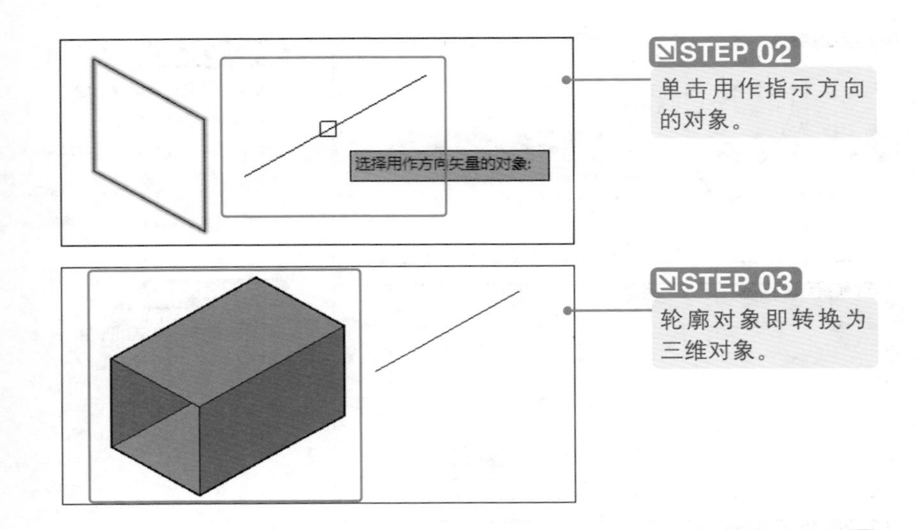

STEP 02

单击用作指示方向的对象。

STEP 03

轮廓对象即转换为三维对象。

Lesson 03 新手实训——绘制台阶

现结合本章知识点，安排绘制台阶的实训，巩固和拓展本章所学的内容。

实例效果

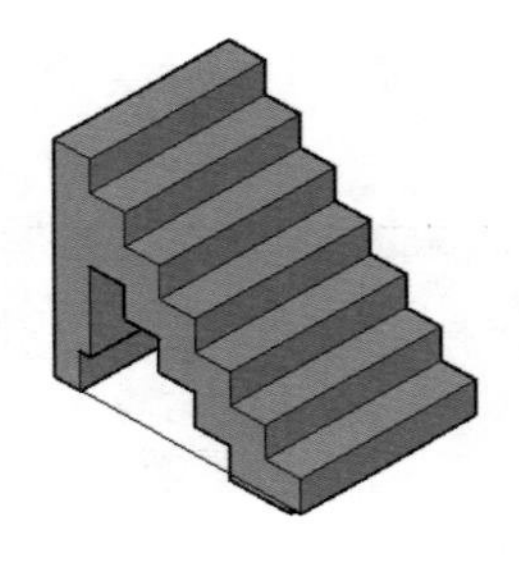

光盘同步文件

素材文件：光盘 \ 原始文件 \ 无

结果文件：光盘 \ 结果文件 \ 第 8 章 \ 新手实训 \ 绘制台阶 .dwg

教学文件：光盘 \ 视频教学 \ 第 8 章 \ 新手实训 \ 绘制台阶 .mp4

制作步骤

分析销售统计时，需要对表中的数据进行排序、筛选以及对筛选出的数据进行汇总等操作，具体方法如下。

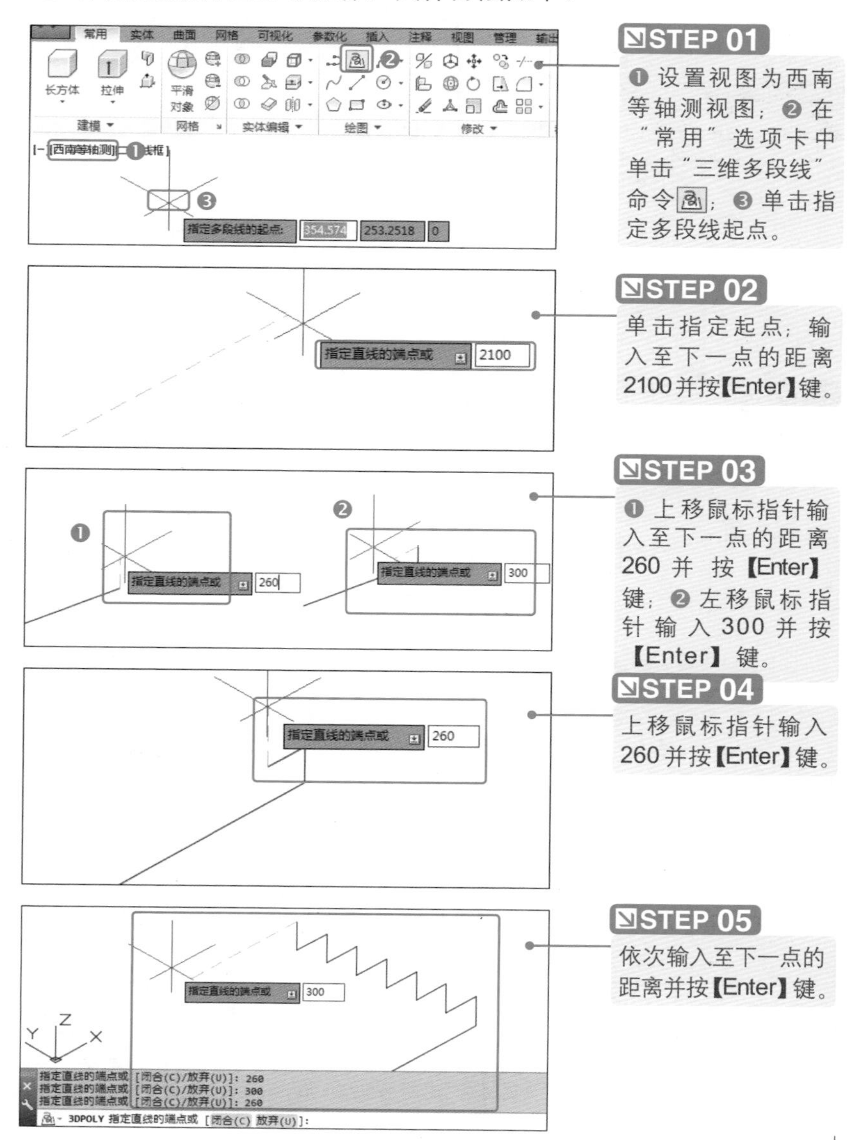

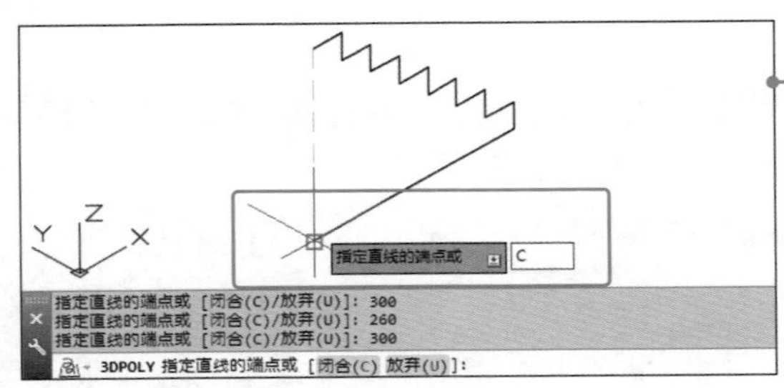

STEP 06

至起点处时，输入子命令闭合C，按【Enter】键确定，完成三维多段线的绘制。

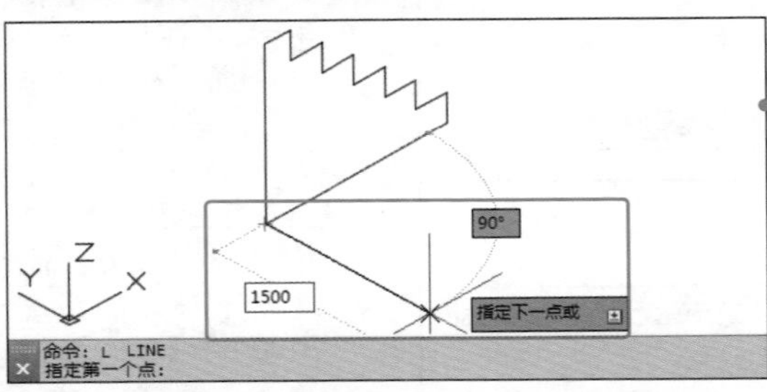

STEP 07

使用Line（直线）命令绘制一条长度为1500mm的直线。

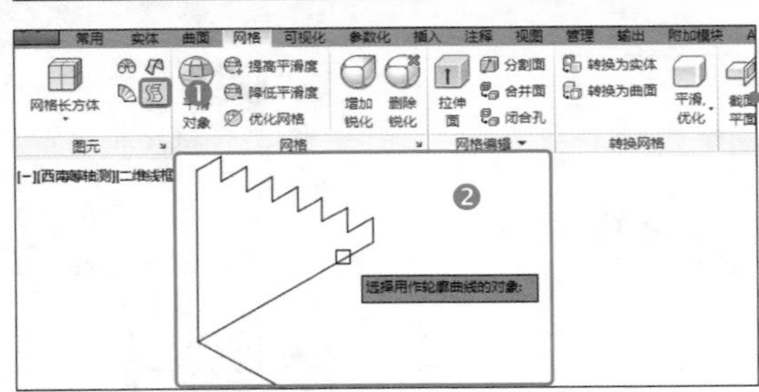

STEP 08

❶ 单击“平移曲面”命令；❷ 选择多段线作为轮廓曲线的对象。

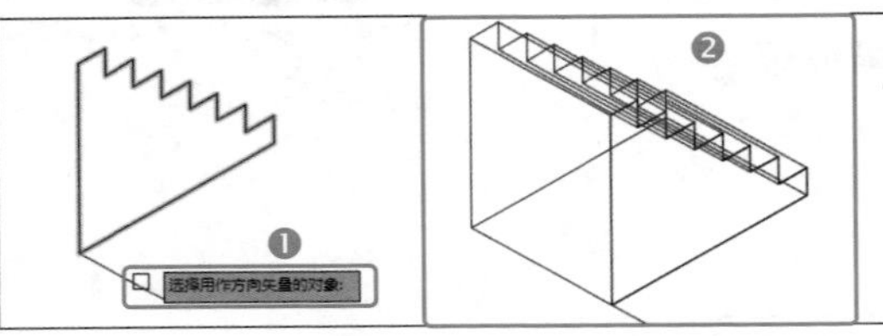

STEP 09

❶ 选择直线用作方向矢量的对象；❷ 对象显示为三维实体。

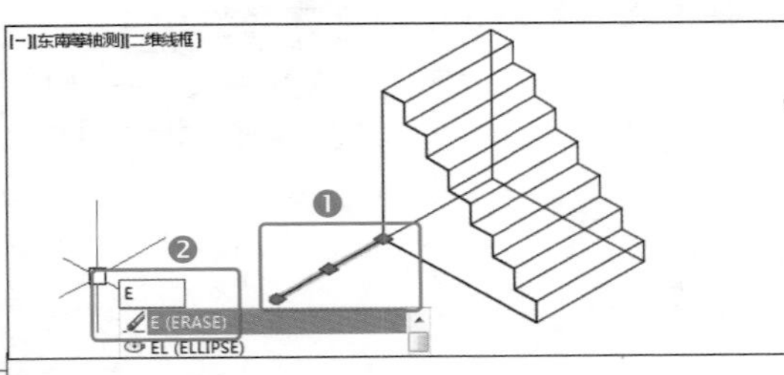

STEP 10

设置视图为东南等轴测图，❶ 选择直线；❷ 输入并执行E（删除）命令，删除直线。

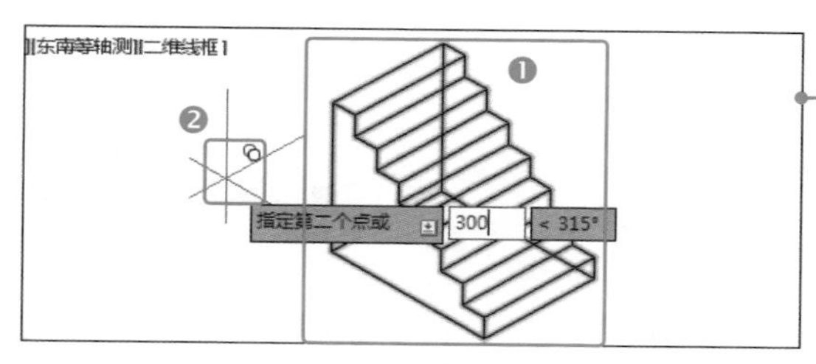

STEP 11

❶ 选择对象，输入并执行CO（复制）命令；❷ 单击指定基点，下移十字光标输入至第二点的距离300，按空格键两次。

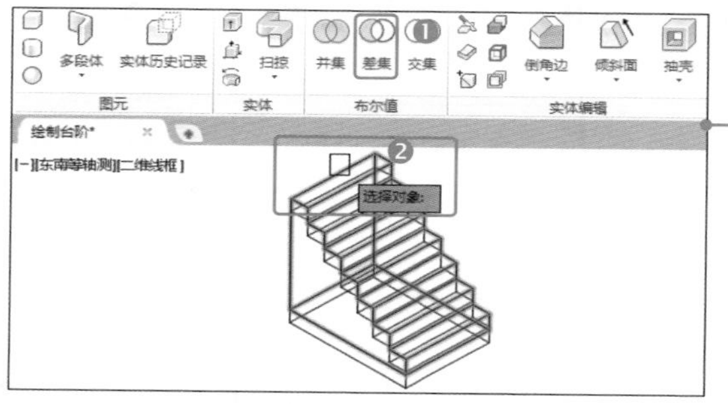

STEP 12

❶ 单击“差集”命令；❷ 选择减去一部分其余部分保留的对象，按空格键确定。

网格 - 转换为三维实体或曲面？

选择集中的网格对象不支持 SLICE 命令。希望执行什么操作？

AutoCAD 可以尝试将选择集中的网格对象转换为三维实体或曲面对象，然后继续当前的操作。闭合的网格将转换为实体。开放的网格将转换为曲面。

➜ 从选择集中过滤网格对象
完成该操作后，选择集中将仅留下有效对象。

➜ 将选定的对象转换为平滑三维实体或曲面

➜ 将选定的对象转换为镶嵌面的三维实体或曲面

☐ 始终从选择集中过滤网格对象　　取消

STEP 13

在打开的对话框中单击“将选定的对象转换为镶嵌面的三维实体或曲面。

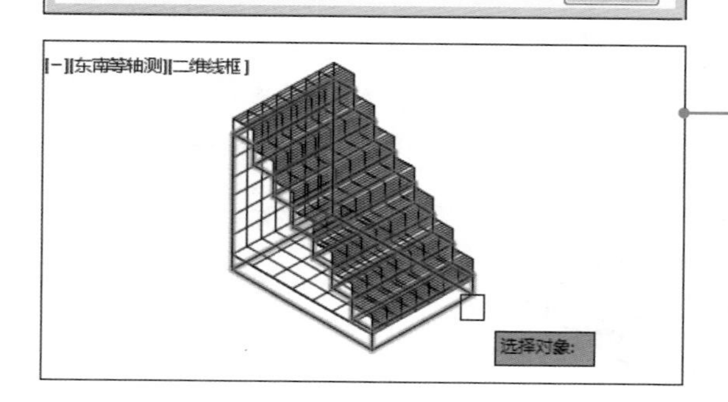

STEP 14

选择要被减去的对象，按空格键确定；在打开的对话框中单击“将选定的对象转换为镶嵌面的三维实体或曲面。

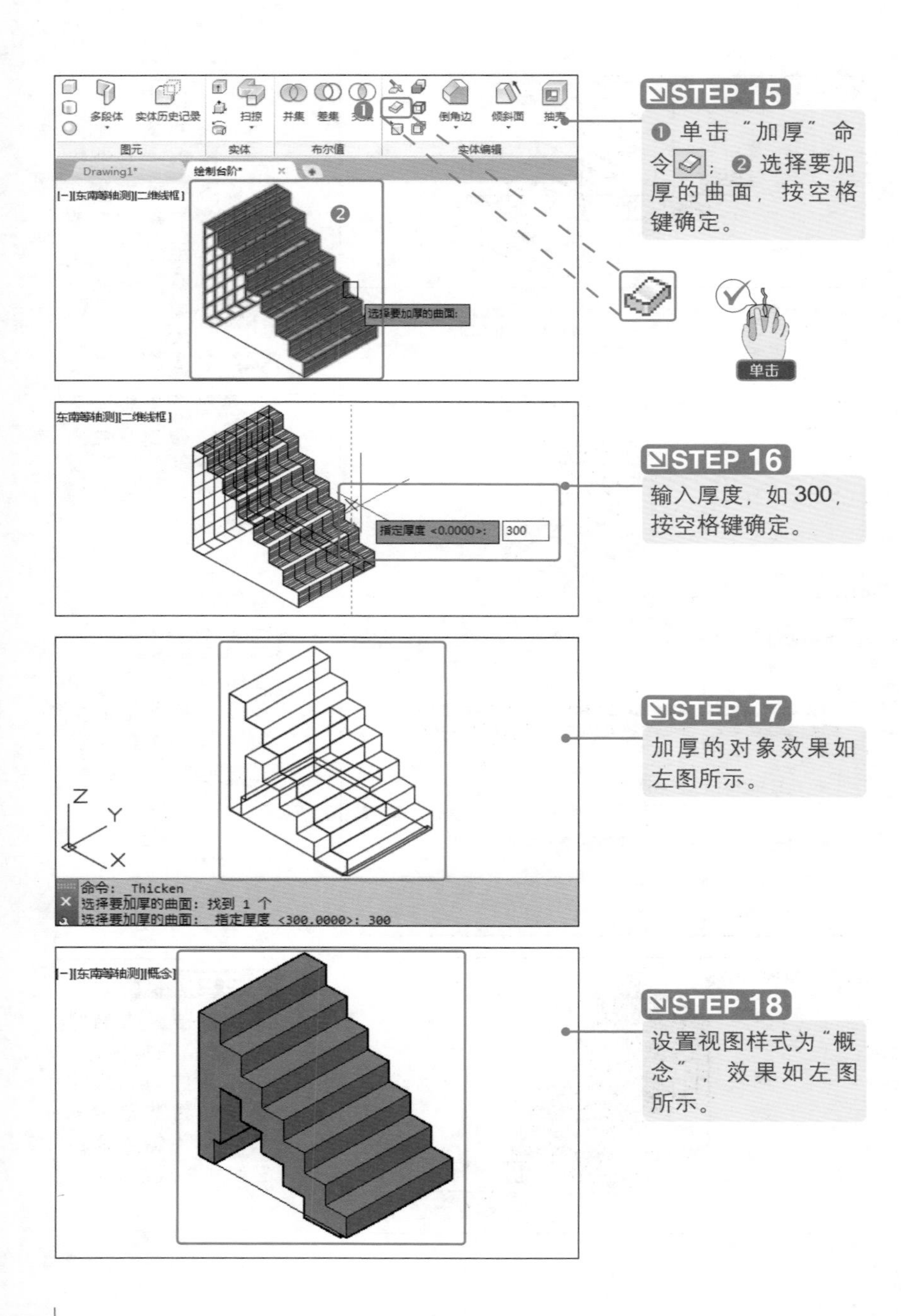
多段体
实体历史记录
扫掠
并集
差集
倒角边
倾斜面
抽壳
图元
实体
布尔值
实体编辑
Drawing1*
绘制台阶*
[-][东南等轴测][二维线框]
选择要加厚的曲面:
单击
STEP 15
❶ 单击“加厚”命令；❷ 选择要加厚的曲面，按空格键确定。
东南等轴测][二维线框]
指定厚度 <0.0000>:
300
STEP 16
输入厚度，如 300，按空格键确定。
Z
Y
X
命令: _Thicken
选择要加厚的曲面: 找到 1 个
选择要加厚的曲面: 指定厚度 <300.0000>: 300
STEP 17
加厚的对象效果如左图所示。
[-][东南等轴测][概念]
STEP 18
设置视图样式为“概念”，效果如左图所示。

Chapter 09 动画、灯光、材质与渲染

关于本章：

在 AutoCAD 2015 中，不仅可以创建二维图形和三维图形，也可以创建动画。在完成模型的创建以后，还能使用灯光及渲染将模型对象存储为图片并输出打印。

知识要点

掌握 AutoCAD 2015 制作动画的方法

掌握 AutoCAD 2015 设置灯光的方法

掌握 AutoCAD 2015 设置材质的方法

掌握渲染图形的方法

效果展示

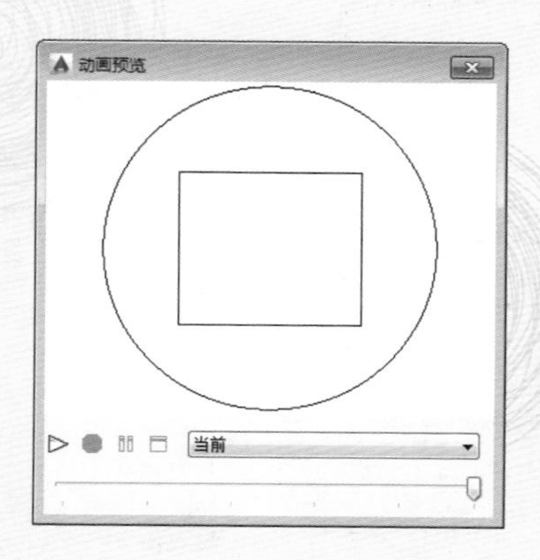

Lesson 01

新手入门——必学基础

本节内容是新手入门的相关知识，在本节中将介绍制作动画、设置灯光、设置材质和渲染图形等相关内容。

9.1 制作动画

创建动画主要使用“运动路径动画”命令，对象包括直线、圆弧、椭圆弧、椭圆、圆、多段线、三维多段线或样条曲线。

光盘同步文件

素材文件：光盘\原始文件\第 9 章\新手入门\

结果文件：光盘\结果文件\第 9 章\新手入门\

教学文件：光盘\视频教学\第 9 章\新手入门\9-1.mp4

9.1.1 剖切三维实体

创建动画主要使用“运动路径动画”命令，对象包括直线、圆弧、椭圆弧、椭圆、圆、多段线、三维多段线或样条曲线等。具体操作方法如下。

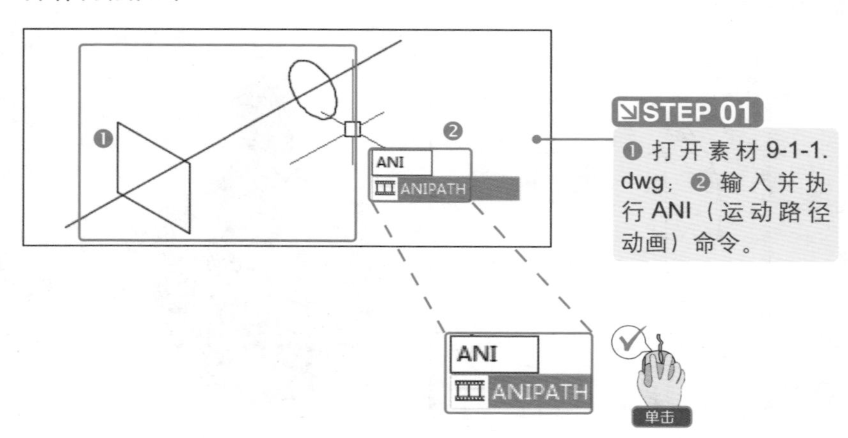

STEP 01

❶ 打开素材 9-1-1.dwg；❷ 输入并执行 ANI（运动路径动画）命令。

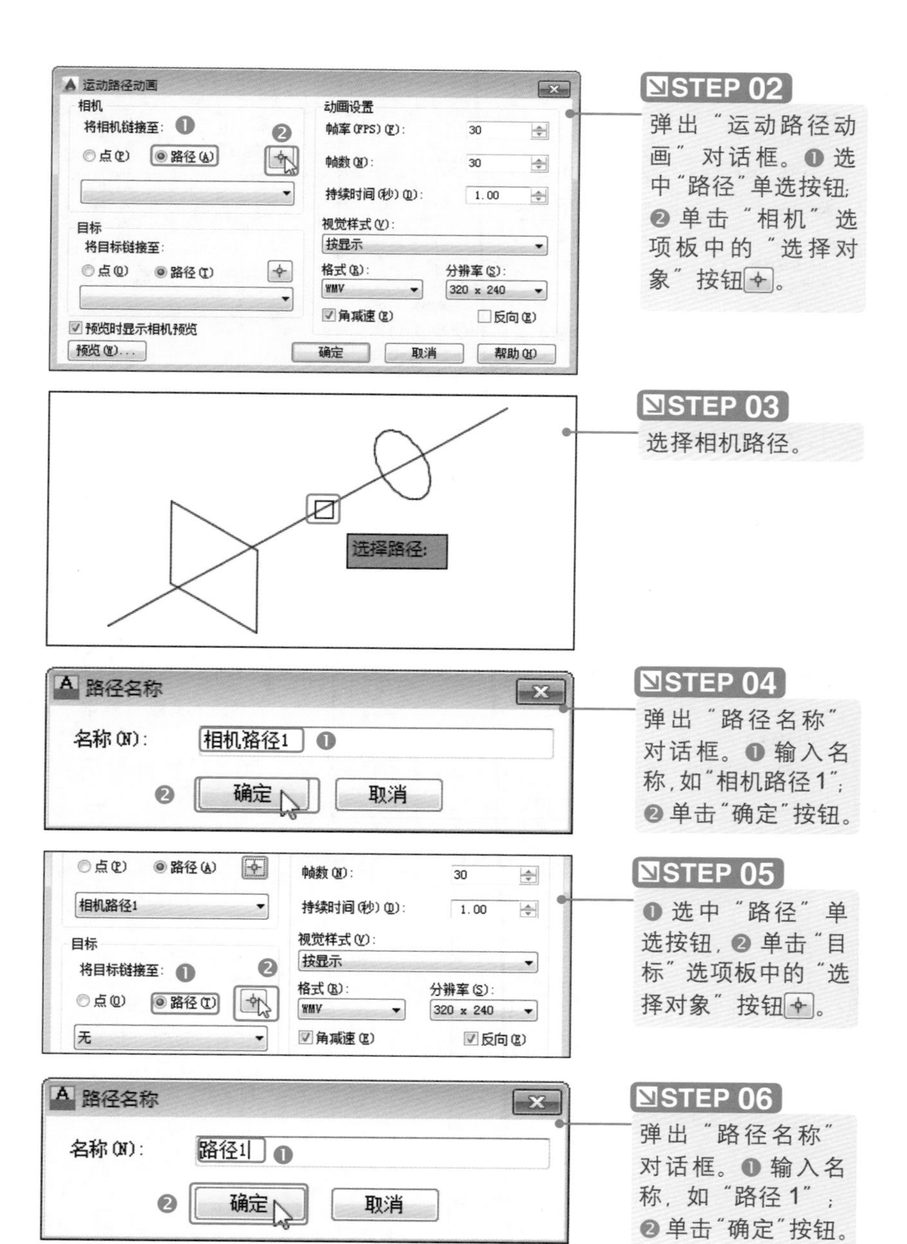
运动路径动画
相机
将相机链接至:
点(P)
路径(A)
目标
将目标链接至:
点(O)
路径(T)
预览时显示相机预览
预览(W)...
动画设置
帧率(FPS)(F):
30
帧数(N):
30
持续时间(秒)(D):
1.00
视觉样式(V):
按显示
格式(R):
WMV
分辨率(S):
320 x 240
角减速(E)
反向(E)
确定
取消
帮助(H)
STEP 02
弹出“运动路径动画”对话框。❶选中“路径”单选按钮;❷单击“相机”选项板中的“选择对象”按钮。
选择路径:
STEP 03
选择相机路径。
路径名称
名称(N):
相机路径1
确定
取消
STEP 04
弹出“路径名称”对话框。❶输入名称,如“相机路径1”;❷单击“确定”按钮。
相机路径1
无
STEP 05
❶选中“路径”单选按钮,❷单击“目标”选项板中的“选择对象”按钮。
路径名称
名称(N):
路径1
确定
取消
STEP 06
弹出“路径名称”对话框。❶输入名称,如“路径1”;❷单击“确定”按钮。

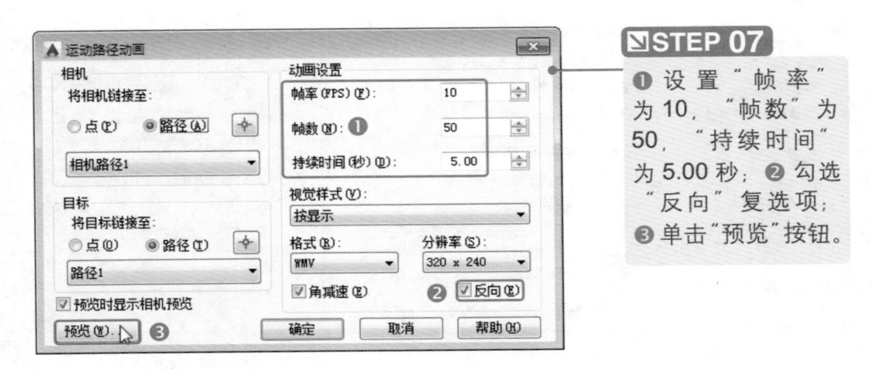

STEP 07

❶设置“帧率”为10，“帧数”为50，“持续时间”为5.00秒；❷勾选“反向”复选项；❸单击“预览”按钮。

9.1.2 动画设置

在“运动路径动画”对话框的右侧，是动画设置的相关内容；调整其中的选项，可以改变动画效果。具体操作方法如下。

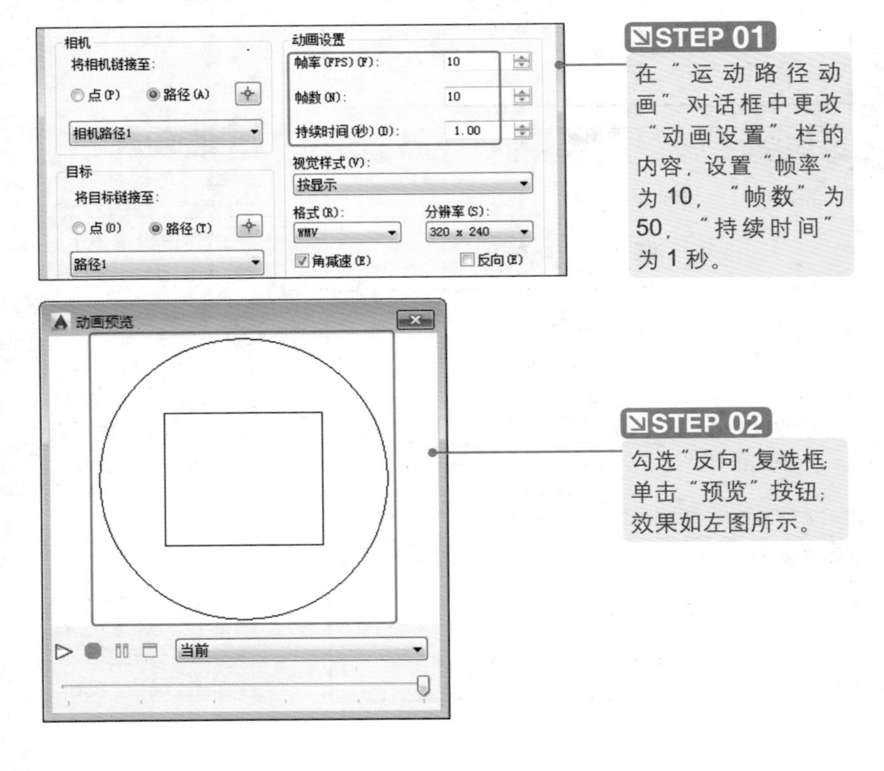

STEP 01

在“运动路径动画”对话框中更改“动画设置”栏的内容，设置“帧率”为10，“帧数”为50，“持续时间”为1秒。

STEP 02

勾选“反向”复选框，单击“预览”按钮，效果如左图所示。

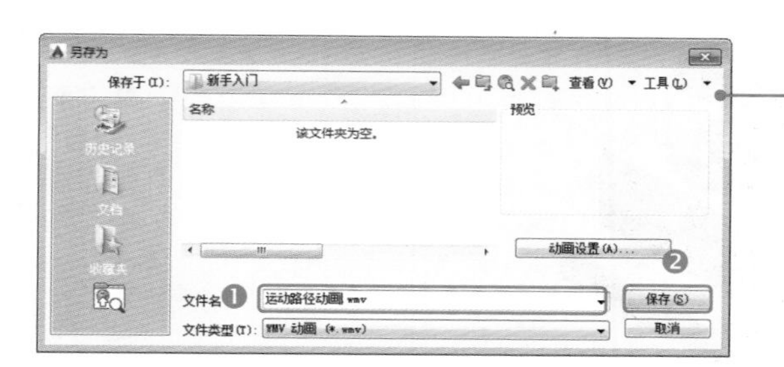

STEP 03

关闭“动画预览”对话框，单击“确定”按钮。❶在“文件名”后的文本框中输入文件名；❷单击“保存”按钮。

9.2 设置灯光

在 AutoCAD 2015 中，用户可以根据需要创建相应的光源，本节将对灯光进行详细的介绍。

光盘同步文件

素材文件：光盘 \ 原始文件 \ 第 9 章 \ 新手入门 \

结果文件：光盘 \ 结果文件 \ 第 9 章 \ 新手入门 \

教学文件：光盘 \ 视频教学 \ 第 9 章 \ 新手入门 \9-2.mp4

9.2.1 新建点光源

创建点光源是指从其位置向所有方向发射光线，可以使用点光源来获得基本照明效果。具体操作方法如下。

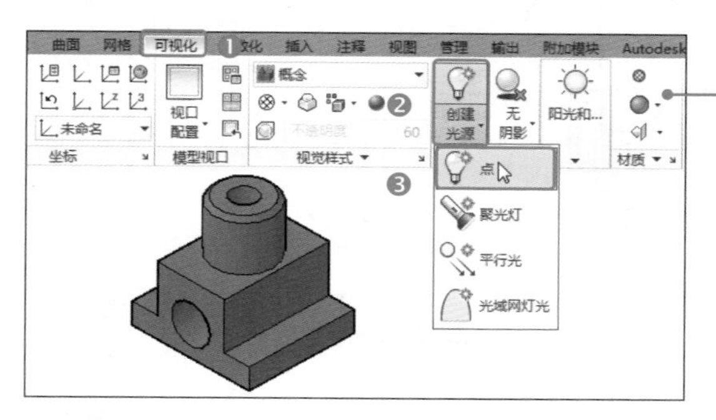

STEP 01

打开素材 9-2-1.dwg；❶单击“可视化”选项卡；❷在“光源”面板中单击“创建光源”下拉按钮；❸单击“点”光源按钮。

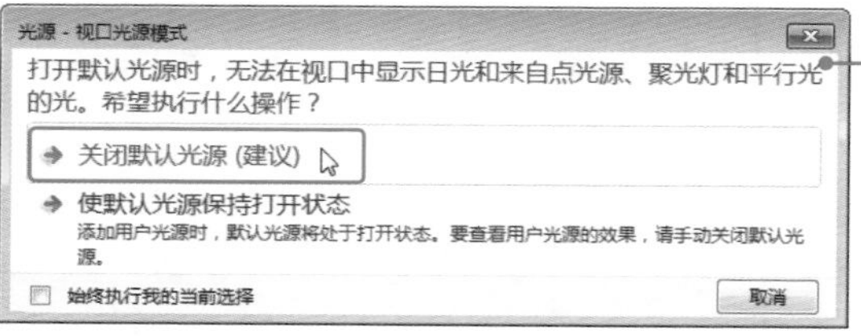

STEP 02

弹出“光源 - 视口光源模式”提示框，单击“关闭默认光源（建议）”选项。

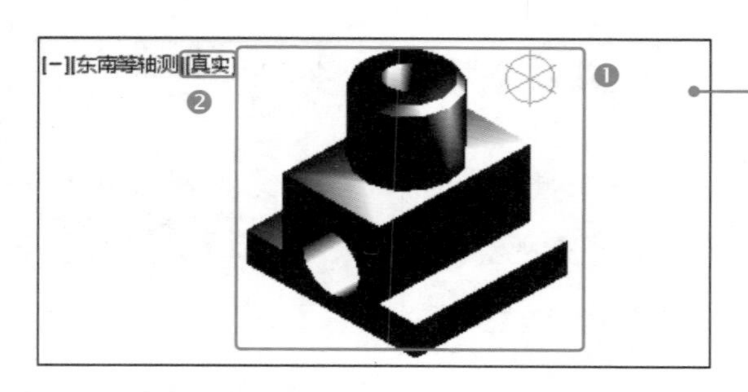

STEP 03

❶ 单击指定光源位置，按空格键确定，根据需要调整光源位置；❷ 设置视图样式为“真实”，效果如左图所示。

9.2.2 新建聚光灯

创建聚光灯是指该光源发射出一个圆锥形光柱，聚光灯分布投射一个聚集光束。具体操作方法如下。

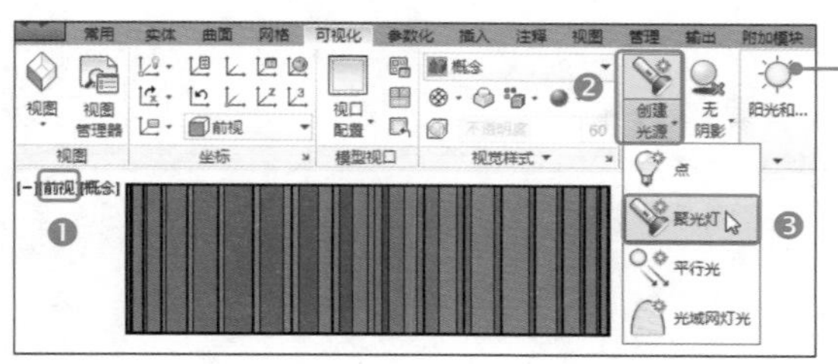

STEP 01

打开素材 9-2-2.dwg。❶ 设置视图为“前视”；❷ 单击“创建光源”下拉按钮；❸ 单击“聚光灯”按钮。

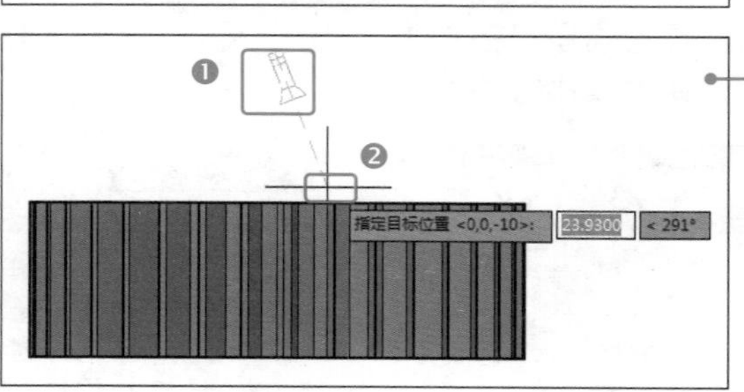

STEP 02

❶ 在绘图区单击指定光源起点；❷ 移动鼠标单击指定光源目标位置，按空格键确定。

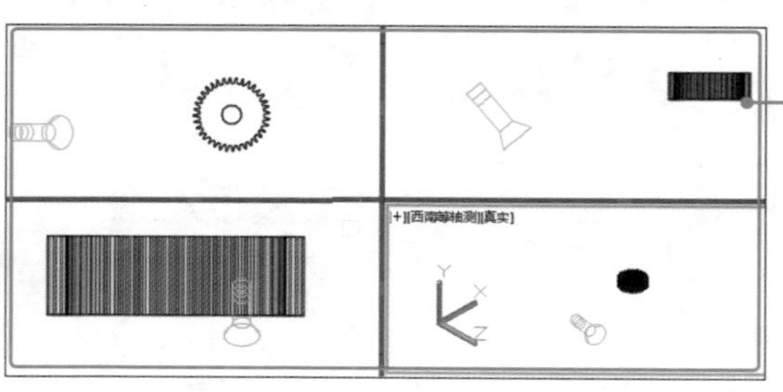

STEP 03

设置视口及视图，调整光源位置，效果如左图所示。

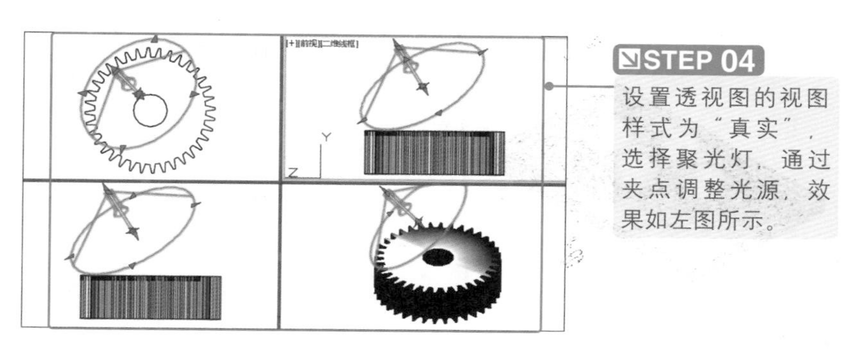

STEP 04

设置透视图的视图样式为“真实”，选择聚光灯，通过夹点调整光源，效果如左图所示。

9.2.3 编辑光源

当光源创建完成后，由于其特性都是程序默认的，在很多情况下并不适用于当前对象；在AutoCAD 2015中同样可以对光源进行编辑，使当前创建的光源符合实际使用情况。具体操作方法如下。

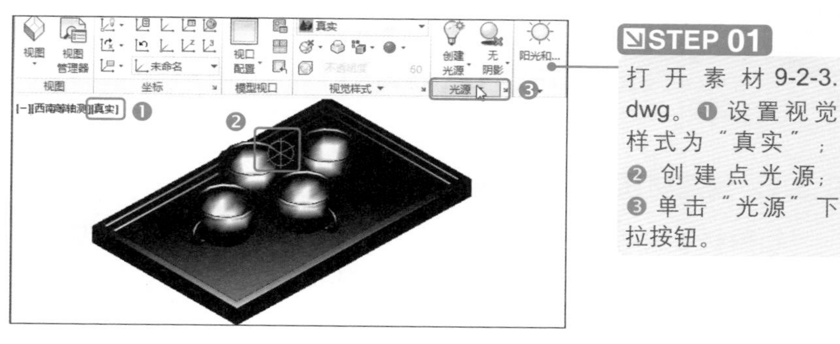

STEP 01

打开素材9-2-3.dwg。❶设置视觉样式为“真实”；❷创建点光源；❸单击“光源”下拉按钮。

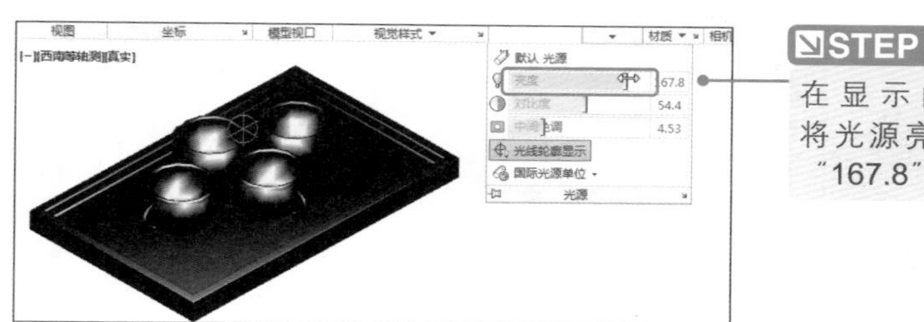

STEP 02

在显示的菜单中将光源亮度拖动至“167.8”。

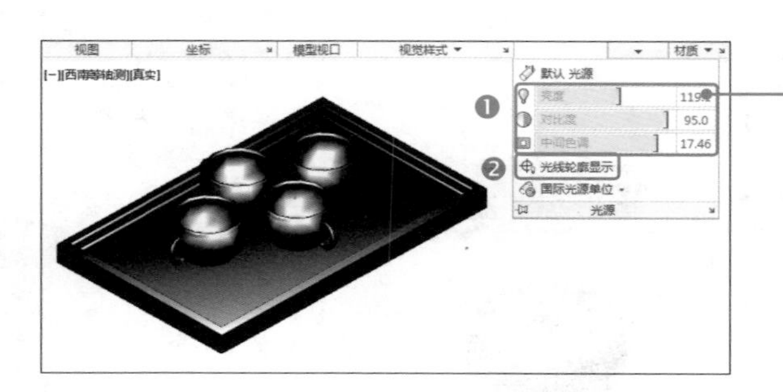

STEP 03

❶ 调整光源亮度为"119.1"，将"对比度"拖动至"95"，调整中间色为"17.46"；❷ 单击"光线轮廓显示"按钮。

9.3 设置材质

将材质添加到图形对象上，可以使其产生逼真的效果。在材质的选择过程中，不仅要了解对象本身的材质属性，还需要配合场景的实际用途、采光条件等。本节将介绍设置模型材质的方法。

光盘同步文件

素材文件：光盘\原始文件\第 9 章\新手入门\

结果文件：光盘\结果文件\第 9 章\新手入门\

教学文件：光盘\视频教学\第 9 章\新手入门\9-3.mp4

9.3.1 创建材质

使用材质编辑器可以创建材质，并可以将新创建的材质赋予模型对象，为渲染视图提供逼真效果。具体操作方法如下。

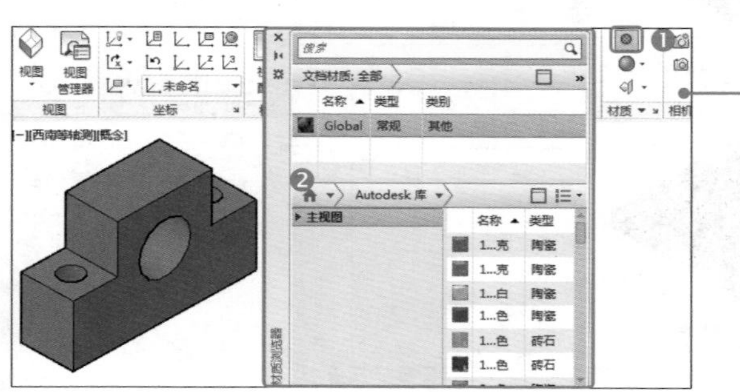

STEP 01

打开素材 9-3-1.dwg，❶ 单击"材质浏览器"按钮 ；❷ 打开"材质浏览器"面板。

STEP 02

❶单击“主视图”下的“收藏夹”命令；❷单击“Autodesk库”命令；❸单击“金属漆”命令；❹指向类别颜色；❺单击“添加到文档”按钮 。

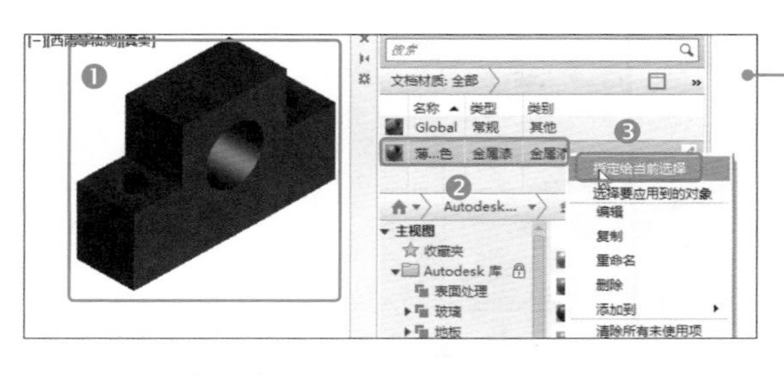

STEP 03

❶选择需要创建材质的对象；❷在添加到文档中的材质类型上右击；❸在快捷菜单中单击“指定给当前选择”命令。

9.3.2 编辑材质

在实际操作中，当已创建的材质不能满足当前模型的需要时，就需要对材质进行相应的编辑。具体操作方法如下。

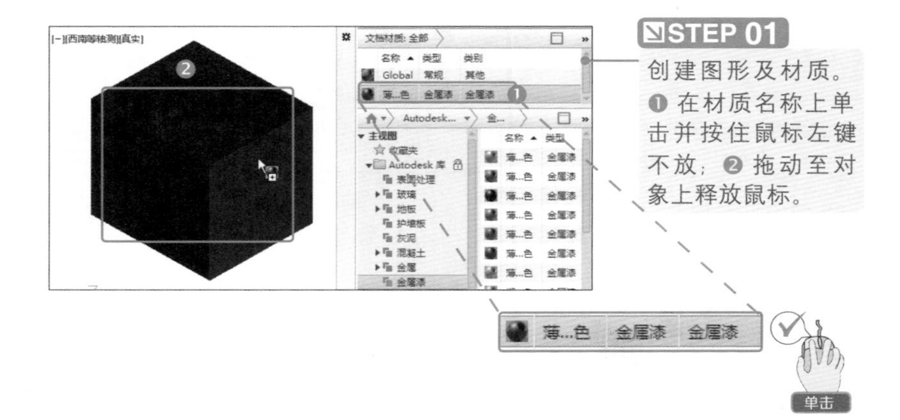

STEP 01

创建图形及材质。❶在材质名称上单击并按住鼠标左键不放；❷拖动至对象上释放鼠标。

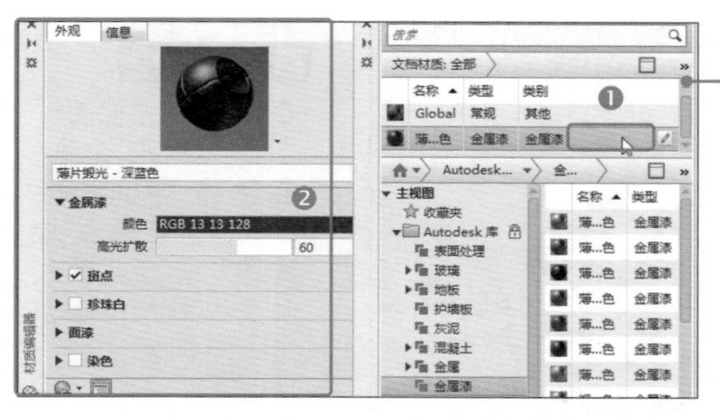

STEP 02

❶ 在已创建的材质名称空白处双击；❷ 打开“材质编辑器”面板，如左图所示。

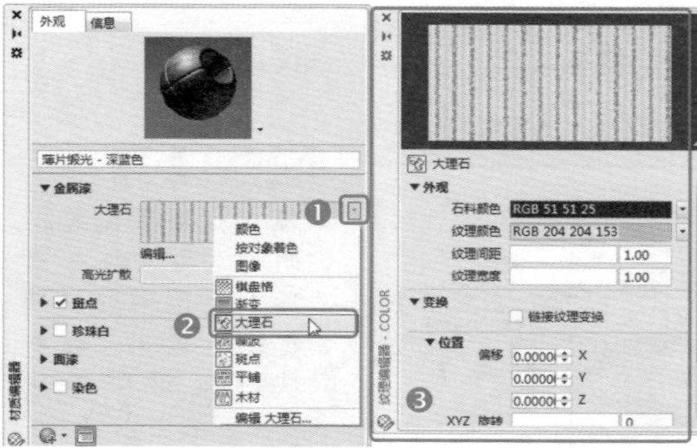

STEP 03

❶ 单击“图像”后的下拉按钮▾；❷ 单击“大理石”选项；❸ 打开“纹理编辑器-COLOR”面板。

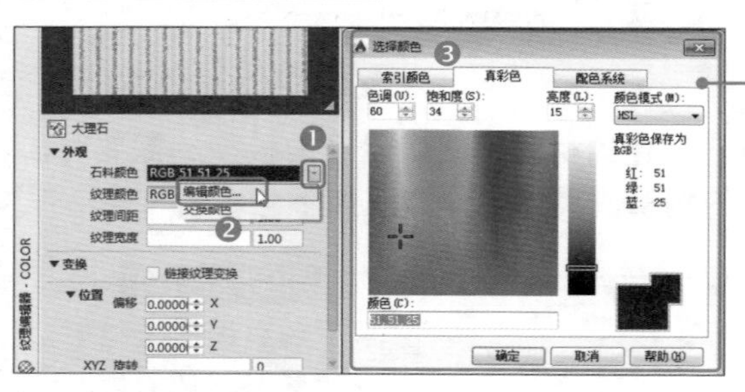

STEP 04

❶ 单击“石料颜色”后的下拉按钮▾；❷ 单击“编辑颜色”选项；❸ 打开“选择颜色”对话框。

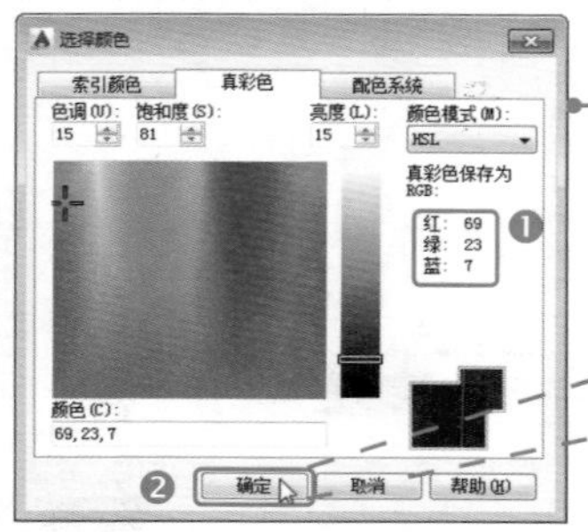

STEP 05

❶ 设置颜色值为“红：69，绿：23，蓝：7”；❷ 单击“确定”按钮。

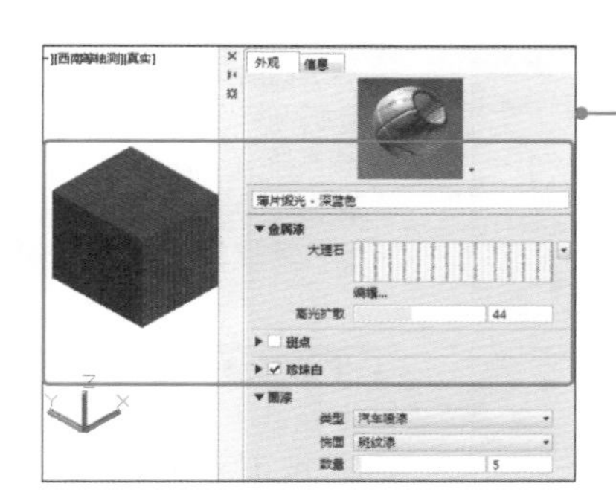

STEP 06

“纹理编辑器-COLOR”面板和对象的效果如左图所示。

新手提高——实用技巧

通过前面动画、灯光、材质的学习，相信初学者已经学会并掌握了相关基础知识。下面，介绍一些新手提高的技能知识。

光盘同步文件

素材文件：光盘 \ 原始文件 \ 第 9 章 \ 新手提高 \

结果文件：光盘 \ 结果文件 \ 第 9 章 \ 新手提高 \

教学文件：光盘 \ 视频教学 \ 第 9 章 \ 新手提高 \ 实用技巧 .mp4

NO.1　设置太阳光

“阳光状态”可以在当前视口中打开或关闭日光的光照效果。打开“阳光状态”后，可以对太阳光的地理位置、日期、时间等进行相应设置。其操作方法如下。

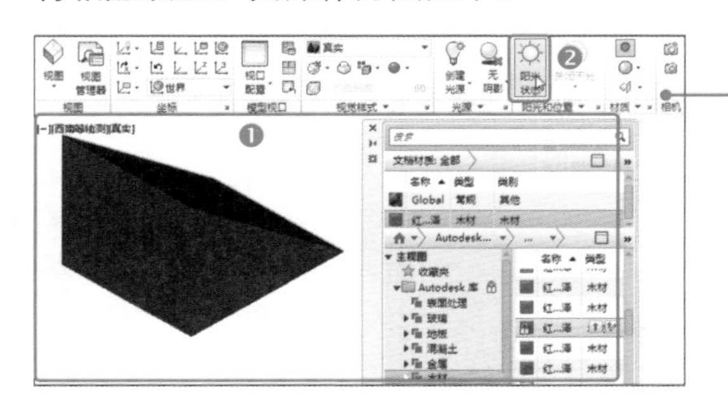

STEP 01

❶ 创建一个楔体并为其赋予材质；❷ 单击“阳光状态”按钮 ☼ 。

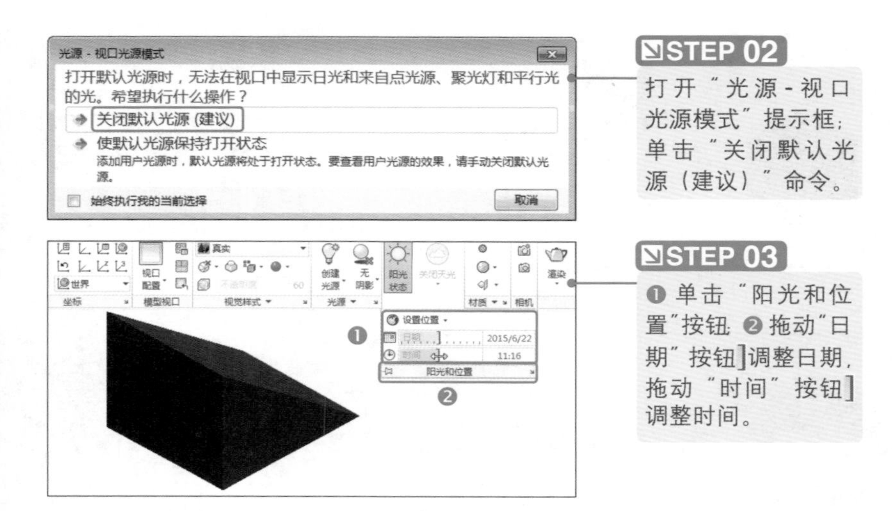

STEP 02

打开“光源-视口光源模式”提示框；单击“关闭默认光源（建议）”命令。

STEP 03

❶单击“阳光和位置”按钮；❷拖动“日期”按钮]调整日期，拖动“时间”按钮]调整时间。

NO.2 设置渲染环境

在 AutoCAD 2015 中，通过渲染可以将模型对象的光照效果、材质效果，以及环境效果等展现出来。具体操作方法如下。

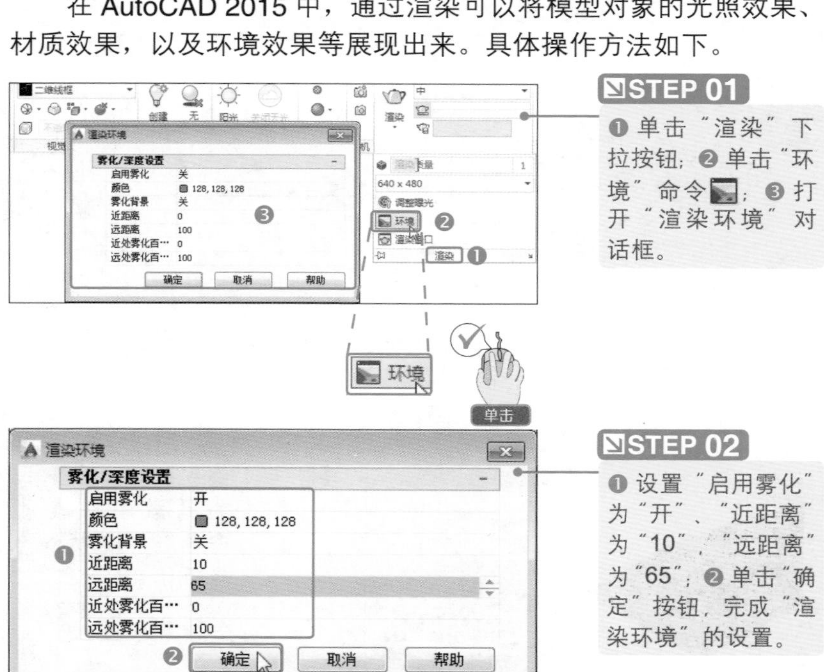

STEP 01

❶单击“渲染”下拉按钮；❷单击“环境”命令；❸打开“渲染环境”对话框。

STEP 02

❶设置“启用雾化”为“开”、“近距离”为“10”，“远距离”为“65”；❷单击“确定”按钮，完成“渲染环境”的设置。

NO.3 渲染图形

设置渲染环境后可渲染当前视图中的模型对象。具体操作方法如下。

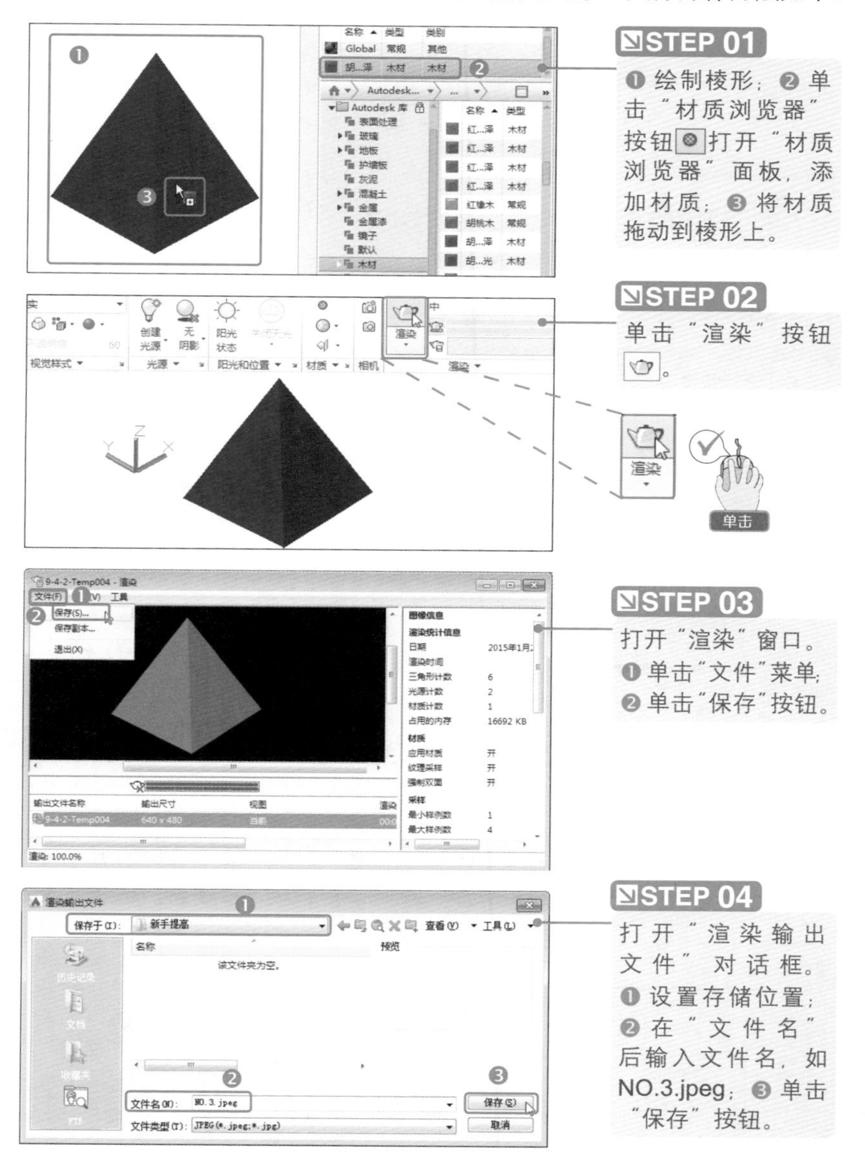

STEP 01

❶ 绘制棱形；❷ 单击“材质浏览器”按钮打开“材质浏览器”面板，添加材质；❸ 将材质拖动到棱形上。

STEP 02

单击“渲染”按钮。

STEP 03

打开“渲染”窗口。❶ 单击“文件”菜单；❷ 单击“保存”按钮。

STEP 04

打开“渲染输出文件”对话框。❶ 设置存储位置；❷ 在“文件名”后输入文件名，如NO.3.jpeg；❸ 单击“保存”按钮。

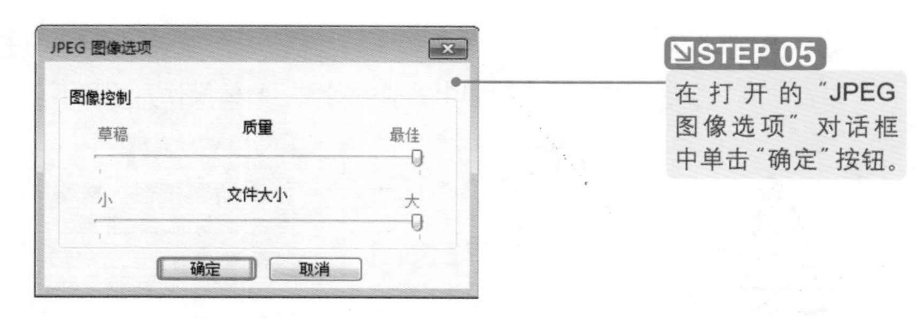

STEP 05

在打开的“JPEG 图像选项”对话框中单击“确定”按钮。

NO.4 打印图形

图形绘制完成后通常要打印到图纸上，正确地设置打印参数，对确保正确、规范的打印结果，有着非常重要的作用。具体操作方法如下。

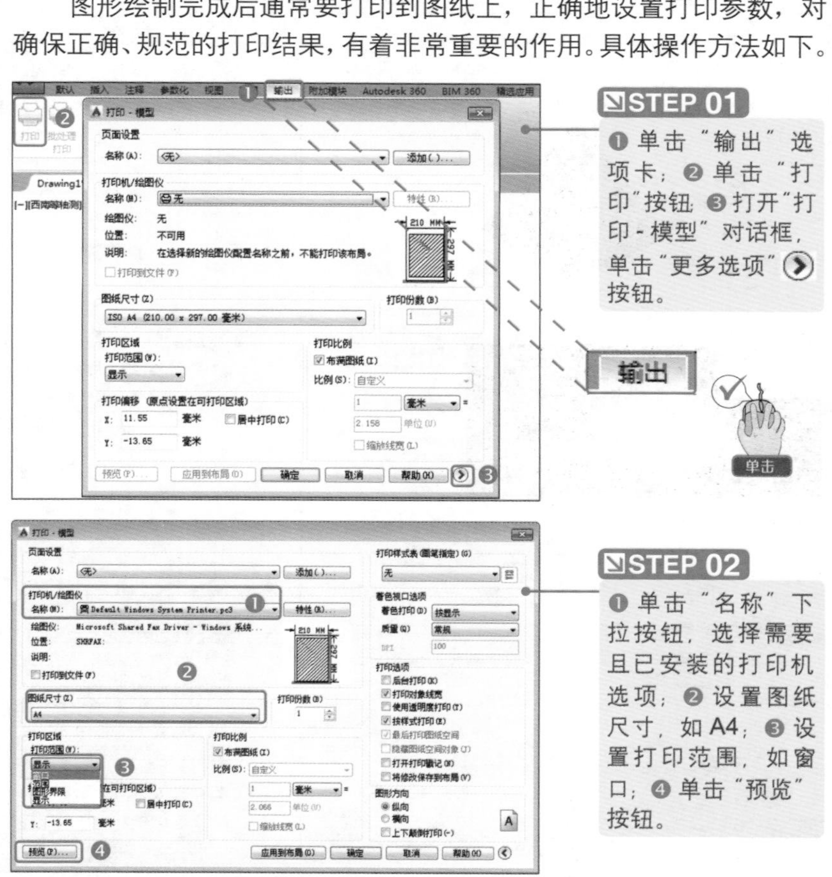

STEP 01

❶单击“输出”选项卡；❷单击“打印”按钮；❸打开“打印 - 模型”对话框，单击“更多选项” 按钮。

STEP 02

❶单击“名称”下拉按钮，选择需要且已安装的打印机选项；❷设置图纸尺寸，如 A4；❸设置打印范围，如窗口；❹单击“预览”按钮。

新手实训——渲染花瓶

为了巩固所学内容，现结合本章知识点，安排对花瓶进行渲染的实例。

实例效果

光盘同步文件

素材文件：光盘 \ 原始文件 \ 第 9 章 \ 新手实训 \ 花瓶 .dwg

结果文件：光盘 \ 结果文件 \ 第 9 章 \ 新手实训 \ 花瓶 .dwg、花瓶 .jpeg

教学文件：光盘 \ 视频教学 \ 第 9 章 \ 新手实训 \ 花瓶 .mp4

制作步骤

本实例首先打开素材，再创建并赋予材质，接着添加贴图，然后设置效果，最后渲染保存。具体操作方法如下。

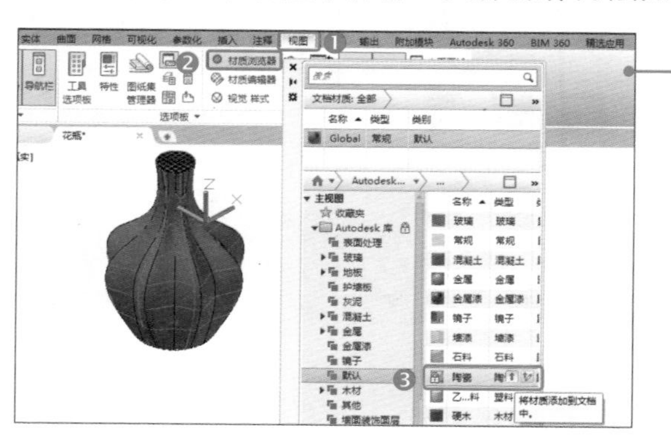

STEP 01 打开素材“花瓶.dwg”。❶单击“视图”选项卡；❷单击“材质浏览器”按钮，打开“材质浏览器”面板；❸指向陶瓷材质，单击“添加到文档”按钮。

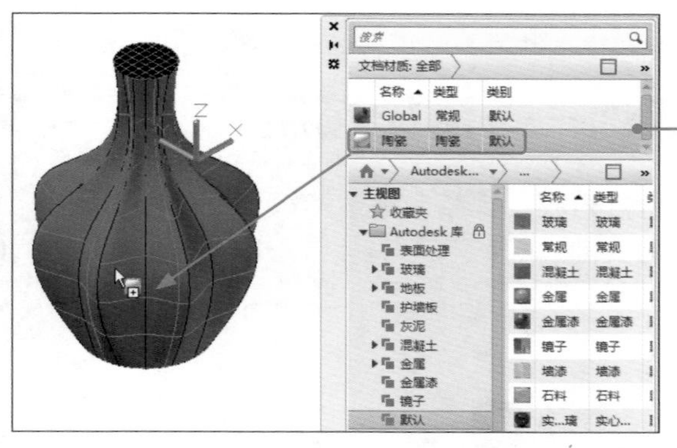

STEP 02

将添加的材质拖动到花瓶上。

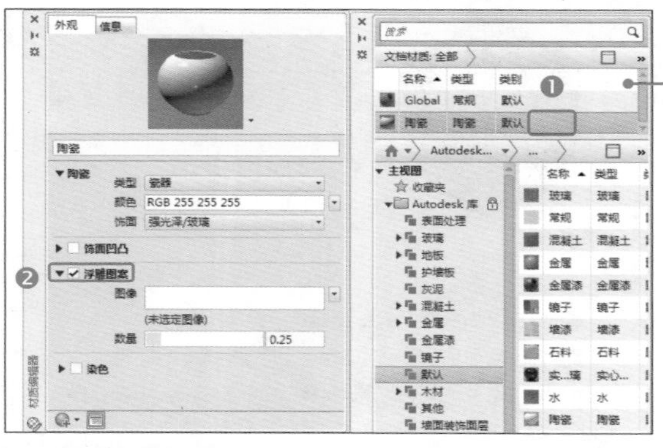

STEP 03

❶ 在已创建的材质名称空白处双击；❷ 在打开的“材质编辑器”面板中勾选“浮雕图案”复选框。

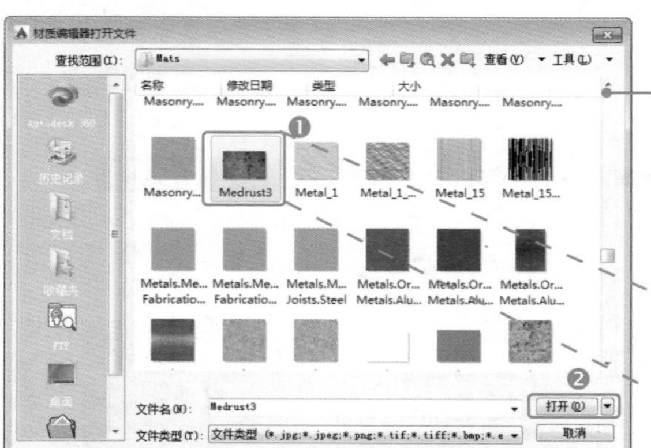

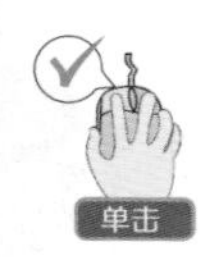

STEP 04

打开“材质编辑器打开文件”对话框。❶ 选择材质，如 Medrust3；❷ 单击“打开”按钮。

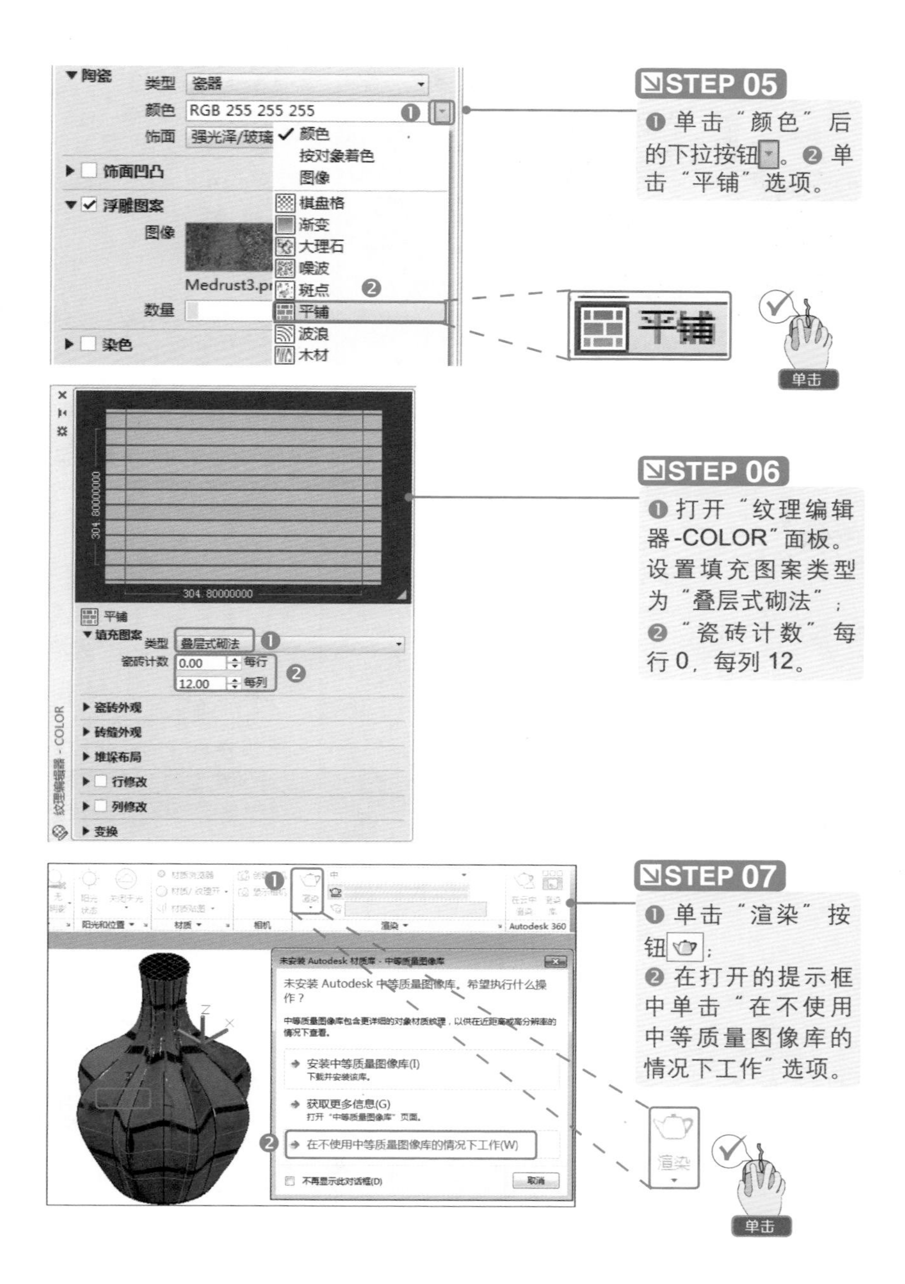

STEP 05

❶单击“颜色”后的下拉按钮。❷单击“平铺”选项。

STEP 06

❶打开“纹理编辑器-COLOR”面板。设置填充图案类型为“叠层式砌法”；❷“瓷砖计数”每行0，每列12。

STEP 07

❶单击“渲染”按钮；❷在打开的提示框中单击“在不使用中等质量图像库的情况下工作”选项。

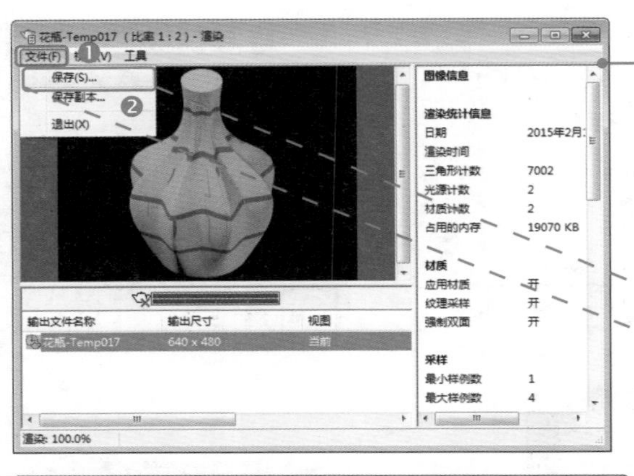

STEP 08

打开“渲染”窗口。❶单击“文件”菜单；❷单击“保存”按钮。

STEP 09

打开“渲染输出文件”对话框。❶设置存储位置；❷在“文件名”后输入文件名，如“花瓶.jpeg”；❸单击“保存”按钮；❹在打开的“JPEG图像选项”对话框中单击“确定”按钮。

Chapter

机械设计实例

关于本章：

本章将结合前面所讲的知识点，在 AutoCAD 2015 中制作机械电主轴套模型。该实例主要讲解模型从二维图形到三维图形的制作全过程。

知识要点

掌握绘制二维机械图形的方法

掌握绘制三维机械图形的方法

效果展示

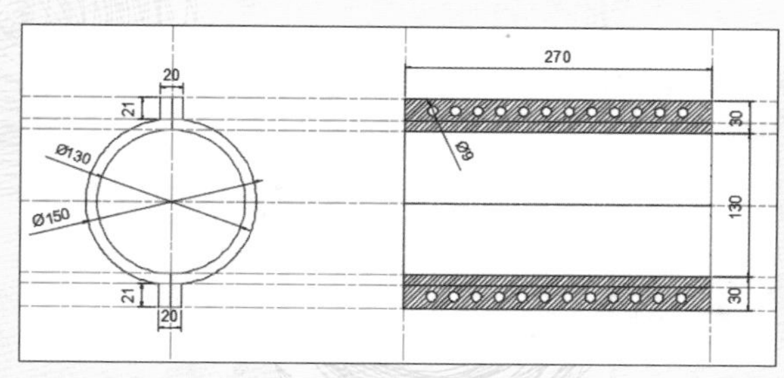

10.1 二维机械图形

绘制二维机械图形，可以确定出各部件及其零件的外形及基本尺寸，包括各部件之间的连接，零部件的外形及基本尺寸。本节主要讲解电主轴套二维图形的绘制方法。

10.1.1 电主轴套平面图

本实例主要讲解绘制电主轴套平面图的方法。平面图主要用来表达机件的外部结构形状。

实例效果

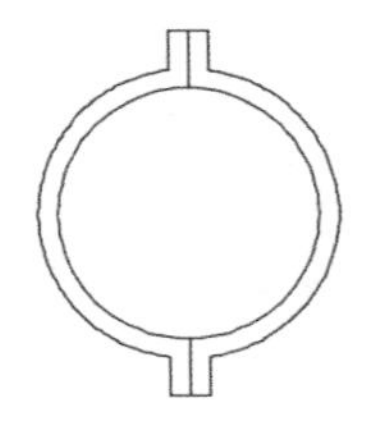

光盘同步文件

素材文件：光盘 \ 原始文件 \ 第 10 章 \ 电主轴套平面图 .dwg

结果文件：光盘 \ 结果文件 \ 第 10 章 \ 电主轴套平面图 .dwg

教学文件：光盘 \ 视频教学 \ 第 10 章 \ 电主轴套平面图 .mp4

制作步骤

首先创建图层，然后在相应的图层创建电主轴套平面图。具体操作方法如下。

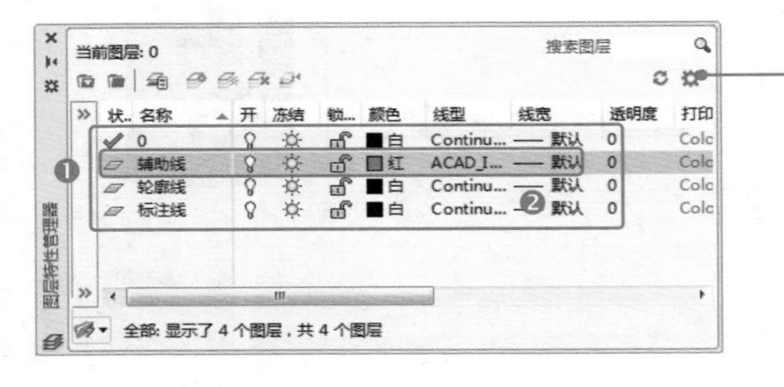

STEP 01

❶ 新建“标注线”、“辅助线”、“轮廓线”图层；❷ 设置辅助线颜色为红色；设置线型为”ACAD-ISO08W100″。

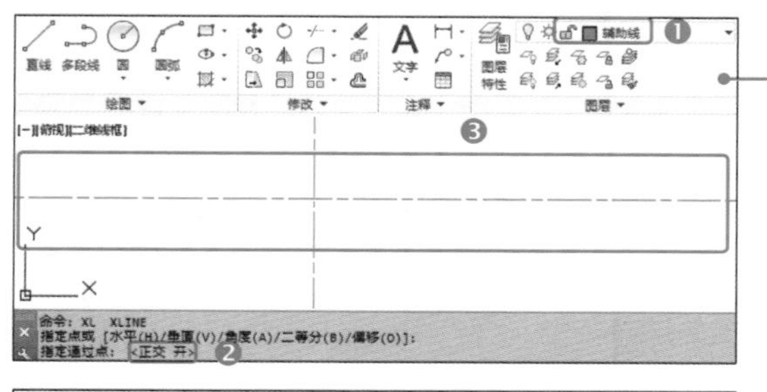

STEP 02

❶ 设置“辅助线”图层为当前图层；❷ 按 F8 键打开正交模式；❸ 执行构造线 XL 命令，绘制如左图所示相交线。

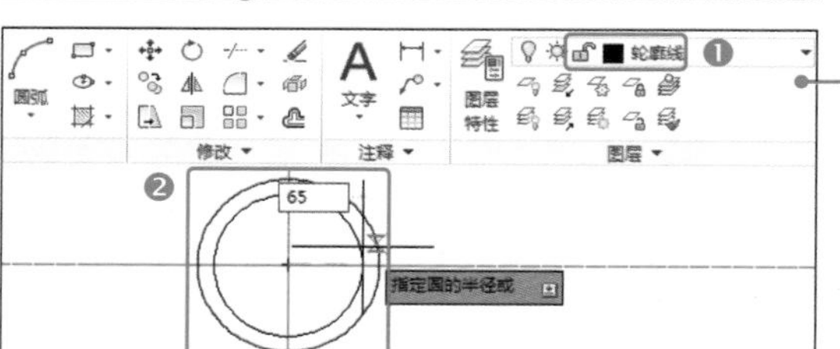

STEP 03

❶ 设置当前图层为“轮廓线”；❷ 执行圆命令 C，以相同圆心绘制一个半径为 75 的圆，一个半径为 65 的圆。

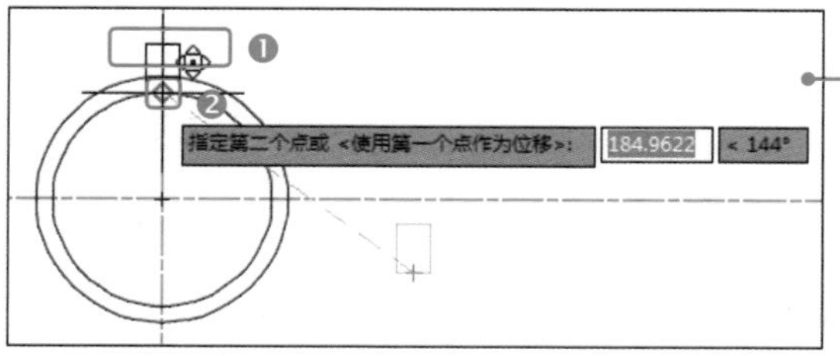

STEP 04

❶ 执行矩形命令 REC，绘制长 20、宽 30 的矩形；❷ 执行移动命令 M，将矩形对象移至内圆相切。

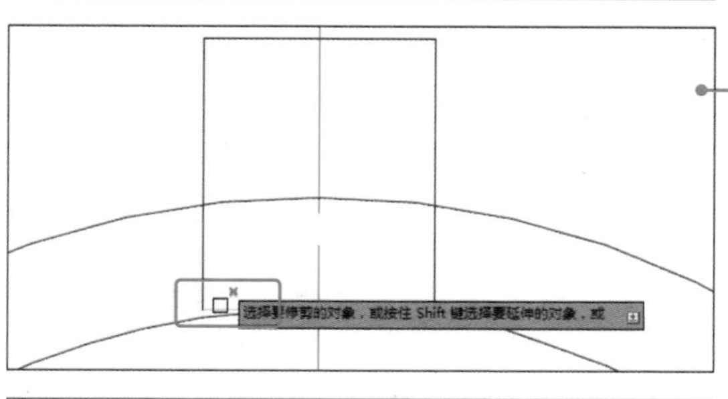

STEP 05

执行修剪 TR 命令，按【Enter】键两次；在需要被修剪的矩形边上单击。

STEP 06

在没有结束修剪命令的前提下，继续在需要被修剪的矩形边上单击，即可修剪被单击的边。

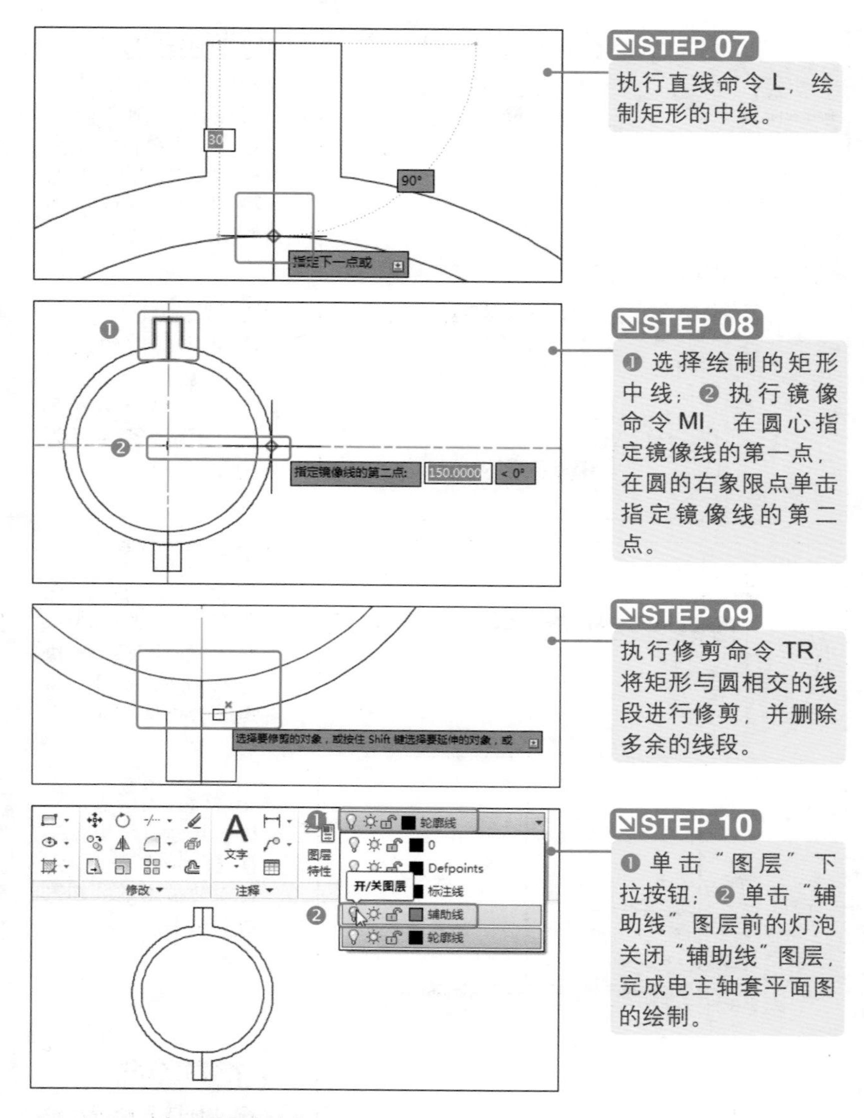

STEP 07

执行直线命令L，绘制矩形的中线。

STEP 08

❶选择绘制的矩形中线；❷执行镜像命令MI，在圆心指定镜像线的第一点，在圆的右象限点单击指定镜像线的第二点。

STEP 09

执行修剪命令TR，将矩形与圆相交的线段进行修剪，并删除多余的线段。

STEP 10

❶单击“图层”下拉按钮；❷单击“辅助线”图层前的灯泡关闭“辅助线”图层，完成电主轴套平面图的绘制。

10.1.2 电主轴套剖面图

假想用剖切面剖开物体，将处在观察者和剖切面之间的部分移去，而将其余部分向投影面投射所得的图形，称为剖视图。本实例主要讲解绘制电主轴套剖面图的方法。

➡ 实例效果

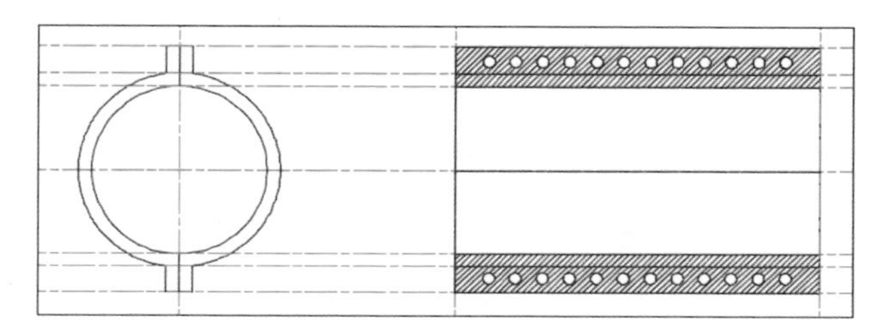

光盘同步文件

素材文件：光盘 \ 原始文件 \ 第 10 章 \ 电主轴套剖面图 .dwg

结果文件：光盘 \ 结果文件 \ 第 10 章 \ 电主轴套剖面图 .dwg

教学文件：光盘 \ 视频教学 \ 第 10 章 \ 电主轴套剖面图 .mp4

➡ 制作步骤

完成平面图的绘制后，即可根据相应尺寸数据绘制电主轴套的剖面图。具体操作方法如下。

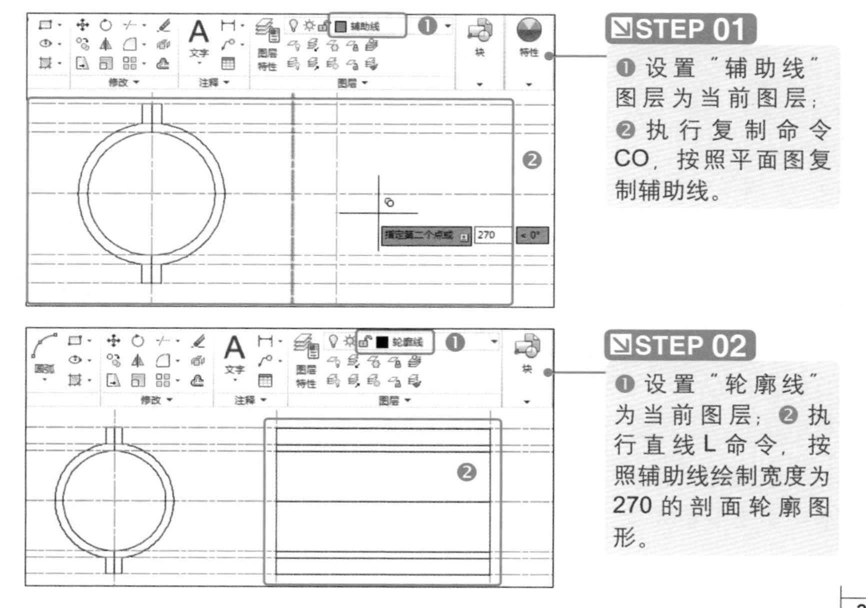

STEP 01

❶ 设置“辅助线”图层为当前图层；❷ 执行复制命令 CO，按照平面图复制辅助线。

STEP 02

❶ 设置“轮廓线”为当前图层；❷ 执行直线 L 命令，按照辅助线绘制宽度为 270 的剖面轮廓图形。

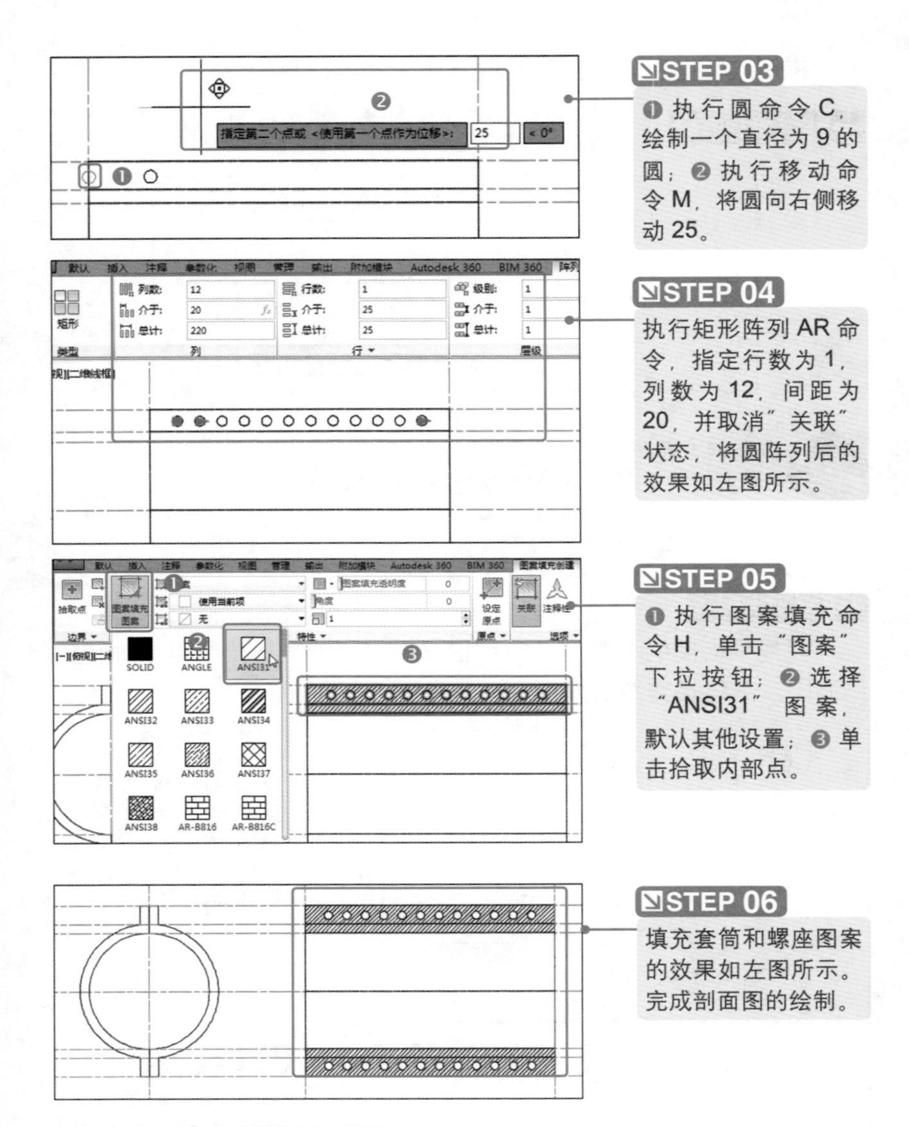

STEP 03

❶ 执行圆命令 C，绘制一个直径为 9 的圆；❷ 执行移动命令 M，将圆向右侧移动 25。

STEP 04

执行矩形阵列 AR 命令，指定行数为 1，列数为 12，间距为 20，并取消"关联"状态，将圆阵列后的效果如左图所示。

STEP 05

❶ 执行图案填充命令 H，单击"图案"下拉按钮；❷ 选择"ANSI31"图案，默认其他设置；❸ 单击拾取内部点。

STEP 06

填充套筒和螺座图案的效果如左图所示。完成剖面图的绘制。

10.1.3 电主轴套尺寸图

机械设计的尺寸标注要求"正确、合理、完整统一、清晰整齐"。本实例主要讲解电主轴套标注的方法。

实例效果

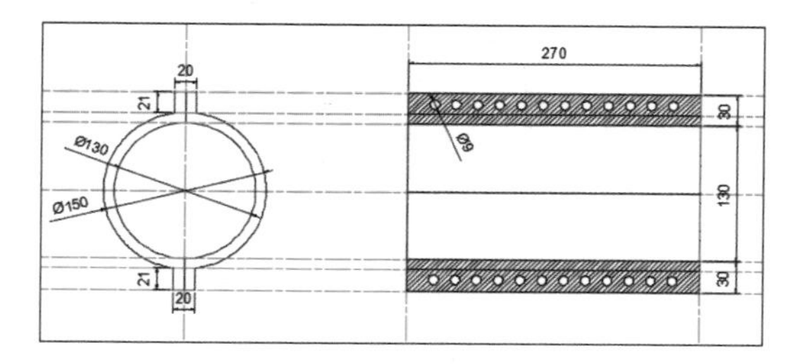

光盘同步文件

素材文件：光盘\原始文件\第 10 章\电主轴套尺寸图 .dwg
结果文件：光盘\结果文件\第 10 章\电主轴套尺寸图 .dwg
教学文件：光盘\视频教学\第 10 章\电主轴套尺寸图 .mp4

制作步骤

完成电主轴套的平面和剖面图后，接下来对图形进行尺寸标注。具体操作方法如下。

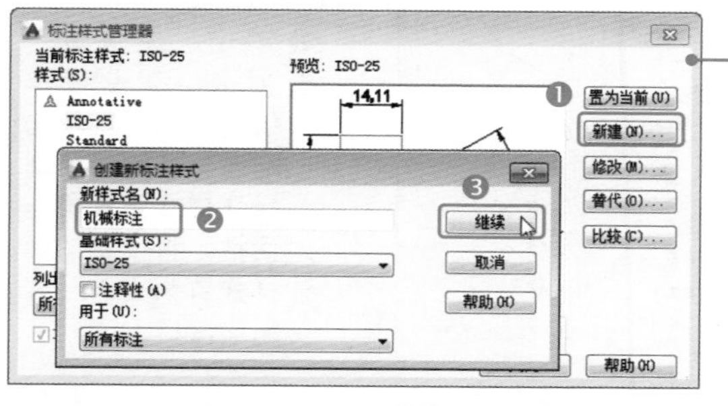

STEP 01

输入并执行命令 D，打开“标注样式管理器”对话框。❶ 单击“新建”按钮；❷ 输入新样式名“机械标注”；❸ 单击“继续”按钮。

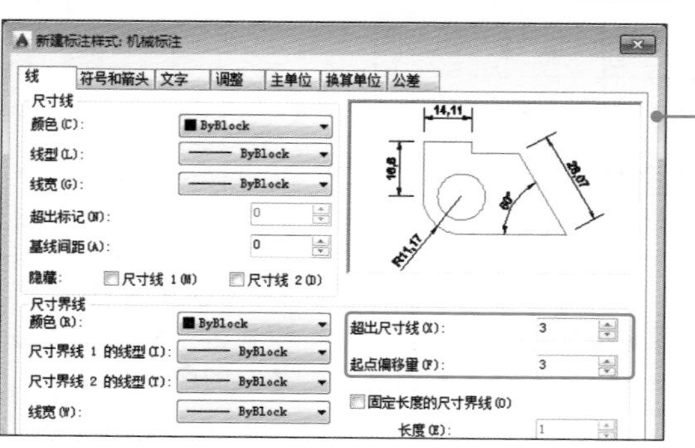

STEP 02

设置尺寸界线的值为 3。

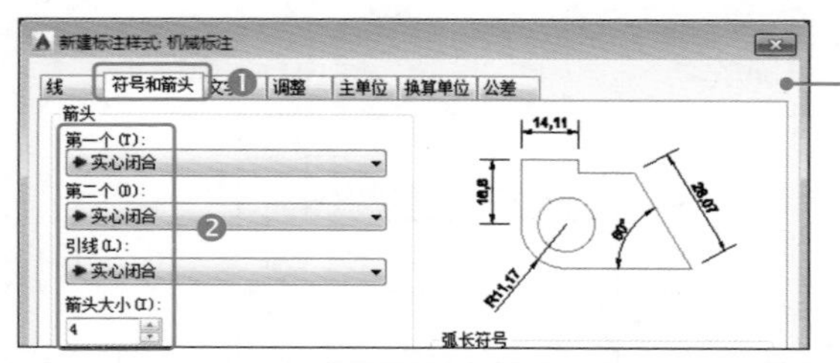

STEP 03

❶单击"符号和箭头"选项卡；❷设置符号和箭头，以及箭头大小。

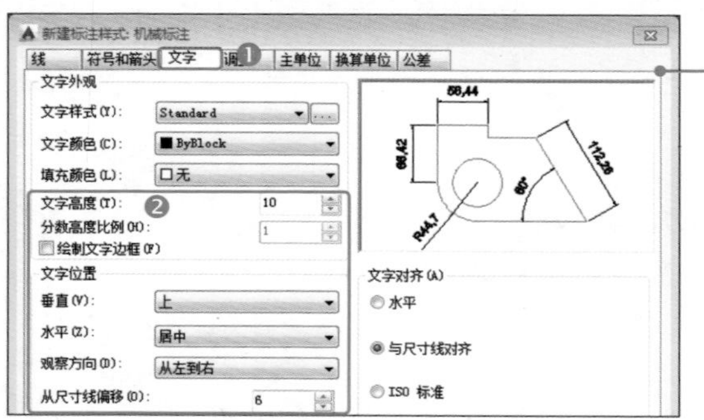

STEP 04

❶单击"文字"选项卡；❷设置文字大小。以及文字的文字关系。

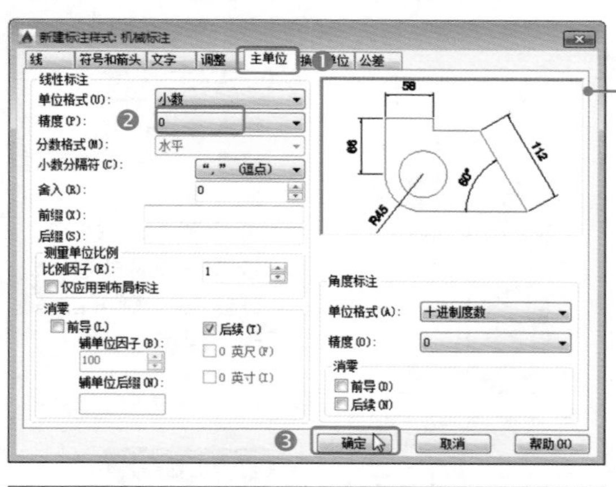

STEP 05

❶单击"主单位"选项卡；❷设置单位精度为0；❸单击"确定"按钮。返回"标注样式管理器"对话框，将设置的标注样式置为当前，并关闭该窗口。

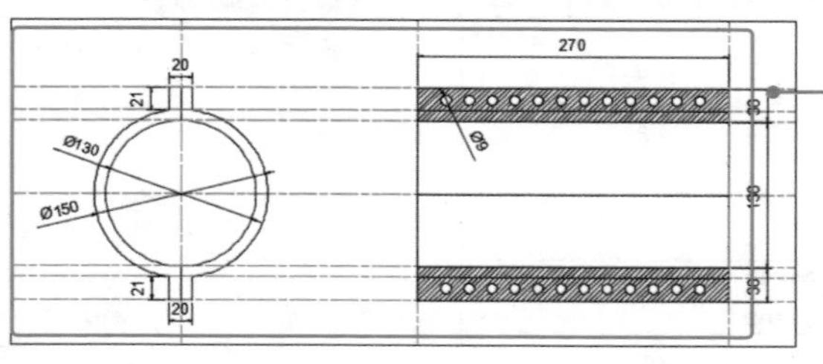

STEP 06

选择标注线图层，执行线性标注DLI、连续标注DCO、直径标注DDI命令，对图形进行标注，效果如左图所示。

温馨提示：

机件的真实大小应以图样上所标注的尺寸数据为依据，而与图形的大小及绘图的准确度无关，机件的第一尺寸一般只标注一次，并应标注在反映该结构最清晰的图形上。

10.2 三维机械图形

本实例是将绘制完成的电主轴套平面图创建为直观的三维模型。切换至“三维建模”空间，然后创建套筒、螺孔等。

10.2.1 创建套筒

本实例主要讲解绘制电主轴套平面图的方法。平面图主要用来表达机件的外部结构形状。

实例效果

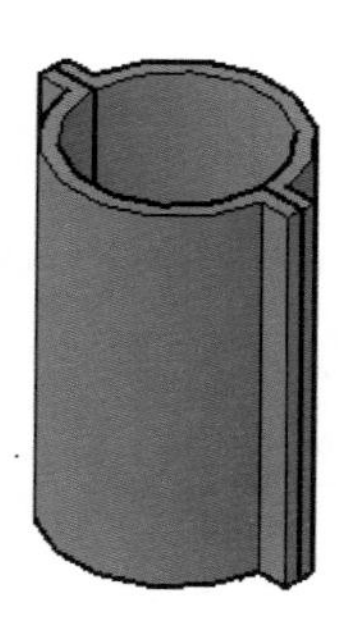

光盘同步文件

素材文件：光盘\原始文件\第10章\创建套筒.dwg

结果文件：光盘\结果文件\第10章\创建套筒.dwg

教学文件：光盘\视频教学\第10章\创建套筒.mp4

制作步骤

本实例首先切换至“三维建模”工作空间，然后创建多个视口及视图样式，再隐藏标注、辅助线图层，最后根据平面图创建套筒。具体操作方法如下。

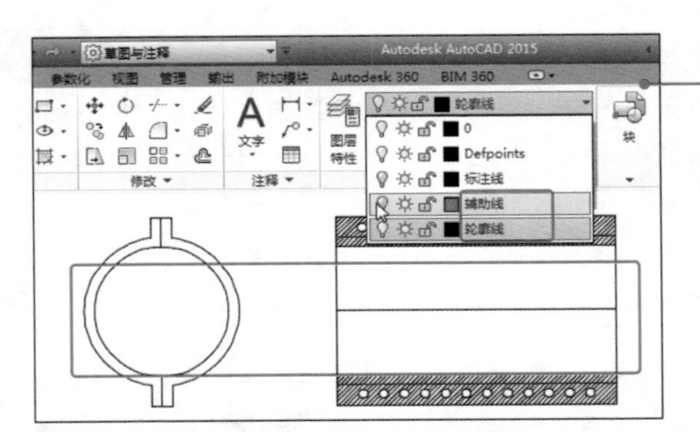

STEP 01

❶ 设置"轮廓线"图层为当前图层；❷ 关闭辅助线、标注线图层。

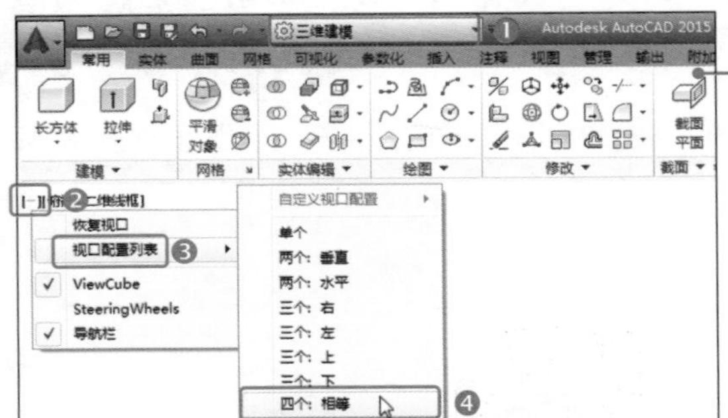

STEP 02

❶ 切换到"三维建模"工作空间；❷ 单击绘图区的"视口控件"按钮；❸ 单击"视口配置列表"下拉按钮；❹ 单击"四个：相等"命令，分别设置视图和视觉样式。

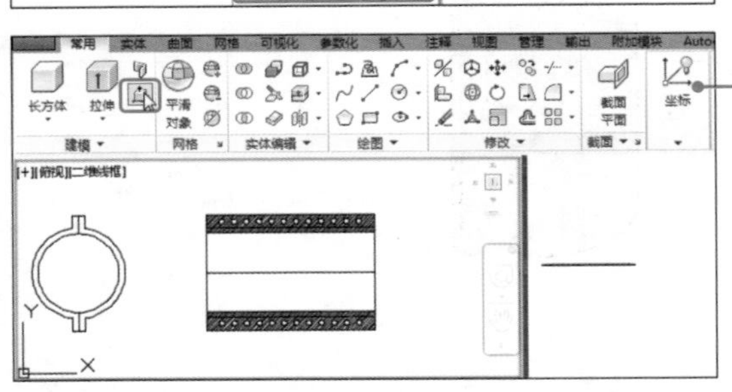

STEP 03

在功能区"常用"选项卡中，单击"建模"面板中的"按住并拖动"按钮。

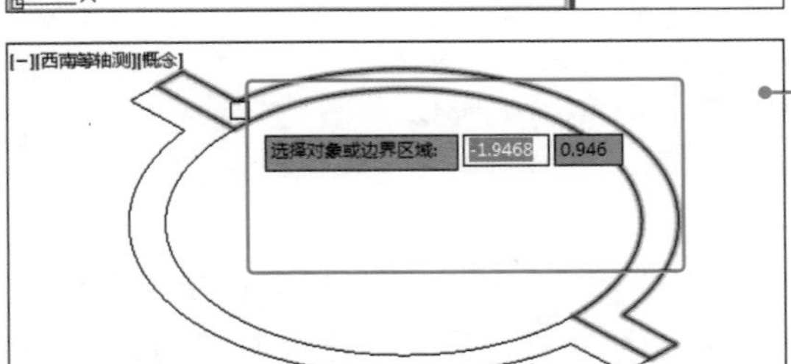

STEP 04

单击选择对象边界区域。

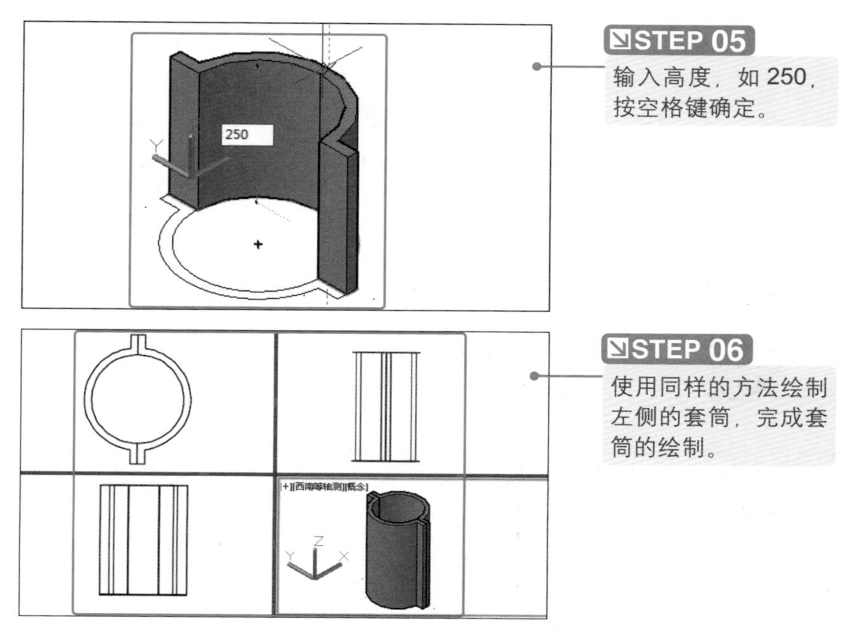

10.2.2 创建螺孔

完成套筒的创建以后，本实例主要讲解绘制螺孔的方法。

实例效果

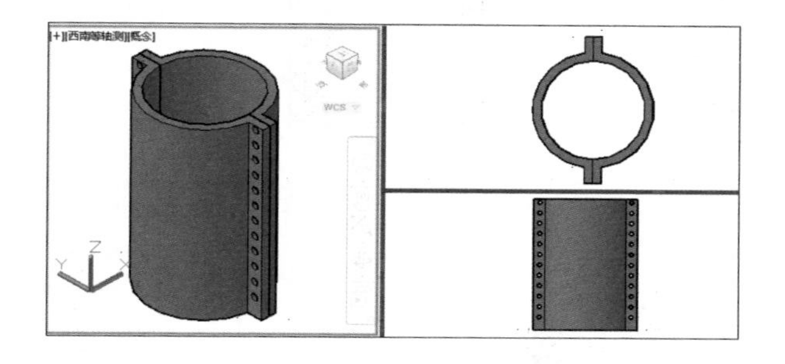

光盘同步文件

素材文件：光盘 \ 原始文件 \ 第 10 章 \ 无

结果文件：光盘 \ 结果文件 \ 第 10 章 \ 创建螺孔 .dwg

教学文件：光盘 \ 视频教学 \ 第 10 章 \ 创建螺孔 .mp4

制作步骤

本实例首先通过转换视图创建圆柱体，然后阵列圆柱体，并使用布尔运算创建螺孔。具体操作方法如下。

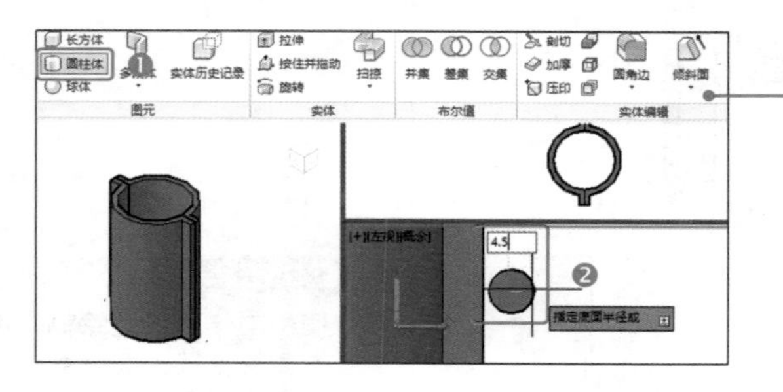

STEP 01

设置视口为“三个：左”。❶ 单击“圆柱体”命令；❷ 在左视图中单击指定圆柱体的底面半径为 4.5。

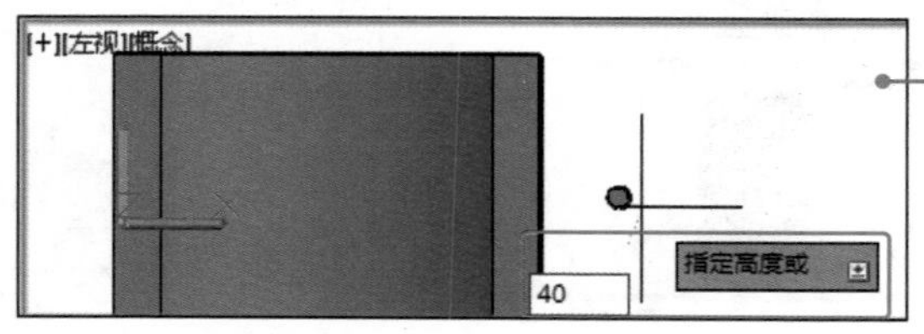

STEP 02

指定圆柱体的高度为 40。

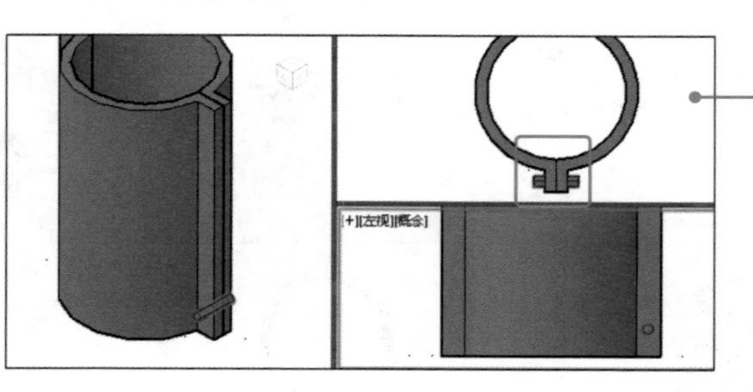

STEP 03

结合三个视口中的视图，执行移动 M 命令，将圆柱体移动至合适的位置。

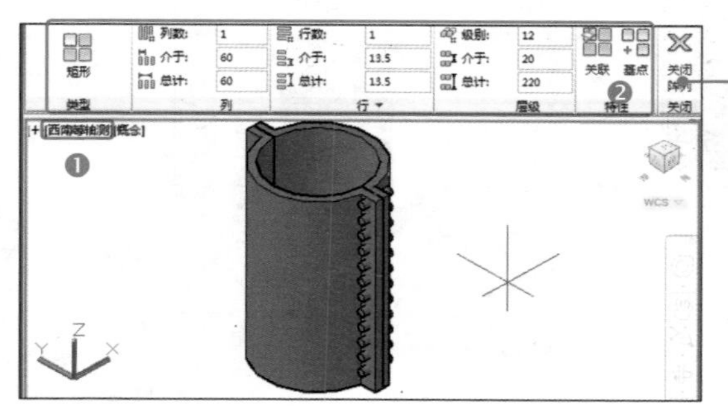

STEP 04

❶ 激活“西南等轴测”视图；❷ 执行矩形阵列 AR 命令，指定阵列的行数为 12，列数为 1，间距为 20，并取消关联。

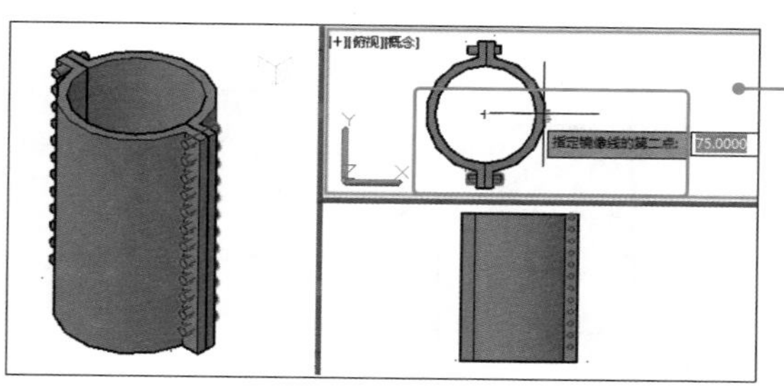

STEP 05

激活“俯视”视图，执行镜像MI命令，以圆的中线为镜像轴，将阵列的圆柱体进行镜像复制。

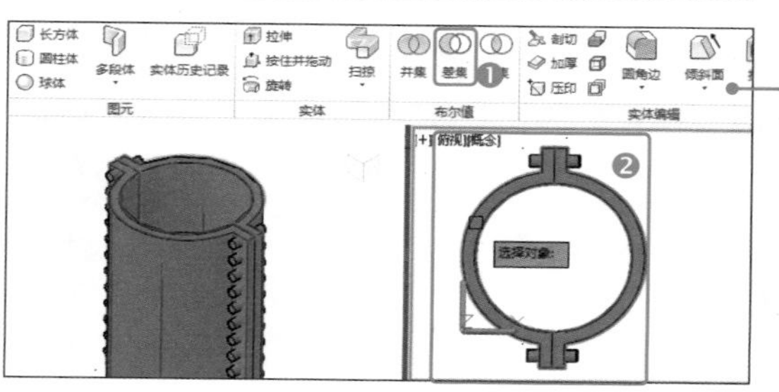

STEP 06

❶单击“差集”命令；❷依次选择运算后要保留的对象，按空格键确定。

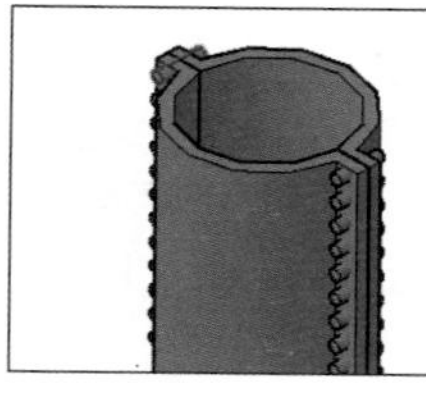

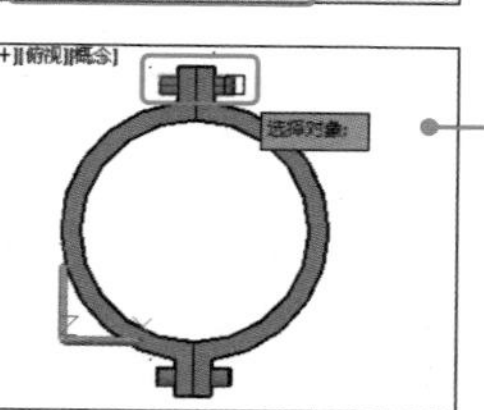

STEP 07

选择运算后被删除的对象，按空格键确定。

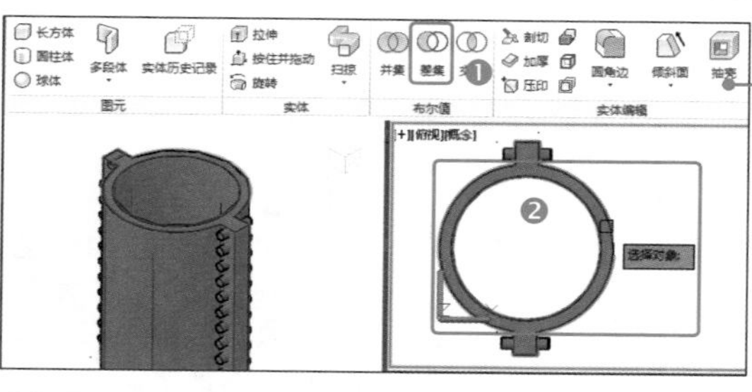

STEP 08

❶单击“差集”命令；❷选择运算后要保留的对象，按空格键确定。

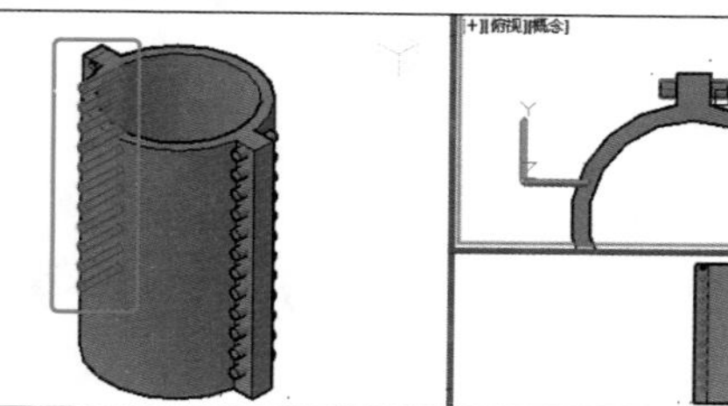

STEP 09

选择阵列的圆柱体。

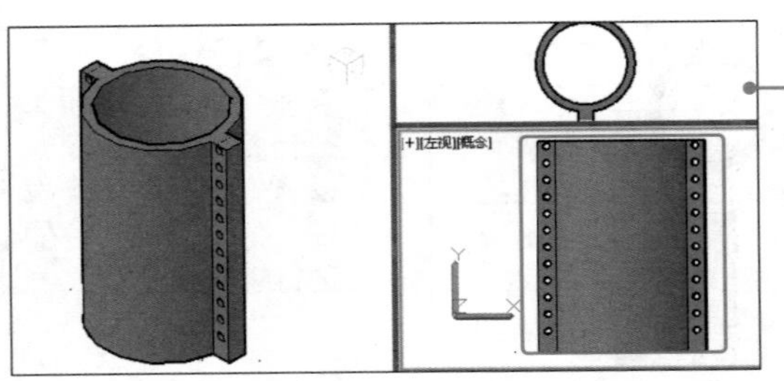

STEP 10

选择另一侧的圆柱体，按空格键确定即可创建螺孔。

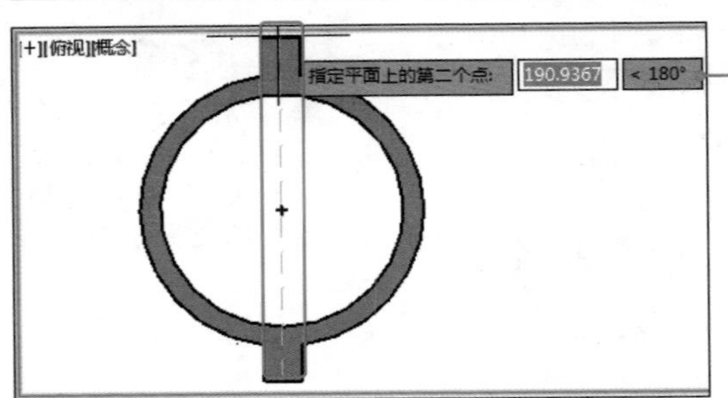

STEP 11

在“常用”选项卡中单击“剖切”按钮，选择剖切对象套筒后，按空格键确定；选择套筒的中点为切点的起点（第二个点）。

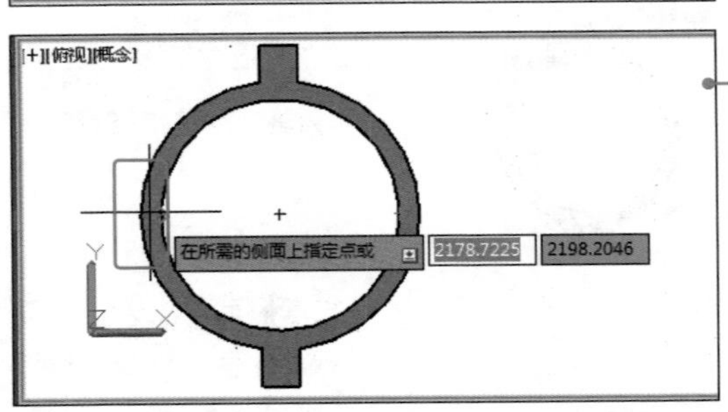

STEP 12

在图形的左侧单击，即可切除一侧实体模型。

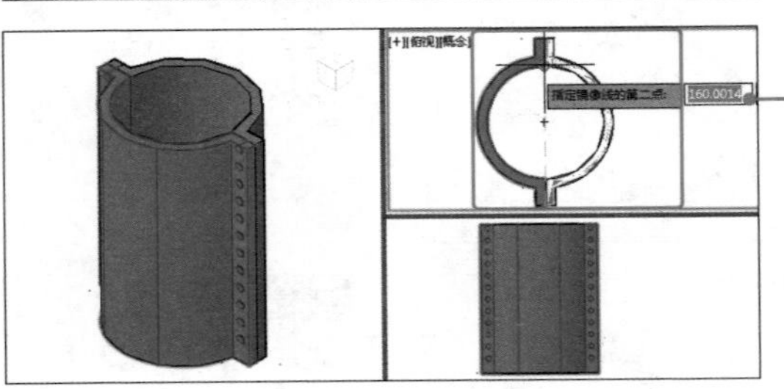

STEP 13

剖切完成后，执行镜像命令 MI，将套筒对象镜像复制。完成螺孔的创建。

温馨提示：

由于执行差集布尔运算后，图形成为一个整体对象，因此需要通过剖切对象使套筒成为两个半圆套筒组成的对象。

Chapter

建筑与景观设计综合

关于本章：

建筑与人们的生活息息相关，而建筑设计是一项涉及许多不同种类学科知识的综合性工作。本章主要结合前面所讲的知识点，介绍室外建筑和景观设计的绘制方法和技巧。

知识要点

掌握绘制建筑设计图形的方法

掌握绘制景观设计图形的方法

效果展示

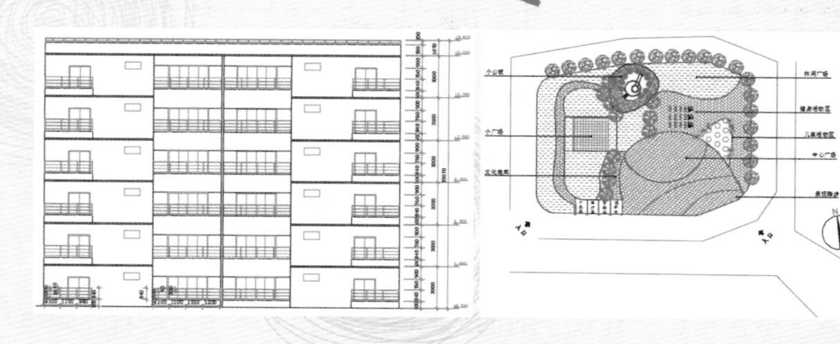

11.1 绘制建筑设计图形

建筑为人们提供了各种各样的活动场所，是人类通过物质或技术手段建造起来，力求满足自身活动的需求的各种空间环境。本节主要介绍室外建筑的绘制方法和技巧。

11.1.1 建筑平面图

建筑平面图是建筑施工图的基本样图，它是假想用一水平的剖切面沿门窗洞位置将房屋剖切后，对剖切面以下部分所作的水平投影图。通过绘制建筑平面图可以直观地反映出房屋的平面形状、大小和布置；墙、柱的位置；门窗的类型和位置等。

实例效果

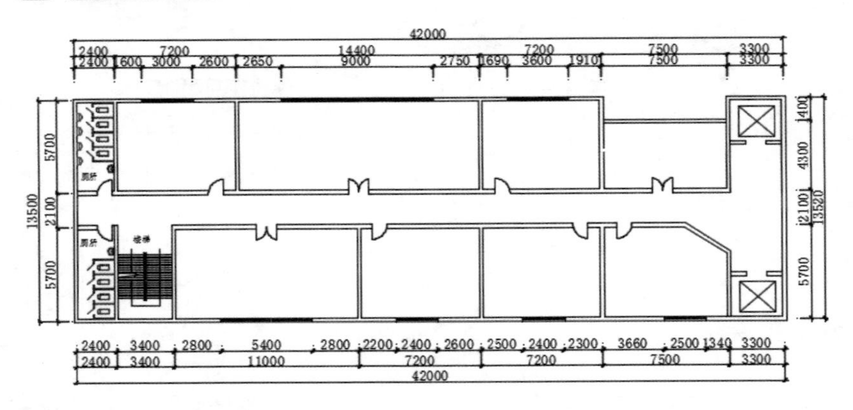

光盘同步文件

素材文件：光盘 \ 原始文件 \ 第 11 章 \ 建筑平面图 .dwg

结果文件：光盘 \ 结果文件 \ 第 11 章 \ 建筑平面图 .dwg

教学文件：光盘 \ 视频教学 \ 第 11 章 \ 建筑平面图 .mp4

制作步骤

本实例主要绘制建筑平面图，首先绘制建筑轴线，接着绘制建筑墙线，然后绘制门窗，再绘制楼梯，最后标注建筑图形并添加图框，完成建筑平面图的绘制。具体操作方法如下。

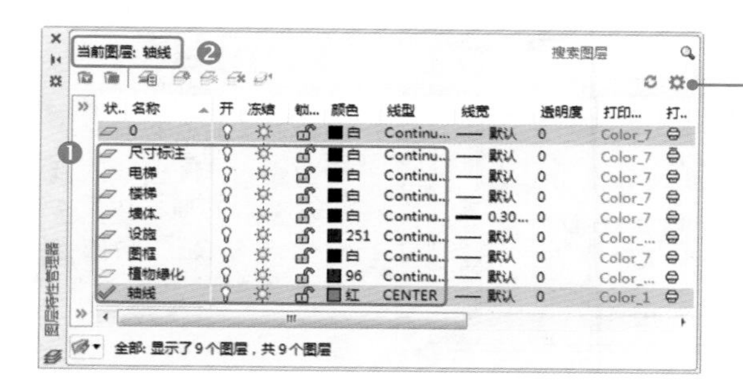

STEP 01

❶ 创建“轴线”、“墙体”、“图框”、“楼梯”和“尺寸标注”等图层；❷ 将“轴线”图层设置为当前层。

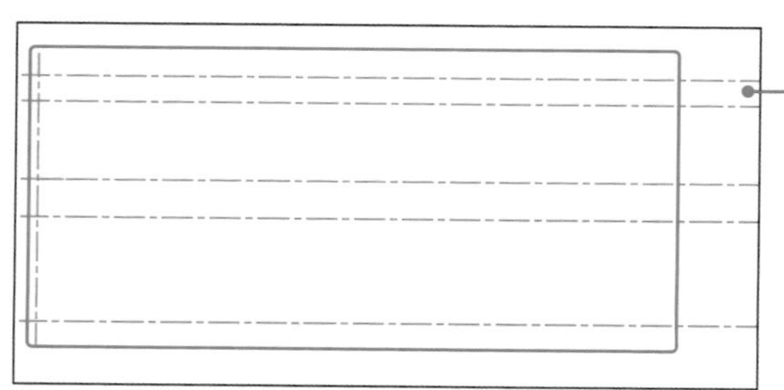

STEP 02

按 F8 键打开正交模式，使用直线命令 L 绘制两条相交线；使用偏移命令 O 将水平线段向上依次偏移 5700、2100、4300、1400。

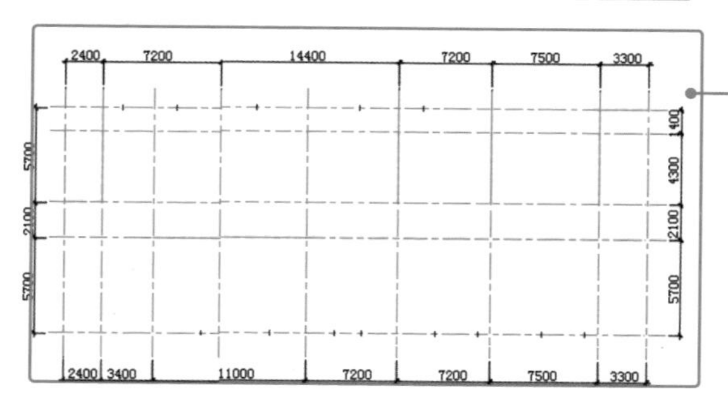

STEP 03

将垂直线段向右依次偏移 2400、7200、14400、7200、7500、3300；选择“尺寸标注”图层，使用直线标注命令 DLI、连续标注命令 DCO 创建标注。

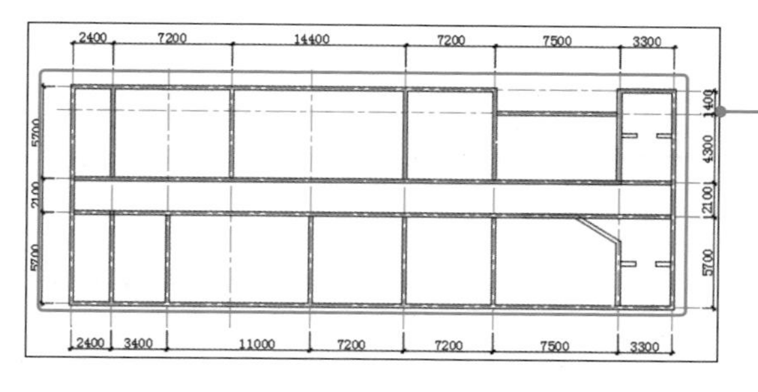

STEP 04

选择“墙体”图层，输入并执行多线命令 ML，设置多线比例为 240，沿轴线绘制墙线，绘制完成的墙线如左图所示。

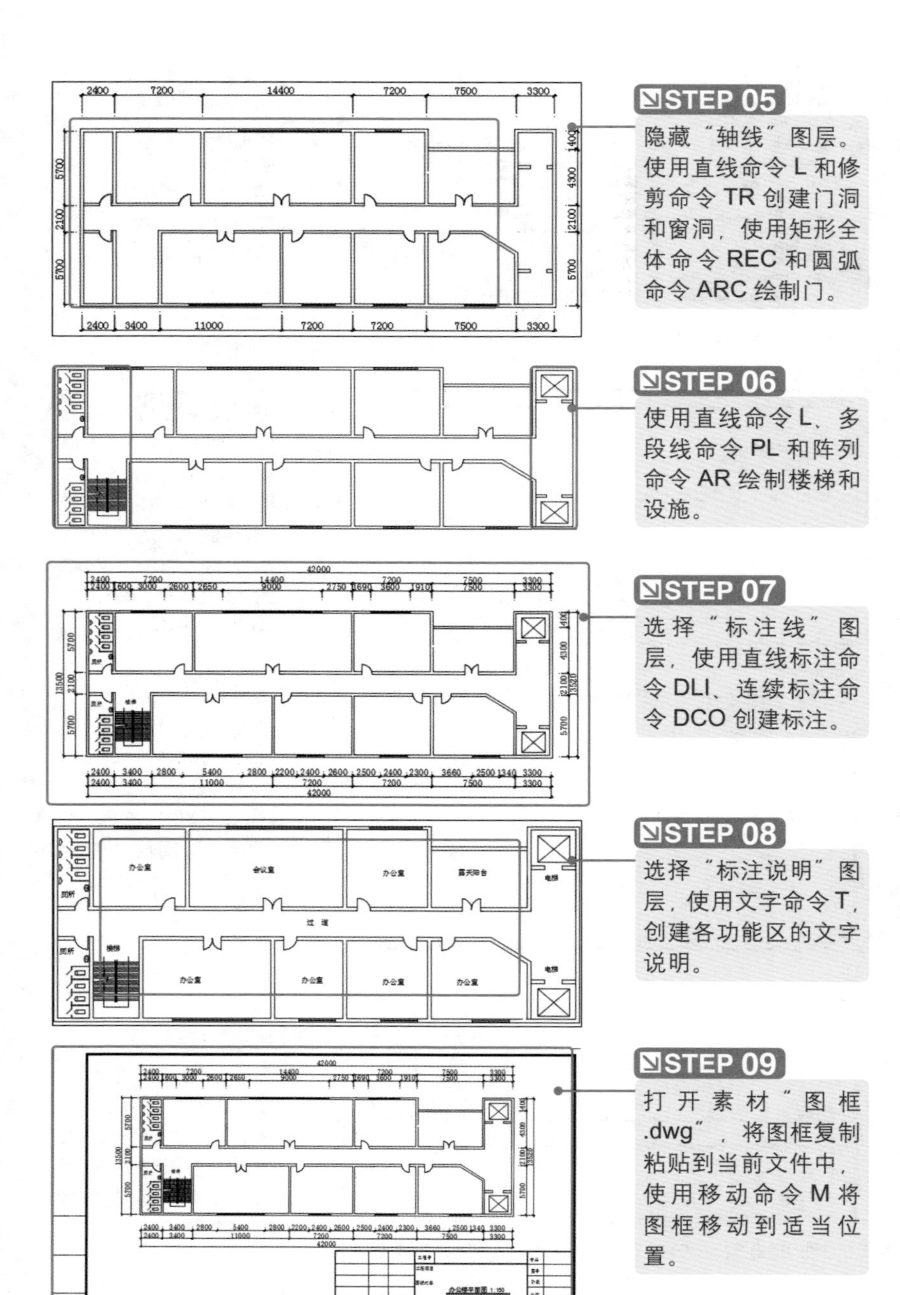

STEP 05

隐藏“轴线”图层。使用直线命令 L 和修剪命令 TR 创建门洞和窗洞，使用矩形全体命令 REC 和圆弧命令 ARC 绘制门。

STEP 06

使用直线命令 L、多段线命令 PL 和阵列命令 AR 绘制楼梯和设施。

STEP 07

选择“标注线”图层，使用直线标注命令 DLI、连续标注命令 DCO 创建标注。

STEP 08

选择“标注说明”图层，使用文字命令 T，创建各功能区的文字说明。

STEP 09

打开素材“图框.dwg”，将图框复制粘贴到当前文件中，使用移动命令 M 将图框移动到适当位置。

11.1.2 建筑立面图

本实例主要绘制建筑立面图，首先制作建筑立面框架，接着绘制建筑立面窗户和阳台，然后绘制建筑屋顶立面部分，最后标注建筑立面图形，完成建筑立面图的绘制。

实例效果

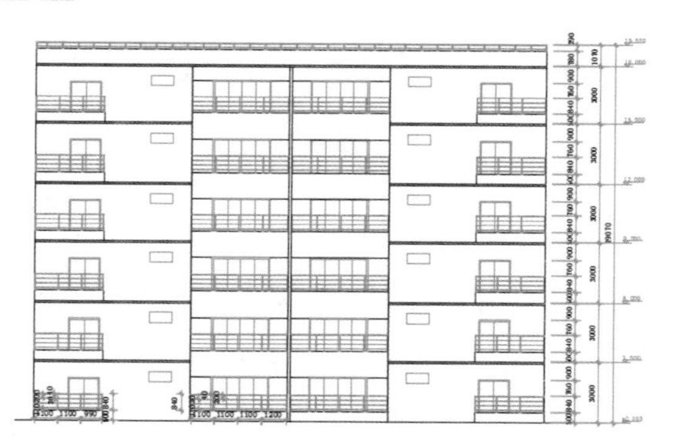

光盘同步文件

素材文件：光盘 \ 原始文件 \ 第 11 章 \ 建筑立面图 .dwg

结果文件：光盘 \ 结果文件 \ 第 11 章 \ 建筑立面图 .dwg

教学文件：光盘 \ 视频教学 \ 第 11 章 \ 建筑立面图 .mp4

制作步骤

首先复制建筑平面图，然后根据平面图的尺寸绘制立面图墙体、门窗和护栏等，最后创建尺寸标高的标注。具体操作方法如下。

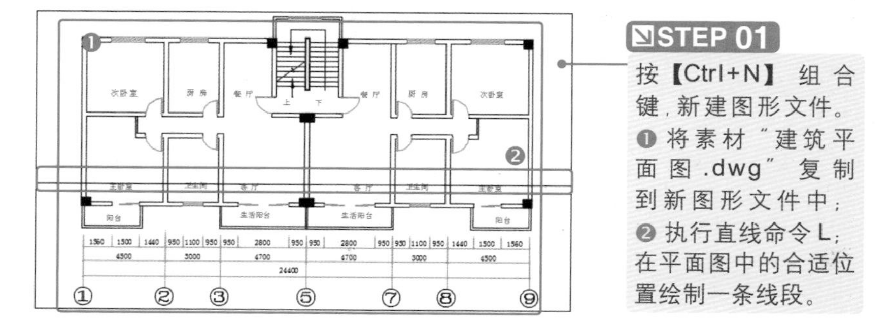

STEP 01

按【Ctrl+N】组合键，新建图形文件。❶ 将素材“建筑平面图 .dwg”复制到新图形文件中；❷ 执行直线命令 L，在平面图中的合适位置绘制一条线段。

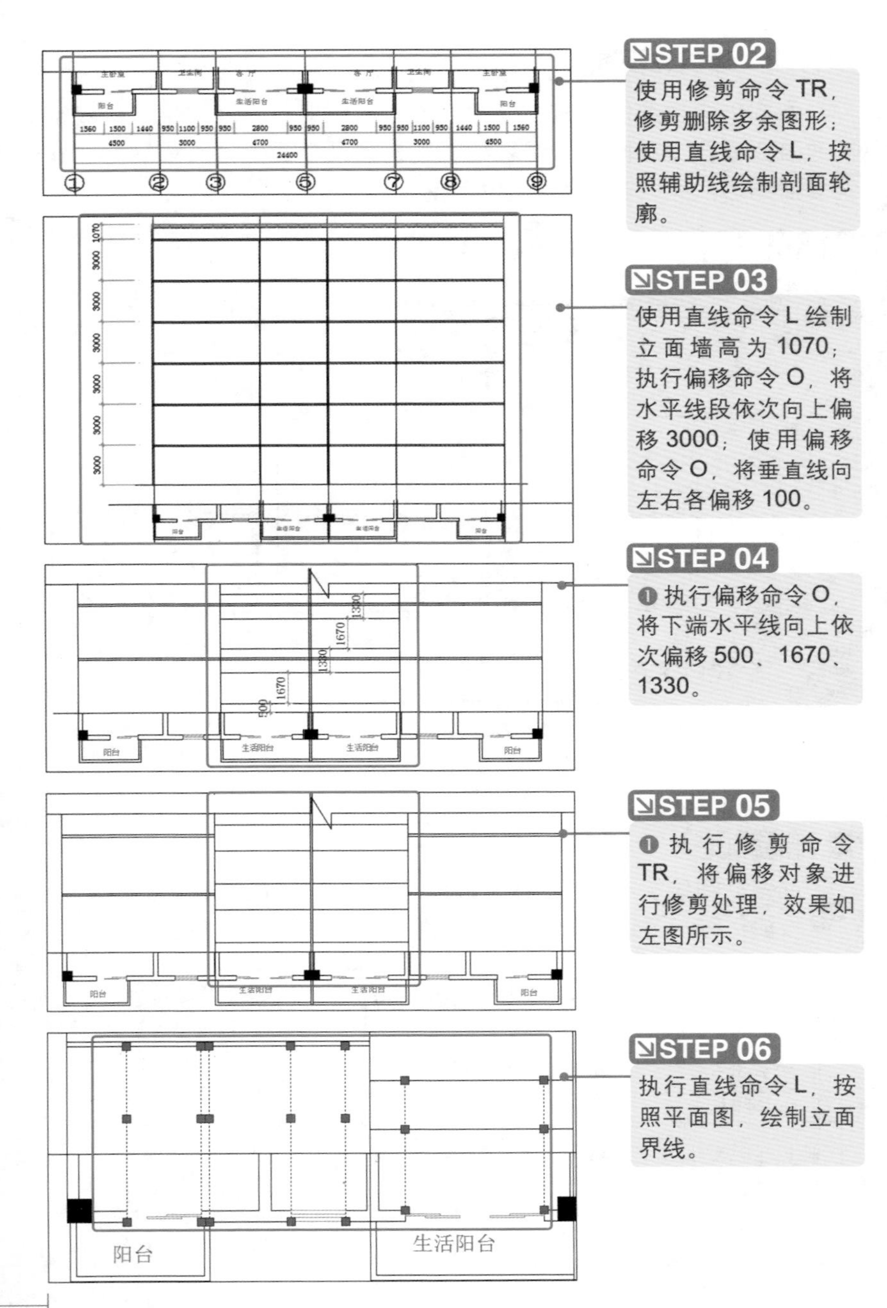

STEP 02

使用修剪命令 TR，修剪删除多余图形；使用直线命令 L，按照辅助线绘制剖面轮廓。

STEP 03

使用直线命令 L 绘制立面墙高为 1070；执行偏移命令 O，将水平线段依次向上偏移 3000；使用偏移命令 O，将垂直线向左右各偏移 100。

STEP 04

❶ 执行偏移命令 O，将下端水平线向上依次偏移 500、1670、1330。

STEP 05

❶ 执行修剪命令 TR，将偏移对象进行修剪处理，效果如左图所示。

STEP 06

执行直线命令 L，按照平面图，绘制立面界线。

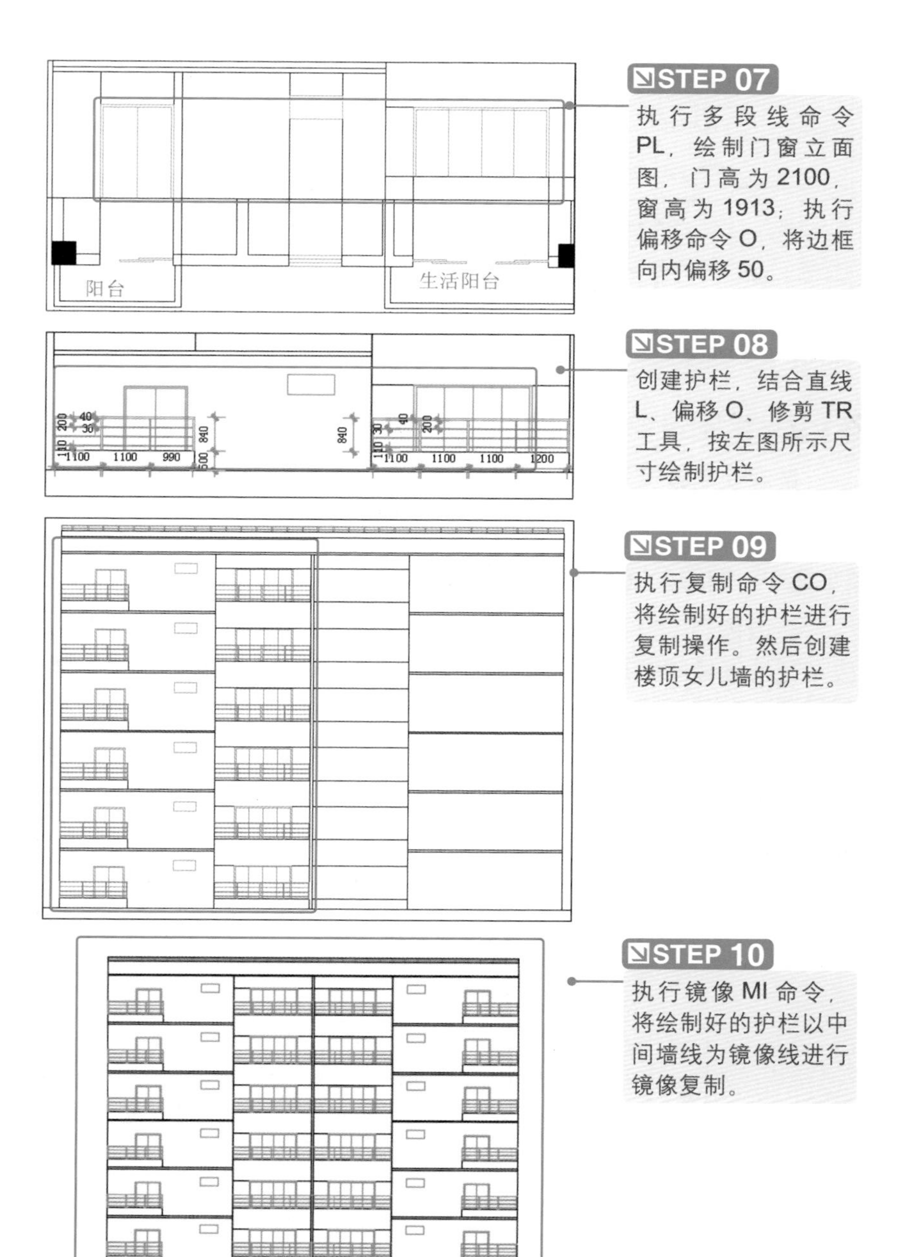

STEP 07

执行多段线命令PL，绘制门窗立面图，门高为2100，窗高为1913；执行偏移命令O，将边框向内偏移50。

STEP 08

创建护栏，结合直线L、偏移O、修剪TR工具，按左图所示尺寸绘制护栏。

STEP 09

执行复制命令CO，将绘制好的护栏进行复制操作。然后创建楼顶女儿墙的护栏。

STEP 10

执行镜像MI命令，将绘制好的护栏以中间墙线为镜像线进行镜像复制。

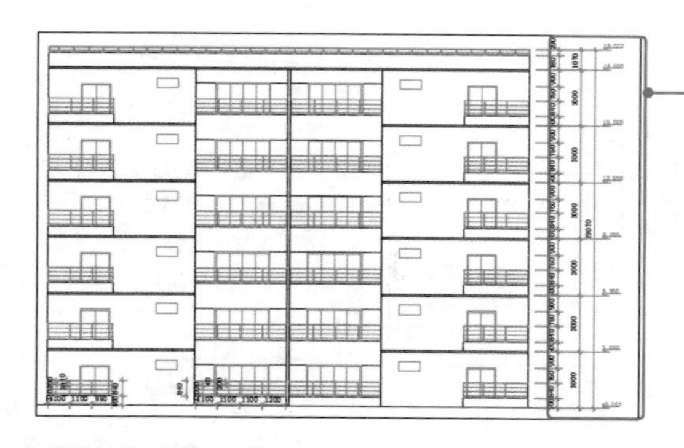

STEP 11

选择“尺寸标注”图层，设置标注样式；执行线性标注 DLI、连续标注命令 DCO，在图形右侧进行标注。

11.2 绘制景观设计图形

景观规划设计涵盖的内容十分广泛，主要涉及主体的位置和朝向、周围的道路交通、园林绿化及地貌等内容。

11.2.1 创建公园规划图

公园规划设计一般在甲方或政府提供的包括用地红线、退让红线、征地红线等要求的前提下，设计师在用地的范围内，要将公园与周围的自然环境相互协调，充分利用规划设计手段，将广场、道路、绿化、公建配套等设施在用地范围内进行精心合理的布置和组合，创造有序流动的公园空间系列。

实例效果

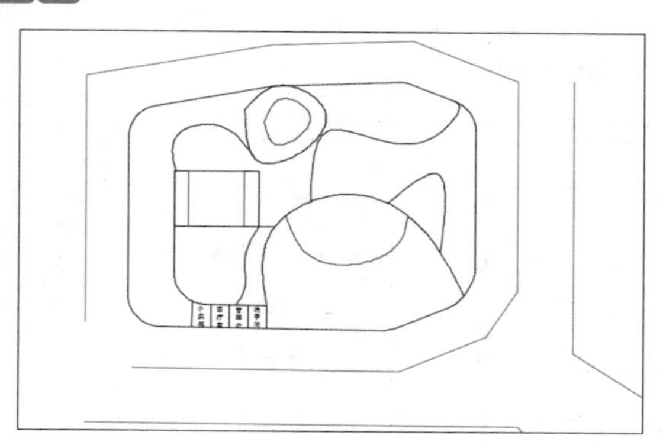

光盘同步文件

素材文件：光盘 \ 原始文件 \ 第 11 章 \ 规划红线 .dwg

结果文件：光盘 \ 结果文件 \ 第 11 章 \ 公园规划图 .dwg

教学文件：光盘 \ 视频教学 \ 第 11 章 \ 公园规划图 .mp4

制作步骤

本实例首先打开素材图形文件，再绘制交通主干道，接着绘制规划区域图形，规划公园交通，完成公园规划平面图的绘制。在建筑红线的范围内，首先根据面积、指标等设计公园的位置和朝向，然后绘制公园的规划轮廓，接着规划公园道路的交通组织。具体操作方法如下。

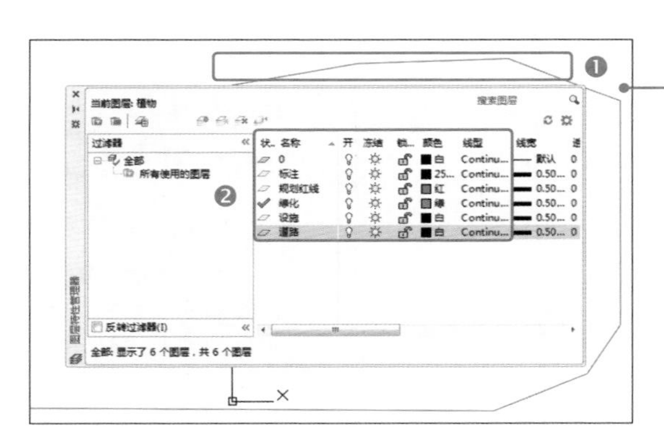

STEP 01

❶ 打开“规划红线 .dwg”图形文件；❷ 执行图层特性命令 LA，打开“图层特性管理器”面板，新建图层并设置图层颜色。

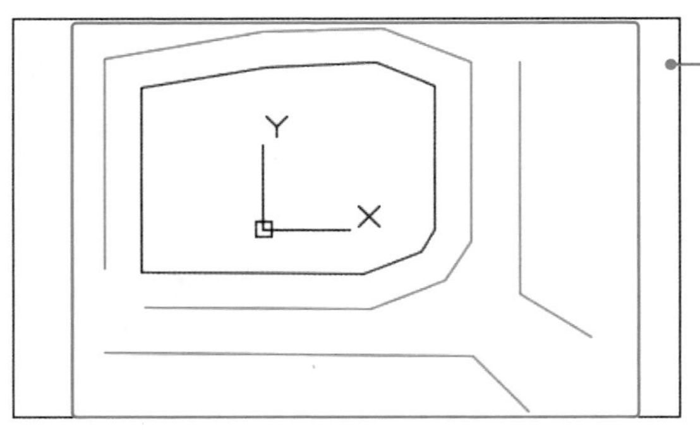

STEP 02

设置“道路”为当前图层，执行多段线命令 PL，沿建筑红线捕捉勾画一圈，然后执行偏移命令 O，向内偏移 4500。使用删除命令 E 将勾画线删除。

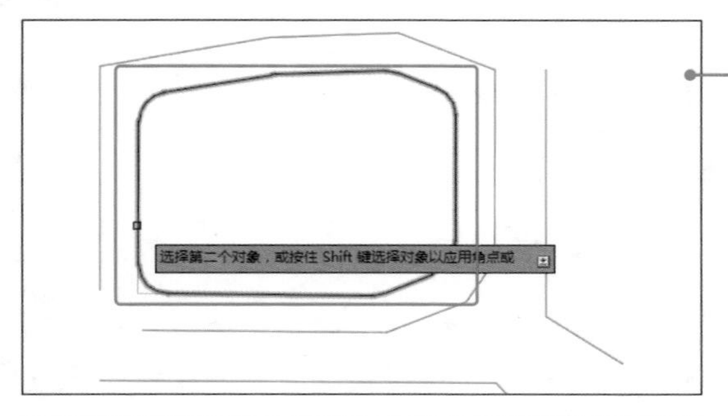

STEP 03

执行圆角命令 F，设置圆角半径为 7000，然后依次执行圆角处理，并调整图形。

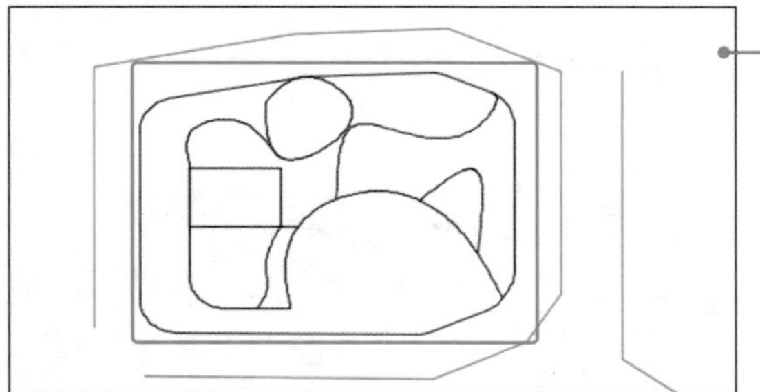

STEP 04

执行直线命令 L，根据道路轮廓绘制辅助线；执行样条曲线命令 SPL，绘制入口道路，使用控制点调整图形。

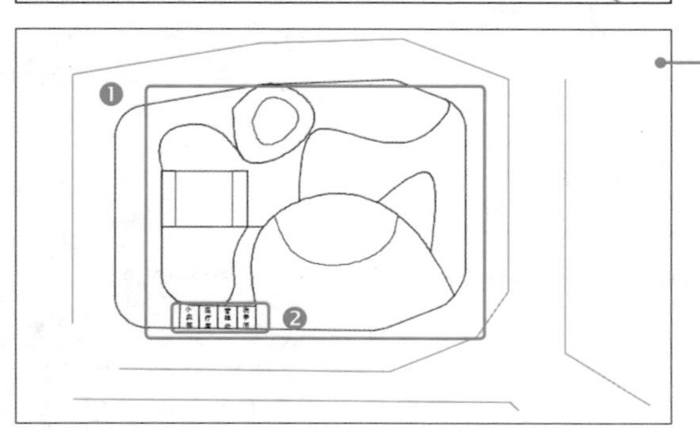

STEP 05

❶ 新建“坡度”图层，设置颜色为蓝色，置为当前图层；使用样条曲线命令 SPL 绘制图形，通过控制点调整弧度；❷ 用直线命令 L 创建功能区，选择“标注”图层，在左侧功能区创建文字。

11.2.2 创建硬质景观图

景观设计是指在建筑设计或规划设计的过程中，对周围环境要素的整体考虑和设计，包括自然要素和人工要素，使得建筑（群）与自然环境产生呼应关系，使其使用更方便，更舒适，提高其整体的艺术价值。景观又分为硬景观和软景观，硬景观是指人工设施，通常包括铺装、雕塑、凉棚、座椅、灯光、果皮箱等；软景观是指人工植被、河流等仿自然景观，如喷泉、水池、抗压草皮、修剪过的树木等。本小节主要绘制地面铺装。

实例效果

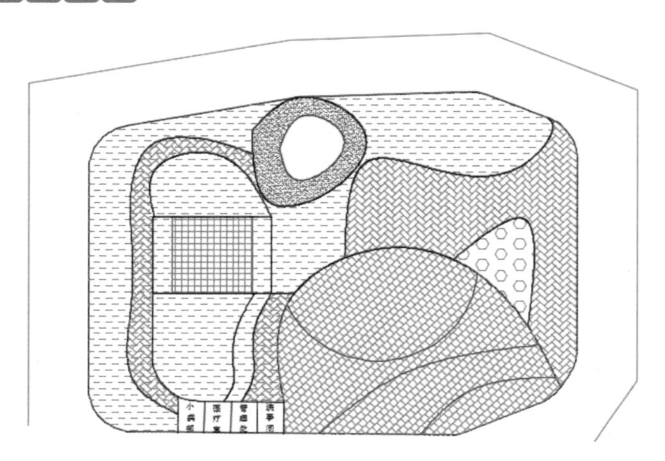

光盘同步文件

素材文件：光盘\原始文件\第 11 章\无

结果文件：光盘\结果文件\第 11 章\硬质景观图 .dwg

教学文件：光盘\视频教学\第 11 章\硬质景观图 .mp4

制作步骤

公园整体规划完成后，接下来进行功能区的划分，以及地面铺装的绘制。具体操作方法如下。

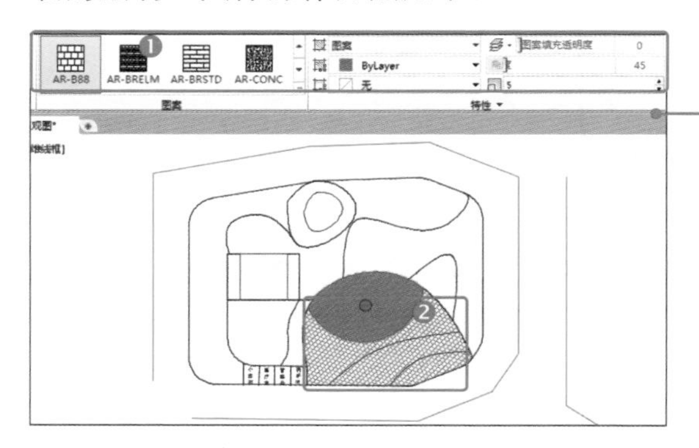

STEP 01

❶ 在“图层特性管理器”中新建“铺装”图层；执行图案填充命令 H，选择“AR-B88”图案，设置颜色为 8 号颜色，角度为 45 度，比例为 5；❷ 填充图案。

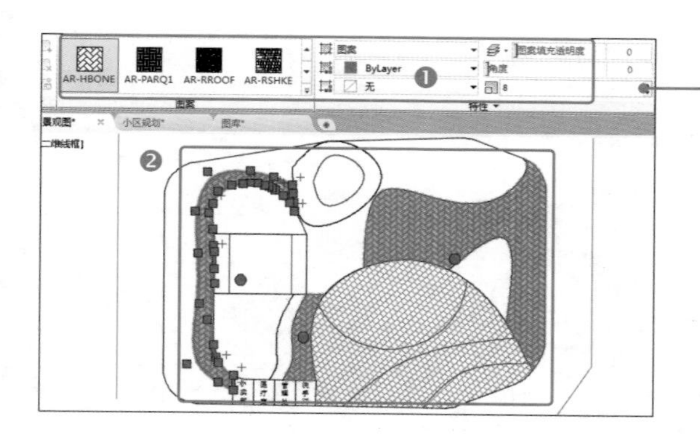

STEP 02

❶ 执行图案填充命令 H，选择“AR-HBONE”图案，设置颜色为 8 号颜色，比例为 8；❷ 填充图案主干道。

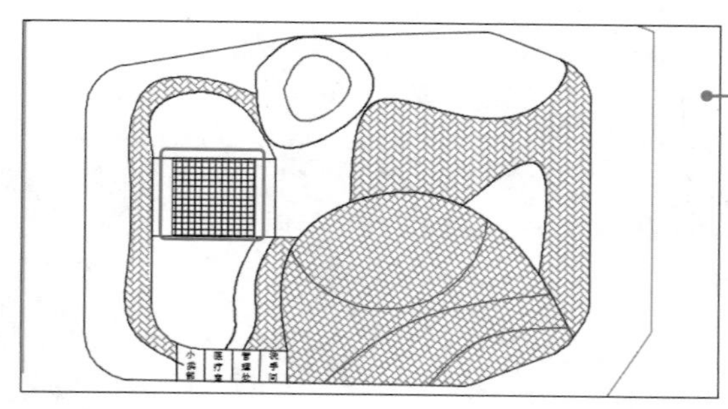

STEP 03

执行图案填充命令 H，选择“NET”图案，设置颜色为 8 号颜色，比例为 300，填充小广场。

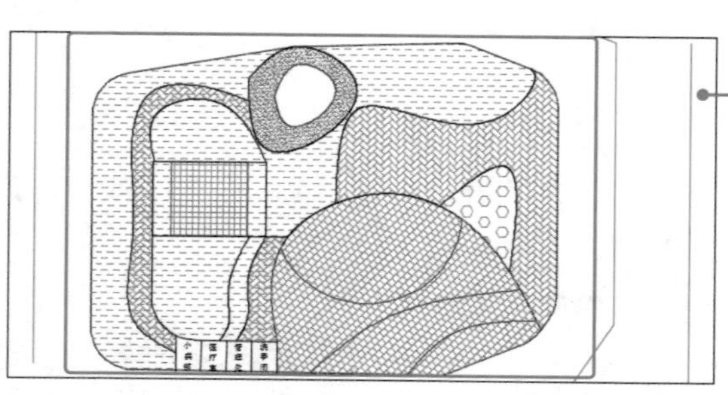

STEP 04

使用同样的方法，根据设计构思填充其他区域，完成地面铺装。

11.2.3 创建景观绿化图

根据植物配置原则，设计师需要根据公园的地理、气候、光照、可观赏性等条件，合理安排植物的搭配。注意植物图形大小、颜色的搭配，使图形看起来美观、有层次，这是景观规划设计初步方案的一个重要表现力。

实例效果

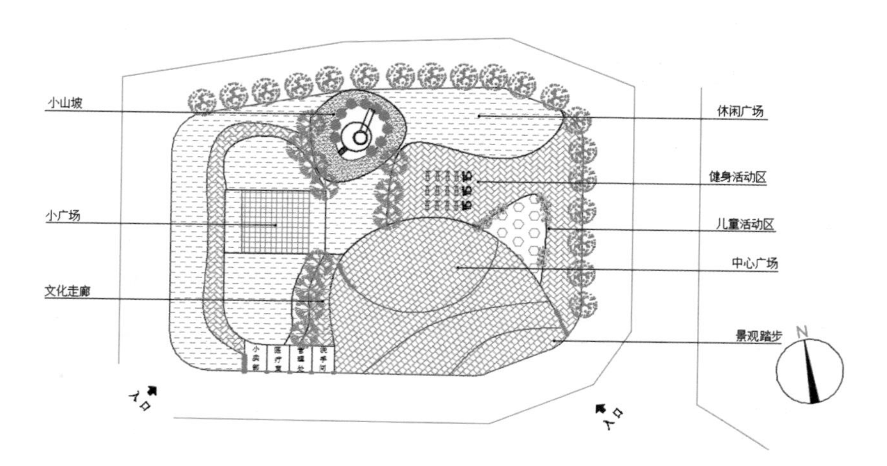

光盘同步文件

素材文件：光盘 \ 原始文件 \ 第 11 章 \ 图框 .dwg

结果文件：光盘 \ 结果文件 \ 第 11 章 \ 景观绿化图 .dwg

教学文件：光盘 \ 视频教学 \ 第 11 章 \ 景观绿化图 .mp4

制作步骤

本实例主要根据植物的搭配原则，进行简单的规划和设计，主要目的是使读者能了解制图的方法和技巧。具体操作方法如下。

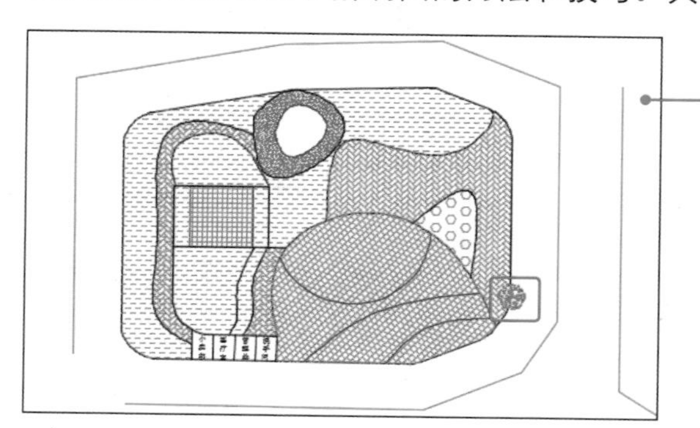

STEP 01

设置“绿化”图层为当前图层，打开素材“图框 .dwg”，将行道树的图形复制 / 粘贴至本实例中；使用缩放命令 SC 将图形放大至合适的大小。

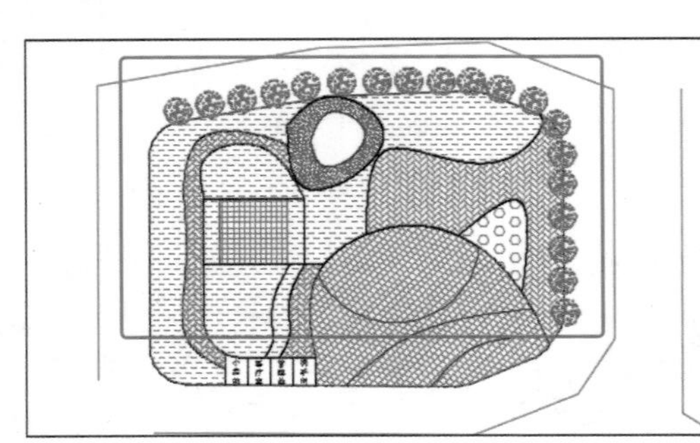

STEP 02

使用复制命令 CO 将行道树图块复制到公园的主干道边缘。

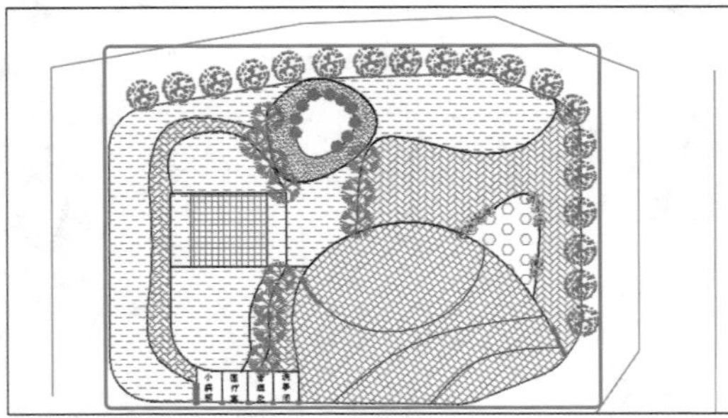

STEP 03

选择素材文件中的植物图例，逐一复制 / 粘贴至本实例的合适位置，然后结合缩放、旋转、移动工具调整植物图形位置。

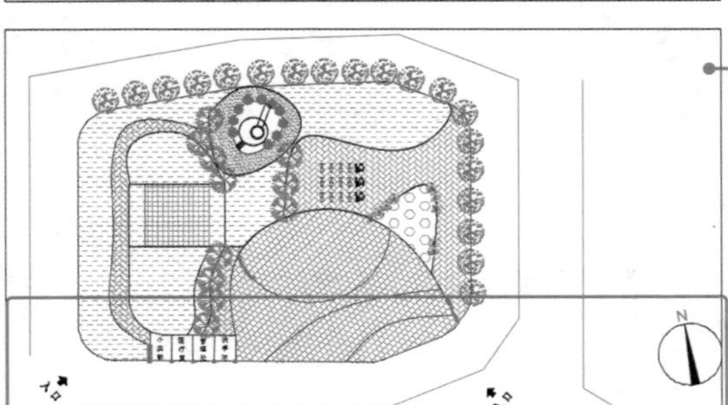

STEP 04

执行单行文字命令 DT，设置比例为 1500，创建入口指示文字；结合圆、多段线、文字、旋转命令创建入口图例及指北针，并调整至合适的位置。

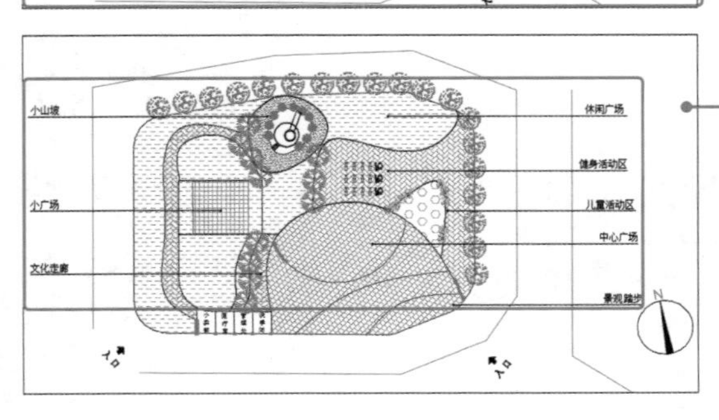

STEP 05

执行引线命令 LE，在需要标注说明的地方绘制引线及说明文字，最终效果如左图所示。

室内装饰设计综合实例

关于本章：

随着生活水平的提高，人们越来越重视居室环境的设计。本章以一室一厅的小户型和酒吧为例，综合前面所讲的知识点，解析绘制户型平面图、平面设计图、顶面设计图的制作流程和方法。

知识要点

掌握绘制家装室内设计的方法

掌握绘制公装室内设计的方法

效果展示

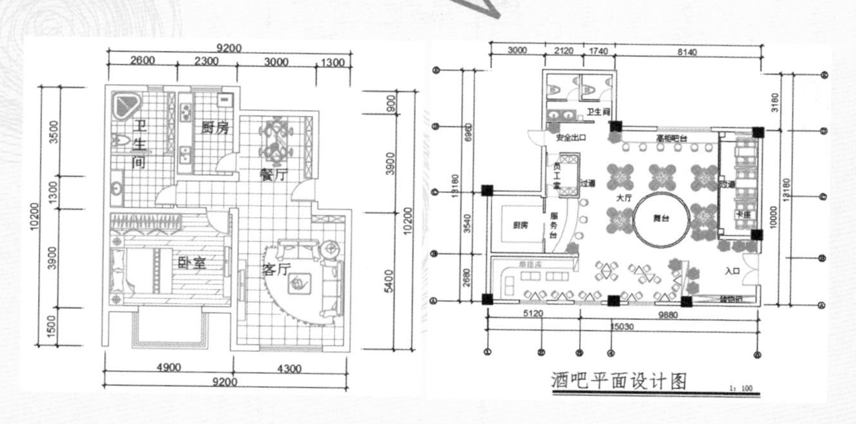

酒吧平面设计图

12.1 家装室内设计

本节以一套一居室的户型为例，介绍室内设计中现代简约风格的制图方法和技巧。

12.1.1 绘制一居室户型图

户型图主要是反映室内空间分割的设计，对性质不同或相反的活动空间进行分离。

➡ 实例效果

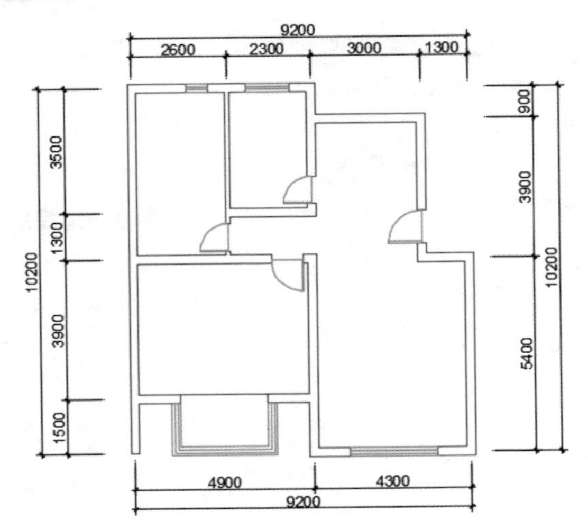

光盘同步文件

素材文件：光盘\原始文件\无

结果文件：光盘\结果文件\第 12 章\一居室户型图 .dwg

教学文件：光盘\视频教学\第 12 章\一居室户型图 .mp4

➡ 制作步骤

本实例首先创建图层，然后创建轴线，再绘制墙体，接着绘制门窗洞，最后新建标注样式，创建图形外部的尺寸标注，完成户型图的绘制。具体操作方法如下。

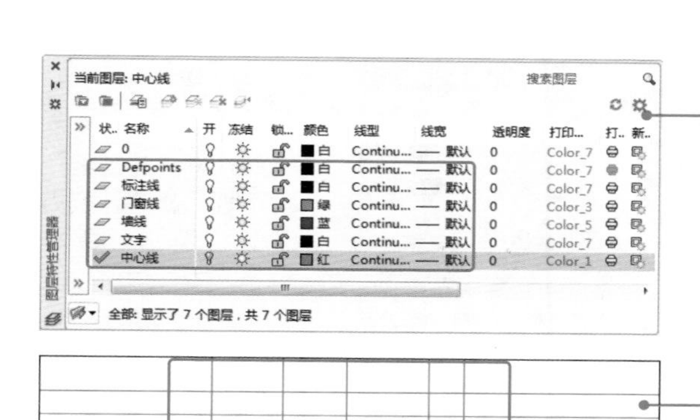

STEP 01

执行图层特性命令LA，打开“图层特性管理器”面板，新建图层并设置图层特性，将“中心线”设为当前图层。

STEP 02

按【F8】键打开正交模式，使用构造线命令ML绘制两条相交线，用偏移命令O将垂直线向右依次偏移2 600、2 300、3 000、1 300；水平线向下依次偏移900、2 600、1 300、3 900、1 500。

STEP 03

选择“墙线”图层，执行多线命令ML，设置多线比例120，对正方式为“无”，绘制墙线；绘制完成后选择多线对象，执行分解命令X，分解多线。

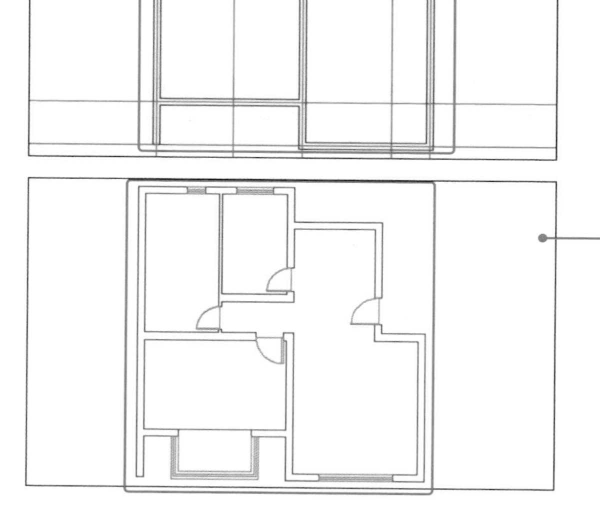

STEP 04

关闭“中心线”图层，在门窗洞的位置创建门和窗；执行修剪命令TR，修剪多余墙体线，创建门洞、窗洞；根据门窗洞的尺寸，结合复制、修剪、删除工具，创建门窗洞。

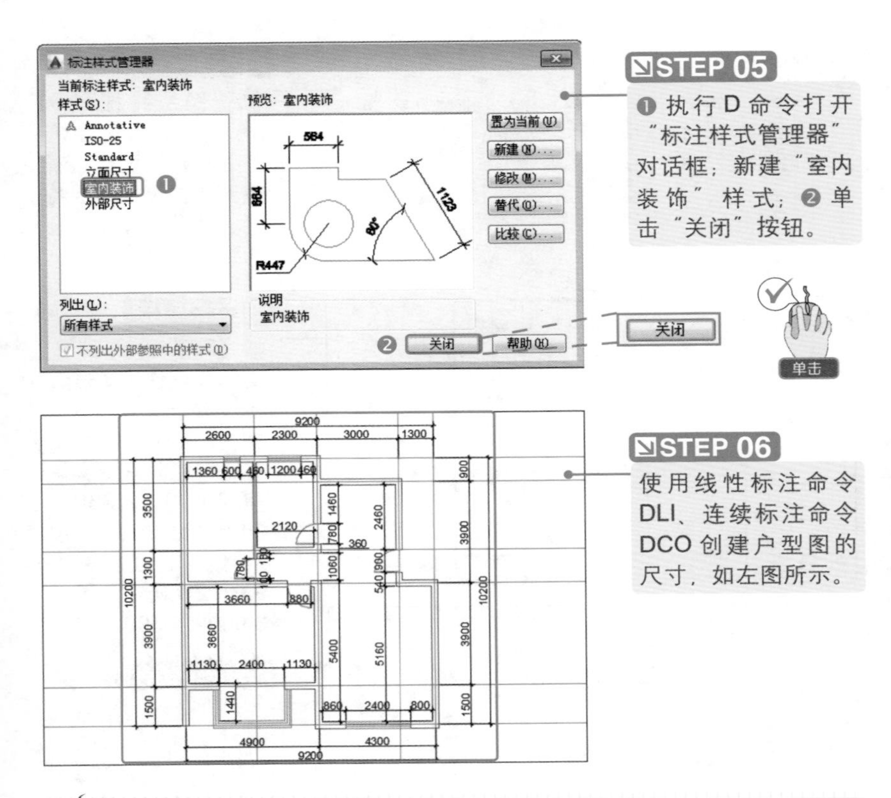

STEP 05

❶ 执行D命令打开"标注样式管理器"对话框，新建"室内装饰"样式；❷ 单击"关闭"按钮。

STEP 06

使用线性标注命令DLI、连续标注命令DCO创建户型图的尺寸，如左图所示。

温馨提示：

平面户型图的数据是室内设计师到房间内现场测量得出的，所以每一个方位都要测量到，才能准确绘制出户型图的具体尺寸，确保后期现场施工的准确性。

12.1.2 绘制平面设计图

平面设计图是室内设计的关键性图样，它是在原始结构平面的基础上，根据业主和设计师的设计意图，对室内空间进行详细的功能划分和室内设施的定位。

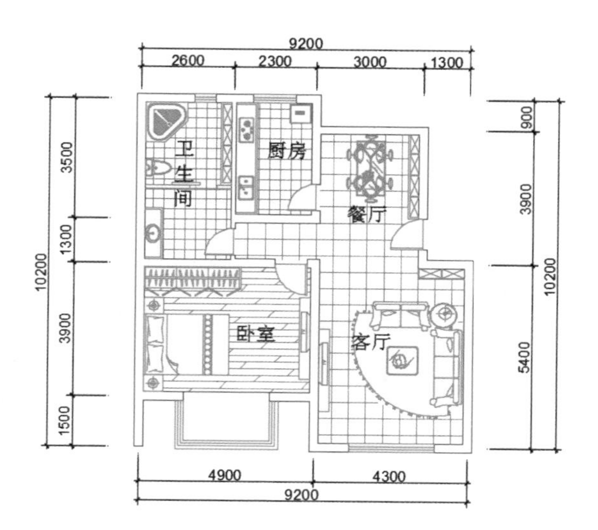

光盘同步文件

素材文件：光盘 \ 原始文件 \ 第 12 章 \ 一居室户型图 .dwg

结果文件：光盘 \ 结果文件 \ 第 12 章 \ 平面设计图 .dwg

教学文件：光盘 \ 视频教学 \ 第 12 章 \ 平面设计图 .mp4

制作步骤

本实例首先创建并选择图层，接着调入家具图例，根据尺寸调整合适的位置，最后标注文字说明和外部尺寸，完成平面设计图的绘制。具体操作方法如下。

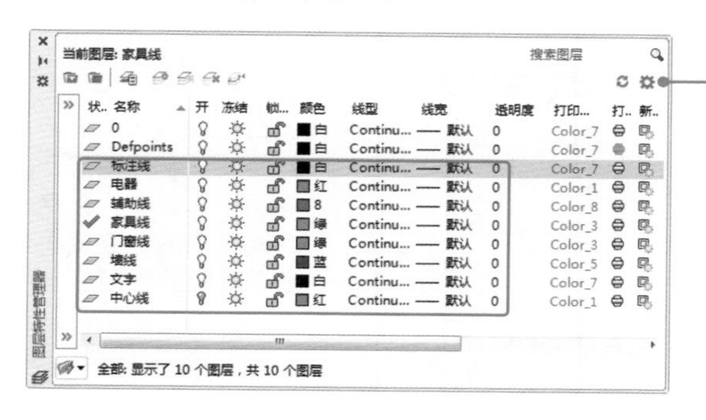

STEP 01

打开素材“一居室户型图 .dwg”，新建“家具线”图层并将其设置为当前图层。

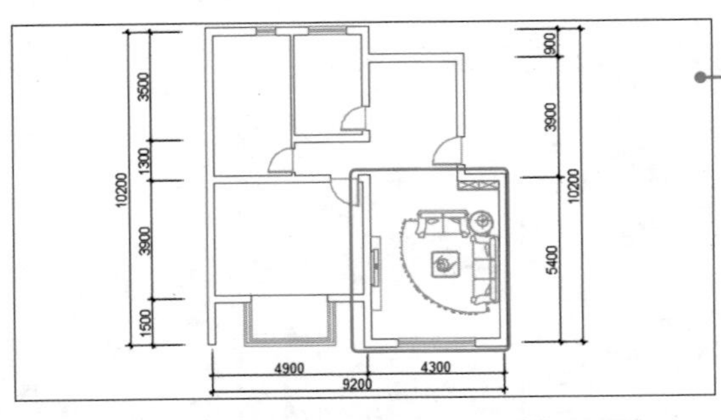

STEP 02

打开素材“原始文件\图库.dwg”，复制沙发和电视图例粘贴到当前文件中，结合旋转、移动命令将这些家具移动到合适位置。

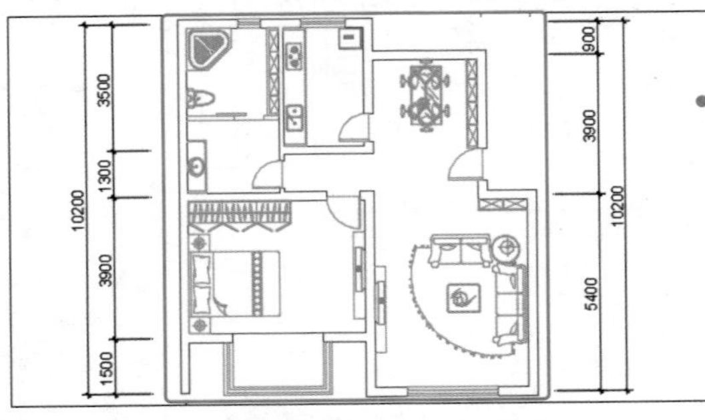

STEP 03

选择素材文件中的家具图例，逐一复制/粘贴至本实例的合适位置。

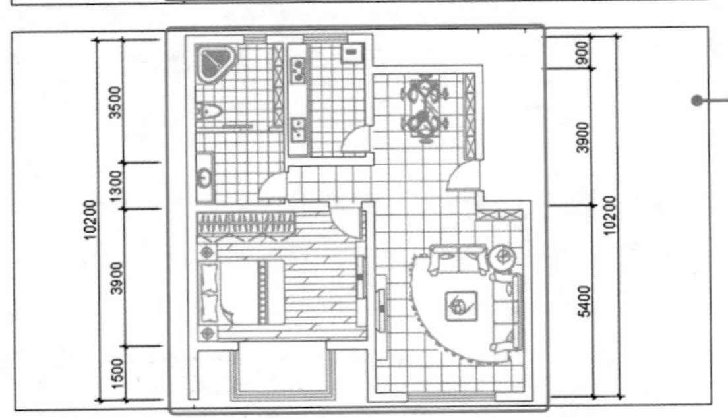

STEP 04

执行填充命令 H，选择 DOLMIT 图案，比例为 30，填充卧室；选择 NET 图案，填充地面。

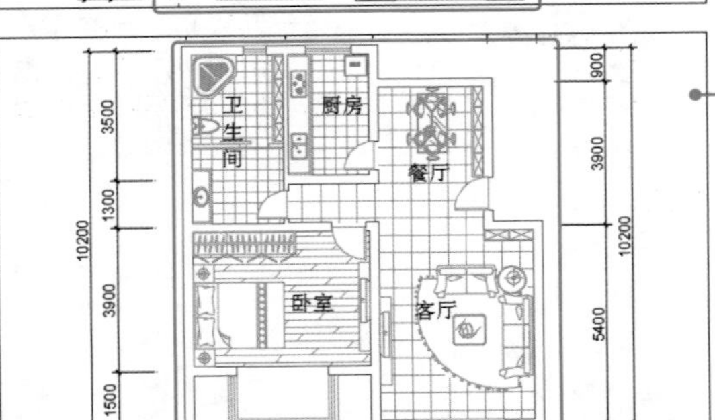

STEP 05

选择“文字”图层，使用文字命令 T 创建功能区说明，完成平面设计图的绘制。

12.2 公装室内设计

公装室内设计是区别于家装的空间组织设计，包括办公室、卖场、酒店、咖啡屋、酒吧等各种场所的室内外设计。

酒吧设计是用个人的观点去接近大众的口味，酒吧空间应生动、丰富，给人以轻松雅致的感觉。一个理想的酒吧环境需要在空间设计中创造出特定氛围，最大限度地满足人们的种种心理需求。

12.2.1 绘制酒吧平面设计图

本实例主要讲解酒吧平面设计图的绘制方法。平面图主要用来表达酒吧内部区域的划分。

实例效果

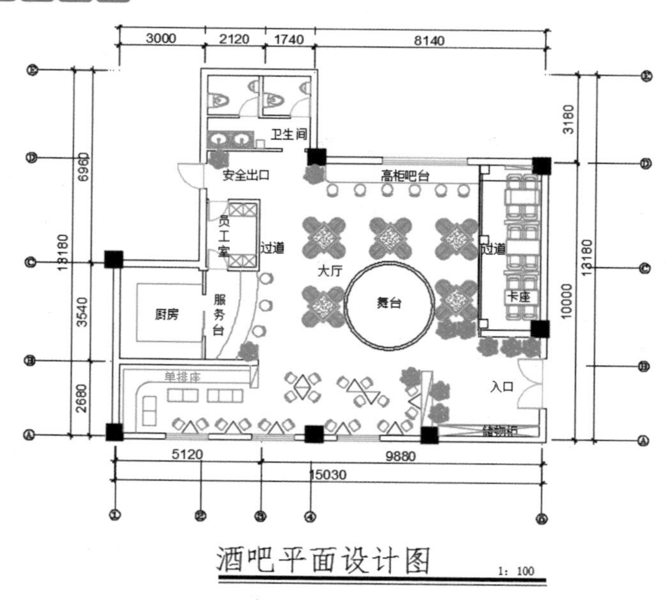

酒吧平面设计图 1：100

光盘同步文件

素材文件：光盘 \ 原始文件 \ 第 12 章 \ 酒吧原始平面图 .dwg

结果文件：光盘 \ 结果文件 \ 第 12 章 \ 酒吧平面设计图 .dwg

教学文件：光盘 \ 视频教学 \ 第 12 章 \ 酒吧平面设计图 .mp4

制作步骤

本实例首先打开素材文件，然后创建功能分区，再设计摆放家具，最后添加植物，完成平面图的绘制。具体操作方法如下。

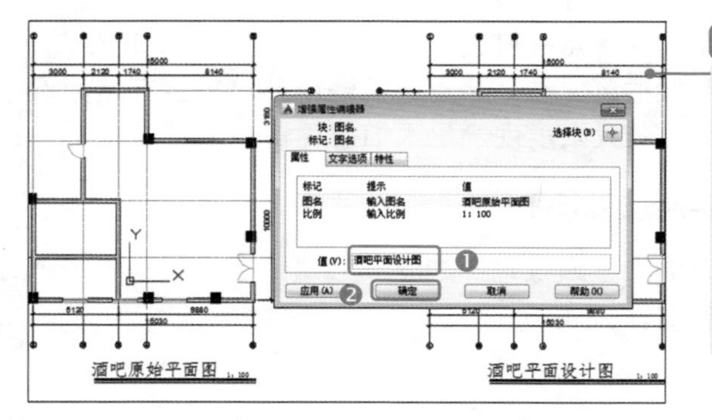

STEP 01 打开素材“酒吧原始平面图.dwg”，复制当前图形。❶ 双击图名打开“增强属性编辑器”对话框，更改图名为“酒吧平面设计图”；❷ 单击“确定”按钮。

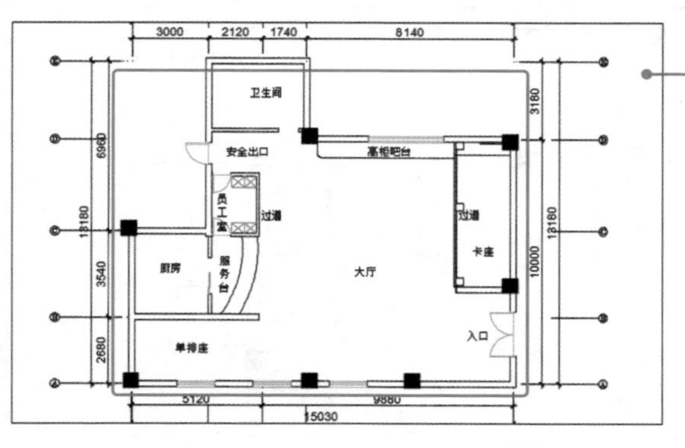

STEP 02 结合直线命令 L、样条曲线命令 SPL、修剪命令 TR、偏移命令 O，将酒吧进行重新分区设计。

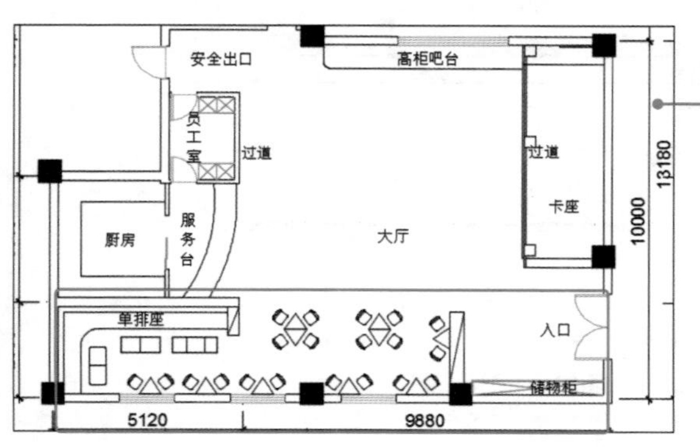

STEP 03 打开素材“原始文件\图库.dwg”，复制家具粘贴到当前文件中；使用复制命令 CO 复制桌椅到适当位置；使用直线命令 L 绘制储物柜。

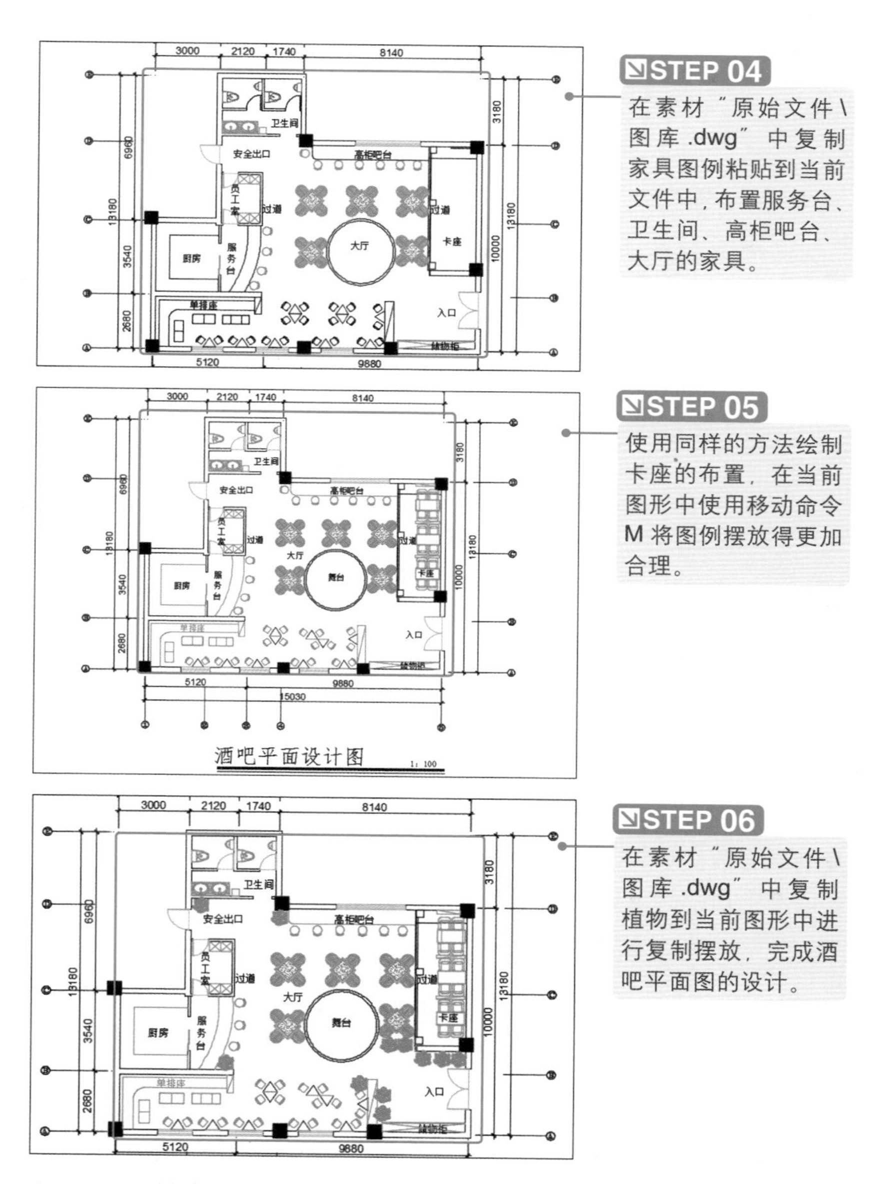

STEP 04

在素材"原始文件\图库.dwg"中复制家具图例粘贴到当前文件中，布置服务台、卫生间、高柜吧台、大厅的家具。

STEP 05

使用同样的方法绘制卡座的布置，在当前图形中使用移动命令M将图例摆放得更加合理。

STEP 06

在素材"原始文件\图库.dwg"中复制植物到当前图形中进行复制摆放，完成酒吧平面图的设计。

12.2.2 绘制酒吧顶面设计图

完成酒吧平面设计图的创建以后，接下来绘制酒吧顶面设计图。

实例效果

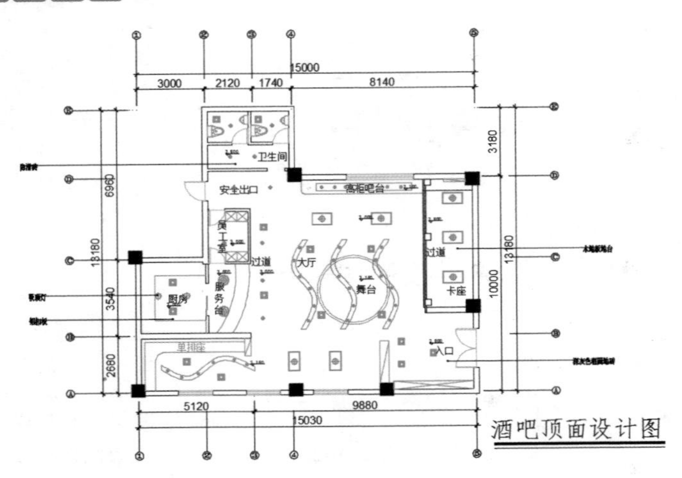

光盘同步文件

素材文件：光盘\原始文件\第 12 章\酒吧平面设计图 .dwg

结果文件：光盘\结果文件\第 12 章\酒吧顶面设计图 .dwg

教学文件：光盘\视频教学\第 12 章\酒吧顶面设计图 .mp4

制作步骤

本实例首先打开素材文件，然后从图库素材中选择合适的灯具复制到当前文件中，最后将各种灯具按不同的组合方式进行排列，完成酒吧顶部的设计。具体操作方法如下。

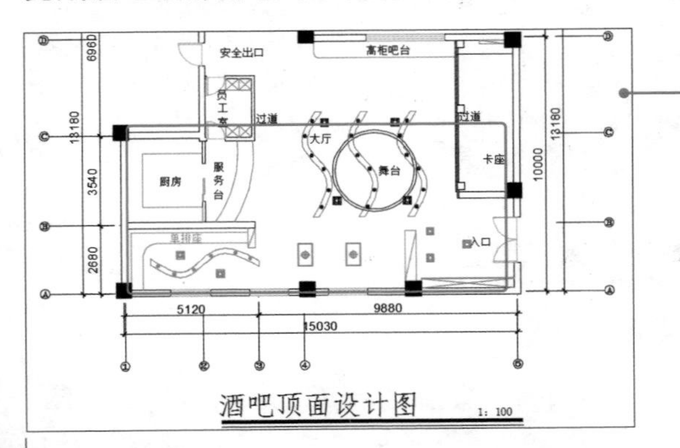

STEP 01 选择“电器线”图层，打开素材“原始文件\图库 .dwg”，复制灯具粘贴到当前文件中；使用复制命令 CO 复制灯具到入口、大厅、单排座区域。

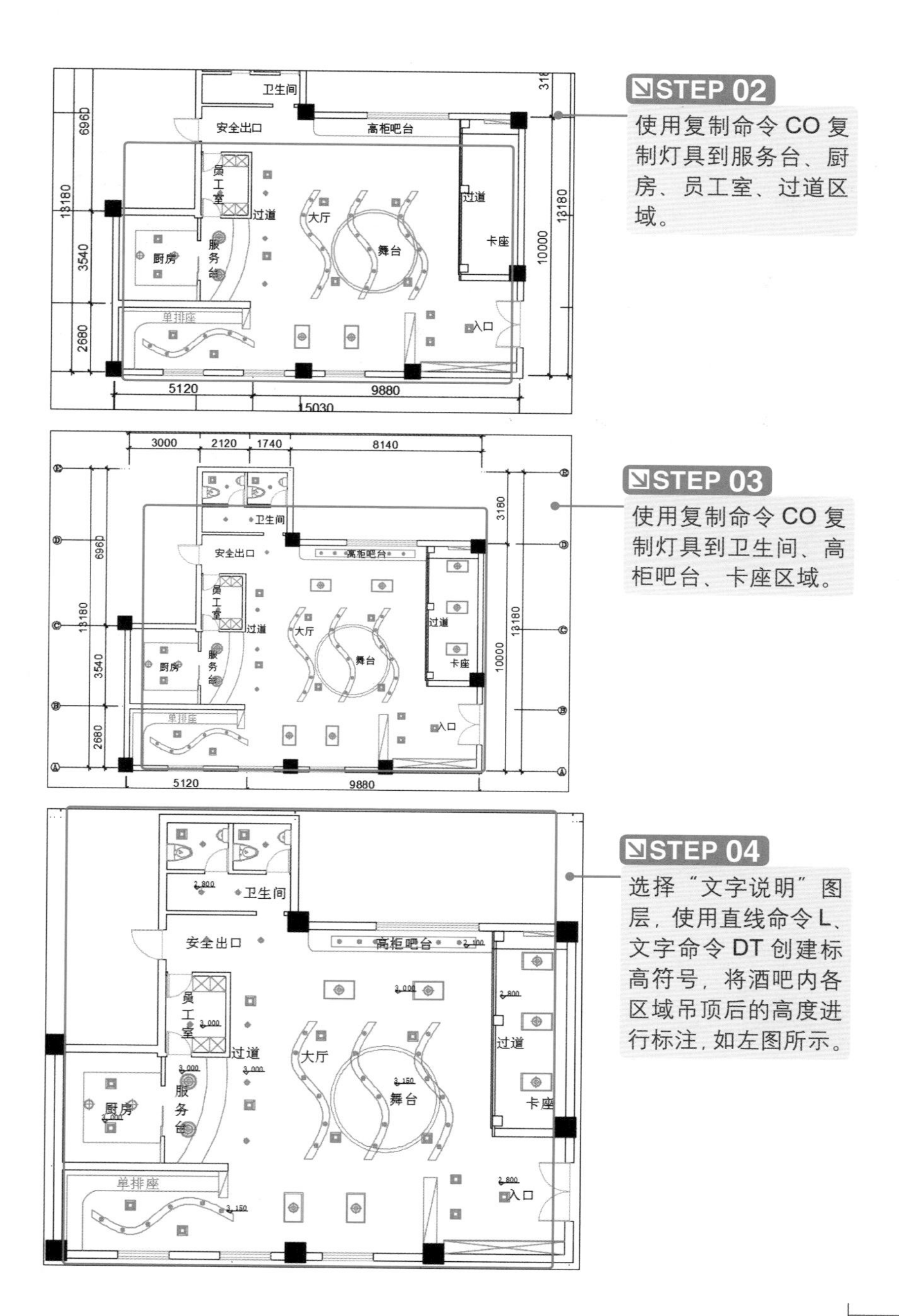

STEP 02

使用复制命令 CO 复制灯具到服务台、厨房、员工室、过道区域。

STEP 03

使用复制命令 CO 复制灯具到卫生间、高柜吧台、卡座区域。

STEP 04

选择“文字说明”图层，使用直线命令 L、文字命令 DT 创建标高符号，将酒吧内各区域吊顶后的高度进行标注，如左图所示。

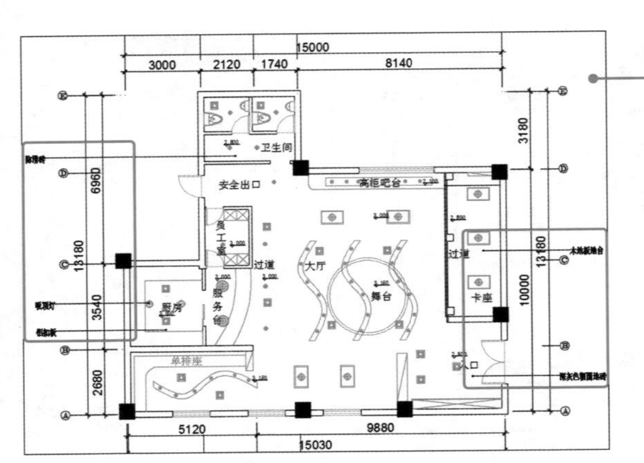

STEP 05

选择“标注”图层，使用引线标注命令 LE 创建引线标注，对顶面的材质进行注明，完成顶面设计图的绘制。

读者意见反馈表

亲爱的读者：

感谢您对中国铁道出版社的支持，您的建议是我们不断改进工作的信息来源，您的需求是我们不断开拓创新的基础。为了更好地服务读者，出版更多的精品图书，希望您能在百忙之中抽出时间填写这份意见反馈表发给我们。随书纸制表格请在填好后剪下寄到：北京市西城区右安门西街8号中国铁道出版社综合编辑部 苏茜 收（邮编：100054）。或者采用传真（010-63549458）方式发送。此外，读者也可以直接通过电子邮件把意见反馈给我们，E-mail地址是：4278268@qq.com。我们将选出意见中肯的热心读者，赠送本社的其他图书作为奖励。同时，我们将充分考虑您的意见和建议，并尽可能地给您满意的答复。谢谢！

所购书名：________________

个人资料：

姓名：________ 性别：________ 年龄：________ 文化程度：________

职业：________ 电话：________ E-mail：________

通信地址：________________ 邮编：________

您是如何得知本书的：

□书店宣传□网络宣传□展会促销□出版社图书目录□老师指定□杂志、报纸等的介绍□别人推荐

□其他（请指明）________________

您从何处得到本书的：

□书店 □邮购 □商场、超市等卖场 □图书销售的网站 □培训学校 □其他

影响您购买本书的因素（可多选）：

□内容实用□价格合理□装帧设计精美□带多媒体教学光盘□优惠促销□书评广告□出版社知名度

□作者名气□工作、生活和学习的需要□其他

您对本书封面设计的满意程度：

□很满意 □比较满意 □一般 □不满意 □改进建议

您对本书的总体满意程度：

从文字的角度 □很满意 □比较满意 □一般 □不满意

从技术的角度 □很满意 □比较满意 □一般 □不满意

您希望书中图的比例是多少：

□少量的图片辅以大量的文字 □图文比例相当 □大量的图片辅以少量的文字

您希望本书的定价是多少：

本书最令您满意的是：

1.

2.

您在使用本书时遇到哪些困难：

1.

2.

您希望本书在哪些方面进行改进：

1.

2.

您需要购买哪些方面的图书？对我社现有图书有什么好的建议？

您更喜欢阅读哪些类型和层次的计算机书籍（可多选）？

□入门类 □精通类 □综合类 □问答类 □图解类 □查询手册类 □实例教程类

您在学习计算机的过程中有什么困难？

您的其他要求：